"十三五"环境科学与工程系列规划教材

环 境 土 壤 学

主　编　胡宏祥　邹长明

副主编　谷勋刚　唐建设

U0295879

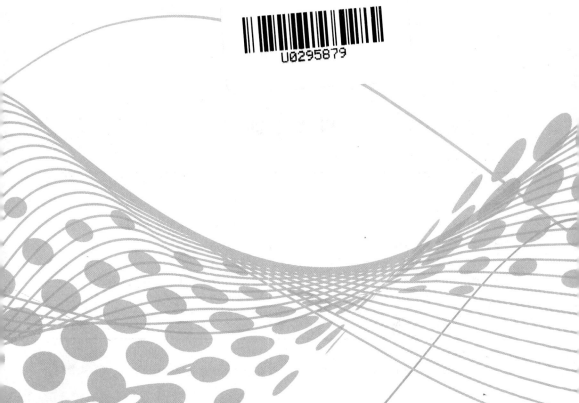

合肥工业大学出版社

责任编辑 张择瑞

封面设计 宋文岚

图书在版编目(CIP)数据

环境土壤学/胡宏祥,邹长明主编. —合肥:合肥工业大学出版社,2013.7
(2018.1 重印)
ISBN 978 - 7 - 5650 - 1418 - 5

Ⅰ.①环… Ⅱ.①胡…②邹… Ⅲ.①环境土壤学 Ⅳ.①X144

中国版本图书馆 CIP 数据核字(2013)第 138895 号

环 境 土 壤 学

主编 胡宏祥 邹长明   副主编 谷勋刚 唐建设

出　版	合肥工业大学出版社		版　次	2013 年 7 月第 1 版	
地　址	合肥市屯溪路 193 号		印　次	2018 年 1 月第 2 次印刷	
邮　编	230009		开　本	710 毫米×1010 毫米　1/16	
电　话	综合编辑部:0551—62903204		印　张	24.75	
	市场营销部:0551—62903198		字　数	471 千字	
网　址	www. hfutpress. com. cn		印　刷	合肥现代印务有限公司	
E-mail	hfutpress@163. com		发　行	全国新华书店	

主编热线 13956972199　　责编信箱/热线 zrsg2020@163. com　　13965102038

ISBN 978 - 7 - 5650 - 1418 - 5　　　　　　　　定价:46.00 元
如果有影响阅读的印装质量问题,请与出版社市场营销部联系调换。

编写人员

主　编　胡宏祥　（安徽农业大学）
　　　　邹长明　（安徽科技学院）
副主编　谷勋刚　（安徽农业大学）
　　　　唐建设　（安徽建筑大学）
编　委　（按姓氏笔画排序）
　　　　王　强　（安徽农业大学）
　　　　邹长明　（安徽科技学院）
　　　　谷勋刚　（安徽农业大学）
　　　　周秀杰　（淮北师范大学）
　　　　胡宏祥　（安徽农业大学）
　　　　唐建设　（安徽建筑大学）
　　　　黄界颍　（安徽农业大学）
　　　　屠仁凤　（安徽农业大学）

前　言

　　环境土壤学是土壤学与环境学之间的边缘性学科、综合交叉学科。它是研究人类活动和自然因素引起的土壤环境质量变化以及这种变化对人体健康、社会经济、生态系统结构和功能的影响；探索调节、控制和改善土壤环境质量的途径和方法。它涉及土壤质量与生物品质，即土壤质量与生物多样性以及食物链的营养价值与安全问题；涉及土壤与水和大气质量的关系，即土壤作为源与汇（或库）对水质和大气质量的影响，涉及人类居住环境问题，即土壤元素丰缺与人类健康的关系；涉及土壤与其他环境要素的交互作用，即土壤圈、水圈、岩石圈、生物圈和大气圈的相互影响；涉及土壤质量的保护与改善等土壤环境工程的相关研究与应用。

　　本教材结合当前环境问题和土壤质量问题，针对资源与环境类学生特点，形成合理的内容体系和知识结构，既重视传统知识的继承，也重视了现代新技术新知识的补充，同时本书配有课件（见封底二维码和出版社网站配套资源下载）。全书共十一章，分工如下：第一章　绪论（安徽农业大学　胡宏祥）、第二章　土壤的基本组成和性质（第一节　安徽科技学院　邹长明；第二节　安徽农业大学　黄界颖）、第三章　土壤背景值与环境容量（安徽农业大学　王强）、第四章土壤退化（安徽农业大学　胡宏祥）、第五章　土壤污染与修复概述（第一节　安徽建筑大学　唐建设；第二、三节　安徽农业大学　胡宏祥）、第六章　土壤重金属污染与修复（安徽农业大学　胡宏祥）、第七章　土壤有机物污染及修复（淮北师范大学　周秀杰）、第八章　土壤复合污染与修复（安徽农业大学　屠仁凤）、第九章　土壤中碳、氮、磷物质循环及环境效应（安徽农业大学　谷勋刚）、第十章　土壤资源的利用与环境管理（安徽科技学院　邹长明）、第十一章　环境土壤评价与研究方法（安徽建筑大学　唐建设）。全书由安徽农业大学胡宏祥负责统稿工作。

　　由于编者水平有限，教材中的错误疏漏在所难免，希望使用本教材的老师、同学与同仁给予批评指正。

编　者

2013 年 6 月

目　　录

第一章 绪 论

第一节 土壤与土壤圈

一、土壤与土壤圈的概念

土壤是我们经常能够看到的东西,但要回答"什么是土壤"却并不容易。对土壤的概念,不同学科的科学家,从不同的角度出发,给予了不同的解释:生态学家从生物地球化学的观点出发,认为土壤是地球表层系统中生物多样性最丰富、生物地球化学的能量交换和物质循环(转化)最活跃的生命层。环境科学家借助土壤养分速测仪检测分析土壤样本后认为,土壤是重要的环境因素,是环境污染物的缓冲带和过滤器。工程专家则把土壤看做是承受高强度压力的基地或工程材料的来源。而土壤学家和农学家传统地把土壤定义为"发育于地球陆地表面并能生长绿色植物的疏松多孔结构表层。"在这一概念中,重点阐述了土壤的主要功能是能生长绿色植物,具有生物多样性,所处的位置在地球陆地的表面层,它的物理状态是由矿物质、有机质、水和空气组成的,是具有孔隙结构的介质。土壤的本质特征是土壤肥力,即土壤具有培育植物的能力。矿物、岩石形成的风化物经成土作用发育成土壤后,除含有植物生长所需的物质营养元素外,还变得疏松多孔,具有了通气透水性、保水保肥性、结构性和可塑性,能提供植物生长发育所需的水、肥、气、热等生活条件。土壤是植物根系生长发育的基地,即植物生长的立足之地;它是植物营养物质转化的场所,也是植物营养物质不断循环的场所。土壤不仅是植物生长的基地,也是动物、人类以及绝大多数微生物栖息、繁衍的场所。

土壤圈是覆盖于地球和浅水域底部的土壤所构成的连续体或覆盖层,它处于地圈系统(大气圈、生物圈、岩石圈、水圈)的交界面,是地圈系统的重要组成部分,既是这些圈层的支撑者,又是它们长期共同作用的产物。土壤圈是岩石圈最外面一层疏松的部分,其上面或里面有生物栖息。土壤圈是构成自然环境的五大圈(大气圈、水圈、岩石圈、土壤圈、生物圈)之一,与人类关系最密切的一种环境要素。土壤圈的平均厚度为 5m,面积约为 $1.3 \times 10^8 km^2$,相当于陆地总面积减去高山、冰川和地面水所占有的面积。

二、土壤圈的功能

土壤圈于 1938 年由马特森提出,它在地理环境中总是处于地球大气圈、水圈、生物圈和岩石圈之间的界面上,是地球各圈层中最活跃、最富生命力的圈层之一,它们之间不断地进行物质循环与能量平衡。现代土壤学、环境科学和生态学的研究进展加深了对土壤圈本质的理解。可以认为,土壤圈是"覆盖于地球陆地表面和浅水域底部的一种疏松而不均匀的覆盖层及其相关的生态与环境体系;它是地球系统的重要组成部分,处于大气圈、水圈、生物圈和岩石圈的界面和中心位置,既是它们所长期共同作用的产物,又是对这些圈层的支撑"。

土壤圈具有记忆的功能,有助于识别过去和现在土壤和环境的变化,并有一定的预测性。土壤圈具有时空特征,其空间特征主要表现在特定条件下土壤的形成过程、土壤类型和性质的差异;而时间特征则表现在土壤与生态和环境体系的形成与演变过程之中,体现了土壤形成的阶段性;同时在空间与时间特征上均体现了生态与环境的演替性;土壤形成与演变的时间尺度约 $10^3 \sim 10^6 a$。

1. 土壤是农业生产的基础

"民以食为天,食以土为本"就精辟地概括了人类、农业与土壤之间的关系。农业是人类生存的基础,而土壤是农业的基础。古人说:"皮之不存,毛将焉附?"我们也可以说:"土之不存,树将焉附?"

农业生产的基本特点是生产出具有生命的生物有机体。其中最基本的任务是发展人类赖以生存的绿色植物的生产。绿色植物生长发育的五个基本要素,即日光(光能)、热量(热能)、空气(氧及二氧化碳)、水分和养分。其中养分和水分通过根系从土壤中吸取。植物能立足自然界,能经受风雨的袭击、不倒伏,则是由于根系伸展在土壤中,获得土壤的机械支撑之故。这一切都说明,在自然界,植物的生长繁育必须以土壤为基地。一个良好的土壤应该使植物能吃得饱(养料供应充分)、喝得足(水分充分供应)、住得好(空气流通、温度适宜)、站得稳(根系伸展开、机械支撑牢固)。归纳起来,土壤在植物生长繁育中有下列不可取代的特殊作用。

农业生产既然以土壤为基地,所以要发展农业生产,就必须十分重视土壤资源的开发、利用、改良和保护,要在全面规划农、林、牧用地的基础上,把土壤资源的开发与改良、利用与保护结合起来。通过合理的耕作制度和方式,科学施肥、灌溉和一系列增肥土壤的管理措施,在保证土壤质量不下降、土壤生态环境不受破坏的前提下,保证农业生产的持续、稳定的发展。通过"用地养地"把植物生产、动物生产和土壤管理三个环节结合起来,把植物生产的有机收获物用作动物生产所需的饲料,将植物残体和动物生产废弃物,通过微生物的利用、转化,提高土壤肥力。所以,土壤与植物是息息相关的,土壤中的各种限制因素对植物生长起不良的影响。

2. 土壤是自然环境的重要组成部分,对地理环境有重要影响

自然环境通常由大气圈、生物圈、岩石圈、水圈和土壤圈等构成。其中土壤圈覆盖于地球陆地表面,处于其他圈层的交界面上,成为它们连接的纽带,构成了结合无机界和有机界,即生命和非生命联系的中心环境。在地球表面系统中,土壤圈与其他各圈层间存在着错综复杂而又十分密切的联系和制约关系。一方面土壤是其他各圈层相互作用的产物;另一方面土壤是这些圈层的支撑者,对它们的形成、演化有深刻的影响。

土壤圈对各圈层影响的具体表现。首先,土壤圈对生物圈影响,土壤养分元素的循环,土壤支持和调节生物的生长和发育过程,例如,提供植物所需养分、水分和适宜的理化环境,决定自然植被的分布。其次,土壤圈对水圈影响,土壤水分平衡与循环,影响降水在陆地和水体的重新分配,影响元素的表生地球化学迁移过程及水平分布,也影响水圈的化学组成。第三,土壤圈对大气圈影响,土壤中大量及微量气体的交换,影响大气圈的化学组成,水分与能量平衡;吸收氧气,释放 CO_2、CH_4、H_2S、氮氧化合物和氨气,影响全球大气变化。第四,土壤圈对岩石圈影响,进行金属元素和微量元素的循环,土被覆盖在岩石圈的表层,对其具有一定的保护作用,减少各种外营力的破坏。

土壤圈还影响自然环境和全球气候变化。它有净化、降解、消纳各种污染物的功能:大气圈的污染物可降落到土壤中,水圈的污染物通过灌溉也能进入土壤。但是土壤圈的这种功能是有限的,如果污染超过了它能容纳的限度,土壤也会通过其他途径释放污染物。如通过地表径流进入河流或渗入地下水使水圈受污染,或者通过空气交换将污染物扩散到大气圈;甚至生长在土壤之上的植物吸收了被污染的土壤中的养分,其生长和品质也会受到影响。再如,重金属元素在土壤圈中的空间分布、迁移、转化及动态变化,土壤污染物质的来源、分布、变化、迁移、浓集都对生物环境产生重要影响。土地退化,土壤痕量气体的通量变化都会对温室效应产生影响。

3. 土壤是地球陆地生态系统的基础

生态系统包含着一个广泛的概念。任何生物群体与其所处的环境组成的统一体,都形成不同类型的生态系统。自然界的生态系统是大小不一、多种多样的,小可小到一个庭院、池塘、一块草地,大可大到森林、湖泊、海洋,乃至包罗地球上一切生态系统的生物圈。陆地生态系统就是包罗整个地球陆地表层的“大系统”。

在陆地生态系统中,土壤作为最活跃的生命层,事实上,是一个相对独立的子系统。在土壤生态系统组成中,绿色植物是其主要主产者,它通过光合作用,把太

阳能转化为有机形态的贮藏潜能。同时又从环境中吸收养分、水分和二氧化碳,合成并转化为有机形态的贮存物质。消费者,主要是食草或食肉动物,如土壤原生动物、蚯蚓。昆虫类,脊椎动物的啮齿类动物,如草原地区的鼢鼠、黄鼠、兔子,农田中的田鼠。消费者以现有的有机质作食料,经过机械破碎,生物转化,这部分有机质除小部分的物质和能量在破碎和转化中消耗外,大部分物质和能量则仍以有机形态残留在土壤动物中。作为土壤生态系统的分解者,主要指生活在土壤中的微生物和低等动物,微生物有细菌、真菌、放线菌、藻类等,低等动物有鞭毛虫、纤毛虫等。它们以绿色植物与动物的残留有机体为食料从中吸取养分和能量,并将它们分解为无机化合物或改造成土壤腐殖质。

土壤生态系统的大小同样决定于研究目标及范围,如果只考虑某个土壤层或土壤剖面内物质和能量的输入、输出以及内部的转化过程,则生态系统可以划定在单个的土壤层或土壤剖面。如果以研究养分循环和农业管理对植物营养作用时,则可以将植物群落——农田土壤系统划定为一个生态系统。或者,可以更大范围、区域、国家甚至研究全球土壤变化。

土壤在陆地生态系统中起着极其重要的作用。主要包括:首先,保持生物活性、多样性和生产性;其次,对水体和溶质流动起调节作用;第三,对有机、无机污染物具有过滤、缓冲、降解、固定和解毒作用;第四,具有贮存并循环生物圈及地表的养分和其他元素的功能。

4. 土壤是人类社会的宝贵资源

资源是自然界中能为人类利用的物质和能量基础,是可供人类开发利用并具有应用前景和价值的物质。土壤资源可以定义为具有农、林、牧业生产力的各种类型土壤的总称。在人类赖以生存的物质中,人类消耗的80%以上的热量、75%以上的蛋白质和大部分纤维都直接来自土壤。所以土壤资源和水资源、大气资源一样,是维持人类生存与发展的必要条件,是社会经济发展最基本的物质基础。土壤资源具有一定的生产力。土壤生产力的高低,除了与其自然属性有关外,很大程度上取决于人类生产科学技术水平。不同种类和性质的土壤,对农、林、牧业具有不同的适宜性,人类生产技术是合理利用和调控土壤适宜性的有效手段,即挖掘和提高土壤生产潜力的问题。人类需要根据土壤资源区域性进行开发与管理,综合农业中的动态变化,土壤影响农林适宜性评价,营养元素的空间调控,土壤圈的各障碍因素对农业生产具有限制作用。土壤资源具有可更新性和可培育性,人类可以利用它的发展变化规律,应用先进的技术,其促使肥力不断提高,以生产更多的农产品,满足人类生活的需要。若采取不恰当的培育措施,土壤肥力和生产力会随之下降,甚至衰竭。

土壤资源的空间存在形式具有地域分异规律,这种地域分异规律时间上具有季节性变化的周期性,所以土壤性质及其生产特征也随季节的变化而发生周期性变化。土壤资源的合理利用与保护是发展农业和保持良性生态循环的基础和前提。

第二节 土壤环境与人类关系

一、环境的组成与结构

所谓环境是相对于某一中心事物而言,作为某一中心事物的对立面而存在,它因中心事物的不同而不同,随中心事物的变化而变化,与某一中心事物有关的周围事物,就是这个中心事物的环境。环境科学所研究的环境是以人类为主体的外部世界,即人类生存、繁衍所必需的,相适应的环境或物质条件的综合体,它们可分为自然环境、人工环境及社会环境。

（一）自然环境的组成及结构

1. 自然环境的组成

自然环境是一个庞大的物质系统。其组成包括:自然环境的各种物质、各种能量以及在能量支配下物质运动所构成的各种动态体系,即自然地理要素。

（1）自然环境的物质组成

自然环境的物质组成可能包括地球所有的化学元素种类。然而此处的讨论将不过细地涉及各种地球元素,而仅以宏观的角度着眼于那些具有地域结构意义的物质成分及其构成的物质系统。

从上述观念出发,可以把自然环境的物质成分概括为四大类,即固态的岩石、液态的水、气态的空气和活质有机体。它们是自然环境最基本的组成成分。这四类物质成分相互联系、相互渗透,普遍存在于自然地理环境中,并各以自己为主体构成了下列自然地理环境的四个基本地圈。

对流圈。大气圈底部对流运动最显著的大气圈层,主要由气态物质组成。这里集中了整个大气质量的 3/4 和几乎全部水汽。它的下界是海陆表面,上界随纬度、季节及其他条件不同而不同。根据观测,对流层的平均厚度在低纬度为 $17\sim18km$,在中纬度为 $10\sim12km$,在高纬度为 $8\sim9km$。夏季厚而冬季薄。

水圈。地球表层水体的总称,包括海洋、河流、湖泊、沼泽、冰川和地下水。其中海洋面积最为宽广,占地球表面积的 70.8%,平均深度为 3.8km。水圈总体积约 13.7 亿 km^2。

沉积岩石圈。亦称成层岩石圈,地壳(及岩石圈)的上层,主要由沉积岩构成,包括火成岩和变质岩等岩类。沉积岩石圈的厚度是不均匀的,平均约有 5km。它的最上面往往覆盖着一层风化壳及土壤(达几十米),后两者是前者的派生自然体。一般地说,沉积岩石圈位于气圈和水圈之下,露出在水圈之上的部分即构成陆地。

生物圈。地表生命有机体及其生活领域的总称,包括植物、动物和微生物三大类。地球生物的活动和影响范围虽然包括了对流层、水圈和沉积岩石圈,但主要集中在这三个无机圈层很薄的接触带中。组成生物圈的有机体的总质量约有 10^{13} t,其中又以植物为主,它占了有机体总质量的 99%。自然环境的能量组成,主要包括太阳辐射、地球内能以及潮汐能等。其中以太阳辐射和地球内能(地热能及重力能)为最重要,它们共同支配着自然环境内部的物质运动。

(2)自然环境的要素组成

自然环境的要素组成包括地貌、气候、水文、土壤和生物。它们是自然环境四种基本组成成分在能量的支配下相互联系、相互作用而产生的各种自然地理动态的物质体系。它们既是物质的,又是动态的。如果说自然环境的物质组成强调物质实体的一面,则自然环境的要素组成更强调物质的运动方面。

地貌是固体地壳的表面形态。作为形态,地貌与组成它的岩石有着密切的依存关系,两者共同构成为岩石地貌复合体。地貌是大气圈、水圈、生物圈(它们蕴含着外力)和岩石圈(蕴含着内力)相互作用的结果。但是,地貌要素反过来又影响着其他各个要素的发展。因为地貌是大气、水和生物作用的场所,地表形态的差异必然引起各种自然地理过程和现象的变化。因此,岩石地貌复合体是自然地理环境要素组成的基本部分。

气候是长期的大气状态和大气现象的综合。它是最活跃的自然环境要素之一。大气蕴含着最终来自太阳的热能,它的物理过程首先支配着地表的热量平衡,同时支配着海陆间的水分循环,从而影响了生物分布和陆地水文网的分布,以及它们的动态。风化壳和土壤覆盖层的形成,受着大气过程各种作用的影响。大气过程还是各种地貌的外营力。

水文也是最活跃的自然环境要素之一。水体所起的一种重要的环境作用,在于其潜热特性。巨大的水体(如海洋)贮藏着大量的热能。水与大气相互联系,决定着自然地理环境中水热的配置。地球重力赋予水一定的功能,使之起着某种对地表形态的塑造作用。水还滋养着整个地球的生物界,没有水就没有生命。因此,各种水文过程实质上成为自然地理环境内部相互联系的纽带。

土壤既是自然地理环境派生的自然体,也是它的一个组成要素。土壤以不完全连续的状态存在于地球表层(可称为土壤圈或土被)。它的空间位置正处在四个基本地圈紧密交接的地带。在整个自然地理环境中,土壤是结合无机界和有机界的枢纽,是联系各自然环境要素的关键环节。

生物是行星地球的特殊物质,作为自然地理环境的组成要素,它也起着特殊的不可替代的作用。首先,绿色植物通过光合作用将自然地理环境中的无机物合成有机物质,同时又把所截获的太阳能转化为化学能而贮藏于有机物质中。通过食物链的联系,植物、动物和微生物共同改造着周围环境。其作用表现在:改变大气圈、水圈的组成,参与风化作用、土壤形成作用、地貌的改造、岩石和非金属矿产的建造,等等。人类作为生物的特殊部分,既有自然属性的一面,又有社会属性的一面。因此,在自然地理环境的组成中,人类起着十分特殊的作用。

总之,自然环境的各种物质成分在以太阳能和地球内能为主的各种环境能量的作用下,形成了各种自然地理组成要素。每一组成要素都按着自身的规律存在和发展着,但是,其中没有一个要素是孤立的。换言之,没有一个要素不受其他要素的影响和给予其他要素以影响,因此,各个要素相互联系、相互作用使自然地理环境组成为一个特殊的物质体系。

2. 自然环境的结构

自然环境的结构是指自然地理环境各组成要素之间以及各组成部分之间的组合格局。作为一个完整的物质体系的自然地理环境,由于各组成要素或组成部分之间相互联系的形式及过程不同,从而形成了不同的结构。自然地理环境的结构是复杂的,而又是有规律的。物质运动规律赋予它鲜明的结构特性。以下特性是自然地理环境结构状况的一般归纳。

(1)分层性

地球的圈层构造特性规定了自然地理环境结构的分层性。大气、水体和岩石由于它们的密度差异,在地球重力的作用下相对集中于自然地理环境的一定部位,并自上而下依次形成具有相对独立性的圈层,即对流层、水圈和沉积岩石圈。生物圈的分布决定于生物自身的生理特性,它重叠于上述三个圈层之中。

除了按基本组成成分的集中程度而区分不同层次之外,在自然地理环境内部仍可进一步细分出一系列更小的层次。如对流层可分为贴地层、摩擦层、中层、上层和对流层顶等;海洋可分为表层(深200m)、次深层(深200~2000m)和深层(深2000m以下)等;植被可分为乔木层、灌木层、草本层和苔藓层等;土壤可分为枯枝落叶层、有机质层、淋溶层、淀积层和母质层,等等。

可以说,分层性是自然地理环境最普遍的结构特性。任何一个自然综合体都必然由不同高度层次的物质成分所组成。

(2)交织性

自然环境的四个基本组成成分相互重叠、相互渗透,彼此交织为一整体。其中每一个基本组成成分都以自己的物质加入所有其他组成成分的组成之中。例如,空气除构成大气圈的主体外,还渗入水体、土体和生物体中;水圈的水除了组成海洋和陆地的江河湖泽等水域外,还渗入大气、土壤、岩石和生物体中;岩石圈的成分也渗入大气、各种水体和生物体中;生物体更是与所有三个无机圈层完全交织在一起。与其他地球圈层比较,这种交织性正是自然地理环境结构的个性。

(3)集中性

海陆表面是大气圈、水圈和岩石圈相互直接接触的部分。各种物质成分相互渗透和相互作用在这里最为显著,物质交换和能量转化在这里最为活跃,一系列派生的自然体也在这里诞生。总之,在海陆表面各种自然地理过程和现象最为集中。沿着这里到自然地理环境的边缘方向,各种自然地理过程和现象逐渐分散而减弱。

(4)综合性

综合性是自然地理环境空间结构的基本特性,其最鲜明的体现是自然综合体的形成。任何自然综合体,其组成成分都不是单方面地起作用,而是相互联系、相互制约综合地起作用。在组成上,自然综合体内部没有任何一种组成成分可以认为是主要的和决定性的。在功能上,自然综合体以一个整体与外界发生联系。各种自然地理成分的综合作用在海陆表面最为明显,从这里到自然地理环境的边缘方向,这种综合特性不断减弱而消失。

(5)差异性

自然环境各个部分具有很大的差异性。也就是说,自然综合体的地域分异显著。翻越一座高山或从海岸往内陆跨越一定距离,都可以观察到各处自然地理现象和过程的差异,更不要说从赤道穿越到极地了。海陆表面(特别是陆地表面)这种地域差异现象尤其鲜明。从这里到自然地理环境边缘的方向,地域差异性逐渐减弱,整个自然地理环境实际上是不同层次的自然综合体的有机组合。因此它可划分为一系列不同等级的结构单位。一般认为:最高级的自然综合体即地理圈,包括对流圈、水圈、沉积岩石圈和生物圈的整体;第二级自然综合体包括大陆和海洋两大部分;第三级自然综合体是大陆或海洋的较大范围,包括各大洲和各大洋。其下还可依次划出各不同的等级。最低级的自然综合体是自然地理环境的局部地段,原苏联地理学家称之为"相"。各级自然综合体等级越高,其重复性越小,水平范围和垂直厚度也越大;反之,等级越低,重复性越大,水平范围和垂直厚度也越小。

(二)人工环境的组成和结构

人工环境是人类在利用和改造自然环境中创造出来的。现在地球上没有受到人类活动影响的自然环境可以说是极为罕见的,绝大部分的原野已被加工改造成了农田、牧场、林场、旅游休养地,并适应人类的需要而日益加速地兴建工厂、矿山、各种建筑,以及交通、通讯设备等。所以,很早便有人提出通过人类活动的基本事实来阐述人类与环境的关系。现代人类活动的内容和结构是异常丰富而复杂的,但最基本的、最主要的是生产和消费活动,也就是人类与自然环境间以及人与人之间的物质、能量和信息的交换过程。这一活动的全部过程——从资源由自然环境中提出来到以固、液、气的形式再排向自然环境,一般可分为提取、加工、调配、消费和排放五个分过程或五个阶段,且每个分过程又都可以再细分下去。例如,提取过程可再细分为采集业、狩猎业、农业、牧业、采掘工业、冶炼工业等,以及各种自然源(如太阳能、风能、水能、地热、核能等),以及各种位能和潜能的利用工业等;加工过程可再细分为机械加工、化学加工等;调配过程可再分为运输、储存、管理等;消费过程可再分为生产消费、非生产消费等;排放过程可再分为直接排放和各种处理后排放等。当然,还可以再细分下去,而正是这些活动过程把原始的生物圈导向技术圈,并在自然环境基础上创造出了工程环境。它包括农业工程环境、工业工程环境以及能源工程环境、交通通信工程环境、信息工程环境等,它们是人类在利用和改造自然环境中创造出来的,但反过来它们又成了影响自然环境和人类活动的重要因素和约束条件。

(三)社会环境的组成和结构

社会环境是由政治、经济和文化等要素构成的,经济是基础,政治是经济的集中表现,文化则是政治和经济的反映。一定的社会有一定经济基础和相应的政治和文化等上层建筑。社会环境是人类活动的产物,但反过来它又成为人类活动的制约条件,也是影响人类与自然环境关系的决定性因素。

自然环境、人工环境与社会环境共同组成各级人类生存环境单元,如聚落环境、区域环境、直至全球性环境,也就是说,人类的生存环境是一个极其庞大而复杂的多级大谱系。由人类这个中心系统与其生存环境可共同构成人类生态系统。历史的经验证明,人类的经济和社会发展,如果不违背环境的功能和特性,遵循客观的自然规律、经济规律和社会规律,那么人类就受益于自然界、人口、经济、社会和环境的协调发展;相反,则环境质量恶化、生态环境破坏、自然资源枯竭,人类必然受到自然界的惩罚。为此,人们要正确掌握环境的组成和结构,环境的功能和环境的演变规律,消除各项工作中的主观性和片面性。

二、土壤环境的概念

土壤环境是指岩石经过物理、化学、生物的侵蚀和风化作用,以及地貌、气候等诸多因素长期作用下形成的土壤的生态环境。土壤形成的环境决定于母岩的自然环境,由于风化的岩石发生元素和化合物的淋滤作用,并在生物的作用下,产生积累,或溶解于土壤水中,形成多种植被营养元素的土壤环境。它是地球陆地表面具有肥力,能生长植物和微生物的疏松表层环境。土壤环境由矿物质、动植物残体腐烂分解产生的有机物质以及水分、空气等固、液、气三相组成。固相(包括原生矿物、次生矿物、有机质和微生物)占土壤总重量的 90％～95％；液相(包括水及其可溶物)称为土壤溶液。各地的自然因素和人为因素不同,形成各种不同类型的土壤环境。中国土壤环境存在的问题主要有农田土壤肥力减退、土壤严重流失、草原土壤沙化、局部地区土壤环境被污染破坏等。

三、土壤环境与水质

1. 土壤影响水质

水是人类生存不可缺少的物质,没有水就没有生命,同时,水在人类文明发展中也起着重要的作用。我国江河众多,流域面积＞100km² 的河流约有 5 万多条,流域面积＞1000km² 的河流约有 1500 多条。水资源通常是指逐年可以得到恢复和更新的淡水量,中国水资源总量为 $2.8124 \times 10^{12} m^3$,少于巴西、前苏联、加拿大、美国、印度尼西亚,居世界第六位;但中国人均水资源量仅有 2710m³,约为世界人均量的四分之一,因而水资源的保护任务是十分艰巨的。为了保护水资源必须重视土壤质量的保护与提高,因为水质与土壤质量有着十分密切的关系(表 1－1)。

表 1－1　土壤质量与水质的关系

对水质的影响	
直接影响	
母质	盐浓度、软硬度
有机质含量	色度
土壤结构与可蚀性	浊度
CEC	可溶物负荷
厌氧条件	BOD、COD
质地	悬浮物负荷
间接作用	
耕作方法	沉积物浓度与悬浮物质负荷
化学品输入	可溶物负荷、富营养化
农作制度	生物量
排水	可溶负荷

(Bezdicek et al. 1996)

土壤性质直接与水质有关的指标包括:①可侵蚀性,影响水体沉积物的负荷或混浊程度;②阳离子交换容量(CEC)和养分储量,影响淋溶强度和可溶性物质的负荷;③土壤有机质的含量,影响淋溶容量。

水的软硬度、色度、浊度、可溶物负荷以及水体富营养化等均与土壤性质和过程有着直接或间接的关系。由土壤性质我们可以概略地推测流经地河流水质的基本性质,如地表水的浑浊度是由水中含泥沙、黏土、有机物等造成的,不同河流因流经地区的土壤和地质条件不同,浑浊度可能有很大差别;水中离子的种类和流经地土壤性质有关,因而影响水的嗅和味,如浑浊河水常有泥土气或涩味;含氧较多或含硫酸钙的水略带甜味,含氯化钠的水带咸味,含硫酸镁、硫酸钠的水带苦味,含铁的水微涩。

2. 土壤对水体中污染物的控制

土壤控制着土壤中饱和或非饱和层水中的有害物质的浓度(图1-1)。土壤与有害物质的反应包括:①土壤作为一种含有固体、气体和水的不均匀物质,具有独特的物理和化学性质,具有一定的化学活性,从而影响水中有害物质的浓度。②土壤固体具有较大的表面积,可作为多种物理和化学反应的媒介,如水解、氧化、还原、键合残留和多种吸持与固定反应。人们注意到,水始终与土壤表面紧密接触,因而不难理解水、土壤环境质量之间的相互关系。③土壤含有大量的水,因而在土壤中亦可发生许多水化学反应。多氯联苯(PCBs)等有机污染物在土-水体系中往往在土壤颗粒表面吸附得十分牢固。但在油性溶剂中却难于吸附。④土壤含有大量的微生物,它们所具有的各种各样的酶可催化有机和无机分子的转化与降解。⑤土壤具有一定的孔隙度,是许多挥发性有害物质的通路。⑥土壤体系中可能有多种反应同时出现,对许多有害物质来说,土壤是一个复杂的缓冲体系,它调节着水中许多有害物质的浓度。但如果有害物质保持在土壤的交换位和有机质与矿物的吸附位上,则有可能重新释放到水中,使土壤成为二次污染源。应当注意到,不同土壤中所出现的反应可能有着很大的差别,如PCBs在沙土中可能迁移到地下水中,而在一个富含蒙皂石的表土中,这种迁移完全可以忽略。

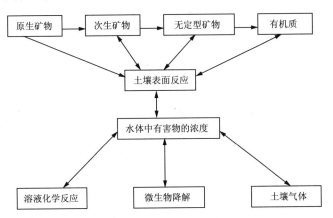

图1-1 土壤对水体中有害物质浓度控制示意图

河流悬浮物与其流域的土壤性质关系密切,而且对水体中有害物质,例如重金属的浓度有很大的影响。废水或污染物进入水体后,立即产生两个互相关联的过程:一是水体污染过程;二是水体自净过程。水体污染的发生和发展,亦即水质是否恶化,要视这两个过程进行的强度和净化效果而定。这两个过程进行的强度与污染物性质、污染源大小和受体三方面及相互作用有关。重金属离子进入水体后,往往为河流悬浮物所吸附,从而起到了不同程度的净化作用。研究表明,悬浮物的吸附作用使许多污染物,特别是各种重金属离子由水中转入底泥,是环境污染自净过程的重要方式。Cd 的吸附和解吸最有可能是控制天然水中 Cd 浓度的主要因子,其他重金属亦有类似的行为,因而悬浮物对重金属的吸附能力在一定程度上可反映河流对重金属的净化能力。但是,河流因其地域的差异,其悬浮物的组成、性质各不相同,因而其吸附行为亦不一样;此外,吸附尚受到 pH、温度、矿化度、悬浮物含量的影响。重金属吸附试验中的"泥沙效应"显示:在吸附质浓度固定时,单位吸附量随吸附剂含量的增大而减少。因而如何用河流悬浮物的吸附作用来比较相互之间,或同一河流的不同地段,或同一地段丰、枯水期的净化能力,就成为一个相当复杂的问题。我国主要河流悬浮物样品对 Cd 离子吸附作用的研究表明,当将不同含量的悬浮物所测得的分配系数进行比较时,有必要考虑其含量的影响,否则相互之间的比较可能是无意义的。但在实际条件下,各河流的泥沙含量均有差异,为了排除这种"泥沙效应",对河流之间悬浮物的净化能力进行有效的比较,可用吸附势这一强度因子来比较各河流之间,或同一河流不同地段,或同一地段丰、枯水期的相对净化能力。

四、土壤环境与大气环境质量

土壤环境与大气环境质量之间有着密切的关系。土壤圈与大气圈之间不断地进行着固、液、气三相物质的交换。土壤通过绿色植物固定大气中的二氧化碳,释放出氧气;通过固氮植物固定大气中的氮气。植物的枯枝落叶在土壤微生物的作用下,一部分转化成土壤有机质,一部分则以二氧化碳形式排入大气。降雨为土壤补充水分,土壤水的蒸发和植物蒸腾作用是大气水蒸气的来源之一。大气中的悬浮颗粒主要来源于土壤的风蚀过程,而大气降尘又是一些地区土壤物质的重要来源。例如,我国的黄土区、美国中部的大平原、欧洲中部、以色列及尼罗河沉积黄土发育的土壤都与地质历史上风力搬运物质的沉降有关。现今一些地区沙尘暴的产生本质上属于土壤风蚀的结果。风蚀吹走了表土中的细小颗粒,从而使土壤贫瘠化、粗质化,进而沙漠化,它是我国西北地区土壤荒漠化最为重要的作用力。

大气环境质量与土壤环境质量相互依存,要改善大气环境质量必须重视土壤环境质量的保护。从绝对质量来衡量,土壤尘埃是大气悬浮颗粒最主要的组成部分,因而大气悬浮颗粒对大气质量的影响,在很大程度上取决于土壤尘埃的理化性质。我国大气颗粒物质对酸的缓冲能力呈现北高南低的趋势,这与我国土壤的地带性分布相一致。

土壤在调节温室气体浓度中起重要作用,它是最大的陆地 C 库,约为 1550pg,还有 95Tg N,如果土壤发生 C 和 N 库消耗,也就意味着增加了大气的 C 和 N 库(主要以二氧化碳、甲烷和 NO_x 的形式而存在)。土壤质量通过有关的土壤过程在调节与土壤有关的气体通量方面起着十分重要的作用,耕作措施、施肥、作物轮作等均可影响气体通量。直接影响土壤温室气体排放的土壤性质包括有机 C、土壤温度、土壤水和通气程度。

土壤 C 和 N 库是地球 C 库和 N 库的重要组成部分,在其循环中产生 CO_2、CH_4 和 NO_x 等温室气体,从而影响气候的变化;而气候的变化又反过来影响有机质的分解速率,从而影响温室气体。在自然条件下,温度的升高有利于甲烷的排放,对海南东寨港和厦门西港两个红树林土壤 CH_4 产生率及其土壤理化因子影响的研究结果指出,相隔约 5 个纬度的两个红树林的土壤 CH_4 产生率均表现为暖季较高而冷季较低的季节性变化模式,表现出温度对湿地甲烷排放影响的重要性。土壤含水量、有机质、Ca^{2+}、Mg^{2+}、SO_4^{2-} 对海南红树林土壤 CH_4 产生率有影响,而厦门红树林土壤 CH_4 产生率的主要影响因素是土壤含水量、全 N 和 Cl^-/SO_4^{2-}。海南红树林与厦门红树林 CH_4 产生的差异性,说明土壤性质与大气环境质量之间有密切的关联。土壤质地对稻田平均 CH_4 排放通量亦具有显著的影响,黏质土壤排放的 CH_4 显著低于壤质和砂质土壤。

除了土壤中气体的释放受制于各种环境条件和土壤性质影响之外,土壤对大气中的气体有一定的净化作用,土壤质量亦受到大气环境质量的影响。SO_2 作为形成酸雨的最重要的前体物之一,经气相氧化形成酸雨或硫黄烟雾,或经液相氧化附着于大气颗粒物表面沉降至地面,可能对土壤质量有一定的影响。葫芦岛锌厂排放 SO_2,使附近土壤中有效 S 的含量与对照相比均有一定的提高,说明锌厂排放的 SO_2 对土壤质量产生了一定的影响。锌厂排放的 SO_2 通过降尘的形式落到土壤表面,使土壤中有效 S 增加,而且表现出一定的规律性,它与锌厂烟囱的高度和风力有关,依距离的近远呈现低到高,再到低的变化。

五、土壤环境与作物品质

"民以食为天,食以土为本",土壤与食物链的安全有着十分密切的关系。当今食品安全有着十分丰富的内涵,它包括了食品的数量安全、质量安全、经济安全和生态安全。数量安全是食品安全的最基本要求,是指具有足够的食品以满足日益增长的人口的需求;质量安全是指营养质量和安全质量,例如,无公害食品、绿色食品、有机食品等;经济安全是指对生产者经济受益的保障;而生态安全则强调了清洁生产的重要性。土壤污染对农产品产量和质量有着明显的影响,植物可从污染土壤中吸收污染物,从而引起代谢失调、生长发育受阻或导致遗传变异。如沈阳市沈抚灌区曾利用炼油厂未经处理的废水灌溉,田间观察发现,水稻严重矮化。初期症状是叶片披散下垂,叶尖变红;中期症状是抽穗后不能开花授粉,形成空壳,或者根本不抽穗;后期仍继续无效分蘖,这种现象认为是污水中油、酚等有毒物质和其他因素综合作用的结果。一些被重金属 Cd、Hg 等污染的农田所生产的粮食不能食用。

随着生活水平的不断提高,人们不但追求食品的数量,而且十分重视其质量。土壤质量的好坏直接影响到作物的产量与品质,有关土壤与作物品质的研究引发了"土宜学"的诞生,强调了土壤质量对作物产量与品质的适宜性。

土壤质量与稻、麦、豆、茶、棉、麻、西瓜和蔬菜等作物产品质量有着密切的关系。研究表明,晚稻米的蛋白质含量与土壤有机质呈显著正相关。有机肥(猪粪尿和绿肥)作基肥单施,不仅使稻谷产量比对照显著增加,而且使糙米的含氮量、蛋白质氮和氨基酸总量都分别比单施尿素的有明显提高。长期定位试验表明施用有机肥的小麦籽粒中 17 种氨基酸中的谷氨酸、丙氨酸、异亮氨酸的含量均比施化肥者含量高。

茶叶品质与土壤有机质也有重要的相应关系,有机质能改善茶叶汤色、香气和滋味,增加茶叶浸出物。我国一些优质名茶产地的茶园土壤富含有机质,一般表土在 $20\sim30\mathrm{g/kg}$ 之间,亚表土有机质亦在 $15\mathrm{g/kg}$ 左右。土壤有机质含量多少是茶园土壤质量的重要指标之一。对于茶树生长,我国古代就有"上者生烂石,中者生砾壤,下者生黄土"之说,说明茶叶品质与土壤质量的关系是十分密切的。

柑橘生长和果实的品质与土壤微量元素含量有关,土壤与柑橘病叶片中某些营养元素的相关性分析见表 1-2 所列,叶片中 Zn、Mo、Cu 含量与土壤中相应元素的有效态含量有着显著的相关性;而叶片中 Zn 的含量与柑橘的生长与品质有关。广西高产优质柑橘园表土有效 Zn 含量常在 $2.2\sim3.8\mathrm{mg/kg}$ 范围内,而当有效态 Zn 含量低于 $0.5\mathrm{mg/kg}$ 时,则表现出明显的缺锌症状。在土壤氮素供应充足的情况下,果实含糖量与土壤、叶片含氮量呈负相关关系,因而在生产中,保持土壤对柑橘体内氮和钾的含量处于中等水平对品质和产量均较有利。磷对柑橘品质的影响亦较突出,缺磷使柑橘果皮粗糙,果汁少而含酸量高。土壤缺锰会使柑橘所需锰含量不足,从而影响果实的柠檬酸和 VC 的合成。

表 1-2 土壤与柑橘叶片中一些微量元素的相关分析

土壤类型	柑橘品种	相关项目	回归方程	相关系数
红壤 (0.1mol/L HCl 提取)	温州蜜橘 新会橙	土壤有效 Zn 与 叶片中 Zn	$y=10.80+9.79x$	0.83 ($n=22$)
淋溶石灰土 潮土 (DTPA 提取)	沙田柚	土壤有效 Zn 与 叶片中 Zn	$y=12.36+7.91x$	0.80 ($n=8$)
	新会橙			
	夏橙			
红壤	温州蜜橘	土壤有效 Mo 与 叶片中 Mo	$y=-0.001+0.47x$	0.82 ($n=10$)
	新会橙			
	柳橙、夏橙			
潮土	沙田柚	土壤有效 Mo 与 叶片中 Mo	$y=0.01+0.67x$	0.77 ($n=8$)
红壤 (0.1mol/L HCl 提取)	温州蜜橘 新会橙 夏橙、沙田柚	土壤有效 Cu 与 叶片中 Cu	$y=3.64+1.04x$	0.71 ($n=21$)
潮土 (DTPA 提取)	沙田柚	土壤有效 Cu 与 叶片中 Cu	$y=1.16\div3.45x$	0.79 ($n=8$)

(欧阳兆等,1994)

土壤外源 Cr 和 Cd 污染对水稻、牧草及稻谷品质均有明显的影响。Cr 使小麦籽粒的粗淀粉、粗蛋白含量显著下降,与对照相比,在 Cr^{3+} 浓度为 400mg/kg 和 800mg/kg 处理时,粗淀粉分别下降了 5％和 10％,粗蛋白分别下降了 63％和 87％,赖氨酸含量分别下降了 17％和 39％,而氨基酸总量在 Cr^{3+} 浓度为800mg/kg 的处理中与对照相比下降了 26％。Cr 亦使红三叶草、紫苜蓿、黑麦草、苏丹草的粗蛋白、氨基酸总量等养分含量下降。Cd 使糙米中的粗蛋白、粗淀粉、直链淀粉、赖氨酸等含量减少(表 1-3),因而重金属的污染除了它自身的毒性外,还降低了产品的营养价值。

表 1-3　Cd 对糙米中一些营养成分的影响

处理	粗淀粉(%)	直链淀粉(%)	赖氨酸(%)	粗蛋白(%)	糙米中(mg/kg)
CK	76.86	21.72	0.38	9.00	0.008
Cd(2mg/kg)	73.86	20.08	0.34	7.74	0.394
Cd(8mg/kg)	71.25	17.08	0.26	5.68	0.886

六、土壤环境与人体和动物健康

有关土壤和人及动物健康的关系,文献中曾有很好的总结(Oliver,1997)。土壤可从多种途径影响人体健康,从而导致特殊的疾病或危害健康。一些疾病是由吞食土壤所引起,如吸入含有石棉状矿物的土壤时可导致恶性健康问题;病原体可导致破伤风和十二指肠疾病;被病原体污染的土壤能传播伤寒、副伤寒、痢疾、病毒性肝炎等传染病。被传染病的病原体污染的土壤又反过来污染水源,还可通过飘尘等途径传播疾病,造成疾病流行。被有机废弃物污染了的土壤,是蚊蝇草生和鼠类繁殖的场所,而蚊、蝇和鼠类又是许多传染病的媒介。因此,被有机废弃物污染的土壤,在流行病学上被视为特别危险的物质。污染土壤中的致癌物质如苯并(a)芘对人类健康也带来威胁。公园和庭院花园中的土壤污染,可直接对人特别是儿童造成危害;污染土壤还可以通过食物链影响人体的健康。土粒经过破损处进入身体后可导致象皮病;一些癌症与来自土壤中的氡有关;一些地区发现婴儿的死亡率与排水不良的土壤有关。

光合植物形成了地球上的生命基础和支撑动物生命的食物链,植物支持了动物,而动物为人类提供了食物链中肉、奶类食物。植物吸收的大部分营养元素是土壤中溶解于水的矿物盐。然而,人类在消费植物和动物产品的同时,有可能改变土壤的生物、化学和物理学性质。土壤中营养元素的过量或缺乏,以及外源有毒化学品的污染,在其循环过程中将会影响植物、动物和人类食物链的组成成分,从而影响植物、动物和人类的正常生长与发育。

土壤影响人体和动物健康的途径主要有以下几个方面:

1. 土壤中的化学品中毒

直接因土壤中的化学品而中毒的现象可能是由于人为事故或地质过程引起。人为事故的例子包括工业废物、化学品的不当施用,废弃物土地处理中的处置失当,土壤被重金属、有机化学品、石油产品、农药等污染。许多污染物,如重金属中的 Hg、Cd 和 Pb 等,有机污染物中的农药等都可存留于人的器官或脂肪中,并长期积累直至引起生理和营养混乱,甚至癌症。污染物进入土壤后,可危及农作物的生长和土壤生物的生存。

地质过程可形成地方性疾病。贵州省兴白地区曾发生一种不明原因的疾病,患者主要症状为头晕、耳鸣、乏力、四肢疼痛、食欲减退、视力模糊、毛发脱落等,当地居民称之为"鬼剃头",通过水土病因的调查,发现病区土壤中铊(Tl)的含量约为非病区土壤的 40 余倍,是一种罕见的慢性铊中毒。病区人群尿液、头发、指(趾)甲中铊的含量均很高。

2. 土壤作为次生污染源的间接影响

土壤作为次生污染源可间接影响人体和动物的健康,土壤作为污染物的源与汇具有净化和污染环境的双重性。当水通过土壤时,土壤可作为吸附剂而除去许多元素和化合物。在土壤剖面中,水中的一些化合物,特别是带正电荷的化合物在进入地下水之前已被土壤吸附或沉淀。通常情况下,土壤表层富含有机质,因而水中的一些有机污染物均为土壤上层所吸附。土壤亦可能吸附污染气体,将其储藏于富含有机质的土壤表面。这些富集于土壤中的污染物,在适当的条件下可通过雨水而污染水体,通过风力引起飘尘而污染空气,造成动物与人体健康问题。通过土壤而进入水中的硝酸盐可能会带来潜在而致命的血红蛋白缺乏征或蓝婴综合征,如在体内转化成亚硝酸盐,则有强烈的致癌作用。飘尘和沙尘暴对人的视力和呼吸道系统的影响尤为明显。污染土壤还可通过水体和风力作用的传输导致其他地区表土的污染。

3. 作物品质对人体和动物的影响

生长于土壤中的植物可从其中获得不足、适量或过量的必需或非必需元素,通过作物品质的降低而影响人体和动物的健康。人们对土壤中硒的含量给予很大的关注,并已发现那些土壤中硒的含量低于作物生长最佳需要量的地区正好与肺癌、乳腺癌、直肠癌、肾癌、食道癌和子宫癌等高发区相吻合,尽管其直接的因果关系尚需进一步研究。在我国亦常发现一些奇特的地方性疾病,这些病往往与土壤中某种微量元素的缺乏或过多有关。克山病主要出现在白垩纪、侏罗纪的陆相沉积地区,而海相沉积特别是碳酸盐出露地区,这种病就很少见。病区粮食中的钼和硒或硒含量普遍低于非病区。

第三节　环境土壤学的研究对象与任务

一、环境土壤学的产生

随着自然资源的开发利用,城市和工农业生产的迅速发展,工业污染与农业污染已经成为严重的环境问题,再加之世界人口急剧增长,森林的过度采伐,草原退化,沙漠化面积的不断扩大,水土流失加剧,土壤退化、酸化等造成的土壤环境质量日趋恶化,使土壤环境问题已经成为当今世界上一个重要的社会、经济和技术问题。

为了保护土壤资源,要了解、控制和消除这些有害的影响,从 20 世纪 50 年代以来,土壤与土壤地理学家从事了环境问题研究,从土壤环境科学的基础和观点出发,进行了某些基础的研究。以后,特别是 20 世纪 70 年代以来,土壤环境问题日趋恶化,有关环境问题的研究也不断深入,在土壤与土壤地理科学的基础上逐渐发展成为一门新兴的环境土壤学。

二、环境土壤学的学科性质

环境土壤学是土壤学与环境学之间的边缘性学科,综合交叉学科。从土壤学的角度看,环境土壤学是土壤学向环境学渗透而产生的新分支;从环境科学看,环境土壤学属于基础环境学,它与属于部门环境学的土壤环境学之间的关系,正如介于物理与化学之间的化学物理和物理化学之间的关系一样,既不能截然分开,也不能混为一谈。环境土壤学也是一门新兴的、与土壤学、化学、生态学、生命科学和环境科学等学科内容相关的综合性交叉学科,是土壤学和环境科学的重要组成部分。

环境土壤学具有两大特征:首先,它是一门交叉的界面科学,研究的理论基础来源于近代土壤学、环境科学、生态学、生物地球化学、化学、生物学以及土壤-地理医学等学科;其次,在研究环境中化学物质的生物小循环与地质大循环结合交点上兼有生命与非生命科学的双重内涵。

三、环境土壤学的研究对象

环境土壤学是研究人类活动和自然因素引起的土壤环境质量变化以及这种变化对人体健康、社会经济、生态系统结构和功能的影响,探索调节、控制和改善土壤环境质量的途径和方法。它涉及土壤质量与生物品质,即土壤质量与生物多样性以及食物链的营养价值与安全问题;涉及土壤与水和大气质量的关系,即土壤作为源与汇(或库)对水质和大气质量的影响;涉及人类居住环境问题,即土壤元素丰缺与人类健康的关系;涉及土壤与其他环境要素的交互作用,即土壤圈、水圈、岩石圈、生物圈和大气圈的相互影响;涉及土壤质量的保护与改善等土壤环境工程的相关研究与应用。从广义上说,环境土壤学研究的对象应当是土壤-植物系统。这个系统由土壤的无机部分、土壤的有机部分、植物三个亚系统组成,土壤是环境要素之一。从生产的角度看,土壤能为绿色植物提供肥力(水分和养料);从保护环境的角度看,土壤具有同化和代谢进入土壤中的污染物的能力;因而是人类不可缺少的自然资源。

四、研究任务与内容

保护土壤资源,提高土壤-植物系统的生产能力,充分利用土壤-植物系统对污染物的净化能力,是环境土壤学研究的基本任务。它的主要研究内容包括:

(1)研究土壤背景值。土壤元素背景值较为真实地反映了一定时间和空间范围内,一定的社会和经济条件下土壤中元素的基本信息及其相互之间的关系,是环境科学的一项基本数据和重要的科学信息,它影响着土壤负载容量和水体、作物、大气等的环境质量和人体健康。利用土壤元素背景值和土壤环境质量标准等数值可有效地计算综合污染指数,用于评述不同条件下土壤重金属复合污染时的相对污染程度及其变化情况。其方法是,积累原始性和基础性资料,建立土壤环境背景资料数据库,以保证研究资料的准确性、可比性、系统性和完整性。

(2)研究土壤环境现状,进行综合评价,并根据国民经济发展的需要以及可能采取的环境保护措施,对土壤环境质量作出科学的预测。

(3)研究土壤及其边界环境中污染物特别是主要污染物的迁移、转化和分布规律,弄清它们的来源和归宿。在进行污染物土壤环境系统反应行为的研究中,应重视根际环境的研究。根际微区是一个只有0.1~4mm左右的区域,在该区域中,由于植物根系的存在,从而在物理、化学、生物特征方面产生有异于土壤本体的现象。根际特征可归纳为微型性、特殊性、复杂性、动态性和开放性,根际环境中的酸-碱反应、氧化-还原反应、配位-离解反应、生化反应、活化-固定以及吸附-解吸等行为的变化最终将表现为污染物的形态变化,从而改变生物有效性和生物毒性。污染物根际效应的研究是揭示污染物环境行为的重要组成部分,对认识土壤-水植物系统污染物的迁移、转化及归宿至关重要,当前对污染物根际效应的研究偏重于重金属污染,且大多为现象的描述,缺乏对反应机理和过程的深刻探讨。因而加强机理性研究应是今后污染物根际效应关注的重点。

(4)定量研究人为污染因素(物理的、化学的和生物学的)对土壤物理、化学、生物学特性的微观机理和宏观生态效应。

注重点源与面源污染对整体环境质量的影响;研究土壤与温室效应和全球变化的关系;经济开发与土壤生态和环境的演变;工矿开发和重大工程对土壤环境质量的影响;土壤质量变化及其对其他环境要素、社会经济、人文环境、生态结构和功能影响等方面的基础性与应用基础性研究;同时注重其研究成果在生态恢复、环境治理、持续发展等方面的应用。

(5)研究土壤-植物系统污染的生态效应和卫生学评价,进行流行病学的统计相关分析和因果关系定量分析。如土壤及其边界环境污染对资源利用、生物生产力和生态效应的影响评价。例如,土壤异常与地方病的关系,研究与人类和动物健康有关的疾病和营养问题的土壤因素,这些因素与土壤环境化学、矿物学和生物学等性质有关。土壤胶体(包括有机胶体、无机胶体、有机-无机复合体)是微量元素和持久性有机污染物(包括环境激素)的储藏库,土壤胶体能影响微量元素和有机污染物的生物有效性和动态变化。许多微量元素和有机化合物同动物营养、人类的健康、繁衍与幸福有关。

(6)研究土壤-植物系统对主要污染物的净化功能和作用机理、反应动力学及其环境条件,为发展城市污水的土地处理系统提供科学依据。

(7)建立土壤及其边界环境中污染物迁移、转化规律的生物物理化学行为数学模式,并通过实践不断加以修改和完善。

(8)在严格的环境土壤学实验基础上,参考各种环境质量基准值,研究土壤环境标准。数年来的实践表明,如何在国家标准指导下根据不同类型的土壤和当地社会、经济等实际情况,从保护和有效利用土壤资源出发,制定适宜的地方性土壤环境质量标准已经成为当务之急。如何从土壤自身的特征出发制定出有利于土壤资源保护的土壤环境质量标准,是一项重要研究内容。

(9)综合污染源、污染物类型、污染方式、污染途径、土壤类型及其分布的地貌条件、地球化学特征、气候和水文条件等因素,计算土壤的环境容量,确定表述土壤环境容量的数学模式,为实行土壤污染的总量控制提供科学依据。土壤环境容量,是指一定环境单元和一定时限内,土壤遵循环境质量标准,既能保证土壤质量,又不产生次生污染时所能容纳的污染物最大负荷量。我国不同区域有关重金属的土壤负载容量,它受到多种因素的影响,土壤性质、指示物的差异、污染历程、环境因素、化合物的类型与形态是当前容量研究中的重要影响因素,它们在土壤污染物临界含量的确定中均应重点考虑。

(10)在发展国民经济的过程中,研究厂矿、企业、城市和大工程对土壤环境质量的影响。通过实地调查和实验,研究土壤-植物系统及其边界环境的污染防治途径和措施,例如,研究污染土壤的物理、化学、微生物和植物修复,土壤净化功能的开发等。研究土壤环境质量基准,例如,收集和制备各种标准土壤样品、生物样品、纯化学标准品,建立跨部门的技术协作网,实现土壤环境分析测试方法的标准化。

复习思考题

1.1 简述土壤的概念。
1.2 土壤圈的功能有哪些?
1.3 环境的组成和结构特点有哪些?
1.4 简述土壤环境与人类的关系。
1.5 简述环境土壤学的学科性质和研究对象。
1.6 环境土壤学的研究内容有哪些?

第二章　土壤的基本组成和性质

第一节　土壤的形成

土壤是成土母质在一定的水热条件和生物的作用下,经过一系列物理、化学和生物化学的作用而形成的。在这个过程中,成土母质与成土环境之间发生了一系列的物质、能量的交换和转化,形成了层次分明的土壤剖面,出现了具有肥力特性的自然体——土壤。土壤作为一个历史自然体和地理体,既有其自身的发生和发展规律,也有其在分布上的地理规律。

一、土壤形成因素

19 世纪末,俄国土壤学家 B·B 道库恰耶夫提出了土壤是地理景观的一面镜子,是一个独立的历史自然体;认为母质、气候、生物、地形和时间是土壤形成的主要因素,土壤是在这五大自然成土因素共同作用下形成的。

自人类利用土壤从事农业生产开始,人为因素就干预了土壤的形成,随着农业生产的发展和科学技术的进步,人为因素对土壤形成的干预日益深刻和广泛,它在农业土壤的发展变化上已成为一个具有特殊重大作用的因素,成为五大自然成土因素之外的成土因素。

(一)母质因素

母质是形成土壤的物质基础,是土壤的"骨架",是土壤中植物所需矿质养分的最初来源。母质中的某些性质,如机械性质、渗透性、矿物组成和化学特性等都直接影响成土过程的速度和方向。

母质的机械组成直接影响到土壤的机械组成,如黄土母质由于本身的特点是质地细匀,上下一致,所以在此母质上形成的土壤也必然保留了黄土母质的特点。

母质的矿物、化学成分影响着成土过程的速度、性质和方向,如在酸性花岗岩风化物中,由于石英质量分数较高,而所含的盐基成分(Na_2O、K_2O、CaO、MgO)较少,在强淋溶下极易完全淋失,使土壤呈酸性反应。而富含盐基的基性岩或中性岩,如玄武岩、辉绿岩等风化物形成的土壤则多为中性。

母质的透水性对成土作用有显著影响。水分在土体中的移动,是促进剖面层次分化的重要因子。沙质母质,透水性强,而不易引起母质中的化学风化作用,故其成土作用缓慢,土壤剖面不易发育。壤性母质,有适当的透水性,母质可以充分进行化学分解,分解产物又能随水下移淀积,从而发生较为明显的层次分化。黏质的母质,则由于透水不良,水分在土壤中移动缓慢,土壤物质由上而下的垂直移动现象不显著,而且有时还能出现潜育化现象。

此外,母质层次的不均一性不仅直接影响土体的机械组成和化学组成的不均一性,更重要的是造成水分在土体中的运行状况的不均一性,从而影响着土体中物质迁移的不均一性。一般来说,成土过程进行得愈久,母质与土壤的性质差异也愈大。但母质的某些性质却会长期保留在土壤中。

(二)气候因素

气候是起决定作用的成土因素。气候决定了土壤的发育方向和地理分布,如热带、亚热带、温带、寒带、湿润、半湿润、干旱、半干旱气候决定了该气候下的土壤发育方向和分布特点,垂直分布的差异也是因气候不同而引起的。因为气候支配着成土过程的水热条件,水分和热量不但直接参与母质的风化过程和物质的地质淋溶过程,而且更重要的是在很大程度上控制着植物和微生物的生长,影响土壤有机物质的积累和分解,决定着营养物质的生物学循环的速度和范围。

1. 气候对土壤风化作用的影响

母岩和土壤中矿物质的风化速率直接受热量和水分控制。一般情况下,温度从 $0℃$ 增长到 $50℃$ 时,化合物的解离度增加 7 倍,从而随着温度的增高,硅酸盐类矿物的水解过程大大增强,母岩和土壤的风化作用亦大大增强。

2. 气候对土壤有机质的影响

一般的趋势是,降水量大,植物生长繁茂,植物体的年增长量大,每年进入土壤中的有机物质也就多,反之则少。但从温度来说,在一定范围内,随着温度升高,土壤微生物活动也随之加速,因而土壤有机质的分解过程也加快。据研究,当湿度为 $60\%\sim65\%$,温度为 $45℃\sim50℃$ 时,有机物质分解最充分,可达到总量的 90%,如果湿度和温度超过这个范围,则有机物质的矿化受阻,可促进腐殖质的形成。上述关系一般来说,也适用气候与土壤全氮质量分数的关系。

3. 气候对土壤矿物质迁移的影响

随着气候条件和土壤水热状况的变化,土壤中矿物质的迁移状况也有相应的变化。我国自西北向华北逐渐过渡,土壤中盐类的迁移能力不断加强。因此它们在土体中的分异也愈加明显。在西北荒漠和半荒漠草原区,易溶解的盐类有淋溶现象,土体中往往没有明显的钙积层。在内蒙古及华北的森林草原地区,一价盐类大部分淋失,大部分土壤都具有明显的钙积层。但到华北东部的温带森林地带,则碳酸盐也大多淋失。在华南则铁、铝等在土壤表层积累,硅遭到淋溶。

(三)生物因素

生物因素是影响土壤发生发展的最主要、最活跃的因素。由于生物的生命活动,才把大量的太阳能引进成土过程的轨道,使分散在岩石圈、水圈和大气圈中的营养元素有了向土壤聚集的可能,从而创造出仅为土壤所固有的肥力特性,并推动了土壤的形成和演化,所以从这一意义上说,没有生物的作用,就没有土壤的形成过程。

土壤形成的生物因素,包括植物、土壤动物和土壤微生物的作用。

1. 植物在成土过程中的作用

植物在土壤形成中的作用,最重要的是表现在土壤与植物之间的物质和能量交换过程上。植物,特别是高等绿色植物,把分散在母质、水体和大气中的营养元素选择性地吸收起来,利用太阳能进行光合作用,合成有机质,把太阳能转化为化学能,再以有机残体的形式,聚积在母质表层。然后经过微生物的分解、合成作用或进一步的转化,使母质表层的营养物质和能量逐渐地丰富起来,改造了母质,推动了土壤的发展。不同植物所形成的有机质的性质、数量和积累方式不同。

木本植物的组成以多年生为主,每年形成的有机质只有一小部分以凋落物的形式堆积于土壤表层之上,形成粗有机质。疏松多孔,透水通气,有利于天然淋洗过程的进行,适于好气微生物活动,形成的腐殖质层以富里酸为主。

草本植物的组成以一年生和多年生草本植物为主,一年内植株的主体部分都要死亡,因而每年都有大量的有机残体进入土壤,数量巨大的死亡根系残留于土壤内,就地分解,成为土壤腐殖质,逐渐形成深厚的腐殖质层。

此外,植物根系对土壤结构形成的作用和凭借根系分泌的有机酸分解原生矿物,并使之有效化。植被可以改变环境条件,特别是水热条件,从而对土壤形成过程产生影响。

2. 土壤动物在成土过程中的作用

土壤动物的种类众多,数量大,它们都以特定的生活方式,参与了土壤腐殖质的形成和养分的转化以及疏松土壤和搬运土壤的作用,对土壤的组成、理化性质及肥力状况均有深刻的影响。

3. 土壤微生物在成土过程中的作用

微生物一方面分解有机质,释放其中所含有的各种养料,为植物吸收利用;另一方面合成腐殖质,发展土壤胶体性能。此外,固氮微生物、化能细菌等,还可增加土壤含氮量和矿质养分的有效率。

(四)地形因素

在成土过程中,地形是影响土壤和环境之间进行物质、能量交换的一个重要条件。它在成土过程中,不提供任何新的物质。其主要表现为:一方面是使物质在地表进行再分配;另一方面是使土壤及母质在接受光、热条件方面发生差异,以及接受降水或潜水在土体的重新分配方面的差异。

1. 地形与母质的关系

地形对母质起着重新分配的作用。不同的地形部位可能有不同类型的母质,如从山地上部或台地至湖泊、滨海,其母质依次分别为残积母质、坡积物、冲积物、湖积物和海积物。

2. 地形与水热条件的关系

地形支配着地表径流,在很大程度上也决定地下水的活动情况。

地形也影响着地表温度的差异。这是由于不同的高度、坡向对太阳辐射吸收和地面辐射的不同而造成的。

3. 地形与土壤发育的关系

随着河谷地形的演化,在不同地形部位上可构成水成土(河漫滩,潜水位较高)——→半水成土(低级阶地,土壤仍受潜水的一定影响)——→地带性土(高阶地,不受潜水影响)发生系列。随着河谷的继续发展,土壤也相应地由水成土经半水成土演化为地带性土壤。

(五)时间因素

土壤形成的母质、气候、生物和地形等因素的作用程度或强度,都随着时间的延长而加深。具有不同年龄、不同历史情况的土壤,在其他因素相同的条件下,必定属于不同类型的土壤。

土壤年龄分为绝对年龄和相对年龄两种。绝对年龄是指该土壤在当地新鲜风化层和新母质上开始发育时算起迄今所经历的时间,通常用年来表示;相对年龄则是指土壤的发育阶段或土壤的发育程度,一般用土壤剖面分异程度加以确定,在一定区域内,土壤的发生土层分异越明显,剖面发育程度就越高,相对年龄就越大;反之亦然。一般来说,发育程度高的土壤,所经历的时间大多比发育程度低的土壤长。但有的土壤所经历的时间虽然很长,但由于某种原因,其发育程度仍旧留在比较低的阶段。

(六)人为因素

人类活动在土壤形成过程中具有独特的作用,与其他自然因素有着本质的不同,不能把人类活动简单地包括在生物因素之内,也不能把其作为第六个因素与其他自然因素同等看待。第一,人类活动对土壤的影响是有意识、有目的、定向的。通过生产实践活动,人类利用和改造土壤,定向培肥土壤,使土壤肥力特性发生巨大变化,朝着更有利于农业生产需要的方向发展,其演化速度远远大于自然演化过程。第二,人类活动是社会性的,它受着社会制度和社会生产力的制约。在不同的社会制度和不同的生产力水平下,人类活动对土壤的影响及其效果有很大的不同。第三,人类活动对土壤的影响具有两重性,可以产生正效应,提高土壤肥力,也可产生负效应,造成土壤退化。

人类活动对土壤的影响是极为深刻的,它通过改变某一成土因素之间的对比关系来影响、控制土壤发育的方向。因此,在人类活动起主导作用的情况下,土壤的发生发展过程便进入了一个新的、更高级的阶段,即开始了农业土壤的发生发展过程。

在强调人为因素的特殊作用及其重要性时,也必须看到自然成土因素还继续在对土壤发生影响,自然因素与人为因素共同影响着土壤,只不过是自然土壤以自然因素作用为主,农业土壤以人为因素作用为主。

二、主要成土过程

土壤的发生和演变是诸成土因素综合作用的结果。在划分土壤个体特征而进行土壤分类时,就必须在分析成土因素的前提下,研究成土过程及土壤属性。根据土壤形成的环境条件、形成过程的生物化学实质,以及所产生的剖面形态,可以将成土过程归纳为以下几个基本类型。

(一)原始成土过程

从岩石露出地面有微生物着生开始到植物定居之前形成土壤的过程,称为原始成土过程,它是土壤形成作用的起始点。原始成土过程可与岩石风化同时同步进行。

(二)有机质积聚过程

有机质积聚过程是指在各种植被下,有机质在土体上部积累的过程。有机质积累过程的结果,往往在土体上部形成一暗色的腐殖质层。由于植被类型、覆盖度以及有机质的分解情况不同,有机质积聚的特点也各不相同。

(三)黏化过程

黏化过程是指土体中黏土矿物的生成和聚积过程。包括淋溶淀积化和残积化。黏化过程的结果一般在土体心土层黏粒有明显的聚积,形成一个相对较黏重的层次,称黏化层。

(四)钙化过程

钙化过程主要是指干旱、半干旱地区土壤钙的碳酸盐发生淋溶、淀积的过程。淀积的形态有粉末状、假菌丝体、结核状或层状等,层位和厚度随着降水量的增加,层位较深。反之,层位较浅,而厚度较大。

(五)盐化与脱盐过程

盐化过程是指土体中各种易溶性盐类在土壤表层积聚的过程。除滨海地区外,盐化过程多发生在干旱、半干旱地区。当土壤中可溶性盐类聚积到对作物发生危害时,即成为盐渍土。

盐渍土由于降水或人为灌水洗盐,结合挖沟排水,降低地下水位等措施,可使其所含的可溶性盐逐渐降低或迁到下层或排出土体,这一过程称为脱盐过程。

（六）碱化与脱碱过程

碱化过程是指土壤吸收性复合体为钠离子所饱和的过程,又称为钠质化过程。碱化过程的结果可使土壤呈强碱性反应（pH＞9）,土壤物理性质极差,作物生长困难,但含盐量一般不高。脱碱过程是指通过淋洗和化学改良,从土壤吸收性复合体上除去钠离子的过程。

（七）白浆化过程

白浆化过程是指土体中出现还原离铁锰作用而使某一土层漂白的过程。主要发生在较冷凉湿润和质地黏重地区,使土壤表层逐渐脱色,形成一铁锰贫乏、板结和无结构状态的白色淋溶层——白浆层。该过程的发生与地形条件有关,多发生在白浆土中。

（八）灰化过程

灰化过程是指土体表层（特别是亚表层）R_2O_3 及腐殖质淋溶淀积而 SiO_2 残留的过程。主要发生在寒温带针叶林植被条件下,残落物经微生物作用后产生酸性很强的富里酸及其他有机酸,使铁铝等发生强烈的络合淋溶作用而淀积于下部,使亚表层脱色,而 SiO_2 残留在土体的上部,从而在表层形成一个灰白色的灰化层。

（九）潴育化过程

潴育化过程是指土壤形成中的氧化还原交替进行的过程。主要发生在直接受地下水浸润的土层中,由于地下水的升降使土体干湿交替,引起土壤中变价物质（如铁锰）的氧化还原交替进行,并发生淋溶与淀积,在土体内形成一个具有锈纹锈斑、铁锰结核和红色胶膜或"鳝血斑"的土层,称为潴育层。

（十）潜育化过程

潜育化过程是指土体中发生的还原过程。在排水不良条件下,土壤长期渍水,形成嫌气状态,加上易分解有机质的参与,就形成了比较强烈的还原环境,土壤矿物中的高价铁锰转化为亚铁锰,从而形成一个颜色呈蓝灰色或青灰色的还原层,称为潜育层。

（十一）富铝化过程

富铝化过程也称富铁铝化作用,是指土体中脱硅富铁铝的过程。在热带、亚热带湿热气候条件下,由于硅酸盐矿物强烈分解释放出盐基物质,使风化液（矿物分解产物进入渗漏液即风化液）呈中性或碱性环境,盐基离子及硅酸大量流失,而铁铝（锰）发生沉淀,造成铁铝（锰）在土体内相对富集的过程。它包括了脱硅作用和铁铝相对富集作用。所以一般也称为"脱硅富铝化"过程。

（十二）草甸化过程

这是草甸土的一个主要形成过程。它包括两个方面：一是地面生长草甸草本植被，形成草甸有机质聚积；二是地下水位较浅，下部土层有季节性氧化还原交替过程。所以草甸化过程就是土壤表层的草甸有机质聚集过程和受地下水影响的下部土层的潴育化过程及底层的潜育化过程的重叠过程。

（十三）熟化过程

土壤的熟化过程一般是指在人为因素影响下，通过耕作、施肥、灌溉、排水和其他措施，改造土壤的土体构型，减弱或消除土壤中存在的障碍因素，协调土体水、肥、气、热等，使土壤肥力向有利于作物生长的方向发展的过程。通常把旱作条件下的土壤培肥称为旱耕熟化过程，而把淹水条件下培肥土壤的过程称为水耕熟化过程。熟化过程是受自然因素和人为因素的综合影响，但以人为因素占主导地位。

三、土壤剖面分化与特征

土壤剖面是一个具体土壤的垂直断面，一个完整的土壤剖面应包括土壤形成过程中所产生的发生学层次以及母质层。随着土壤形成过程的进行，土体逐渐发生了分异，形成了外部形态特征各异的层次，即所谓土壤发生层。各土壤发生层有规律的组合、有序的排列状况就构成了土体的构型，也称为土壤剖面构型，是土壤剖面最重要的特征。它是我们鉴别土壤分类单元的基础。外部形态主要指颜色、质地、结构及新生体等，它们是其内部特性的外部表现，是土壤形成过程产生的结果。各种具体的成土过程，都相应地形成一个模式土层（该过程的典型土层）。因此，每一类土壤都有它特有的土体构型。

（一）自然土壤的土体构型

自然土壤的土体构型一般可分为四个基本层次：即覆盖层、淋溶层、淀积层和母质层，每层又可进行细分（图 2-1），现将各层分述如下：

1. 覆盖层

代号 A_0（国际代号为 O）。此层由枯枝落叶组成，在森林土壤中常

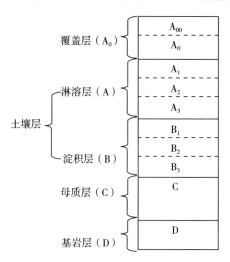

图 2-1　自然土壤土体构造模式图

见，厚度大的又可分为两个亚层：A_{00}为基本未分解的保持原形的枯枝落叶；A_0层为

粗有机质层,有机残体已腐烂分解,难以分辨原形。

2. 淋溶层

代号 A(国际代号 A)。由于水溶性物质和黏粒有向下淋溶的趋势,故叫淋溶层。包括两个亚层:A_1层(国际代号 Ah)。这一层为腐殖质层,有机质积累多,颜色深暗,植物根系和微生物也最集中。多具团粒结构,土质疏松,是肥力性状最好的土层。A_2层(国际代号 E)。这一层为灰化层。由于铁铝及黏粒也向下淋溶,只有难移动的石英残留下来,故颜色较浅,常为灰白色,质地轻,养分贫乏,肥力性状差。A 层是土壤剖面中最为重要的发生学层次,不论是自然土壤还是耕作土壤,不论发育完全的剖面还是发育较差的剖面,都具有 A 层。

3. 淀积层

代号 B(国际代号为 B)。位于 A 层之下,是由物质淀积作用而造成的。本层的淀积物主要来自土体的上部,也可以来自土体的下部及地下水,由地下水上升带来水溶性或还原性物质,因土体中部环境条件改变而发生淀积。还可以来自人们施用石灰、肥料等来自土体外部的物质。根据发育程度不同又分为 B_1、B_2 和 B_3 亚层。

4. 母质层

代号 C(国际代号为 C),为岩石风化的残积物或各种再沉积的物质,未受成土作用的影响。

5. 基岩层

代号 D(国际代号为 R),是半风化或未风化的基岩。

由于自然条件和发育时间、程度的不同,土壤剖面构型差异很大,有的可能不具有以上所有的土层,其组合情况可能各不相同,如处在初期发育阶段的土壤类型,剖面中只有 A—C 层,或 A—AC—C 层;受侵蚀地区,表土冲失,产生 B—BC—C 层的剖面;只有发育时间很长、成土过程很长、成土过程亦很稳定的土壤才有可能出现完整的 A—B—C 式的剖面。

(二)农业土壤的土体构型

农业土壤的土体构造状况,是人类长期耕作栽培活动的产物,它是在不同的自然土壤剖面上发育而来的,因此也是比较复杂的。在农业土壤中,旱地和水田由于长期利用方式、耕作、灌排措施和水分状况的不同,明显地反映出不同的层次构造(图 2-2)。

1. 旱地土壤的土体构型

旱地土壤一般可为四层:即耕作层(表土层)、犁底层(亚表土层)、心土层及底土层。

(1)耕作层

代号 A,又称表土层或熟化层,是受人类耕作生产活动影响最深的层次。根系

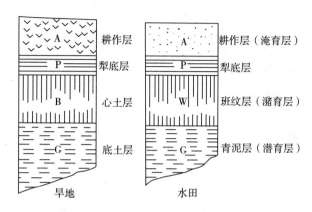

图 2-2　农业土壤土体构造示意图

分布多,占总根量的 50% 以上。有机质质量分数高、颜色深、疏松多孔、理化生物性状好。

(2)犁底层

代号 P,位于耕作层之下,与耕作层有明显的界线,有机质质量分数显著降低,颜色较浅,由于长期受农机具压力的影响,故土层紧实,呈片状或层状结构。此层有托水、托肥作用,但会妨碍根系伸展和土体的通透性,影响耕层与心土层间的物质能量交换的传递,对作物的正常生长发育不利,所以破除犁底层增加耕层厚度是深耕改土的重要任务。

(3)心土层

代号 B,位于耕层或犁底层以下,此层受上部土体压力较紧实,有不同物质的淀积现象。此层受大气和外界环境条件影响较弱,温度、湿度比较稳定,通透性较差,微生物活动微弱,植物根系有少量分布。有机质质量分数极少,物质转化移动比较缓慢。但该层是土体中保水保肥的重要层次,也是作物生长后期供应水肥的主要层次,应予以足够重视。

(4)底土层

代号 G,位于心土层以下,一般在土表 50～60cm 之间,受外界气候、作物和耕作措施的影响很小,但受降雨、灌排和水流影响仍很大,一般把此层称为生土层,即母质层。但底土层的性状对整个土体水分的保蓄、渗漏、供应、通气状况、物质转运、土温变化都仍有一定程度的影响,有时甚至还很深刻。

2. 水田土壤的土体构型

水田土壤由于长期种稻,受水浸渍,并经历频繁的水旱交替,形成了不同于旱地的剖面形态和土体构型。一般水田土壤可分为:耕作层(水耕熟化层),代号 A;犁底层,代号 P;潴育层(斑纹层),代号 W;潜育层(青泥层),代号 G 等土层。

上述农业土壤的层次分化是农业土壤发育的一般趋势,由于农业生产条件和自然条件的多样性,致使农业土壤的土体构型也呈复杂状况,有的层次分化明显,有的则不明显或不完全。各层厚度差异也较大,因此田间观察时,应根据具体情况进行划分。

第二节 土壤的基本物质组成与性质

土壤是由固体、液体和气体三相物质组成的疏松多孔体。固相物质包括经成土作用改造后留下来的岩石风化产物,即土壤矿物质;土壤中动植物残体的分解产物和再合成的物质,以及生活在土壤中的各种生物,主要是微生物。前者构成土壤的无机体,后两者构成土壤的有机体。土壤液相主要是指溶有可溶盐类和简单有机物的水溶液。土壤气相指土壤中存在的各种气体。土壤的液相和气相主要存在于土壤固相物质之间的孔隙中。

一、土壤的矿物组成与质地

土壤矿物是土壤固相的主体物质,构成了土壤的"骨骼",占土壤固相总质量的90%以上。而土壤矿质胶体是土壤矿物质中最活跃的组分,其主体是黏粒矿物。土壤黏粒矿物胶体表面在大多数情况下带负电荷,比表面大,能与土壤固、液、气相中的离子、质子、电子和分子相互作用,影响着土壤中的物理、化学、生物学过程与性质。分析土壤矿物及其组成对鉴定土壤类型、识别土壤形成过程具有重大的意义。

(一)土壤矿物质的矿物组成和化学组成

矿物是天然产生于地壳中具有一定化学组成、物理性质和内在结构的物体,是组成岩石的基本单位。矿物的种类很多,共约3300种以上。

1. 土壤矿物质的主要元素组成

表2-1列出了地壳和土壤的平均化学组成,据此可将土壤矿物的元素组成特点归纳如下:

表2-1 地壳和土壤的平均化学组成(重量%)

元素	地壳中	土壤中	元素	地壳中	土壤中
O	47.0	49.0	Mn	0.10	0.085
Si	29.0	33.0	P	0.093	0.08
Al	8.05	7.13	S	0.09	0.085

（续表）

元素	地壳中	土壤中	元素	地壳中	土壤中
Fe	1.65	3.80	C	0.023	2.0
Ca	2.96	1.37	N	0.01	0.1
Na	2.50	1.67	Cu	0.01	0.002
K	2.50	1.36	Zn	0.005	0.005
Mg	1.37	0.60	Co	0.003	0.0008
Ti	0.45	0.40	B	0.003	0.001
H	(0.15)	?	Mo	0.003	0.0003

（宋青春等,1996；黄昌勇,2000；陈怀满,2010）

首先,几乎包括元素周期表中所有元素,主要组成约 10 余种,包括氧、硅、铝、铁、钙、镁、钛、钾、钠、磷、硫以及一些微量元素如锰、锌、铜、铝等。其中,氧(O)和硅(Si)是地壳中含量最多的两种元素,分别占地壳重量的 47% 和 29 %;铁、铝次之,四者合计共占地壳重量的 88.7%。而其余 90 多种元素合在一起,也不过占地壳重量的 11.3%。所以地壳组成中,含氧化合物占了极大比重,其中又以硅酸盐最多。其次,土壤矿物的化学组成充分反映了成土过程中元素的分散、富集特性和生物积聚作用。一方面,它继承了地壳化学组成的遗传特点;另一方面,有的化学元素如氧、硅、碳、氮等在成土过程中增加了,而有的则显著降低了,如钙、镁、钾、钠。

2. 土壤的矿物组成

按照矿物的来源,可将土壤矿物分为原生矿物和次生矿物。原生矿物是直接来源于母岩的矿物,其中岩浆岩是其主要来源。而次生矿物,则是由原生矿物分解、转化而成的。

(1)原生矿物

土壤原生矿物是指那些经过不同程度的物理风化,未改变化学组成和结晶结构的原始成岩矿物,即起源于岩浆,而形成于岩浆岩中的矿物,主要分布在土壤的砂粒和粉砂粒中。以硅酸盐和铝硅酸盐占绝对优势。常见的有石英、长石(正、斜)、云母(白、黑)、辉石、角闪石和橄榄石等,以上矿物逐渐由浅色变成深色,并且抗风化能力逐渐减弱。另有硫化物类、磷灰石等。

矿物的稳定性很大程度上决定着土壤中原生矿物类型和数量的多少,极稳定的矿物如石英,具有很强的抗风化能力,因而在土壤粗颗粒中的含量较高。同时,占地壳重量的 50%～60% 的长石类矿物,亦具有一定的抗风化稳定性,所以在土壤粗颗粒中的含量也较高。

从土壤中实际存在的原生矿物的种类与数量,可以说明母岩或母质的来源,土壤和母质之间发生联系的紧密程度,以及母质风化的程度。在风化中原生矿物分解一部分转化为次生矿物;另一部分转化为各种可溶性盐类,成为植物需要的矿质营养元素如 P、S、K、Ca、Mg 以及微量元素的初始来源。表 2-2 中列出了土壤中主要的原生矿物组成。

表 2-2　土壤中主要的原生矿物组成

原生矿物	分子式	稳定性	常量元素	微量元素
橄榄石	$(Mg,Fe)_2SiO_4$	易风化	Mg、Fe、Si	Ni、Co、Mn、Li、Zn、Cu、Mo
角闪石	$Ca_2Na(Mg,Fe)_2(Al,Fe^{3+})(Si,Al)_4O_{11}(OH)_2$	↑	Mg、Fe、Ca、Al、Si	Ni、Co、Mn、Li、Se、V、Zn、Cu、Ga
辉石	$(Mg,Fe,Al)Ca(Si,Al)_2O_6$		Ca、Mg、Fe、Al、Si	Ni、Co、Mn、Li、Se、V、Pb、Cu、Ga
黑云母	$K(Mg,Fe)(Al,Si_3O_{10})(OH)_2$		K、Mg、Fe、Al、Si	Rb、Ba、Ni、Co、Se、Mn、Li、Mn、V、Zn、Cu
斜长石	$CaAl_2Si_2O_8$		Ca、Al、Si	Sr、Cu、Ga、Mo
钠长石	$NaAlSi_3O_8$		Na、Al、Si	Cu、Ga
石榴子石	$(Mg,Fe,Mn)_3Al_2(SiO_4)_3$ 或 $Ca_3(Cr,Al,Fe)_2(SiO_4)_3$	较稳定	Cu、Mg、Fe、Al、Si	Mn、Cr、Ga
正长石	$KAlSi_3O_8$	↓	K、Al、Si	Ra、Ba、Sr、Cu、Ga
白云母	$KAl_2(AlSi_3O_{10})(OH)_2$		K、Al、Si	F、Rb、Sr、Ga、V、Ba
钛铁矿	Fe_2TiO_3		Fe、Ti	Co、Ni、Cr、V
磁铁矿	Fe_3O_4		Fe	Zn、Co、Ni、Cr、V
电气石	$(Ca,K,Na)(Al,Fe,Li,Mg,Mn)_3(Al,Cr,Fe,V)_6(BO_3)_3Si_6O_{18}(OH,F)_4$		Cu、Mg、Fe、Al、Si	Li、Ga
锆英石	$ZrSiO_4$		Si	Zn、Hg
石英	SiO_2	极稳定	Si	

(陈怀满,2010)

(2)次生矿物

原生矿物在母质或土壤的形成过程中,经化学分解、破坏(包括水合、氧化、碳酸化等作用)而形成的新矿物叫次生矿物。土体中次生矿物的种类繁多,包括次生层状硅酸盐类(如高龄石、蒙脱石、伊利石、绿泥石等)、晶质和非晶质的含水氧化物类(如氧化铁、氧化铝、氧化硅、氧化锰等)及少量残存的简单盐类(如碳酸盐、重碳酸盐、硫酸盐等)。其中,层状硅酸盐类和含水氧化物类是构成土壤黏粒的主要成分,因而土壤学上将此两类矿物称为次生黏粒矿物(对土壤而言简称黏粒矿物;对矿物而言称黏土矿物),它是土壤矿物中最活跃的组分。

(二)黏粒矿物

1. 构造特征

层状硅酸盐黏粒矿物一般粒径小于 $5\mu m$,X 射线衍射结果揭示其内部构造由一千多个层组所构成,而每个层组由硅(氧)片和(水)铝片叠合而成。硅片由硅氧四面体连接而成。四面体基本的结构由 1 个硅离子(Si^{4+})和 4 个氧离子(O^{2-})组成,砌成一个三角锥形的晶格单元,共有四个面,故称为硅氧四面体(或简称四面体),如图 2-3 所示:

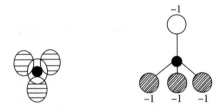

◪代表底层氧离子　●代表硅离子　○代表顶层氧离子

图 2-3　硅氧四面体及其构造图示法

从化学上来看,硅氧四面体和铝氧八面体都不是化合物,形成硅酸盐矿物质前,它们分别各自聚合,在水平方向上四面体通过共用底部氧的方式在平面两维方向上无限延伸,排列成近似六面形蜂窝状的四面体片,这就是硅片。硅片顶端的氧仍带负电荷,硅片可用 $n(Si_4O_{10})^{4-}$ 表示。如图 2-4、2-5 所示。

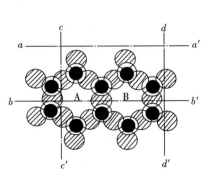

图 2-4　硅氧四面体在平面上连接成硅片

A、B 均为由 6 个阳离子构成的晶穴

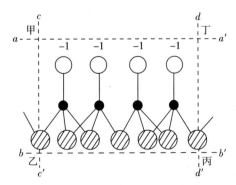

图 2-5　硅片(硅氧片)图示法

铝片则由铝氧八面体连接而成。八面体基本结构是由 1 个铝离子(Al^{3+})和 6 个氧(O^{2-})离子(或氢氧离子)所构成。6 个氧离子(或氢氧离子)排列成两层,每层都由 3 个氧离子(或氢氧离子)排成三角形,但上层氧的位置与下层氧交错排列,铝离子位于两层氧的中心孔穴内。其晶格单元具有八个面,故称为铝氧八面体(简称八面体),如图 2-6 所示:

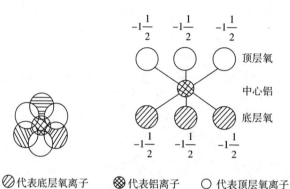

◎ 代表底层氧离子　◎ 代表铝离子　○ 代表顶层氧离子

图 2-6　铝氧八面体及其构造图示法

在水平方向上相邻的两个八面体通过共用两个氧离子的方式,在平面二维方向上无限延伸,排列成八面体片,从而构成铝片,铝片两层氧都有剩余负电荷,铝片可用 $n(Al_4O_{12})^{12-}$ 表示。如图 2-7、2-8 所示。

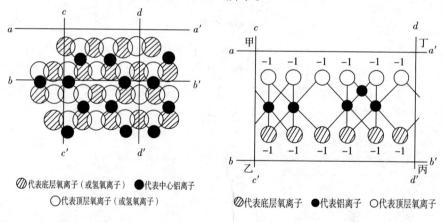

◎代表底层氧离子(或氢氧离子)　●代表中心铝离子
○代表顶层氧离子(或氢氧离子)

图 2-7　铝氧八面体在平面上连接成铝片

◎代表底层氧离子　●代表铝离子　○代表顶层氧离子

图 2-8　铝片(水铝片)图示法

硅片和铝片都带有负电荷,不稳定,必须通过重叠化合才能形成稳定的化合物。硅片和铝片以不同的方式在 c 轴方向上堆叠,形成层状铝硅酸盐的单位晶层。两种晶片的配合比例不同,而构成 1:1 型、2:1 型、2:1:1 型晶层。

1∶1型单位晶层由一个硅片和一个铝片构成。硅片顶端的活性氧与铝片底层的活性氧通过共用的方式形成单位晶层。这样1∶1型层状铝硅酸盐的单位晶层有两个不同的层面,一个是由具有六角形空穴的氧离子层面,一个是由氢氧构成的层面。如图2-9所示。

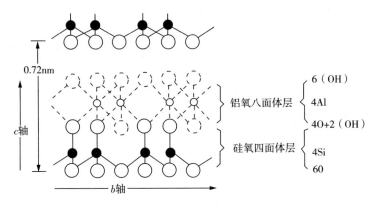

图2-9　1∶1型层状硅酸盐(高岭石)晶体结构示意图

2∶1型单位晶层由两个硅片夹1个铝片构成。两个硅片顶端的氧都向着铝片,铝片上下两层氧分别与硅片通过共用顶端氧的方式形成单位晶层。这样2∶1型层状硅酸盐的单位晶层的两个层面都是氧原子面,如图2-10、2-11所示。

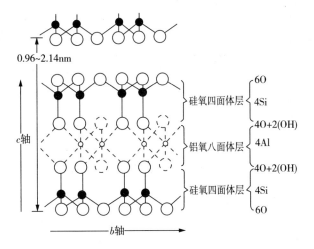

图2-10　蒙脱石晶体结构示意图

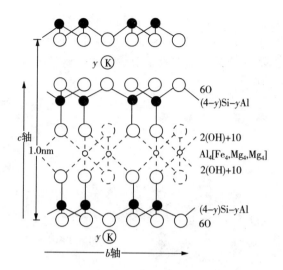

图 2-11 水云母(伊利石)晶体结构示意图

2∶1∶1 型单位晶层在 2∶1 单位晶层的基础上多了 1 个八面体水镁片或水铝片,这样 2∶1∶1 型单位晶层由两个硅片、1 个铝片和 1 个镁片(或铝片)构成,如图 2-12 所示。

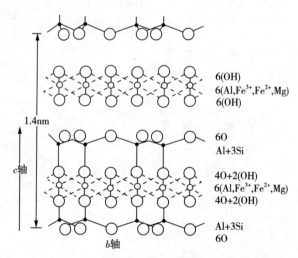

图 2-12 2∶1∶1 型层状硅酸盐(绿泥石)晶体结构示意图

2. 同晶置换

矿物形成时,性质相近的元素,在矿物晶格中相互替换而不破坏晶体结构的现象,称之为同晶置换。在硅酸盐黏粒矿物中,最普遍的同晶置换现象是晶体中的中心离子被低价的离子所代替,如四面体中的 Si^{4+} 被 Al^{3+} 离子所替代,八面体中

Al^{3+} 被 Mg^{2+} 替代,所以土壤黏粒矿物一般以带负电荷为主。同晶置换现象在 2：1 型和 2：1：1 型的黏粒矿物中较普遍,而 1：1 型的黏粒矿物中则相对较少。

低价阳离子同晶置换高价阳离子会产生剩余负电荷,为达到电荷平衡,矿物晶层之间常吸附阳离子。阳离子同晶置换的数量会影响晶层表面电荷量的多少,而同晶置换的部位是发生在四面体片还是发生在八面体片则会影响晶层表面电荷的强度。这些都是影响层间结合状态和矿物特性的主要因素。同时,被吸附的阳离子通过静电引力被束缚在黏粒矿物表面而不易随水流失。因此,从环境的角度对同晶置换进行评价,其结果可能导致某些重金属等污染元素在土壤中的不断积累,以致超过环境容量而引发土壤污染。

3. 黏粒矿物的种类及一般特性

根据其构造特点和性质,土壤黏粒矿物可以归纳为 5 个类组:高岭组、蒙蛭组、水化云母组、绿泥石组和氧化物组。其中,除氧化物组属非硅酸盐黏粒矿物外,其余前 4 类均属硅酸盐黏粒矿物。

(1)高岭组

硅酸盐黏粒矿物中结构最简单的一类。包括高岭石、珍珠陶土及埃洛石等,其单位晶胞分子式可用 $Al_2Si_3O_5(OH)_4$ 或 $Al_2O_3 \cdot 2SiO_2 \cdot 2H_2O$ 表示,其晶层是由一片硅氧片和一片水铝片叠合而成。当晶层相叠加时,每个晶层的一面是氢氧离子组(水铝片上的),另一面是氧离子(硅氧片上的)出露于表面,因而叠加时晶层间是由氢键紧密相连,它的联结力强,晶层间距小(0.72nm),且较为固定,不易扩展,膨胀系数仅 5％左右,水分子与其他离子很难进入其间,故含高岭石较多的土壤,透水性较好。所带电荷数量少,没有或极少存在同晶替代现象,吸附阳离子的能力极弱,吸附容量 3～15cmol(＋)/kg,含量高的土壤保肥性差,OH 群中 H 在一定酸度下解离,使其带少量负电荷,且随酸度条件而改变;胶体特性较弱,高岭石晶粒多呈六角形片状,矿物颗粒较大,约 0.1～5.0μm,比表面小,总表面积 $10 \times 10^3 \sim 20 \times 10^3 \, m^2/kg$,而且仅有外表面,黏结性、黏着性、可塑性和吸湿能力较弱。因此,富含高岭石的土壤保肥力差,但高岭石类吸附的盐基是在胶粒晶体的表面,有效度大。普遍而大量存在于南方热带和亚热带土壤中,如滇桂南部、闽粤东南部、南海各岛和台湾等地的土壤中,北方及青藏高原土壤中少。

(2)蒙蛭组

又叫 2：1 型膨胀性矿物,由两片硅氧片中间夹一水铝片组成,包括蒙脱石、绿脱石、拜来石、蛭石等,其单位晶胞分子式可用 $Al_4Si_8O_{20}(OH)_4 \cdot nH_2O$ 表示。系由两片硅氧片中间夹一片水铝片,其晶层上下两面都是氧离子,晶层间通过"氧桥"联结,这种联结力弱,晶层易碎裂,其晶粒比高岭石小,一般为 0.01～1μm。由于晶层联结力弱,水分和其他阳离子容易进入,使晶层间距扩大,由 0.96nm 至 2.14nm

之间变化,为膨胀型晶体,水化时膨胀严重,失水则收缩,晶层间距扩大时,它的内表面也可吸持水分和各种离子。所带电荷数量多,有较强的吸附阳离子能力,吸附容量 80～150cmol(＋)/kg,含量高的土壤保肥性强,但蒙脱石类吸附的盐基多在胶粒晶层之间,所以有效度较小;且胶体特性突出,呈片状,颗粒特别细,总表面积大(600×10³～800×10³ m²/kg),含量多的土壤,黏结性、黏着性、可塑性和吸湿能力特别强,干燥时土壤易开裂,土块坚硬,对耕作不利。在温带湿润、半湿润的气候条件下,又有丰富的盐基时,有利于蒙脱石类矿物的形成。这类矿物多存在于土壤黏粒的最细部分。在我国东北、华北的栗钙土、黑钙土和褐土等土壤中富含这类矿物。蒙脱石类矿物种类多,成分复杂,除蒙脱石外,富铝的叫拜来石,富含铁的叫绿脱石,富含镁的叫皂石等。

蛭石也是 2:1 型膨胀型黏土矿物,其晶层结构与蒙脱石基本相同,也是两层硅氧片中夹一层水铝片。与蒙脱石不同的是,硅氧片中的硅大部分被铝所取代,水铝片中的铝也有不少被镁取代,因而具有比蒙脱石高得多的静负电荷,具有很高的吸附阳离子能力,阳离子交换量达 150cmol(＋) · kg^{-1}。蛭石的膨胀性比蒙脱石要小得多,其晶层间距 1.45nm,属有限膨胀型。它具有一些内表面,但较蒙脱石小,晶体颗粒介于蒙脱石和高岭石之间。蛭石在黄棕壤和黄壤中含量较高。

(3)水化云母组

属 2:1 型非膨胀性矿物,以伊利石为主要代表,故又称伊利组矿物,其单位晶胞分子式可用 $K_2(Al · Fe · Mg)_4(SiAl)_8 O_{20}(OH)_4 · nH_2O$ 表示。其晶层与蒙脱石相近,不同的是水云母晶层中,硅氧片中的硅约有 15% 为铝所取代,产生正电荷不足,由层间的钾离子补偿。钾键联结晶层的引力远较"氧桥"大,因而晶层联结紧密,不易扩展,层间距 1.0nm,属非膨胀型矿物。电荷数量大,同晶替代现象普遍,主要发生在硅片,电荷量较大,但部分被层间 K^+ 中和,有效电荷量少于蒙脱石,吸附容量介于高岭石和蒙脱石之间,为 20～40cmol(＋)/kg;颗粒大小及胶体特性介于高岭组和蒙蛭组之间,总表面积大(70×10³～120×10³ m²/kg),黏结性、黏着性、可塑性和吸湿性中等。水云母是土壤中含钾的黏土矿物,钾离子被固定在硅氧片的六角形网孔中,当晶层破裂时,可将被固定的钾重新释放出来,供植物利用。水云母类矿物分布广泛,许多土壤中都有此类矿物。特别是在西北干旱地区和高寒地带,以及风化度浅的土壤中,常成为主要的黏土矿物。在长江中下游河湖冲积物上发育的土壤中也含有较多此类矿物。

现把上述 3 种主要黏土矿物的性质汇总于表 2-3。

表 2-3　三种主要黏土矿物的性质比较

黏土矿物	结晶类型	分子层排列情况	晶格距离（nm）	晶层间联结力	颗粒大小	比面（m² · g⁻¹）	CEC（cmol（+） · kg⁻¹）	黏结性、可塑性	胀缩性
高岭组	1:1	—OH层与O层相接	0.72	强	大	5~20	5~15	弱	弱
水化云母组	2:1	—O层相接中间有K	1.00	较强	中	100~120	20~40	中等	中等
蒙蛭组	2:1	—O层相接	0.96—2.14	弱	小	700~800	80~100	强	强

（4）绿泥石组

属2:1:1型非膨胀性矿物，这类矿物以绿泥石为代表，绿泥石是富含镁、铁及少量铬的硅酸盐黏粒矿物，其单位晶胞分子式可用$(Mg \cdot Fe \cdot Al)_{12}(Si \cdot Al)_8 O_{20}(OH)_{16}$表示。在2:1黏土矿物的相邻晶片间加入一个八面体片，此八面体片中Mg被Al部分取代而带正电荷，中和了相邻晶片上的负电荷，由于强烈的静电吸引使其成为非膨胀黏土。同晶替代现象普遍，硅片、水铝片和水镁片上均有发生，硅片中Al^{3+}代Si^{4+}、铝片中Mg^{2+}代Al^{3+}产生负电荷，水镁片中Al^{3+}代Mg^{2+}产生正电荷，两者相抵为静负电荷，介于伊利石与高岭石之间，阳离子交换量为$10~40$ cmol（+）/kg；颗粒较小，可塑性、黏结性、吸湿性、黏着性居中，总表面积大（$70 \times 10^3 \sim 150 \times 10^3$ m²/kg）。土壤中的绿泥石大部分是由母质残留下来的，但也可由层状硅酸盐矿物转变而来。沉积物和河流冲积物中含较多的绿泥石。

（5）氧化物组

包括水化程度不等的各种铁、铝氧化物及硅的水化氧化物。其中有的为结晶型，如三水铝石、水铝石、针铁矿、褐铁矿等；有的则是非晶质无定形的物质，如凝胶态物质水铝英石等。无论是结晶质还是非晶质的氧化物，其电荷的产生都不是通过同晶置换获得的，而是由于质子化和表面羟基中H^+的离解。氧化物组除水铝英石外，一般对阳离子的静电吸附力都很弱。但是，铁铝氧化物，特别是它们的凝胶态物质，都能与磷酸根作用，固定大量磷酸。在红壤中这类矿物较多，因此固磷能力较强。同时，它们具有专性吸附作用，影响着污染物的行为与归宿。

（三）土壤质地

土壤质地可在一定程度上反映土壤矿物组成和化学组成，同时，土壤颗粒大小与土壤的物理性质有密切关系，并且影响土壤孔隙状况，从而对土壤水分、空气、热量的运动和物质的转化均有很大的影响。因此，质地不同的土壤表现出不同的性状。

以下将依次从土粒、粒级、机械组成（颗粒组成）等概念的探讨来了解土壤质地。

1. 土粒、粒级及粒级分类

土壤颗粒(土粒)是构成土壤固相骨架的基本颗粒,其形状和大小多种多样,可以呈单粒,也可能结合成复粒存在。根据单个土粒的当量粒径(假定土粒为圆球形的直径)的大小,可将土粒分为若干组,称为粒级。

如何把土粒按其大小分级,分成多少个粒级,各粒级间的分界点(当量粒径)定在哪里,至今尚缺乏公认的标准。在许多国家,各个部门采用的土粒分级制也不同,当前,在国内常见的几种土壤粒级制列于表2-4。由表2-4可见,各种粒级制都把大小颗粒分为石砾、砂粒、粉粒(曾称粉砂)和黏粒(包括胶粒)4组。

表2-4　常见的土壤粒级制

当量粒径(mm)	国际制(1930)	美国农业部制(1951)	卡钦斯基制(1957)		中国制(1987)
3~2	石砾	石砾	石砾		石砾
2~1	粗砂	极粗砂粒	物理性砂粒	粗砂粒	石砾
1~0.5		粗砂粒		中砂粒	粗砂粒
0.5~0.25		中砂粒		细砂粒	粗砂粒
0.25~0.2		细砂粒		细砂粒	
0.2~0.1	细砂	细砂粒		细砂粒	细砂粒
0.1~0.05	细砂	极细砂粒		粗粉粒	细砂粒
0.05~0.02		粉粒		粗粉粒	粗粉粒
0.02~0.01	粉粒	粉粒		中粉粒	中粉粒
0.01~0.005	粉粒	粉粒		细粉粒	细粉粒
0.005~0.002		粉粒		细粉粒	粗黏粒
0.002~0.001	黏粒	黏粒	物理性黏粒	粗黏粒	细黏粒
0.001~0.0005	黏粒	黏粒		黏粒　细黏粒	细黏粒
0.0005~0.0001	黏粒	黏粒		细黏粒	细黏粒
<0.0001	黏粒	黏粒		胶质黏粒	细黏粒

(朱祖祥,1983)

目前国际上通行的粒级制是把小于0.002mm的称为黏粒,我国土壤系统分类中与之相同。近年美国农业部和世界土壤资源参比中心对黏粒已作了细分,小于0.002mm的称为细黏粒。

2. 土壤各粒级的理化性质

同级土粒的大小相近,其成分和性质基本一致。不同粒级土粒的矿物其组成有很大差别，因而其化学成分也有所不同（表2-5）。一般说来，土粒越细，石英、长石逐渐减少，云母、角闪石增多，SiO_2含量越来越少，而R_2O_3及CaO、MgO、P_2O_5和K_2O等含量越来越多。

表2-5　两种代表性土壤各粒级的化学组成

土类	粒级（mm）	化学组成（灼干重％）									
		SiO_2	Al_2O_3	Fe_2O_3	TiO_2	MnO_2	CaO	MgO	K_2O	Na_2O	P_2O_5
灰色森林土	0.1～0.01	89.90	3.9	0.94	0.51	0.06	0.61	0.35	2.21	0.81	0.04
	0.01～0.005	82.63	8.13	2.39	0.97	0.06	0.95	1.94	2.77	1.45	0.14
	0.005～0.001	76.75	11.32	3.95	1.34	0.04	1.00	1.05	3.32	1.30	0.25
	<0.001	58.03	23.40	10.19	0.73	0.17	0.44	2.40	3.15	0.24	0.46
	全土	85.10	5.96	2.64	0.53	0.12	0.92	0.68	2.38	0.75	0.11
黑钙土	0.1～0.01	88.12	5.75	1.29	0.45	0.04	0.74	0.29	1.99	1.21	0.02
	0.01～0.005	82.17	7.69	2.73	1.00	0.02	0.94	1.19	2.31	1.84	0.12
	0.005～0.001	67.37	17.16	7.51	1.38	0.03	0.75	1.77	3.04	1.38	0.23
	<0.001	57.47	22.66	11.54	0.66	0.08	0.38	2.48	3.17	0.19	0.39
	全土	71.52	13.74	5.52	0.70	0.18	2.21	1.73	2.67	0.75	0.21

因为各级土粒的矿物与化学组成各有差异，因而它们的理化性质也有很大不同（表2-6）。现将各级土粒的主要特性简介如下。

表2-6　各级土粒的水分性质和物理性质

土粒名称	粒径（mm）	最大吸湿量（％）	最大分子持水量（％）	毛管水上升高度（cm）	渗透系数（cm/s）	湿胀％（按最初的体积计）	塑性（上、下塑限含水量％）
石砾	3.0～2.0	—	0.2	0	0.5	—	不可塑
	2.0～1.5	—	0.7	1.5～3.0	0.3	—	
	1.5～1.0	—	0.8	4.5	0.12	—	
粗砂粒	1.0～0.5	—	0.9	8.7	0.072	—	
	0.5～0.25	—	1	20～27	0.056	—	
细砂粒	0.25～0.10	—	1.1	50	0.03	5	
	0.10～0.05	—	1.2	91	0.005	6	
粗粉粒	0.05～0.01	<0.5	3.1	200	0.004	16	

（续表）

土粒名称	粒径（mm）	最大吸湿量(%)	最大分子持水量(%)	毛管水上升高度(cm)	渗透系数（cm/s）	湿胀%（按最初的体积计）	塑性（上、下塑限含水量%）
中粉粒	0.01～0.005	1.0～3.0	15.9	—	—	105	可塑(28～40)
细粉粒粗黏粒	0.005～0.001	—	31	—	—	160	塑性较强(30～48)
细黏粒	<0.001	15～20	—	—	—	405	塑性强(34～87)

（严健汉等，1985）

石块：岩石崩解的碎块，不利耕作和作物生长。

石砾：由母岩碎片和原生矿物粗粒组成，其大小和含量直接影响耕作难易。

砂粒：由母岩碎屑和原生矿物细粒（如石英等）所组成，矿物成分和母岩基本一致，不能充分反映土壤形成条件；粒径大，比表面积小，无可塑性和黏结性；养分释放慢，有效养分缺乏；土粒表面吸湿性和吸肥性很小。粒间孔隙大，透水、排水快；胀缩性小；易溶性养分亦随水流失。因此，砾石和砂粒对水热缺乏保存和调节能力；保水性极差，热容量小而保温能力也很差。构成土体的粗骨架和大孔隙，使土体具有良好通透性，为根系插入与深扎、空气与水进入土体提供方便通道，通过水分入渗传导热量；砂粒含量高的土壤易冷易热，易干易湿，容易受到污染。

土壤侵蚀得只剩下砾石和砂粒，是生态环境恶化的重要指标。如山区"石山化"、平原"沙漠化"等。

黏粒：颗粒细小，是矿物化学风化的产物，也可能是土壤溶液中化学反应的生成物；矿物质成分与原来母质有所不同，属于次生矿物。是各级土粒中最活跃的部分，主要由次生铝硅酸盐组成，呈片状，有巨大的比表面积，吸附能力强。化学成分中二氧化硅含量比砂粒和粉粒要少得多。由于黏粒粒间孔隙很小，其中的水分难于移动；<1μm 的细孔，微生物无法进入生存，基本失去孔隙的意义；表面吸湿性强，有显著毛管作用和强烈的吸水膨胀、失水收缩的特点；有较强的持水性能，透水缓慢，排水困难，透气不畅；黏粒有很强的黏结性、可塑性等，黏粒相互黏结形成土壤团聚体、土团或土块，干时土块易于龟裂，遇水分散。微细的黏粒还有胶体特征，能吸附养料；含黏粒多的土壤保水、保肥力强，有效养分储量较多。黏粒矿物的类型和性质能反映土壤形成条件和形成过程的特点。

粉粒：颗粒大小介于黏粒和砂粒之间；岩石矿物物理风化的极限产物；其矿物组成以原生矿物为主，也有次生矿物。氧化硅及铁硅氧化物的含量分别在 60%～

80％及 5％～18％之间。就物理性质而言,粒径 0.01 mm,是颗粒的物理性状发生明显变化的分界线,亦即物理性砂粒与物理性黏粒的分界线。粉粒颗粒的大小和性质均介于砂粒和黏粒之间,有微弱的黏结性、可塑性、吸湿性和胀缩性。黏结力在湿时明显,干时微弱。粉粒很容易进一步风化,是土壤养料的潜在供应力。粉粒含量高的土壤往往是地区性水土流失和干旱威胁的内在原因。土壤含有适量粉粒,对黏土来说有利于"化块",促进大土块分裂,形成较小土团;对沙土而言能增加其保水、保肥和保温能力。

3. 土壤的机械组成和质地

(1)土壤机械组成

根据土壤机械分析,分别计算其各粒级的相对含量,即为机械组成,并可由此确定土壤质地。

土壤机械组成数据是研究土壤的最基本的资料之一,有很多用途,如土壤比表面估算、确定土壤质地和土壤结构性评价等。随着计算机的运用,20 世纪 90 年代初,已在大尺度的土壤水文状况和污染监测中对土壤机械组成进行应用研究。

(2)土壤质地

1)概念　关于土壤质地的定义,在早期土壤学研究中,常把它与土壤机械组成直接等同起来,这实际上是把两个有紧密联系而不同的概念相混淆了。每种质地的机械组成都是有一定变化范围,因此土壤质地应是根据机械组成划分的土壤类型。土壤质地主要继承了成土母质的类型和特点,一般分为砂土、壤土和黏土三组,不同质地组反映不同的土壤性质。而根据此三组质地中机械组成的组内变化范围,又可细分出若干种质地名称。质地反映了母质来源及成土过程的某些特征,是土壤的一种十分稳定的自然属性;同时,其黏、砂程度对土壤中物质的吸附、迁移及转化均有很大影响,因而在土壤污染物环境行为的研究中常是首要考察因素之一。

2)质地分类制　国内外几种使用多年的土壤质地分类制包括国际制、美国农业部制和卡钦斯基制等。它们都是与粒级分级标准和机械分析前的土壤(复粒)分散方法相互配套的。在众多的质地制中,有三元制(砂、粉、黏三级含量比)和二元制(物理性砂粒与物理性黏粒两级含量比)两种分类法,前者如国际制(图 2-13)、美国农业部制(图 2-14)及多数其他质地制,后者如卡钦斯基制(表 2-7)。有时还考虑不同发生类型土壤的差别。

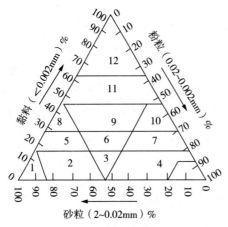

图 2-13 国际制土壤质地分类三角表

1—砂土及壤砂土;2—砂壤;3—壤土;4—粉壤;

5—砂黏壤;6—黏壤;7—粉黏壤;8—砂黏土;

9—壤黏土;10—粉黏土;11—黏土;12—重黏土

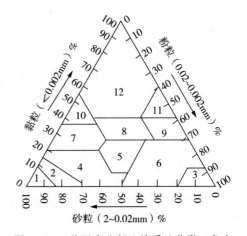

图 2-14 美国农业部土壤质地分类三角表

1—砂土;2—壤砂土;3—粉土;4—砂壤;

5—壤土;6—粉壤;7—砂黏壤;8—黏壤;9—粉黏壤;

10—砂黏土;11—粉黏土;12—黏土

表 2-7 卡钦斯基土壤质地基本分类(简制)

质地组	质地名称	不同土壤类型的<0.01mm 粒级含量(%)		
		灰化土	草原土壤、红黄壤	碱化土、碱土
砂土	松砂土	5	0~5	0~5
	紧砂土	5~10	5~10	5~10
壤土	砂壤	10~20	10~20	10~15
	轻壤	20~30	20~30	15~20
	中壤	30~40	30~45	20~30
	重壤	40~50	45~60	30~40
黏土	轻黏土	50~65	60~75	40~50
	中黏土	65~80	75~85	50~65
	重黏土	>80	>85	>65

我国首个较完整的土壤质地分类是于 20 世纪 30 年代由熊毅提出,包括砂土、壤土、黏壤和黏土 4 组共 22 种质地。后于《中国土壤》(第二版,1987)中公布"中国土壤质地分类",增加了"砾质土"部分,此后又稍作了修改并沿用至今(表 2-8)。

表 2-8 中国土壤质地分类

质地组	质地名称	颗粒组成%（粒级 mm）		
		砂粒(1～0.05)	粗粉粒(0.05～0.01)	细黏粒(<0.001)
砂土	极重砂土	＞80		
	重砂土	70～80		
壤土	中砂土	60～70		<30
	轻砂土	50～60		
	砂粉土粉土	≥20	≥40	
	砂壤壤土	<20	<40	
黏土	轻黏土			30～35
	中黏土			35～40
	重黏土			40～60
	极重黏土			＞60

（熊毅等,1987）

对比各种土壤质地分类制,不难看出其中的共同点,就是各分类制均粗分为砂土、壤土和黏土三类,不同质地制的砂土（或黏土）之间,在农业利用上和工程建设上的表现是大体相近的。

二、土壤有机质

土壤有机质是土壤中各种含碳有机化合物的总称。它与矿物质一起构成土壤的固相部分。土壤中有机质含量并不多,一般只占固相总重量的10%以下,耕作土壤多在5%以下,但它却是土壤的重要组成,是土壤发育过程的重要标志,对土壤性质的影响重大。

(一)土壤有机质的来源、含量及其组成

1. 土壤有机质的来源

土壤有机质是指土壤中含碳的有机化合物,土壤中有机质的来源十分广泛。一般来说,土壤有机质主要来源于动植物和微生物的残体。但不同土壤有机质来源亦有差别。

(1)植物残体:包括各类植物的凋落物、死亡的植物体及根系。这是自然状态下土壤有机质的主要来源。对森林土壤尤为重要。森林土壤相对农业土壤而言具有大量的凋落物和庞大的树木根系等特点。我国林业土壤每年归还土壤的凋落物干物质量按气候植被带划分,依次为:热带雨林、亚热带常绿阔叶林和落叶阔叶林、

暖温带落叶阔叶林、温带针阔混交林、寒温带针叶林。热带雨林凋落物干物质量可达 16700kg/(km^2·a),而荒漠植物群落凋落物干物质量仅为 530kg/(nm^2·a)。

(2)动物、微生物残体:包括土壤动物和非土壤动物的残体,及各种微生物的残体。这部分来源相对较少。但对原始土壤来说,微生物是土壤有机质的最早来源。

(3)动物、植物、微生物的排泄物和分泌物:土壤有机质的这部分来源虽然量很少,但对土壤有机质的转化起着非常重要的作用。

(4)人为施入土壤中的各种有机肥料(绿肥、堆肥、沤肥等),工农业和生活废水、废渣等,还有各种微生物制品、有机农药等。

2. 土壤有机质的含量及其组成

土壤有机质的含量在不同土壤中差异很大,含量高的可达 200g/kg 或300g/kg 以上(如泥炭土,某些肥沃的森林土壤等),含量低的不足 10g/kg 或 5g/kg(如荒漠土和风沙土等)。在土壤学中,一般把耕作层中含有机质 200g/kg 以上的土壤称为有机质土壤,含有机质在 200g/kg 以下的土壤称为矿质土壤。一般情况下,耕作层土壤有机质含量通常在 50g/kg 以下。土壤有机质含量与气候、植被、地形、土壤类型、农耕措施密切相关。不同土壤中含量差异很大。目前,我国土壤有机质含量普遍偏低。总体而言,北方土壤有机质含量高于南方土壤。

土壤有机质的主要元素组成是 C、O、H、N,其次是 P 和 S,C/N 比大约在 10 左右。土壤有机质中主要的化合物组成是类木质素和蛋白质,其次是半纤维素、纤维素以及乙醚和乙醇等可溶性化合物。与植物组织相比,土壤有机质中木质素和蛋白质含量明显增加,而纤维素和半纤维素含量则明显减少。大多数土壤有机质组分为非水溶性。

土壤腐殖质是除未分解的动、植物组织和土壤生命体等以外的土壤中有机化合物的总称。它与矿物质颗粒紧密结合在一起,不能用机械的方法分离。土壤腐殖质由非腐殖物质(Non Humic substances)和腐殖物质(Humic substances)组成,是土壤有机质的主体,通常占土壤有机质的 80%~90%。非腐殖物质为有特定物理化学性质、结构已知的有机化合物,其中一些是经微生物改变的植物有机化合物,而另一些则是微生物合成的有机化合物。非腐殖物质约占土壤腐殖质的 20%~30%,其中,碳水化合物(包括糖、醛、酸)占土壤有机质的 5%~25%,平均为 10%,它在增加土壤团聚体稳定性方面起着很重要的作用。此外还包括氨基糖、蛋白质和氨基酸、脂肪、蜡质、木质素、树脂、核酸、有机酸等,尽管这些化合物在土壤中的含量很低,但相对容易被降解和作为基质被微生物利用,这无论是对土壤肥力,抑或是土壤自净能力而言,均有一定的贡献。

腐殖物质是经土壤微生物作用后,由多酚和多醌类物质聚合而成的含芳香环结构的、新形成的黄色至棕黑色的非晶形高分子有机化合物。它是土壤有机质的主体,也是土壤有机质中最难降解的组分,一般占土壤有机质的 60%～80%。

(二)土壤腐殖酸

人们对土壤腐殖质的研究较早,在 19 世纪初,由于人们认识和研究的局限性,曾一度认为植物直接靠吸收腐殖质而生存和生长;直到 19 世纪中叶,德国化学家李比希提出植物矿物营养学说,才从根本上推翻植物营养腐殖质学说,大伊乐(1809)认为植物吸收的是矿物质营养元素,土壤腐殖质必须经微生物的分解,变成简单的无机化合物才能被植物吸收。这为土壤腐殖质的进一步研究打下了基础,具有划时代意义。

1. 土壤腐殖酸的分组及存在状态

腐殖物质是一类组成和结构都很复杂的天然高分子聚合物,其主体是各种腐殖酸及其与金属离子相结合的盐类,它与土壤矿物质部分密切结合形成有机无机复合体,因而难溶于水。因此要研究土壤腐殖酸的性质,首先必须用适当的溶剂将它们从土壤中提取出来,但此项工作十分困难。理想的提取剂应满足:①对腐殖酸的性质没有影响或影响极小;②获得均匀的组分;③具有较高的提取能力,能将腐殖酸几乎完全分离出来。但是,由于腐殖酸的复杂性以及组成上的非均质性,满足所有这些条件的提取剂尚未找到。

目前一般所用的方法,是先把土壤中未分解或部分分解的动植物残体分离掉,通常是用水浮选、手挑和静电吸附法移去这些动植物残体,或者采用比重为 1.8 或 2.0 的重液(例如溴仿-乙醇混合物)可以更有效地除尽这些残体,被移去的这部分有机物质称为轻组,而留下的土壤组成则称为重组。然后根据腐殖物质在碱、酸溶液中的溶解度可划分出几个不同的组分。传统的分组方法是将土壤腐殖物质划分为胡敏酸、富啡酸和胡敏素 3 个组分(图 2-15),其中胡敏酸是碱可溶、水和酸不溶,颜色和分子量中等;富啡酸是水、酸、碱都可溶,颜色最浅和分子量最低;胡敏素则水、酸、碱都不溶,颜色最深和分子量最高,但其中一部分能被热碱所提取。再将胡敏酸用 95% 乙醇回流提取,可溶于乙醇的部分称为吉马多美郎酸。目前对富啡酸和胡敏酸的研究最多,它们是腐殖物质中最重要的组成,通常占腐殖酸总量的 60% 左右。但需要特别指出的是,这些腐殖物质组分仅仅是操作定义上的划分,而不是特定化学组分的划分。

土壤腐殖质一般情况下以游离态腐殖质和结合态腐殖质两种状态存在。土壤中游离态腐殖质很少,绝大多数是以结合态腐殖质存在。即腐殖质与土壤无机组成,尤其是黏粒矿物和阳离子紧密结合,以有机无机复合体的方式存在。通常 52%～98% 的土壤有机质集中在黏粒部分。结合态腐殖质一般分三种状态类型。①腐殖质与矿物成分中的强盐基化合成稳定的盐类,主要为腐殖酸钙和镁。②腐殖质与含水三氧化物如 $Al_2O_3 \cdot xH_2O \cdot Fe_2O_3 \cdot yH_2O$ 化合成复杂的凝胶体。

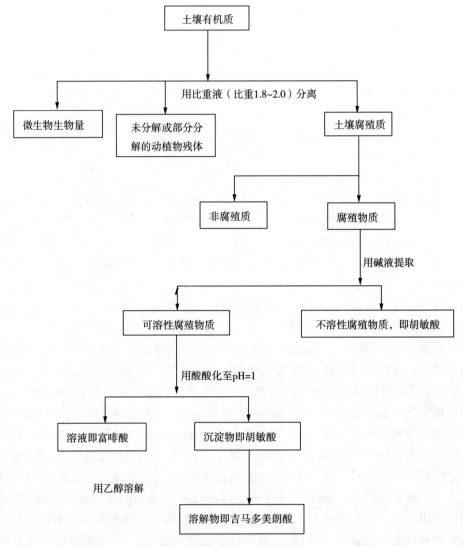

图 2 - 15 土壤有机质的分组方法(转引自 Brady et al. 1996)

③与土壤黏粒结合成有机无机复合体。土壤有机无机复合体的形成过程十分复杂。通常认为范德华力、氢键、静电吸附、阳离子键桥等是土壤有机无机复合体键合的主要机理。

有机无机复合体形成过程中可能同时有两种或更多种机理起作用,主要取决于土壤腐殖质类型、黏粒矿物表面交换性离子的性质、表面酸度、系统的水分含量,等等。我国南方酸性土壤中主要是 Fe、Al 离子键结合的腐殖质,这种结合具有高度的坚韧性,有时甚至可以把腐殖质和砂粒结合起来,但不一定具备水稳性,所以对土壤团粒状结构形成和提高肥力上关系不十分巨大。我国北方的中性和石灰性土壤主要以 Ca 离子键结合的腐殖质为主,具有较强的水稳性,对改善土壤结构和提高肥力有重要意义。尤其在农业土壤上显得特别重要。

2. 土壤腐殖酸的性质

(1)土壤腐殖酸的物理性质

腐殖酸在土壤中的功能与分子的形状和大小有密切的关系。腐殖酸的分子量因土壤类型及腐殖酸组成的不同而异,即使同一样品用不同的方法测得的结果也有较大差异。据报道,腐殖酸分子量的变动范围为几至几百万之间。但共同的趋势是,同一土壤,富里酸的平均分子量最小,胡敏素的平均分子量最大,胡敏酸介于二者之间。我国几种主要土壤类型的胡敏酸和富里酸的平均分子量分别为 890～2500 和 675～1450 之间。

土壤胡敏酸的直径范围在 $1\sim0.001\mu m$ 之间,富啡酸则更小些。通过电子显微镜或根据黏性特征的推断,腐殖酸分子可能均为短棒形。芳香基和烷基结构的存在使得腐殖酸分子具有伸曲性,分子结构内部有很多交联构造,物理性空隙能使一些有机和无机化合物陷落其中。腐殖酸的整体结构并不紧密,整个分子表现出非晶质特征,具有较大的比表面积,高达 2000 m^2/g,远大于黏土矿物和金属氧化物的表面积。

腐殖酸是一种亲水胶体,有强大的吸水能力,单位重量腐殖质的持水量是硅酸盐黏土矿物的 4～5 倍,最大吸收量可以超过其自身重量的 500%。

腐殖质整体呈黑褐色,而其不同组分腐殖酸的颜色则略有深浅之别。富里酸的颜色较淡,呈黄色至棕红色,而胡敏酸的颜色较深,为棕黑色至黑色,腐殖酸的光密度与其分子量大小和分子的结构化程度大体呈正相关。

(2)腐殖酸的化学性质

腐殖酸的主要元素组成是 C、H、O、N、S,此外还含有少量的 Ca、Mg、Fe、Si 等灰分元素。不同土壤中腐殖酸的元素组成不完全相同,有的甚至相差很大。腐殖质含碳约 55%～60%,平均为 58%;含氮约 3%～6%,平均为 5.6%;其 C/N 比值为 10∶1～12∶1。

腐殖质分子中含各种功能基,其中最主要的是含氧的酸性功能基,包括芳香族和脂肪族化合物上的羧基(R—COOH)和酚羟基(酚—OH),其中羧基是最重要的功能基团。此外,腐殖物质中还存在一些中性和碱性官能团,中性官能团主要有醇羟基(R—OH)、醚基(—O—)、酮基(C═O))、醛基(—CHO)和酯基(ROOC—);碱性官能团主要有氨基(—NH₂)和酸胺(—CONH₂)。富啡酸的羧基和酚经羟基含量以及羧基的解离度均较胡敏酸高,醌基较胡敏酸低;胡敏素的醇羟基比富啡酸和胡敏酸高,但富啡酸中羰基含量最高。

腐殖物质的总酸度通常是指羧基和酚羟基的总和。总酸度是以胡敏素、胡敏酸和富啡酸的次序增加的,富啡酸的总酸度最高主要与其较高的羧基含量有关。总酸度数值的大小与腐殖物质的活性有关,一般较高的总酸度意味着有较高的阳离子交换量(CEC)和配位容量。羧基在 pH 为 3 时质子开始解离,产生负电荷;酚羟基在 pH 超过 7 时才开始解离质子,羧基和酚羟基的脱质子解离随着 pH 的升高而增加,因而负电荷也随之增加。由于羧基、酚羟基等官能团的解离以及氨基的质子化,使腐殖酸分子具有两性胶体的特征,在分子表面上既带负电荷又带正电荷,而且电荷随着 pH 的变化而发生变化,在通常的土壤 pH 条件下,腐殖酸分子带静负电荷。

正是由于腐殖酸中存在各种官能团,因而腐殖酸表现出多种活性,如离子交换、对金属离子的配位作用、氧化-还原性以及生理活性等。以单位重量计算,腐殖酸因带负电荷而产生的 CEC 为 $500\sim1200$ cmol(+)/kg,以单位体积计算,CEC 为 $40\sim80$ cmol(+)/kg,远超过土壤硅酸盐黏粒矿物对土壤 CEC 的贡献。在通常情况下,腐殖酸具有弱酸特性,因而对 H^+ 浓度有较大的缓冲范围。此外,腐殖酸的弱酸性还反映在与 Al^{3+}、Fe^{3+}、Cu^{2+} 等金属离子以及与铁、铝氧化物及其水化氧化物之间的配位作用上,腐殖酸上的羧基等重要的官能团并不总是以游离基团存在,而有可能是与金属离子配位成复合体的方式存在。

胡敏酸和富啡酸都含有较高的氨基酸氮,其中甘氨酸、丙氨酸和颉氨酸等酸性和中性氨基酸的含量较高,多肽和糖的组成也十分近似。腐殖酸中还包含少量的核酸(DNA 和 RNA)及其衍生物、叶绿素及其降解产物、磷脂、胺和维生素等。

胡敏酸不溶于水,呈酸性,它与 K^+、Na^+、NH_4^+ 等形成的一价盐溶于水,而与 Ca、Mg、Fe、Al 等多价盐基离子形成的盐类溶解度相当低。胡敏酸及其盐类在环境条件发生变化时,如干旱、冻结、高温及与土壤矿质部分的相互作用等都能引起变性,其化学性质不变,成为不溶于水的、较稳定的黑色物质。

富里酸在水中溶解度很大,其水溶液呈强酸性反应,它的一切盐类(包括一价或多价)都能溶于水,易造成养分流失。

腐殖质是带有负电荷的有机胶体,根据电荷同性相斥原则,新形成的腐殖质胶粒在水中呈分散的溶胶状态,但增加电解质浓度或高价离子,则电性中和而相互凝聚,腐殖质在凝聚过程中可使土粒胶结在一起,形成结构体。另外,腐殖质是一种亲水胶体,可以通过干燥或冻结脱水变性,形成凝胶。腐殖质的这种变性是不可逆的,因此,能形成水稳性的团粒状结构。

(三)土壤有机质的转化

1. 土壤有机质的转化过程

(1)土壤有机质的矿化过程

有机残体进入土壤后,在以土壤微生物为主导的各种作用综合影响下,向着两个方向转化:一是在微生物酶的作用下发生氧化反应,彻底分解而最终释放出 CO_2、H_2O 和能量;所含 N、P、S 等营养元素在一系列特定反应后,释放成为植物可利用的矿质养料,这一过程称为有机质的矿化过程。

土壤有机质的矿化过程分为化学的转化过程、活动物的转化过程和微生物的转化过程。这一过程使土壤有机质转化为二氧化碳、水、氨和矿质养分(磷、硫、钾、钙、镁等简单化合物或离子),同时释放出能量。这一过程为植物和土壤微生物提供了养分和活动能量,并直接或间接地影响着土壤性质,同时也为合成腐殖质提供了物质基础。

1)土壤有机质的化学的转化过程

土壤有机质的化学的转化过程的含义是广义的,实际上包括生物学及物理化学的变化。

①水的淋溶作用:降水可将土壤有机质中可溶性的物质洗出。这些物质包括简单的糖、有机酸及其盐类、氨基酸、蛋白质及无机盐等。约占 5%～10%水溶性物质淋溶的程度决定于气候条件(主要是降水量)。淋溶出的物质可促进微生物发育,从而促进其残余有机物的分解。这一过程对森林土壤尤为重要,因森林下常有下渗水流可将地表有机质(枯落物)中可溶性物质带入地下供林木根系吸收。

②酶的作用:土壤中酶的来源有三个方面:一是植物根系分泌酶,二是微生物分泌酶,三是土壤动物区系分泌释放酶。土壤中已发现的酶有 50～60 种。研究较多的有氧化还原酶、转化酶和水解酶等。酶是有机体代谢的动力,因此,可以想象酶在土壤有机质转化过程中所起的巨大作用。

2)土壤有机质活动物的转化过程

从原生动物到脊椎动物,大多数以植物及植物残体为食。在森林土壤中,生活着大量的各类动物,如温带针阔混交林下每公顷蚯蚓可达 258 万条等,可见活动物对有机质的转化起着极为重要的作用。

①机械的转化:动物将植物或残体碎解,或将植物残体进行机械的搬进及与土粒混合,均可促进有机物被微生物分解。

②化学的转化:经过动物吞食的有机物(植物残体)未被动物吸收的部分,经过肠道,以排泄物或粪便的形式排到体外,已经经过动物体内分解或半分解。土壤动物中蚯蚓的分解作用最大,因此,在某种程度上,可用土壤中蚯蚓的数量来评价土壤肥力的高低。

3)土壤有机质的微生物转化过程

土壤有机质的微生物的转化过程是土壤有机质转化的最重要的、最积极的进程。

①微生物对不含氮的有机物转化　不含氮的有机物主要指碳水化合物,主要

包括糖类、纤维素、半纤维素、脂肪、木素等、简单糖类容易分解,而多糖类则较难分解;淀粉、半纤维素、纤维素、脂肪等分解缓慢,木素最难分解,但在表性细菌的作用下可缓慢分解。

$$(C_6H_{10}O_5)_n + nH_2O \longrightarrow nC_6H_{12}O_6$$

葡萄糖在好气条件下,在酵母菌和醋酸细菌等微生物作用下,生成简单的有机酸(醋酸、草酸等)、醇类、酮类。这些中间物质在空气流通的土壤环境中继续氧化,最后完全分解成二氧化碳和水,同时放出热量。

土壤碳水化合物分解过程是极其复杂的,在不同的环境条件下,受不同类型微生物的作用,产生不同的分解过程。这种分解进程实质上是能量释放过程,这些能量是促进土壤中各种生物化学过程的基本动力,是土壤微生物生命活动所需能量的重要来源。一般来说,在嫌气条件下,各种碳水化合物分解形成还原性产物时释放出的能量,比在好气条件下所释放的能量要少得多,所产生的 CH_4、H_2 等还原物质对植物生长不利。

②微生物对含氮的有机物转化　土壤中含氮有机物可分为两种类型:一是蛋白质类型,如各种类型的蛋白质;二是非蛋白质型,如几丁质、尿素和叶绿素等。土壤中含氮的有机物在土壤微生物作用下,最终分解为无机态氮($NH_4^+ - N$ 和 $NO_3^- - N$)。

a. 水解过程　蛋白质在微生物所分泌的蛋白质水解酶的作用下,分解成为简单的氨基酸类含氮化合物。

$$蛋白质 \longrightarrow 水解蛋白质 \longrightarrow 消化蛋白质 \longrightarrow 多肽 \longrightarrow 氨基酸$$

b. 氨化过程　蛋白质水解生成的氨基酸在多种微生物及其分泌酶的作用下,产生氨的过程。氨化过程在好气、嫌气条件下均可进行,只是不同种类微生物的作用不同。

c. 硝化过程　在通气良好的情况下,氨化作用产生的氨在土壤微生物的作用下,可经过亚硝酸的中间阶段,进一步氧化成硝酸,这个由氨经微生物作用氧化成硝酸的作用叫做硝化作用。将硝酸盐转化成亚硝酸盐的作用称为亚硝化作用。硝化过程是一个氧化过程,由于亚硝酸转化为硝酸的速度一般比氨转化为亚硝酸的速度快得多,因此土壤中亚硝酸盐的含量在通常情况下是比较少的。亚硝化过程只有在通气不良或土壤中含有大量新鲜有机物及大量硝酸盐时发生,从林业生产上看,此过程有害,是降低土壤肥力的过程,因此应尽量避免。

d. 反硝化过程　硝态氮在土壤通气不良情况下,还原成气态氮(N_2O 和 N_2),这种生化反应称为反硝化作用。

③微生物对含磷有机物的转化　土壤中有机态的磷经微生物作用,分解为无

机态可溶性物质后,才能被植物吸收利用。

土壤中表层有 26%～50% 是以有机磷状态存在,主要有核蛋白、核酸、磷脂、核素等,这些物质在多种腐生性微生物作用下,分解的最终产物为正磷酸及其盐类,可供植物吸收利用。

在嫌气条件下,很多嫌气性土壤微生物能引起磷酸还原作用,产生亚磷酸,并进一步还原成磷化氢。

④微生物对含硫有机物的转化　土壤中含硫的有机化合物如含硫蛋白质、胱氨酸等,经微生物的腐解作用产生硫化氢。硫化氢在通气良好的条件下,在硫细菌的作用下氧化成硫酸,并和土壤中的盐基离子生成硫酸盐,不仅消除硫化氢的毒害作用,而且能成为植物易吸收的硫素养分。

在土壤通气不良条件下,已经形成的硫酸盐也可以还原成硫化氢,即发生反硫化作用,造成硫素散失。当硫化氢积累到一定程度时,对植物根系有毒害作用,应尽量避免。

进入土壤的有机质是由不同种类的有机化合物组成,具有一定生物构造的有机整体。其在土壤中的分解和转化过程不同于单一有机化合物,表现为一个整体的动力学特点。植物残体中各类有机化合物的大致含量范围是:可溶性有机化合物(糖分、氨基酸)5%～10%,纤维素 15%～60%,半纤维素 10%～30%,蛋白质 2%～15%,木素 5%～30%。它们的含量差异对植物残体的分解和转化有很大影响。

据估计,进入土壤的有机残体经过一年降解后,2/3 以上的有机质以二氧化碳的形式释放而损失,残留在土壤中的有机质不到 1/3,其中土壤微生物量占 3%～8%,多糖、多糖醛酸苷、有机酸等非腐殖质物质占 3%～8%,腐殖质占 10%～30%。植物根系在土壤中的年残留量比其他地上部分稍高一些。

(2)有机质的腐殖化过程

另一个转化方向则是各种有机化合物通过微生物的合成或在原植物组织中的聚合转变为组成和结构比原来有机化合物更为复杂的新的有机化合物,这一过程称为腐殖化过程。

腐殖质形成过程大体包括两个阶段,第一阶段:产生腐殖质分子的各个组成成分,如多元酚、氨基酸、多肽等有机物质;第二阶段:由多元酚和含氮化合物缩合成腐殖质单体分子,此缩合过程包括两步:首先是多元酚在多酚氧化酶作用下氧化为醌,然后醌和含氮化合物(氨基酸)缩合,最后腐殖质单体分子继续缩合成高级腐殖质分子。

有机残体的矿化和腐殖化是同时发生的两个过程,矿化过程是进行腐殖化过程的前提,而腐殖化过程是有机残体矿化过程的部分结果。应当注意,腐殖质仅处于相对稳定的状态,它也在缓慢地进行着矿化。所以,矿化和腐殖化在土壤形成中是对立统一的两个过程。

2. 影响土壤有机质转化的因素

有机质是土壤中最活跃的物质组成。一方面,外来有机物质不断地输入土壤,并经微生物的分解和转化形成新的腐殖质;另一方面,土壤原有有机质不断地被分解和矿化,离开土壤。进入土壤的有机物质主要由每年加入土壤中动植物残体的数量和类型决定,而土壤有机质的损失则主要取决于土壤有机质的矿化及土壤侵蚀的程度。进入土壤的有机物质与有机碳从土壤中损失之间的平衡决定了土壤有机质的含量。

有机物质进入土壤后由其一系列转化和矿化过程所构成的物质流通称为土壤有机质的周转。由于微生物是土壤有机物质分解和周转的主要驱动力,因此,凡是能影响微生物活动及其生理作用的因素都会影响有机物质的转化。一般而言,有利于矿化作用的因素几乎都是有损于腐殖化作用的。现将影响土壤有机质转化的主要因素分析如下:

(1)温度

温度影响到植物的生长和有机质的微生物降解。一般说来,在 0℃ 以下,土壤有机质的分解速率很小。在 0℃～35℃ 温度范围内,提高温度能促进有机物质的分解,加速土壤微生物的生物周转。温度每升高 10℃,土壤有机质的最大分解速率提高 2～3 倍。一般土壤微生物活动的最适宜温度范围大约为 25℃～35℃,超出这个范围,微生物的活动就会受到明显的抑制。

(2)土壤水分和通气状况

土壤水分对有机质分解和转化的影响是复杂的。土壤中微生物的活动需要适宜的土壤含水量,但过多的水分导致进入土壤的氧气减少,从而改变土壤有机物质的分解过程和产物。当土壤处于嫌气状态时,大多数分解有机质的好氧微生物停止活动,从而导致未分解有机质的积累。植物残体分解的最适水势为 $-0.03MPa$ ～$-0.1MPa$ 之间,当水势降到 $-0.3MPa$ 以下,细菌呼吸作用迅速降低,而真菌一直到 $-4MPa$～$-5MPa$ 时可能还有活性。

土壤有机质的转化也受土壤干湿交替作用的影响。干湿交替作用使土壤呼吸强度在很短时间内大幅度地提高,并使其在几天内保持稳定的土壤呼吸强度,从而增加土壤有机质的矿化作用。另一方面干湿交替作用会引起土壤胶体,尤其是蒙脱石、蛭石等黏粒矿物的收缩和膨胀作用,使土壤团聚体崩溃,其结果一是使原先不能被分解的有机物质因团聚体的分散而能被微生物分解;二是干燥引起部分土壤微生物死亡。

(3)植物残体的特性

新鲜多汁的有机物质比干枯秸秆易于分解,因为前者含有较高比例的简单碳水化合物和蛋白质,后者含有较高比例的纤维素、木质素、脂肪、蜡质等难于降解的有机物。有机物质的细碎程度影响其与外界因素的接触面,而影响其矿化速率。同样,密实有机物质的分解速率比疏松有机物质缓慢。

有机物质组成的碳氮比(C/N)对其分解速度影响很大。众所周知,植物体的C/N变异很大,豆科植物和幼叶的C/N在10:1~30:1之间,而一些植物锯屑的C/N可高达600:1(表2-9),它与植物种类、生长时期、土壤养分状况等有关。与植物相比,土壤微生物的C/N要低得多,稳定在10:1~5:1之间,平均为8:1。由此可知,微生物每吸收1份氮大约需要8份碳。但由于微生物代谢的碳只有1/3进入微生物细胞,其余的碳以CO_2的形式释放。因此,对微生物来说,同化1份氮到体内,必须相应需要约24份的碳。显然,植物残体进入土壤后由于氮的含量太低而不能使土壤微生物将加入的有机碳转化为自身的组成。为了满足微生物分解植物残体对氮养分的需要,土壤微生物必须从土壤中吸收矿质态氮,此时土壤中矿质态氮的有效性控制了土壤有机质的分解速率,最终的结果是在微生物与植物之间竞争土壤矿质态氮。随着有机物质的分解和CO_2的释放,土壤中有机质的C/N降低,微生物对氮的要求也逐步降低。最后,当C/N降至大约25:1以下,微生物不再利用土壤中的有效氮,相反由于有机质较完全地分解而释放矿质态氮,使得土壤中矿质态氮的含量比原来有显著的提高。但无论有机物质的C/N大小如何,当它被翻入土壤中,经过微生物的反复作用后,在一定条件下,它的C/N或迟或早都会稳定在一定的数值。

表2-9 一些有机质的碳、氮含量及其 C/N 比

	C(%)	N(%)	C/N
有机物质			
云杉锯屑	50	0.05	1000/1
硬木锯屑	46	0.1	460/1
报纸	39	0.3	130/1
小麦秸秆	38	0.5	76/1
玉米禾茎	40	0.7	57/1
甘蔗渣	40	0.8	50/1
黑麦草(开花期)	40	1.1	36/1
槭树叶	48	1.4	34/1
黑麦草(营养期)	40	1.5	27/1
成熟苜蓿干草	40	1.8	22/1

（续表）

	C(%)	N(%)	C/N
腐烂畜肥	41	2.1	20/1
施肥牧草	42	2.2	19/1
椰菜残茬	35	1.9	18/1
堆肥	30	2.0	15/1
嫩苜蓿干草	40	3.0	13/1
毛叶苕子	40	3.5	11/1
城市淤泥	31	4.5	7/1
土壤微生物			
细菌	50	10.0	5/1
放线菌、线虫	50	8.5	6/1
真菌	50	5.0	10/1
土壤有机质			
灰化土 O 层	50	0.5	100/1
一般森林土 O 层	50	1.3	38/1
一般森林土 A 层	50	2.8	18/1
热带常绿树叶	50	2.0	25/1
软土 Ap 层	56	4.9	11/1
一般 B 层	46	5.1	9/1

（Brady et al.2008；陈怀满，2010）

当然除了氮之外,硫、磷等元素也都是微生物活动所必需的,当缺乏这些养分时也同样会抑制土壤有机质的分解。土壤中加入新鲜有机物质会促进土壤原有有机质的降解,这种矿化作用称之为新鲜有机物质对土壤有机质分解的激发效应。

激发效应可以是正,也可以是负。正激发效应存在两大作用:一是加速土壤微生物碳的周转,二是由于新鲜有机物质引起土壤微生物活性增强,从而加速土壤原有有机质的分解。但在通常情况下,微生物生物量的增加超过了分解的腐殖质量,因此净效应促使土壤有机质的增加。

(4)土壤特性

气候和植被在较大范围内影响土壤有机质的分解和积累,而土壤质地在局部范围内影响土壤有机质的含量。土壤有机质的含量与其黏粒含量存在极显著的正相关。

土壤 pH 也通过影响微生物的活性而影响有机质的降解。各种微生物都有其最适宜于活动的 pH 范围，大多数细菌活动的最适 pH 在中性附近（pH 6.5～7.5），放线菌的最适 pH 略偏向碱性一侧，而真菌则最适于酸性条件下（pH 3～6）活动。pH 过低（<5）或过高（>8.5）对一般的微生物都不大适宜。

（四）土壤有机质的作用及其生态与环境意义

基础土壤学中，就土壤有机质的作用而言，着重探讨的是其在土壤肥力方面的功效。有机质是土壤肥力的基础，其在提供植物需要的养分和改善土壤肥力特性上均具有不可忽略的重要意义。其中，它对土壤肥力特性的改善又是通过影响土壤物理、化学及生物学性质而实现的。就环境土壤学而言，人们着重关注土壤有机质的生态与环境效应。

1. 在土壤肥力上的作用

（1）有机质是植物营养的主要来源

土壤有机质中含有大量的植物营养元素，如 N、P、K、Ca、Mg、S、Fe 等重要元素，还有一些微量元素。土壤有机质经矿质化过程释放大量的营养元素为植物生长提供养分；有机质的腐殖化过程合成腐殖质，保存了养分，腐殖质又经矿质化过程再度释放养分，从而保证植物生长全过程的养分需求。

有机质的矿质化过程分解产生的 CO_2 是植物碳素营养的重要来源。据估计，土壤有机质的分解及微生物和根系呼吸作用产生的 CO_2，每年可达 135 亿 t，大致相当于陆地植物的需要量。由此可见，土壤有机质的矿质化过程产生的 CO_2 既是大气中 CO_2 的重要来源，也是植物光合作用的重要碳源；土壤有机质还是土壤 N、P 最重要的营养库，是植物速效性 N、P 的主要来源。土壤全 N 的 92%～98% 都是储藏在土壤中的有机 N，且有机 N 主要集中在腐殖质中，一般是腐殖质含量的 5%。据研究，植物吸收的氮素有 50%～70% 是来自土壤；土壤有机质中有机态 P 的含量一般占土壤全磷的 20%～50%，随着有机质的分解而释放出速效磷，供给植物营养；在大多数非石灰性土壤中，有机质中有机态硫占全硫的 75%～95%，随着有机质的矿质化过程而释放，被植物吸收利用；土壤有机质在分解转化过程中，产生的有机酸和腐殖酸对土壤矿物部分有一定的溶解能力，可以促进矿物风化，有利于某些养分的有效化。一些与有机酸和富里酸络合的金属离子可以保留在土壤溶液中，不致沉淀而增加其有效性；土壤腐殖质与铁形成的某些化合物，在酸性或碱性土壤中对植物及微生物是有效的。

（2）促进植物生长发育

土壤有机质，尤以其中胡敏酸，具有芳香族的多元酚官能团，可以加强植物呼吸过程，提高细胞膜的渗透性，促进养分迅速进入植物体。胡敏酸的钠盐对植物根系生长具有促进作用,试验结果证明胡敏酸钠对玉米等禾本科植物及草类的根系生长发育具有极大的促进作用。

(3)改善土壤的物理性质

有机质在改善土壤物理性质中的作用是多方面的,其中最主要、最直接的作用是改良土壤结构,促进团粒状结构的形成,从而增加土壤的疏松性,改善土壤的通气性和透水性。腐殖质是土壤团聚体的主要胶结剂,土壤中的腐殖质很少以游离态存在,多数和矿质土粒相互结合,通过功能基、氢键、范德华力等机制,以胶膜形式包被在矿质土粒外表,形成有机-无机复合体。所形成的团聚体,大、小孔隙分配合理,且具有较强的水稳性,是较好的结构体。土壤腐殖质的黏结力比砂粒强,在砂性土壤中,可增加砂土的黏结性而促进团粒状结构的形成。腐殖质的黏结力比黏粒小,一般为黏粒的 $1/12$。黏着力为黏粒的 $1/2$,当腐殖质覆盖黏粒表面,减少了黏粒间的直接接触,可降低黏粒间的黏结力;有机质的胶结作用可形成较大的团聚体,更进一步降低黏粒的接触面,使土壤的黏性大大降低,因此可以改善黏土的土壤耕性和通透性。有机质通过改善黏性,降低土壤的胀缩性,防止土壤干旱时出现的大的裂隙。土壤腐殖质是亲水胶体,具有巨大的比表面积和亲水基团,据测定腐殖质的吸水率为 500% 左右。而黏土矿物的吸水率仅为 50% 左右,因此,能提高土壤的有效持水量,这对砂土有着重要的意义。腐殖质为棕色呈褐色或黑色物质,被土粒包围后使土壤颜色变暗,从而增加了土壤吸热的能力,提高土壤温度,这一特性对北方早春时节促进种子萌发特别重要。腐殖质的热容量比空气、矿物质大,而比水小,导热性居中。因此,土壤有机质含量高的土壤其土壤温度相对较高,且变幅小,保温性好。

(4)提高土壤保肥性和缓冲性

土壤腐殖质是一种胶体,有着巨大的比表面和表面能,腐殖质胶体以带负电荷为主,从而可吸附土壤溶液中的交换性阳离子如 K^+、NH_4^+、Ca^{2+}、Mg^{2+} 等,一方面可避免随水流失,另一方面又能被交换下来供植物吸收利用,其保肥性能非常显著。腐殖酸本身是一种弱酸,腐殖酸和其盐类可构成缓冲体系,缓冲土壤溶液中 H^+ 浓度变化,使土壤具有一定的缓冲能力;同时,由于腐殖质胶体具有较强的吸附性能和较高的阳离子代换能力,可吸附土壤溶液中盐基离子,对肥料起缓冲作用。

(5)提高土壤生物活性和酶活性

土壤有机质是土壤微生物生命活动所需养分和能量的主要来源。没有它就不会有土壤中所有的生物化学过程。土壤微生物的种群、数量和活性随有机质含量增加而增加,具有极显著的正相关。土壤有机质的矿质化率低,不会像新鲜植物残体那样对微生物产生迅猛的激发效应,而是持久稳定地向微生物提供能源。因此,富含有机质的土壤,其肥力平稳而持久,不易造成植物的徒长和脱肥现象。土壤动物中有的动物(如蚯蚓等)也以有机质为食物和能量来源;有机质能改善土壤物理环境,增加疏松程度和提高通透性(对砂土而言则降低通透性),从而为土壤动物的活动提供了良好的条件,而土壤动物本身又加速了有机质的分解(尤其是新鲜有机质的分解)。进一步改善土壤通透性,为土壤微生物和植物生长创造了良好的环境条件。此外,土壤有机质通过刺激生物活动而增加土壤酶活性,直接影响土壤养分转化的生物化学过程。

(6)提高养分有效性

土壤有机质矿质化过程中产生的有机酸,腐殖化过程中产生的腐殖酸,一方面促进土壤矿质养分溶解释放养分;另一方面可以络合金属离子,减少金属离子对养分的固定,提高养分的有效性。如土壤中的磷一般不以速效态存在,常以迟效态和缓效态存在,因此土壤中磷的有效性低。土壤有机质具有与难溶性的磷反应的特性,可增加磷的溶解度,从而提高土壤中磷的有效性和磷肥的利用率。

2. 有机质在生态环境上的作用

(1)有机质与重金属离子的作用

土壤腐殖质组分对重金属污染物毒性的影响可以通过静电吸附和络合(螯合)作用来实现。土壤腐殖质含有多种功能基,这些功能基对重金属离子有较强的络合能力,土壤有机质与重金属离子的络合作用对土壤和水体中重金属离子的固定和迁移有极其重要的影响。

如果腐殖质中活性功能基($-COOH$、酚$-OH$、醇$-OH$ 等)的空间排列适当,那么可以通过取代阳离子水化圈中的一些水分子与金属离子结合形成螯合复合体。胡敏酸与金属离子的键合总容量大约在 $200\sim600\mu mol/g$,大约 33% 是由阳离子在复合位置上的固定,主要的复合位置是羧基和酚基。

腐殖物质——金属离子复合体的稳定常数反映了金属离子与有机配位体之间的亲合力,对重金属环境行为的理解有重要意义。一般金属-富啡酸复合体条件稳定常数的排列次序为:$Fe^{3+}>Al^{3+}>Cu^{2+}>Ni^{2+}>CO^{2+}>Pb^{2+}>Ca^{2+}>Zn^{2+}>Mn^{2+}>Mg^{2+}$。其中稳定常数在 pH=5.0 时比 pH=3.5 时稍大。这主要是由于羧基等功能基在较高 pH 值条件下有较高的离解度。在 pH 值低时,由于大量的 H^+ 与金属离子一起争夺配位体的吸附位,因而与腐殖质配位的金属离子较少。胡敏酸和富里酸可以与金属离子形成可溶性和不可溶性的络合物,主要依赖于饱和度,富里酸金属离子络合物比胡敏酸金属离子络合物的溶解度大。

重金属离子的存在形态也受腐殖物质的配位反应和氧化还原作用的影响。胡敏酸可作为还原剂将有毒的 Cr^{6+} 还原为 Cr^{3+}。作为 Lewis 硬酸,Cr^{3+} 能与胡敏酸上的羧基形成稳定的复合体,从而限制动植物对其的吸收性。此外,腐殖质还能将 Hg^{2+} 还原为 Hg、Fe^{3+} 还原为 Fe^{2+}、U^{6+} 还原为 U^{4+},等等。此外,腐殖物质还能起催化作用,促成 Fe^{3+} 变成 Fe^{2+} 的光致还原反应。腐殖酸通过对金属离子的络合、螯合和吸附、还原作用,可降低重金属的毒害作用。

腐殖酸对无机矿物也有一定的溶解作用。胡敏酸对方铅矿(PbS)、软锰矿(MnO_2)、方解石($CaCO_3$)和孔雀石$[Cu_2(OH)_2CO_3]$的溶解程度比对硅酸盐矿物大。胡敏酸对 Pb^{2+}、Zn^{2+}、Cu^{2+}、Ni^{2+}、CO^{2+}、Fe^{3+}、Mn^{4+} 等各种金属硫化物和碳酸盐化合物的溶解程度从最低的 $ZnS(95\mu g/g)$ 到最高的 $PbS(2100\mu g/g)$。腐殖酸对矿物的溶解作用实际上是其对金属离子的配位、吸附和还原作用的综合结果。

(2)有机质对农药等有机污染物的固定作用

土壤有机质对农药等有机污染物有强烈的亲合力,对有机污染物在土壤中的生物活性、残留、生物降解、迁移和蒸发等过程有重要的影响。对农药的固定与腐殖质功能基的数量、类型和空间排列密切相关,也与农药本身的性质有关。一般认为极性有机污染物可以通过离子交换和质子化、氢键、范德华力、配位体交换、阳离子桥和水桥等各种不同机理与土壤有机质结合。对非极性有机污染物可通过分隔(Partitioning)机理与之结合。腐殖质分子中既有极性亲水基团,也有非极性亲水基团。

可溶性腐殖质能增加农药从土壤向地下水的迁移,富里酸有较低的分子量和较高酸度,比胡敏酸更可溶,能更有效地迁移农药等有机污染物质。腐殖酸作为还原剂而改变农药的结构,这种改变因腐殖酸中羧基、酚羟基、醇羟基、杂环、半醌等的存在而加强。一些有毒有机化合物与腐殖质结合后,其毒性降低或消失。

(3)土壤有机质对全球碳平衡的影响

土壤有机质是全球 C 平衡的重要 C 库。据估计全球土壤有机质总碳量为 $14\times10^{17}\sim15\times10^{17}$ g;大约是陆地生物总碳量(-5.6×10^{17} g)的 $2.5\sim3$ 倍。全球每年土壤有机质生物分解释放到大气中的总碳量为 68×10^{15} g;全球每年因焚烧燃料释放到大气中的总碳量仅为 6×10^{15} g,是土壤呼吸作用释放碳的 $8\%\sim9\%$;可见,土壤有机质的损失对地球自然环境具有重大影响。从全球来看,土壤有机碳水平的不断下降,对全球气候变化的影响不亚于人类活动向大气排放的影响。

三、土壤孔隙性与结构性

土壤孔隙性质(简称孔性)是指土壤孔隙总量及大、小孔隙分布。其好坏决定于土壤的质地、松紧度、有机质含量和结构等。土壤结构性是指土壤固体颗粒的结合形式及其相应的孔隙性和稳定度。可以说土壤孔性是土壤结构性的反映,结构好则孔性好,反之亦然。

1. 土壤孔性

土壤孔隙的数量及分布,可分别用孔(隙)度和分级孔度表示。

　　土壤孔度一般不直接测定,而以土壤容重和比重计算而得。土壤分级孔度,亦即土壤大小孔隙的分配,包含其连通情况和稳定程度。

　　(1)土壤比重

　　单位容积的固体土粒(不包括粒间孔隙)的干重与4℃时同体积水重之比,称为土壤比重,乃无量纲。其数值大小主要决定于土壤的矿物组成,有机质含量对其也有一定影响。土壤学中,一般把接近土壤矿物比重(2.6~2.7)的数值2.65为土壤表层的平均比重值。

　　(2)土壤容重

　　单位容积的土体(包括粒间孔隙)的烘干重,称为土壤容重,单位为 g/cm³。受土壤质地、有机质含量、结构性和松紧度的影响,土壤容重值变化较大。

　　砂土中的孔隙大但数量少,总的孔隙容积较小,容重较大,一般为 1.2~1.8 g/cm³;黏土的孔隙容积较大,容重较小,一般为 1.0~1.5g/cm³;壤土的容重介于砂土与黏土之间。有机质含量愈高,土壤容重愈小。而质地相同的土壤,若有团粒结构形成则容重减小;无团粒结构的土壤,容重大。此外,土壤容重还与土壤层次有关,耕层容重一般在 1.10~1.30g/cm³,随土层增深,容重值也相应变大,可达 1.40~1.60g/cm³。

　　土壤容重大小是土壤学中十分重要的基本数据,可作为粗略判断土壤质地、结构、孔隙度和松紧状况的指标,并可据其计算任何体积的土重。

　　(3)土壤孔隙状况

　　①土壤孔度

　　土粒或团聚体之间以及团聚体内部的孔隙,称为土壤孔隙。

　　土壤中孔隙的容积占整个土体容积的百分数,称为土壤孔度,也叫总孔度。它是衡量土壤孔隙的数量指标,一般通过土壤容重和土壤比重来计算,可由下式推导:

　　土壤孔隙度(%)=(1-容重/比重)×100%

　　土壤孔隙度=[孔隙容积/土壤容积]×100%

　　　　　　　　=[(土壤容积-土粒容积)/土壤容积]×100%

　　　　　　　　=[1-(土粒容积/土壤容积)]×100%

　　　　　　　　=[1-(土粒重量/比重)/(土壤重量/容重)]×100%

　　　　　　　　=(1-容重/比重)×100%

　　砂土的孔隙粗大,但孔隙数目少,故孔度小;黏土的孔隙狭细而数目很多,故孔度大。一般说来,砂土的孔度为 30%~45%,壤土为 40%~50%,黏土为 45%~60%,结构良好的表土其孔度高达 55%~65%,甚至在 70%以上。

②土壤孔度分级

土壤孔度仅反映土壤孔隙"量"的问题，并不能说明土壤孔隙"质"的差别。即使两种土壤的孔度相同，如果大小孔隙的数量分配各异，土壤性质亦会有很大差异。故此，按照土壤中孔隙的大小及其功能进行了孔隙分类，并以分级孔度表示之。

但由于土壤固相骨架内的土粒大小、形状和排列多样，连通情况极为复杂，难以找到有规律的孔隙管道来测量其直径以进行大小分级。因此，土壤学中常用当量孔隙及其直径——当量孔径（或称有效孔径）代替之。它与孔隙的形状及其均匀性无关。

土壤水吸力与当量孔径的关系按下式计算：

$$D = 3/T$$

式中：D——孔隙直径（mm）。

T——土壤水吸力（cmH_2O 或 mbar）。

当量孔径与土壤水吸力成反比，孔隙愈小则土壤水吸力愈大。每一当量孔径与一定的土壤水吸力相对应。按当量孔径大小不同，土壤孔隙可分为三级：非活性孔、毛管孔和通气孔。其中，非活性孔为土壤中最微细的孔隙，当量孔径约在 0.002mm 以下，几乎总被土粒表面的吸附水所充满，又称无效孔隙；毛管孔乃土壤中毛管水所占据的孔隙，当量孔径约在 0.02～0.002mm；通气孔则孔隙较粗，当量孔径大于 0.02mm，其中水分受重力支配可排出，不具毛管作用，故又称非毛管孔。

2. 土壤结构性

了解土壤结构性可从土壤结构体及其分类着手。自然界中土壤固体颗粒很少完全呈单粒状况存在，多数情况下，土粒（单粒和复粒）会在内外因素综合作用下相互团聚成一定形状和大小且性质不同的团聚体（亦即土壤结构体），由此产生土壤结构。因此，土壤结构性定义为土壤结构体的种类、数量（尤其是团粒结构的数量）及结构体内外的孔隙状况等产生的综合性质。

土壤结构体的划分主要依据它的形态、大小和特性等。目前国际上尚无统一的土壤结构体分类标准。最常用的是根据形态和大小等外部性状来分类，较为精细的分类则结合外部性状与内部特性（主要是稳定性、多孔性）同时考虑。常有以下几类：

(1)块状结构和核状结构

土粒互相黏结成为不规则的土块，内部紧实，轴长在 5cm 以下，而长、宽、高三者大致相似，称为块状结构。可按大小再分为大块状、小块状、碎块状及碎屑状结构。

碎块小且边角明显的则叫核状结构，常见于黏重的心、底土中，系由石灰质或氢氧化铁胶结而成,内部十分紧实。如红壤下层由氢氧化铁胶结而成的核状结构,坚硬而泡水不散。

(2)棱柱状结构和柱状结构

土粒黏结成柱状体,纵轴大于横轴,内部较紧实,直立于土体中,多现于土壤下层。边角明显的称为棱柱状结构,棱柱体外常由铁质胶膜包着;边角不明显,则叫做柱状结构体,常出现于半干旱地带的心土和底土中,以柱状碱土碱化层中的最为典型。

(3)片状结构(板状结构)

其横轴远大于纵轴发育呈扁平状,多出现老耕地的犁底层。在表层发生结壳或板结的情况下,也会出现这类结构。在冷湿地带针叶林下形成的灰化土的漂灰层中可见到典型的片状结构。

(4)团粒结构

包括团粒和微团粒。团粒为近似球形的较疏松的多孔小土团,直径约为0.25～10mm,0.25mm 以下的则为微团粒。这种结构体在表土中出现,具有水稳性(泡水后结构体不易分散)、力稳性(不易被机械力破坏)和多孔性等良好的物理性能,是农业土壤的最佳结构形态。

近几十年来,伴随农用薄膜的大量使用,给土壤结构造成极大破坏。农用薄膜是一种高分子的碳氢化合物,在自然环境条件下不易降解。随着地膜栽培年限的延长,耕层土壤中残留膜量不断增加,在土壤中形成了阻隔层,日积月累,造成农田"白色污染"。而土壤中残留薄膜碎片,将改变或切断土壤孔隙的连续性,增大孔隙的弯曲性,致使土壤重力水的移动受到的阻力增大,重力水向下移动较为缓慢,长此以往可明显降低土壤的渗透性能。

四、土壤生物

土壤生物是土壤具有生命力的主要成分,在土壤形成和发育过程中起主导作用。同时,它也是净化土壤有机污染物的主力军。因此,生物群体是评价土壤质量和健康状况的重要指标之一。

(一)土壤生物的类型组成

土壤生物是栖居在土壤(还包括枯枝落叶层和枯草层)中的生物体的总称,主要包括土壤微生物、土壤动物和高等植物根系。它们有多细胞的后生动物、单细胞的原生动物、真核细胞的真菌(酵母、霉菌)和藻类、原核细胞的细菌、放线菌和蓝细菌及没有细胞结构的分子生物(如病毒)等。

1. 土壤微生物

在土壤-植物整个生态系统中,微生物分布广、数量大、种类多,是土壤生物中最活跃的部分。其分布与活动,一方面反映了土壤生物因素对生物的分布、群落组成及其种间关系的影响和作用;另一方面也反映了微生物对植物生长、土壤环境和物质循环与迁移的影响和作用。

目前已知的微生物绝大多数是从土壤中分离、驯化、选育出来的,但只占土壤微生物实际总数的10%左右。一般1kg土壤可含$5×10^8$个细菌、$1.0×10^{10}$个放线菌和近$1.0×10^9$个真菌、$5×10^8$亿个微小动物。其种类主要有原核微生物、真核微生物、非细胞型生物(分子生物)——病毒。

(1)原核微生物

①古细菌

古细菌包括甲烷产生菌、极端嗜酸热菌和极端嗜盐菌。这三个类型的细菌都生活在特殊的极端环境(水稻土、沼泽地、盐碱地、盐水湖和矿井等),对物质转化担负着重要的角色。有关研究对揭示生物进化的奥秘,深化对生物进化的认识有重要意义。现已探明生物适应环境因子的遗传基因普遍存在于质粒上。因此,有可能把这类生活在极端环境的古细菌作为特殊基因库,用以构建有益的新种。

②细菌

细菌是土壤微生物中分布最广泛、数量最多的一类,占土壤微生物总数的70%~90%,其个体小、代谢强、繁殖快,与土壤接触的表面积大,是土壤中最活跃的因素。因其可利用各种有机物为碳源和能源,富集土壤中重金属及降解农药等有机污染物,在污染土壤修复研究中备受关注。

按营养类型分,土壤中存在各种细菌生理群,包括纤维分解菌、固氮细菌、硝化细菌、亚硝化细菌、硫化细菌等,均在土壤C、N、P、S循环中担当重要角色。而就细菌属而言,土壤中常见的主要有节杆菌属(Arthrobacter)、芽孢杆菌属(Bacillus)、假单胞菌属(Pseudomonas)、产碱杆菌属(Alcaligenes)、黄杆菌属(Flavobacterium)等。其中假单胞菌属是一个大而庞杂的属,分布极广,土壤中这类细菌一部分为腐生菌,一部分为兼性寄生菌,具有代谢多种化合物的能力,在降解土壤、水体中的农药和除草剂、处理石油废水中能发挥重要作用,又是制造多种产品的经济微生物。嗜冷性假单胞菌属是冷藏食品、制品的有害菌。

③放线菌

土壤放线菌是指生活于土壤中呈丝状单细胞、革兰氏阳性的原核微生物。放线菌以孢子或菌丝片段存在于土壤中,其栖居数量及种类很多,仅次于细菌,通常是细菌数量的1%~10%,每克土中有10万个以上放线菌,占了土壤微生物总数的5%~30%,其生物量与细菌接近。用常规方法监测时,大部分为链霉菌属(Strep-tomyces),占70%~90%;其次为诺卡氏菌属(Nocardia),占10%~30%;小单胞菌属(Micromonospora)占第三位,只有1%~15%。放线菌除极少数是寄生型外,大部分均属好氧腐生菌；它的作用主要是分解有机质，对新鲜的纤维素、淀粉、脂肪、木质素、单宁和蛋白质等均有分解能力，除了形成简单化合物以外，还产生一些特殊有机物，如生长刺激物质、维生素、抗生素及挥发性物质等，对其他有害菌起拮抗作用。最适宜生长在中性、偏碱性、通气良好的土壤中，pH 为 5.5 以下时生长即受抑制。

④蓝细菌

是光合微生物，过去称为蓝（绿）藻，由于原核特征现改称为蓝细菌，与真核藻类区分开来。在潮湿的土壤和稻田中常常大量繁殖。蓝细菌有单细胞和丝状体两类形态，现已知的 9 科 31 属蓝细菌中有固氮的种类。

⑤黏细菌

黏细菌在土壤中的数量不多，是已知的最高级的原核生物。具备形成子实体和黏孢子的形态发生过程。子实体含有许多黏孢子，具有很强的抗旱性、耐温性，对超声波、紫外线辐射也有一定抗性，条件合适时萌发为营养细胞。因此黏孢子有助于黏细菌在不良环境中，特别适宜在干旱、低温和贫瘠的土壤中存活。

(2)真核微生物

①真菌　土壤真菌是指生活在土壤中菌体多呈分枝丝状菌丝体，少数菌丝不发达或缺乏菌丝的具真正细胞核的一类微生物。土壤真菌数量约为每克土含 2 万～10 万个繁殖体，虽数量比土壤细菌少，但由于真菌菌丝体长，真菌菌体远比细菌大。据测定，每克表土中真菌菌丝体长度约 10～100m，每公顷表土中真菌菌体重量可达 500～5000kg。因而在土壤中细菌与真菌的菌体重量比较近 1∶1，可见土壤真菌是构成土壤微生物生物量的重要组成部分。

土壤真菌是常见的土壤微生物，适宜于在通气良好和酸性的土壤中生长，最适 pH 为 3～6，在 pH 低于 4.0 的条件下，细菌和放线菌已难以生长，而真菌却能很好发育。真菌生长还要求较高的土壤湿度，因此，在森林土壤和酸性土壤中，真菌往往占优势或起主要作用。我国土壤真菌种类繁多，资源丰富，分布最广的是青霉属（Penicillium）、曲 霉 属（Aspergillus）、木 霉 属（Trichoderma）、镰 刀 菌 属（Fusarium）、毛霉属（Mucor）和根霉属（Rhizopus）。土壤真菌为化能有机营养型，以氧化含碳有机物质获取能量，是土壤中糖类、纤维类、果胶和木质素等含碳物质分解的积极参与者。按其营养方式，真菌又可分为腐生真菌、寄生真菌、菌根真菌（共生真菌）等。其中，菌根真菌目前在污染土壤修复方面的应用备受关注，不少研究均涉及接种菌根真菌快速降解土壤中有机污染物的课题。例如，有研究者将 VA 菌根应用于土壤中 DEHP（邻苯二甲酸二酯）降解试验，证明了菌根际中菌丝在 DEHP 降解和转移过程中起着至关重要的促进作用。

②藻类　土壤藻类是指土壤中的一类单细胞或多细胞、含有各种色素的低等

植物。土壤中藻类主要由硅藻、绿藻和黄藻组成。土壤藻类构造简单,个体微小,并无根、茎、叶的分化。大多数土壤藻类为无机营养型,可由自身含有的叶绿素利用光能合成有机物质,所以这些土壤藻类常分布在表土层中,能进行光合作用,吸收二氧化碳而放出氧气,有利于其他植物的根部吸收利用。也有一些不含叶绿素的藻类可分布在较深的土层中,这些藻类常是有机营养型,其作用在于分解有机质,它们利用土壤中有机物质为碳营养,进行生长繁殖,但仍保持叶绿素器官的功能。藻类是土壤生物的先行者,对土壤的形成和熟化起重要作用,它们凭借光能自养的能力,成为土壤有机质的最先制造者。

土壤藻类可以和真菌结合成共生体,在风化的母岩或瘠薄的土壤上生长,积累有机质,同时加速土壤形成。有些藻类可直接溶解岩石,释放出矿质元素,例如,硅藻可分解正长石、高岭石,补充土壤钾素。许多藻类在其代谢过程中可分泌出大量黏液,从而改良了土壤结构性。藻类形成的有机质比较容易分解,对养分循环和微生物繁衍具有重要作用。在一些沼泽化林地中,藻类进行光合作用时,吸收水中的二氧化碳,放出氧气,从而改善了土壤的通气状况。

③地衣　地衣是真菌和藻类形成的不可分离的共生体。广泛分布在荒凉的岩石、土壤和其他物体表面,通常是裸露岩石和土壤母质的最早定居者,于土壤发生的早期起重要作用。

2. 土壤动物

土壤动物指长期或一生中大部分时间生活在土壤或地表凋落物层中的动物。它们直接或间接地参与土壤中物质和能量的转化,是土壤生态系统中不可分割的组成部分。土壤动物通过取食、排泄、挖掘等生命活动破碎生物残体,使之与土壤混合,为微生物活动和有机物质进一步分解创造了条件。土壤动物活动使土壤的物理性质(通气状况)、化学性质(养分循环)以及生物化学性质(微生物活动)均发生变化,对土壤形成及土壤肥力发展起着重要作用。

土壤动物种类繁多、数量庞大,几乎所有动物门、纲都可在土壤中找到它们的代表。按照系统分类,土壤动物可分脊椎动物、节肢动物、软体动物、环节动物、线形动物和原生动物等。

(1)土壤脊椎动物

土壤脊椎动物是生活在土壤中的大型高等动物,包括土壤中的哺乳动物(如鼠类等)、两栖类(蛙类)、爬行类(蜥蜴、蛇)等,它们多是食植物型或食动物型的。多具掘土习性,对于疏松和混合上、下层土壤有一定作用。

(2)土壤节肢动物

主要包括依赖土壤而生活的某些昆虫(甲虫)或其幼虫、螨类、弹尾类、蚁类、蜘蛛类、蜈蚣类等,在土壤中的数量很大。其主要以死的植物残体为食源,是植物残体的初期分解者。

(3)土壤环节(蠕虫)动物

环节动物是进化的高等蠕虫,在土壤中最重要的是蚯蚓类。土壤蚯蚓属环节动物门的寡毛纲,是被研究最早(自 1840 年达尔文起)和最多的土壤动物。蚯蚓体圆而细长,其长短、粗细因种类而异,最小的长 0.44mm,宽 0.13mm;最长的达 3600mm,宽 24mm。身体由许多环状节构成,体节数目是分类的特征之一。蚯蚓的体节数目相差悬殊,最多达 600 多节,最少的只有 7 节,目前全球已命名的蚯蚓大约有 2700 多种,中国已发现有 200 多种。蚯蚓是典型的土壤动物,主要集中生活在表土层或枯落物层,因为它们主要捕食大量的有机物和矿质土壤,因此有机质丰富的表层,蚯蚓密度最大,平均最高可达每平方米 170 多条。土壤中枯落物类型是影响蚯蚓活动的重要因素,不具蜡层的叶片是蚯蚓容易取食的对象(如榆、柞、椴、槭、桦树叶等)。因此,此类树林下土壤中蚯蚓的数量比含蜡叶片的针叶林土壤要丰富得多(柞树林下,每公顷 294 万条蚯蚓,而云杉林下仅每公顷 61 万条)。蚯蚓通过大量取食与排泄活动富集养分,促进土壤团粒结构的形成,并通过掘穴、穿行改善土壤的通透性,提高土壤肥力。因此,土壤中蚯蚓的数量是衡量土壤肥力的重要指标。

蚯蚓可促进植物残枝落叶的降解、有机物质的分解和矿化这一复杂的过程,并具有混合土壤,改善土壤结构,提高土壤透气、排水和深层持水能力的作用。因此,它可透过影响土壤的物理和生物性质而影响物质在土壤中的环境行为。依据此种生态功能,蚯蚓在污染土壤去污、除污上的重要性逐渐为研究者所公认,目前被广泛应用于环境保护研究中。由于蚯蚓主要以土壤中有机质为食,土壤中某些重金属易随之而在蚯蚓中积累起来,因此,蚯蚓被作为土壤环境污染的重要指示生物。众多研究者利用蚯蚓,通过实验室或田间的生态毒理学试验来评价土壤中化学污染物的生态毒性;利用蚯蚓具有通过与微生物协同作用加速有机物质分解转化的功能,可处理有机垃圾——蚯蚓分解处理;此外,人们还开发了一项利用蚯蚓的新技术,即城市生活污水的蚯蚓过滤处理,拓展了蚯蚓在环境科学的应用领域。

(4)土壤线虫

线虫属线形动物门的线虫纲,是一种体形细长(1mm 左右)的白色或半透明无节动物,是土壤中最多的非原生动物,已报道种类达 1 万多种,每平方米土壤的线虫个体数达 $10^5 \sim 10^6$ 条。线虫一般喜湿,主要分布在有机质丰富的潮湿土层及植物根系周围。线虫可分为腐生型线虫和寄生型线虫,前者的主要取食对象为细菌、真菌、低等藻类和土壤中的微小原生动物。腐生型线虫的活动对土壤微生物的密度和结构起控制和调节作用,另外通过捕食多种土壤病原真菌,可防止土壤病害的发生和传播。寄生型线虫的寄主主要是活的植物体的不同部位,寄生的结果通常导致植物发病。线虫是多数森林土壤中湿生小型动物的优势类群。

(5)土壤原生动物

原生动物是生活于土壤和苔藓中的真核单细胞动物,属原生动物门,相对于原生动物而言,其他土壤动物门类均称为后生动物。原生动物结构简单、数量巨大,只有几微米至几毫米,而且一般每克土壤有 $10^4 \sim 10^5$ 个原生动物,在土壤剖面上分布为上层多,下层少。已报道的原生动物有 300 种以上,按其运动形式可把原生动物分为三类:①变形虫类(靠假足移动),②鞭毛虫类(靠鞭毛移动),③纤毛虫类(靠纤毛移动)。从数量上以鞭毛虫类最多,主要分布在森林的枯落物层;其次为变形虫,通常能进入其他原生动物所不能到达的微小孔隙;纤毛虫类分布相对较少。原生动物以微生物、藻类为食物,在维持土壤微生物动态平衡上起着重要作用,可使养分在整个植物生长季节内缓慢释放,有利于植物对矿质养分的吸收。

原生动物在土壤中的作用有:①调节细菌数量;②增进某些土壤的生物活性;③参与土壤植物残体的分解。

3. 非细胞型生物(分子生物)——病毒

病毒是一类超显微的非细胞生物,每一种病毒只有一种核酸,它们是一种活细胞内的寄生物,凡有生物生存之处,都有相应的病毒存在。随着电镜技术和分子生物学方法的应用,人们对病毒本质的认识不断深化,发现非细胞生物包括真病毒和亚病毒。但目前对土壤中病毒了解较少,只知道土壤中病毒可以保持寄生能力,并以休眠状态存在。病毒在控制杂草及有害昆虫的生物防治方面已显示出良好的应用前景。

(二)土壤微生物特性

前已述及,微生物乃土壤重要的组成部分,土壤中普遍分布着数量众多的微生物。土壤微生物是土壤有机质、土壤养分转化和循环的动力;同时,土壤微生物对土壤污染具有特别的敏感性,它们是代谢降解有机农药等有机污染物和恢复土壤环境的最先锋者。土壤微生物特性特别是土壤微生物多样性是土壤的重要生物学性质之一。

土壤微生物多样性包括其种群多样性、营养类型多样性及呼吸类型多样性三个方面。其中种群多样性在土壤基本组成中已有所讨论,以下仅就营养类型多样性及呼吸类型多样性予以说明。

1. 土壤微生物营养类型的多样性

根据微生物对营养和能源的要求,一般可将其分为四大类型。

(1)化能有机营养型

又称化能异养型,所需能量和碳源直接来自土壤有机物质。这类土壤微生物需要有机化合物作为碳源,通过氧化有机化合物来获取能量。土壤中大多数细菌和几乎全部真菌以及原生动物都属于此类,这类微生物是土壤中起主导作用的微生物。其中,细菌又可分为腐生和寄生两类,即腐生型细菌:能够分解死亡的动植物残体获得营养能量而生长发育;寄生型细菌:必须寄生在活的动植物体内,以活的蛋白质为营养,离开寄主便不能生长繁殖。

(2)化能无机营养型

又称化能自养型,无需现成的有机物质,能直接利用空气中二氧化碳或无机盐类生存的细菌。这类土壤微生物以 CO_2 作为碳源,再从氧化无机物中获取能量。这种类型的微生物数量、种类不多,但在土壤物质转化中起重要作用。根据它们氧化不同底物的能力,可分为亚硝酸细菌、硝酸细菌、硫氧化细菌、铁细菌和氢细菌5种主要类群。

(3)光能有机营养型

又称光能异养型,其能源来自光,但需要有机化合物作为供氢体以还原 CO_2,并合成细胞物质。如紫色非硫细菌中的深红红螺菌(Rhodospirillum rubrum)可利用简单有机物作为供氢体。

(4)光能无机营养型

又称光能自养型,利用光能进行光合作用,以无机物作供氢体以还原 CO_2 合成细胞物质。藻类和大多数光合细菌都属光能自养微生物。藻类以水作供氢体,光合细菌如绿硫细菌、紫硫细菌都是以 H_2S 作为供氢体。

上述营养型的划分都是相对的。在异养型和自养型之间、光能型和化能型之间都有中间类型存在。而在土壤中,都可以找到土壤具有适宜各类型微生物生长繁殖的环境条件。

2. 土壤微生物呼吸类型的多样性

根据土壤微生物对氧气的要求不同,可分为好氧、厌氧和兼性三类。好氧微生物是指在生活中必须有游离氧气的微生物。土壤中大多数细菌如芽孢杆菌、假单胞菌、根瘤菌、固氮菌、硝酸化细菌、硫化细菌等以及霉菌、放线菌、藻类和原生动物等属好氧微生物;在生活中不需要游离氧气而能还原矿物质、有机质的微生物称厌氧微生物,如梭菌、产甲烷细菌和脱硫弧菌等;兼性微生物在有氧条件下进行有氧呼吸,在微氧环境中进行无氧呼吸,但在两种环境中呼吸产物不同,这类微生物对环境变化的适应性较强,最典型的例子就是酵母菌和大肠杆菌。同时,土壤中存在的反硝化假单胞菌、某些硝酸还原细菌、硫酸还原细菌是一类特殊类型的兼性细菌。在有氧环境中,与其他好气性细菌一样进行有氧呼吸;在微氧环境中,能将呼吸基质彻底氧化,以硝酸或硫酸中的氧作为受氢体,使硝酸还原为亚硝酸或分子氮,使硫酸还原为硫或硫化氢。

3. 土壤微生物多样性研究的环境意义

土壤微生物多样性与土壤生态稳定性密切相关,因此,研究土壤微生物群落结构及功能多样性,特别是应用分子生物学技术,在基因水平上来研究土壤微生物多样性,已成为当今世界上土壤学科及环境科学学科研究的前沿领域之一。近年来,人们借助 BIOLOG 微量板分析技术、细胞壁磷脂酸分析技术和分子生物学方法等对污染土壤微生物群落变化也进行了一些研究。结果表明土壤中残留的有毒有机污染物不仅能改变土壤微生物生理生化特征,而且也能显著影响土壤微生物群落的结构和功能多样性。如通过 BIOLOG 微量板分析技术研究发现,农药污染将导致土壤微生物群落功能多样性的下降,减少了能利用有关碳底物的微生物数量,降低了微生物对单一碳底物的利用能力。而采用随机扩增的多态性 DNA(Random Amplified Polymorphic DNA,RAPD)分子遗传标记技术的研究表明,农药厂附近农田土壤微生物群落 DNA 序列的相似程度不高、均匀度下降,但其 DNA 序列丰富度和多样性指数却有所增大,也即表明农药污染很可能会引起土壤微生物群落 DNA 序列本身发生变化,如 DNA 变异、断裂等。

(三)土壤动物特性

与土壤微生物特性一样,土壤动物特性也是土壤生物学性质之一。土壤动物特性包括土壤动物组成、个体数或生物量、种类丰富度、群落的均匀度、多样性指数等,是反映环境变化的敏感生物学指标。

土壤动物作为生态系统物质循环中的重要分解者,在生态系统中起着重要的作用,一方面积极同化各种有用物质以建造其自身,另一方面又将其排泄产物归还到环境中不断地改造环境。它们同环境因子间存在相对稳定、密不可分的关系。因此,当前研究多侧重于应用土壤动物进行土壤生态与环境质量的评价方面,如依据蚯蚓对重金属元素具有很强的富集能力这一特性,已普遍采用蚯蚓作为目标生物,将其应用到了土壤重金属污染及毒理学研究上。对于通过农药等有机污染物质的土壤动物监测、富集、转化和分解,探明有机污染物质在土壤中快速消解途径及机理的研究,虽然刚刚起步,但却备受关注。有些污染物的降解是几种土壤动物以及土壤微生物密切协同作用的结果,所以土壤动物对环境的保护和净化作用将会受到更大的重视。

(四)土壤酶特性

在土壤成分中,酶是最活跃的有机成分之一,驱动着土壤的代谢过程,对土壤圈中养分循环和污染物质的净化具有重要的作用。土壤酶活性值的大小可较灵敏地反映土壤中生化反应的方向和强度,它的特性是重要的土壤生物学性质之一。土壤中进行的各种生化反应,除受微生物本身活动的影响外,实际上是各种相应的酶参与下完成的。同时,土壤酶活性大小还可综合反映土壤理化性质和重金属浓度的高低,特别是脲酶的活性可用于监测土壤重金属污染。土壤酶主要来自微生物、土壤动物和植物根,而土壤微小动物对土壤酶的贡献十分有限。植物根与许多微生物一样能分泌胞外酶,并能刺激微生物分泌酶。在土壤中已发现的酶有 $50\sim$ 60 种,研究较多的包括氧化还原酶、转化酶和水解酶等,旨在对土壤环境质量进行酶活性表征。20 世纪 70 年代,国内外学者将土壤酶应用到土壤重金属污染的研究领域,至目前为止,提出的重金属污染的土壤酶监测指标主要有土壤脲酶、脱氢酶、转化酶、磷酸酶等。

(1)土壤酶的存在形态

土壤酶较少游离在土壤溶液中,主要是吸附在土壤有机质和矿质胶体上,并以复合物状态存在。土壤有机质吸附酶的能力大于矿物质,土壤微团聚体中酶活性比大团聚体的高,土壤细粒级部分比粗粒级部分吸附的酶多。酶与土壤有机质或黏粒结合,固然对酶的动力学性质有影响,但它也因此受到保护,增强它的稳定性,防止被蛋白酶或钝化剂降解。

(2)土壤环境与土壤酶活性

酶是有机体的代谢动力,因此,酶在土壤中起重要作用,其活性大小及变化可作为土壤环境质量的生物学表征之一。土壤酶活性受多种土壤环境因素的影响。

①土壤理化性质与土壤酶活性 不同土壤中酶活性的差异,不仅取决于酶的存在量,而且也与土壤质地、结构、水分、温度、pH、腐殖质、阳离子交换量、黏粒矿物及土壤中 N、P、K 含量等相关。土壤酶活性与土壤 pH 有一定的相关性,如转化酶的最适 pH 为 $4.5\sim5.0$,在碱性土壤中受到程度不同的抑制;而在碱、中、酸性土壤中都可检测到磷酸酶的活性,最适 pH 是 $4.0\sim6.7$ 和 $8.0\sim10$;脲酶则在中性土壤中的活性最高;脱氢酶则在碱性土中的活性最大。土壤酶活性的稳定性也受土壤有机质的含量和组成及有机矿质复合体组成、特性的影响。此外,轻质地的土壤酶活性强;小团聚体的土壤酶活性较大团聚体的强;而渍水条件引起转化酶的活性降低,但却能提高脱氮酶的活性。

②根际土壤环境与土壤酶活性 由于植物根系生长作用释放根系分泌物于土壤中,使根际土壤酶活性产生很大变化,一般而言,根际土壤酶活性要比非根际土壤大。同时,不同植物的根际土壤中,酶的活性亦有很大差异。例如,在豆科作物的根际土壤中,脲酶的活性要比其他作物根际土壤高;三叶草根际土壤中蛋白酶、转化酶、磷酸酶及接触酶的活性均比小麦根际土壤高。此外,土壤酶活性还与植物生长过程和季节性的变化有一定的相关性,在作物生长最旺盛期,酶的活性也最活跃。

③外源土壤污染物质与土壤酶活性 许多重金属、有机化合物包括杀虫剂、杀菌剂等外源污染物均对土壤酶活性有抑制作用。重金属与土壤酶的关系主要取决于土壤有机质、黏粒等含量的高低及它们对土壤酶的保护容量和对重金属缓冲容量的大小。

土壤酶活性的变化可用于表征受农药等有机物污染的土壤质量的演变。这方面的研究工作大部分集中在除草剂对土壤中转化酶、磷酸酶、蛋白酶、硝酸还原酶、脲酶、脱氢酶、过氧化氢酶、多酚氧化酶等的影响方面。农药对土壤酶活性的影响，取决于许多因子，包括农药的性质和用量，以及酶的种类、土壤类型及施用条件等。其结果可能是正效应，也可能是负效应，同时也可能生成适于降解某种农药的土壤酶系。一般来说，除杀真菌剂外，施用正常剂量的农药对土壤酶活性影响不大。土壤酶活性可能被农药抑制或激发，但其影响一般只能维持几个月，然后就可能恢复到原来的水平。

（五）土壤微生物的根际效应及其环境意义

近年来，土壤微生物学研究已成为环境土壤学的活跃领域。其中，根际微域中土壤微生物种群及活性的变化、污染物的根际效应及根际污染物快速微生物代谢消解等的研究尤为突出。

根际（Rhizosphere）是指植物根系活动的影响在物理、化学和生物学性质上不同于土体的动态微域，它是植物—土壤—微生物与环境交互作用的场所。根际的概念最早是 1904 年由德国科学家黑尔特纳（Lorenz hiltne）提出的。根际范围的大小因植物种类不同而有较大变化，同时，也受植物营养代谢状况的影响。因此，根际并不是一个界限十分分明的区域。通常把根际范围分成根际与根面两个区，受根系影响最为显著的区域是距活性根 1～2mm 的土壤和根表面及供其黏附的土壤（也称根面）。

由于植物根系的细胞组织脱落物和根系分泌物为根际微生物提供了丰富的营养和能量，因此，在植物根际的微生物数量和活性常高于根外土壤，这种现象称为根际效应。根际效应的大小常用根际土和根外土中微生物数量的比值（R/S 比值）来表示。R/S 比值越大，根际效应越明显。当然 R/S 比值总大于 1，一般在 5～50 之间，高的可达 100。土壤类型对 R/S 比值有很大影响，有机质含量少的贫瘠土壤，R/S 比值更大。植物生长势旺盛，也会使 R/S 比值增大。

根际有别于一般土体，根际中根分泌物提供的特定碳源及能源使根际微生物数量和活性明显增加，一般为非根际土壤的 5～20 倍，最高可达 100 倍。而且，植物根的类型（直根、丛根、须根）、年龄、不同植物的根（如有瘤或无瘤）、根毛的多少等，都可影响根际微生物对特定有机污染物的降解速率。例如，Ferro（1994）等人发现，^{14}C—PCP（五氯苯酚）在有冰草生长的土壤中的消失速度是无植物区的 3.5 倍；Arthur 等（2000）的研究结果表明阿特拉津在植物根区土壤中的半衰期较无植物对照土壤缩短约 75%；研究证实（Anderson et al. 1933，Walton et al. 1990，Newman et al. 1999）多种作物的根际都能提高 TCE（三氯乙烯）的降解。此外，根际微域中土壤 pH、Eh、土壤湿度、养分状况及酶活性也是植物存在的影响参数。

根向根际中分泌的低分子有机酸(如乙酸、草酸、丙酸、丁酸等)可与 Hg、Cr、Pb、Cu、Zn 等元素的离子进行配位反应,由此导致土壤中此类重金属生物毒性的增加或减少。

根与土壤理化性质的不断变化,导致土壤结构和微生物环境也随之变化,从而使污染物的滞留与消解不同于非根际的一般土体。因此,根际效应主动营造的土壤根际微生物种群及活性的变化,成为土壤重金属及有机农药等污染物根际快速消解的可能机理,并由此促使相关研究者对其进行深入探索,由此推动了环境土壤学、环境微生物等相关学科的不断前进。

五、土壤水

土壤水是土壤的重要组成部分之一。它在土壤形成过程中起着极其重要的作用,因为形成土壤剖面的土层内各种物质的运移,主要是以溶液形式进行的,也就是说,这些物质随同液态土壤水一起运动。同时,土壤水在很大程度上参与了土壤内进行的许多物质转化过程,如矿物质风化、有机化合物的合成和分解等。不仅如此,土壤水是作物吸水的最主要来源,它也是自然界水循环的一个重要环节,处于不断地变化和运动中,势必影响到作物的生长和土壤中许多化学、物理和生物学过程。

(一)土壤水的物理形态

水在土壤中受到各种力(如重力、土粒表面分子引力、毛管力等)的作用,因而表现出不同的物理状态,这决定了土壤水分的保持、运动及对植物的有效性。在土壤学中,一般按照存在状态将土壤水大致划分为如下几种类型:

1. 吸湿水

由干燥土粒的吸附力所吸附的气态水而保持在土粒表面的水分称为吸湿水。吸附力主要指土粒分子引力(土粒表面分子和水分子之间的吸引力)以及胶体表面电荷对水的极性引力。土粒分子引力产生的主要原因是土粒表面的表面能,其吸附力可达上万个大气压。极性引力是因为水分子是极性分子,土粒吸引水分子的一个极,另一个被排斥的极本身又可作为固定其他水分子的点位。

土粒对吸湿水的吸持力很大,最内层可达 1.01325×10^9 Pa(pF 值 7.0),最外层约为 3.1408×10^6 Pa(pF 值 4.5),因此不能移动。它的密度在 $1.2 \sim 2.4$ 之间,平均达 1.5,具固态水性质,对溶质无溶解力。由于植物根细胞的渗透压一般为 $1.01325 \times 10^6 \sim 2.02650 \times 10^6$ Pa(平均为 1.51988×10^6 Pa),所以,吸湿水不能被作物根系吸收,重力也不能使它移动,只有在转变为气态水的先决条件下才能运动,因此又称为紧束缚水,属于无效水分。土壤吸湿水的含量主要决定于空气的相对湿度和土壤质地。空气的相对湿度愈大,水汽愈多,土壤吸湿水的含量也愈多;土壤质地愈黏重,表面积愈大,吸湿水量愈多。此外,腐殖质含量多的土壤,吸湿水量也较多。

2. 膜状水

把达到吸湿系数的土壤,再用液态水来继续湿润,土壤吸湿水层外可吸附液态水分子而形成水膜,这种由吸附力吸附在吸湿水层外面的液态水膜叫膜状水。膜状水的形成是由于土粒表面吸附水分子形成吸湿水层以后,尚有剩余的吸附力,它不能再吸附动能较大的气态水分子,只能吸附动能较小的液态水分子,在吸湿水层外面形成水膜。膜状水所受吸力比吸湿水小,其吸力范围在 $6.33281×10^5 \sim 3.14108×10^6$ Pa(一般 pF 值为 $4.5\sim3.8$)。

膜状水的性质和液态水相似,但黏滞性较高而溶解能力较小。它能移动,是以湿润的方式从一个土粒水膜较厚处向另一个土粒水膜较薄处移动,但速度非常缓慢,一般为 $0.2\sim0.4$ mm/h。薄膜水能被植物根系吸收,但数量少,不能及时补给植物的需求,对植物生长发育来说属于弱有效水分。又称为松束缚水分。

薄膜水的含量决定于土壤质地、腐殖质含量等。土壤质地黏重,腐殖质含量高,膜状水含量高,反之则低。

3. 毛管水

土壤中粗细不同的毛管孔隙连通一起形成复杂的毛管体系。毛管水是土壤自由水的一种,其产生主要是土壤中毛管力吸持的结果。毛管力的实质是毛管内汽水界面上产生的弯月面力。土壤孔隙的毛管作用因毛管直径大小而不同,当土壤孔隙直径在 0.5mm 时,毛管水达到最大量,土壤孔隙在 $0.1\sim0.001$ mm 范围内毛管作用最为明显,孔隙小于 0.001mm,则毛管中的水分为膜状水所充满,不起毛管作用,故这种孔隙可称无效孔隙。根据土层中地下水与毛管水相连与否,可分为毛管悬着水和毛管上升水两类。

在地下水较深的情况下,降水或灌溉水等地面水进入土壤,借助于毛管力保持在上层土壤的毛管孔隙中的水分,它与来自地下水上升的毛管水并不相连,好像悬挂在上层土壤中一样,称为毛管悬着水。毛管悬着水是山区、丘陵等地势较高处植物吸收水分的主要给源。

借助于毛管力由地下水上升进入土壤中的水称为毛管上升水,从地下水面到毛管上升水所能到达的相对高度叫毛管水上升高度。毛管水上升的高度和速度与土壤孔隙的粗细有关,在一定的孔径范围内,孔径愈粗,上升的速度愈快,但上升高度愈低;反之,孔径愈细,上升速度愈慢,上升高度则愈高。不过孔径过细的土壤,则不但上升速度极慢,上升的高度也有限。砂土的孔径粗,毛管上升水上升快,高度低;无结构的黏土,孔径细,非活性孔多,上升速度慢,高度也有限;而壤土的上升速度较快,高度最高。

毛管水是土壤中最宝贵的水分,因为土壤对毛管水的吸引力只有 pF 值 2.0～3.8,接近于自然水,可以向各个方向移动,根系的吸水力大于土壤对毛管水的吸力,所以毛管水很容易被植物吸收。毛管水中溶解的养分也可以供植物利用。

4. 重力水

当土壤水分超过田间持水量时,多余的水分就受重力的作用沿土壤中的大孔隙向下移动,这种受重力支配的水叫重力水,其不受土壤吸附力和毛管力的作用。当土壤被重力水所饱和,即土壤大小孔隙全部被水分充满时的土壤含水量称为饱和持水量,或称全蓄水量或最大持水量。

重力水虽然能被植物吸收,但因为下渗速度很快,实际上被植物利用的机会很少。

5. 地下水

土壤上层的重力水流至下层遇到不透水层,积聚起来形成地下水。它是重要的水利资源。当土壤中重力水向下移动,遇到第一个不透水层并在其上较长期聚积起来的水分称为潜水。它具有自由表面,在重力作用下能从高处向低处流动。潜水面离地表面的深度称为地下水位。地下水位要适当,不宜过高或过低。地下水位过低,地下水不能通过毛管支持水方式供应植物,则引起土壤干旱;地下水位过高不但影响土壤通气性,而且有的土壤会产生沼泽化及盐渍化。

上述各种水分类型,彼此密切交错联结,很难严格划分,在一定条件下可以相互转化。例如,超过薄膜水的水分即成为毛管水;超过毛管水的水分成为重力水;重力水下渗聚积成地下水;地下水上升又成为毛管支持水;当土壤水分大量蒸发,土壤中就只有吸湿水。在不同土壤中,其存在的形态也不尽相同。如粗砂土中毛管水只存在于砂粒与砂粒之间的触点上,称为触点水,彼此呈孤立状态,不能形成连续的毛管运动,含水量较少。在无结构的黏质土中,非活性孔多,无效水含量高。而在质地适中的壤质土和有良好结构的黏质土中,孔隙分布适宜,水、气比例协调,毛管水含量高,有效水也多。

(二)土壤水的能态

1. 土水势及其分势

土壤中水分的保持和运动,它被植物根系吸收、转移以及在大气中散发都是与能量有关的现象。像自然界其他物体一样,土壤学中将土水势定义为单位数量土壤水的自由能与标准状态水的自由能的差值,为一负值。土壤水总是由土水势高处流向土水势低处。同一土壤,湿度愈大,土壤水能量水平愈高,土水势也愈高。土壤水便由湿度大处流向湿度小处。但是不同土壤则不能只看土壤含水量的多少,更重要的是要看它们土水势的高低,才能确定土壤水的流向。例如,在含水量为 15% 的黏土其土水势一般低于含水量只有 10% 的砂土。如果这两种土壤相互接触时,水流将由砂土流向黏土。

在土水势的研究和计算中,一般要选取一定的参考标准。土壤水在各种力如吸附力、毛管力、重力等的作用下,与同样温度、高度和大气压等条件的纯自由水相比(即以自由水作为参比标准,假定其势值为零),其自由能必然不同,这个自由能的差用势能来表示即为土水势(符号为 Ψ)。

由于引起土水势变化的原因或动力不同,所以土水势包括若干分势,如基质势、压力势、溶质势、重力势等。

(1)基质势(Ψ_m)

在不饱和的情况下,土壤水受土壤吸附力和毛管力的制约,其水势自然低于纯自由水参比标准的水势。假定纯水的势能为零,则土水势是负值。这种由吸附力和毛管力所制约的土水势称为基质势(Ψ_m)。土壤含水量愈低,基质势也就愈低。反之,土壤含水量愈高,则基质势愈高。至土壤水完全饱和时基质势达最大值,与参比标准相等,即等于零。

(2)压力势(Ψ_p)

土壤水在饱和状态下呈连续水体,除承受大气压外,还要承受其上部水柱的静水压力。以大气压作参比标准(压力势为零),其水势与此之差,即为压力势(Ψ_p)。由于压力势大于参比标准,故为正值。不饱和土壤中,土壤水的压力势一般与参比标准相同,等于零。但在饱和的土壤中孔隙都充满水,并连续成水柱。在土表的土壤水与大气接触,仅承受大气压,压力势为零。在饱和土壤愈深层的土壤水,所受的压力愈高,正值愈大。

(3)溶质势(Ψ_s)

溶质势是指由土壤水中溶解的溶质而引起土水势的变化,也称渗透势,一般为负值。土壤水中溶解的溶质愈多,溶质势愈低。在饱和及不饱和情况下,土壤水都有溶质势存在,但其中的溶质极易随水运动而呈均匀状态分布,所以溶质势对土壤水运动影响不大。

(4)重力势(Ψ_g)

重力势是指由重力作用而引起的土水势变化。土壤水都受重力作用,与参比标准的高度相比,高于参比标准的土壤水,其所受重力作用大于参比标准,故重力势为正值。高度愈高则重力势的正值愈大。参比标准高度一般根据研究需要而定,可设在地表或地下水面。

(5)总水势(Ψ_t)

土壤水势是以上各分势之和,又称总水势(Ψ_t),用数学表达为下式:

$$\Psi_t = \Psi_m + \Psi_p + \Psi_s + \Psi_g$$

在不同的土壤含水状况下,决定土水势大小的分势不同:在土壤水饱和状态下,若不考虑半透膜的存在,则 Ψ_t 等于 Ψ_p 与 Ψ_g 之和;若在不饱和情况下,则 Ψ_t 等于 Ψ_m 与 Ψ_g 之和;在考察根系吸水时,一般可忽略 Ψ_g,因为根吸水表皮细胞存在半透膜性质,Ψ_t 等于 Ψ_m 与 Ψ_s 之和;若土壤含水量达饱和状态,则 Ψ_t 等于 Ψ_s。

应当注意,土水势的值并非绝对值,而是与参比标准的差值,故在根据各分势计算 Ψ_t 时,必须分析土壤含水状况,且应注意参比标准及各分势的正负符号。

2. 土水势的定量表示

土水势的定量表示是以单位数量土壤水的势能值为准(最常用的是单位容积和单位重量)。单位容积土壤水的势能值用压力单位,标准单位帕(Pa),也可用千帕(kPa)和兆帕(MPa),习惯上也曾用巴(bar)和大气压(atm)表示;单位重量土壤水的势能值则用静水压力或相当于一定压力水柱高度的厘米数(cmH_2O)表示。

它们之间转换关系为

$$1MPa = 10^3 kPa = 10^6 Pa$$

$$1Pa = 1.02 \times 10^{-2} cm \text{ 水柱}$$

$$1bar = 1020 cm \text{ 水柱} = 10^5 Pa$$

$$1atm = 1033 cm \text{ 水柱} = pF3.0 \approx 1bar = 1000mbar$$

为了简便起见,也有用土水势的水柱高度厘米数(负值)的对数表示,例如,土水势为 $-1000 cmH_2O$,则 $pF = 3$;土水势为 $-10000 cmH_2O$,则 $pF = 4$。这样可以用简单的数字表示很宽的土水势范围。

3. 土壤水吸力

土壤水吸力是指土壤水在承受一定吸力的情况下所处的能态,简称吸力,但并不是指土壤对水的吸力。上面讨论的基质势 Ψ_m 和溶质势 Ψ_s 一般为负值。在使用中不太方便,所以将 Ψ_m 和 Ψ_s 的相反数(正数)定义为吸力(S),也可分别称之为基质吸力和溶质吸力。由于在土壤水的保持和运动中,不考虑 Ψ_s,所以一般谈及的吸力是指基质吸力,其值与 Ψ_m 相等,但符号相反。

吸力同样可用于判明土壤水的流向,土壤水总是有自吸力低处向吸力高处流动的趋势,但具体运动方向还需考虑其他作用力(或能量驱动)。

土壤水吸力的范围,大致可分为三段,即低吸力段(吸力值 $< 1 \times 10^5 Pa$)、中吸力段(吸力值 $1 \times 10^5 \sim 1.5 \times 10^6 Pa$)、高吸力段(吸力值 $> 1.5 \times 10^6 Pa$)。而 $1.5 \times 10^6 Pa$ 以下的中、低吸力段正相当于植物有效水范围。

近四十年来,土壤水吸力的测定有很大的进展,已发展了许多方法。如离心机法可测定低、中、高吸力段;压力膜法可测定低、中吸力段;真空表张力计法、U型汞柱型张力计法和土壤水吸力测定仪法等可测定低吸力段。其中又以张力计法为测定基质吸力的常用方法。

(三)土壤水分含量及其有效性

1. 土壤水分含量

土壤水分含量是表征土壤水分状况的一个指标,又称为土壤含水量、土壤湿度等。土壤含水量有多种表达方式,数学表达式也不同,常用的有以下几种:

(1)质量含水量

土壤质量含水量即土壤中水分的质量与干土质量的比值,又称为重量含水量,无量纲。它是指土壤中水分的实际含量,可由下式表示:

$$土壤质量含水量(\%)=(湿土质量-干土质量)/干土质量×100$$

定义中的"干土"一词,一般是指在105℃条件下烘干的土壤。而另一种意义的干土是含有吸湿水的土,通常叫"风干土",即在当地大气中自然干燥的土壤,其质量含水量当然比105℃烘干的土壤低(一般低几个百分点)。由于大气湿度是变化的,所以风干土的含水量不恒定,故一般不以此值作为计算质量含水量的基础。

(2)容积含水量

即单位土壤总容积中水分所占的容积分数,又称容积湿度、土壤水的容积分数,无量纲。它表明土壤中水分占据孔隙的程度,从而可据此计算土壤三相比(单位体积原状土中,土粒、水分和空气容积间的比例)。由质量含水量换算而得:

$$土壤容积含水量(\%)=水分容积/土壤容积×100$$

$$=\frac{水质量/密度}{烘干土质量/土壤密度}×100$$

$$=水质量/烘干土质量×100×土壤密度$$

$$=土壤质量含水量(\%)×土壤密度$$

(3)相对含水量

指土壤含水量占田间持水量的百分数。它可以说明土壤毛管悬着水的饱和程度,有效性和水、气的比例等,是土壤学中常用的土壤含水量的表示方法:

$$土壤相对含水量(\%)=土壤含水量/田间持水量×100$$

(4)土壤水储量

即一定面积和厚度土壤中含水的绝对数量,在土壤物理、农田水利学、水文学等学科中经常用到这一术语和指标,它主要有两种表达方式。

①水储量深度　指一定厚度、一定面积土壤中所含水量相当于相同面积水层的厚度,其单位为长度,可用 cm 表示,为与气象资料中常用的 mm 计算单位一致,更多以 mm 表示之:

$$水层厚度(水\ mm)＝土层厚度(mm)×土壤容积含水量(\%)$$

$$＝土层厚度(mm)×土壤质量含水量(\%)×容重$$

水储量深度的方便之处在于它适于表示任何面积土壤一定厚度的含水量,可与大气降水量、土壤蒸发量等直接比较。

②水储量容积　即一定面积、一定厚度土壤中所含水量的体积。在数量上,它可简单由水储量深度与所指定面积相乘即可,但要注意二者单位的一致性。并且,水储量容积与计算土壤面积和厚度都有关系,在参数单位中应标明计算面积和厚度,所以不如水储量深度方便,一般在不标明土体深度时,通常指 1m 土深。

2. 土壤水的有效性

土壤水的有效性是指土壤中的水能否被植物吸收利用及其难易程度。不能被植物吸收利用的水称为无效水,能被植物吸收利用的水称为有效水。其中因其吸收难易程度不同又可分为速效水和迟效水。土壤水的有效性实际上是以生物学的观点来划分土壤水的类型。

(1)土壤水分常数

土壤水分从完全干燥到饱和持水量,按其含水量的多少及土壤水能量的关系,可分为若干阶段,每一个阶段即代表着一定形态的水分,表示这一阶段的水分含量,称为土壤水分常数,包括吸湿系数、萎蔫系数、田间持水量、饱和持水量、毛管持水量等。就质地和结构相同或相似的土壤而言,其数值变化很小或基本固定,可作为土壤水分状况的特征型指标。

把干燥的土壤放入水汽饱和的容器中,土壤吸附气态水分子的最大含量称为吸湿系数(最大吸湿量)。此时,土粒表面有 15～20 层水分子,厚 4～5nm。吸湿系数的大小与土壤质地和有机质含量有关。质地愈黏重,有机质含量愈高,吸湿系数值亦愈高。

当植物因根无法吸水而发生永久萎蔫时的土壤含水量,称为萎蔫系数或萎蔫点,它因土壤质地、作物和气候等不同而不同。一般土壤质地愈黏重,萎蔫系数愈大。

土壤毛管悬着水达到最多时的含水量称为田间持水量。在数量上它包括吸湿水、膜状水和毛管悬着水。当一定深度的土体储量达到田间持水量时,若继续供水,就不能使该土体的持水量再增大,而只能进一步湿润下层土壤。田间持水量是确定灌水量的重要依据,乃土壤学重要水分常数之一。田间持水量的大小,主要受质地、有机质含量、结构、松紧状况等的影响。

(2)土壤有效水范围及其影响因素

通常把土壤萎蔫系数看作土壤有效水的下限,低于萎蔫系数的水分,作物无法吸收利用,所以属于无效水。一般把田间持水量视为土壤有效水的上限。因此,土壤有效水范围的经典概念是从田间持水量到萎蔫系数,田间持水量与萎蔫系数之间的差值即土壤有效水最大含量。

土壤有效水最大含量,因不同土壤和不同作物而异,表 2-10 给出了土壤质地与有效水最大含量的关系。

表 2-10　土壤质地与有效水最大含量的关系

土壤质地	砂土	砂壤土	轻壤土	中壤土	重壤土	黏土
田间持水量(%)	12	18	22	24	26	30
萎蔫系数(%)	3	5	6	9	11	15
有效水最大含量(%)	9	13	16	15	15	15

(熊毅等,1987)

随土壤质地由砂变黏,田间持水量和萎蔫系数也随之增高,但增高的比例不大。黏土的田间持水量虽高,但萎蔫系数也高,所以其有效水最大含量并不一定比壤土高,因而在相同条件下,壤土的抗旱能力反比黏土为强。

一般情况下,土壤含水量往往低于田间持水量。所以有效水含量就不是最大值,而只是当时土壤含水量与该土萎蔫系数之差。在有效水范围内,其有效程度也不同。在田间持水量至毛管水断裂量之间,由于含水多,土水势高,土壤水吸力低,水分运动迅速,容易被植物吸收利用,所以称为"速效水"。当土壤含水量低于毛管水断裂量,粗毛管中的水分已不连续,土壤水吸力逐渐加大,土水势进一步降低,毛管水移动变慢,根吸水困难增加,这一部分水属"迟效水"。

(四)土壤水分特征曲线

描述土壤水分特征涉及土壤学中的一个重要概念——土壤水分特征曲线,它是土壤水的基质势或水吸力与土壤含水量的关系曲线,反映了土壤水的能量和数量之间的关系及土壤水分基本物理特性。

1. 基质势与土壤含水率——土壤水分特征曲线

土壤水分的基质势与含水率的关系,目前尚不能根据土壤的基本性质从理论上分析得出,通常是用原状土样测定其在不同基质势下的相应含水率后绘制出来的,如图 2-16 所示。

当土壤中的水分处于饱和状态时,含水率为饱和含水率 θ_s,而吸力 S 或基质势 Ψ_m 为零。若对土壤施加较小的吸力,土壤中尚无水排出,则含水率维持饱和值。当吸力增加至某一临界值 S_a 后,由于土壤中最大孔隙不能抗拒所施加的吸力而继续保持水分,于是土壤开始排水,相应的含水率开始减小。

饱和土壤开始排水意味着空气随之进入土壤中,故称该临界值 S_a 为进气吸力,或称为进气值。一般地说,粗质地砂性土壤或结构良好的土壤进气值是比较小的,而细质地的黏性土壤的进气值相对较大。由于粗质地砂性土壤具有大小不同的孔隙,故进气值的出现往往较细质土壤明显。当吸力进一步提高,次大的孔隙接着排水,土壤含水率随之进一步减小,如此,随着吸力不断增加,土壤中的孔隙由大到小依次不断排水,含水率越来越小,当吸力很高时,仅在十分狭小的孔隙中才能保持着极为有限的水分。

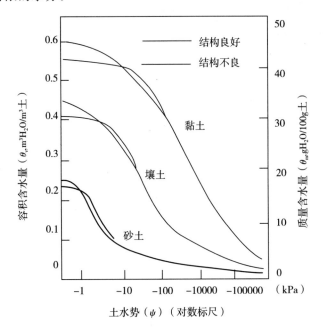

图 2-16　三种代表性土壤的水分特征曲线(低吸力脱湿过程)(黄昌勇,2000)

2. 影响因素

(1)土壤质地

不同质地,其土壤水分特征曲线各不相同。一般而言,黏粒含量愈高,同一吸力条件下土壤的含水量愈大,或同一含水量下其吸力值愈高。这是因为土壤黏粒含量增多会促使土壤中的细小孔隙发育的缘故。图 2-15 是低吸力下实测的几种土壤的水分特征曲线(只绘出脱湿过程)。其中黏质土壤随着吸力的提高含水量缓慢减少;而与之相比,砂质土壤曲线则变化突出。究其原因在于,黏质土壤孔径分布较为均匀,故水分特征曲线变化平缓;而砂质土壤,由于绝大部分孔隙都比较大,随着吸力的增大,这些大孔隙中的水首先排空,土壤中仅有少量的水存留,故呈现出一定吸力以下缓平,而较大吸力时陡直的特点。

(2)土壤结构及土温

土壤结构也会影响水分特征曲线,在低吸力范围内此种作用更为明显。土壤愈密实,则大孔隙数量愈少,中小孔径的孔隙愈多。因此,在同一吸力值下,干容重愈大的土壤,相应的含水率一般也要大些。此外,温度升高,水的黏滞性和表面张力下降,基质势相应增大,或者说土壤水吸力减少。在低含水率时,这种影响表现得更加明显。

(3)土壤水分变化过程

土壤水分特征曲线和土壤中水分变化的过程密切相关。对于同一土壤,土壤水分特征曲线并非固定的单一曲线。由土壤脱湿(由湿变干)过程和土壤吸湿(由干变湿)过程测得的水分特征曲线不同(图2-17),这一现象称为滞后现象。

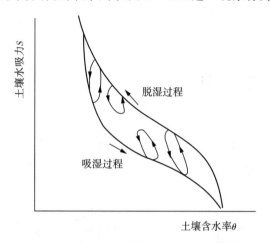

图2-17 土壤水分特征曲线的滞后现象

滞后现象在砂土中比在黏土中明显,这是因为在一定吸力下,砂土由湿变干时,要比由干变湿时含有更多的水分。产生滞后现象的原因可能与土壤颗粒的胀缩性以及土壤孔隙的分布特点(如封闭孔隙、大小孔隙的分布等)有关。

六、土壤空气与土壤通气性

土壤空气是土壤的重要组成之一。它对土壤微生物活动、营养物质、土壤污染物质的转化以及植物的生长发育都有重大的作用。

(一)土壤空气的数量及其影响因素

空气和水分共存于土壤的孔隙系统中,在水分不饱和的情况下,孔隙中总有空气存在。土壤空气主要从大气中渗透进来,其次,土壤内部进行的生物化学过程也能产生一些气体。

土壤空气的数量取决于土壤的孔隙状况和含水量。在土壤固、液、气三相体系中,土壤空气存在于土体内未被水分占据的孔隙中,在一定容积的土体内,如果孔隙度不变,土壤含水量增加,则空气含量必然减少,所以在土壤孔隙状况不变的情况下,二者是相互消长的关系。土壤质地、结构、耕作状况都可影响土壤的孔隙状况和含水量,进而必然影响土壤空气的数量。土壤质地与水分-空气的关系见表 2-11,由此可见,轻质土壤的大孔隙相对较多,因此具有较大的容气能力和较好的通气性;黏质土壤的大孔隙少,相应地降低了容气能力和通气性。

表 2-11　土壤质地与水分-空气的关系

土壤质地	总孔隙度（体积%）	田间持水量（占总孔隙度%）	容气孔隙度（占总孔隙度%）
黏土	50～60	85～90	15～10
重壤土	45～50	70～80	30～20
中壤土	45～50	60～70	40～30
轻壤土	40～45	50～60	50～40
砂壤土	40～45	40～50	60～50
砂土	30～35	25～35	75～65

（严健汉等,1985）

(二)土壤空气的组成

土壤空气成分与大气有一定的区别(表 2-12)。由于土壤生物(根系、土壤动物、土壤微生物)的呼吸作用和有机质的分解等原因,土壤空气的 CO_2 含量一般高于大气,约为大气 CO_2 含量的 5～20 倍;同样由于生物消耗,土壤空气中的 O_2 含量则明显低于大气。但土壤通气不良时,或当土壤中的新鲜有机质状况以及温度和水分状况有利于微生物活动时,都会进一步提高土壤空气中 CO_2 的含量和降低 O_2 的含量。同时,当土壤通气不良时,微生物对有机质进行厌氧性分解,产生大量的还原性气体,如 CH_4、H_2 等,而大气中一般还原性气体极少。此外,在土壤空气的组成中,经常含有与大气污染相同的污染物质。

表 2-12　土壤与大气组成的差异(体积%)

气　体	O_2(%)	CO_2(%)	N_2(%)	其他气体(%)
近地面大气	20.94	0.03	78.05	0.98
土壤空气	8.00～20.03	0.15～0.65	78.80～80.24	0.98

（林成谷,1983）

土壤空气的数量和组成不是固定不变的,土壤孔隙状况的变化和含水量的变化是土壤空气数量发生变化的主要原因。土壤空气组成的变化则受同时进行的两组过程制约,一组过程是土壤中的各种化学和生物化学反应,其作用结果是产生 CO_2 和消耗 O_2;另一组过程是土壤空气与大气相互交换,即空气运动。此两组过程,前者趋于扩大土壤空气组成与大气差别,后者则趋于使土壤空气组成与大气一致,总体表现为一动态平衡。

(三)土壤的通气性

土壤通气性是指土壤空气与近地层大气之间不断进行气体交换的过程,是土壤的重要特性之一。

土壤中生物的数量极大,活动也十分旺盛。据测定,中等肥力的土壤在自然条件下表层(0~25cm)O_2的消耗速度为 0.1~0.4L/(m^2 · h),如果表层平均空气容量为 20%,含 $O_2$20%,那么土壤中的氧气可能会在 25~100h 消耗殆尽,土壤会变得完全不适合生物生存。所以保持土壤适宜的通气性,对植物和微生物正常生长发育具有重要意义。

1. 土壤通气的机制

包括三个过程:

(1)溶解于水中的 O_2 随雨水和灌溉水进入土壤,因为 O_2 在水中的溶解度很低(在 25℃,1 个大气压时每毫升水溶解 0.028mL 氧),所以作用不大。

(2)气体的整体流动温度、气压、降雨、灌溉及地下水变动等因素都可引起气体的整体流动。它对最表层 3.3~6.6cm 土壤空气的更新有某些作用,但不是主要的。

(3)气体的扩散是引起土壤空气与大气进行交换的主要因素,是土壤通气的基础。

2. 土壤空气对流、扩散及其影响因素

(1)土壤空气的对流

土壤空气的对流是指土壤与大气间由总压力梯度推动的气体的整体流动,也称为质流。土壤与大气间的对流总是由高压区向低压区流动。

许多原因可引起土壤与大气间的压力差,从而引起土壤空气与大气的对流,如大气中的气压变化、温度梯度、土壤表面的风力及降水、灌溉等。大气压力上升,一部分大气进入土壤孔隙。大气压下降,土壤空气膨胀,使得一部分土壤空气进入大气;温度的昼夜变化引起土壤空气的膨胀和收缩,推动空气的整体排出和进入;地面风力可加速蒸发和带走近地表部分土壤空气中的部分气体;降水或灌溉也能排出土壤大孔隙中的空气,而重力水排走后,空气又可整体进入,导致土壤空气的整体流动。

土壤空气对流可以用下式描述:

$$q_V = -\frac{k}{\eta}\Delta p$$

式中,q_V——空气的容积对流量(单位时间通过单位横截面积的空气容积);

k——通气孔隙透气率;

η——土壤空气的孔度；

p——土壤空气压力的三维梯度。

（2）土壤空气的扩散

扩散是促使土壤与大气间气体交换的最重要物理过程。在此过程中，各个气体成分按照它们各自的气压梯度而流动。由于土壤中的生物活动总是使 O_2 和 CO_2 的分压与大气保持差别，所以对 O_2 和 CO_2 这两种气体来说，扩散过程总是持续不断进行的。因此，土壤学中把这种土壤从大气中吸收 O_2，同时排除 CO_2 的气体扩散作用，称为土壤呼吸。

土壤空气扩散的速率与土壤性质的关系可用 Penman 公式表示：

$$\frac{dq}{dt} = \frac{D_o}{\beta} AS \frac{P_1 - P_2}{L_e}$$

式中：dq/dt——扩散速率（q 为气体扩散量，t 为时间）；

D_o——气体在大气中的扩散系数；

A——气体通过的截面积；

S——土壤孔隙度；

L_e——气体通过的实际距离；

P_1, P_2——在距离 L_e 两端的气体分压；

β——比例常数。

上式说明土壤空气的扩散速率与扩散截面积中的空隙部分的面积（AS）以及分压梯度成正比，与空气通过的实际距离成反比。因此，土壤大孔隙的数量、连续性和充水程度是影响气体交换的重要条件。土壤大孔隙多，互相通连而又未被充水，就有利于气体的交换。但如果土壤被水所饱和或接近饱和，这种气体交换就难以进行。

七、土壤热量

土壤热量状况也是土壤肥力的重要因素之一。它对植物生长、微生物活动、养分转化以及土壤水分、空气的运动等都有重要影响。土壤温度是衡量土壤热量的尺度，反映土壤热能获得和散失的平衡状况。

（一）土壤热量的来源

土壤热能主要来源是太阳辐射能，其他有地球内部、土壤中生物过程释放的生物热，以及化学过程产生的化学热等。

1. 太阳辐射能

土壤热量最基本的来源是太阳辐射能。在地球大气圈的顶部测得的太阳辐射强度（又称为太阳常数），一般为 $1.9 K/(cm^2 \cdot min)$。其中 99% 的太阳能包含在 $0.3 \sim 0.4 \mu m$ 的波长内，称这一范围内的波长为短波辐射。太阳辐射通过大气层时，一部分热量被大气吸收散射，一部分被云层和地面反射，土壤吸收的只有一小部分。

2. 生物热

有机物质分解过程中释放出的热量，一部分被微生物利用，大部分用于提高土温。进入土壤的植物组织，每千克含有 16.7452～20.932kJ 的热量。据估算，含有机质 4%的土壤耕层，每英亩的潜能为 $6.28×10^9～6.99×10^9$ kJ，相当 20～50t 无烟煤的热量。可见，土壤有机质每年产生的热量是巨大的。早春育秧或在保护地栽种蔬菜时，施用有机肥、并添加热性的马粪等，就是利用有机物质分解放出的热量，以提高土温，促苗早发快长。

3. 地热

从地球内部的热向地面传导的热能。地热是一种重要的地下资源。尤其是在一些异常地区，如火山口附近、有温泉之地可对土壤温度产生局部影响外，一般对土温的作用不大。

(二)土壤热性质

1. 土壤热容量

土壤热容量有两种表示方法：一为容积热容量或简称热容量，指单位容积的土壤，在温度升降 1℃时所吸收或释放的热量，用 C_V 表示，常用单位 J/cm³·℃；一为质量热容量或简称比热，指单位重量土壤温度升降 1℃时，所需要或释放出的热量，以 C_p 表示，单位 J/g·℃。

二者关系可用下式表示：

$$C_V = C_p × 容重$$

热容量是影响土温的重要热特性。如果土壤热容量小，也就是说升高温度所需要的热量少，土温就易于上升；反之，热容量大，土温就不易上升。

影响土壤热容量的因素主要是土壤湿度。在三相物质中，固相部分数量变化不大，固体颗粒热容量变幅不大(表 2-13)，土壤空气热容量很小，土壤水的容积热容量比空气大 3000 多倍。所以土壤水分和空气比例基本上可以决定土壤热容量的大小(表 2-14)。

表 2-13 土壤不同组分的热容量

	土壤组成			
	土壤空气	土壤水分	沙粒和黏粒	有机质
质量热容(J/(g·℃))	1.0048	4.1868	0.75～0.95	2.01
容积热容(J/(cm³·℃))	0.0013	4.1868	2.05～2.43	2.51

(熊顺贵，2001)

表 2 - 14 不同湿度状况下各种土壤的热容量

土壤	土壤湿度占全蓄水量的百分数				
	0	20	50	80	100
砂土	0.35	0.40	0.48	0.58	0.63
黏土	0.26	0.30	0.53	0.72	0.90
泥炭	0.20	0.32	0.56	0.79	0.94

（南方本,2001）

2. 土壤导热率

土壤吸收热量后,除了按热容增温外,同时还能够把吸收的热量传导给邻近的土壤。产生如同水流那样的热运动,这就是土壤中的热传导。在稳态下,土壤热传导符合傅里叶热定律。单位厚度（1cm）土层,温差 1℃,每秒经单位断面（1cm^2）通过的热量称导热率 λ[J/(cm·s·℃)]。

土壤导热率 λ 反映了土壤导热性质的大小,土壤是由三相物质组成的多孔体,不同土壤组分的导热率有明显的差别,以固相最大,砂粒为 6.688×10^{-3} J/(cm·s·℃),液相次之,水为 5.434×10^{-3} J/(cm·s·℃),而气相极小,仅为 2.09×10^{-4} J/(cm·s·℃)。

热通过土壤颗粒、空气和水的传导。因此,影响土壤导热率的因素主要是土壤的松紧、土壤含水状况以及土壤质地等。土壤的松紧程度反映了土壤的孔隙状况,它是土粒之间排列的紧密程度,相同土质的土壤其紧实度不同,容重也就不同。疏松多孔而且干燥的土壤,其孔隙中充满了导热率极小的空气,热量只能从土粒间接触点的小狭道传导,所以土壤导热率很低。而湿润的土壤因水代替空气充填孔隙或在土粒外形成水膜,增加了热量的传导途径,故其导热率大。

导热性好的湿润表土层白天吸收的热量易于传导到下层,使表层温度不易升高;夜间下层温度又向上层传递以补充上层热量的散失,使表层温度下降也不致过低,因而导热性好的湿润土壤昼夜温差较小。

(三)土壤温度的变化

由于照射到地表的太阳辐射有明显的日变化和季节变化,所以土壤热状况也有明显的日变化和年变化。这些变化除受太阳辐射的影响外,还受一些其他因素的影响,如阴云、寒潮、巨流、暴雨（雪）及干旱期等气象因素以及土壤本身性质（如土壤干湿交替引起的反射率、热容量和导热率的变化及这些性质随土层深度的变化）、地理位置和植被覆盖等因素。

均质土壤的土壤温度的理想日变化可由图 2 - 18 加以说明。假设土温也随理想状态下的太阳辐射地表的日变化规律一致,呈正弦波动。从图 2 - 20 中可以看出,在相继的每一深度,温度峰是衰减的,并且随时间逐渐漂移,也就是说下层土壤温度的变幅比上层小,并且滞后一段时间。

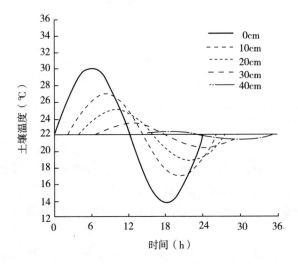

图2-18　不同深度土壤温度随时间的变化(熊顺贵,2001)

土壤温度随季节的变化可用图2-21加以说明。图2-19是无冰冻地区土壤温度剖面随季节的变化,可以看出,表层土温随季节的变幅要大于下层土壤,土层越深土温变幅越小。此外,从图中还可看出,下层土温的季节变化较上层有明显滞后,如从春到夏,土温开始升高,而当从夏到秋时,图中约2m深以上土层土温已开始下降,而下层土温仍在升高。注意,图中曲线只是示意的,不同地区的具体测值不同,但总的规律应是一致的。

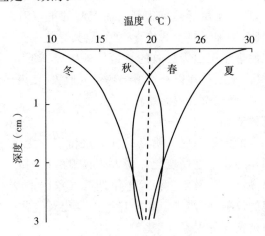

图2-19　无冰冻地区随季节变化的土壤温度剖面(熊顺贵,2001)

(四)土壤热量平衡

土壤热量主要来源于太阳辐射能,其次是土壤微生物分解有机物释放的能量、地球内热和土壤贮水的潜能等,但这部分所占比重甚小,其数量比起太阳辐射能小很多,所以把太阳辐射能称为基本热源,而其他热源则称为一时性热源。一时性热源虽然数量不大,但它在一定的情况下对调节土温的作用是不可忽视的,如农业生产实践中用牲畜粪便做酿热物进行温床育苗就是一个例证。

太阳垂直照射时,每分钟辐射在 $1cm^2$ 地面上的能量是 8.12J。但是在不同季节,随着太阳光对地面投射的角度和距离不同,辐射的能量也不同,变化很大,所以太阳辐射能到达地面的能量受当地气候、纬度、海拔高度、地形、坡向、大气透明度和地面覆盖等的影响而差异很大。

土壤热量的支出主要包括土壤水分蒸发、加热土体等消耗。

太阳辐射能到达地表后,一部分能量被反射回大气层加热近地面空气,大部分能量则被土壤吸收,从而使表土温度升高。当表土温度高于下层土温时,热量将逐渐传入深层,称之为正值交换;而当地表接受不到或接受很少太阳辐射(如夜间或冬季),而因地表土壤水分蒸发以及表土加热近地面大气而使表土温度低于下层土温,热量将由深层传向地表,称之为负值交换。这就是土壤中的热量交换或热流,它事实上就是土壤热量的收支平衡,决定着土壤热状况。

八、土壤胶体特性及吸附性

(一)土壤胶体构造

土壤胶体是指土壤中粒径小于 $2\mu m$ 或小于 $1\mu m$ 的颗粒,为土壤中颗粒最细小而最活跃的部分。土壤中的胶体一般都带有电荷,界面电荷的存在影响着溶液中离子的分布,带相反电荷的离子被吸引到胶体表面,带相同电荷的离子则被胶体表面排斥。由于离子的热运动,离子会在胶体表面形成有一定分布规律的双电层。因此,对土壤中的任何一种胶体颗粒而言,其基本的构造是胶核和双电层(图2-20),双电层包括决定电位离子层和补偿离子层,后者由非活性离子补偿层和扩散层构成。

1. 胶核

胶核是胶体微粒的基本部分,由黏粒矿物、腐殖质等分子所组成。

2. 双电层

(1)决定电位离子层

胶核表面分子与胶核内部分子处于不同状态下,使胶核表面产生一层带电的离子层,由于这层带电的离子决定着胶粒的电荷符号和电位大小,因而称为决定电位离子层,或称双电层内层。它决定着土壤交换吸收性能。黏粒矿物和腐殖质胶

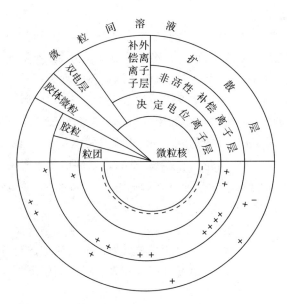

图 2-20 土壤胶体结构示意图

体的决定电位离子层一般带负电。所以,土壤胶体一般带负电。在某些情况下,决定电位离子层中的离子也能为粒间溶液离子所替代,而产生专性吸附,使电荷性质发生改变。

(2)补偿离子层

由于胶核表面决定电位离子层带电,产生的静电引力吸附粒间溶液中带相反电荷的离子,形成补偿离子层,又称双电层外层。在此层中,距决定电位离子层远近不同,所受引力也不同。距离近的受静电引力大,离子活动度小,只能随胶核移动,称非活性离子补偿层。由于受到强大静电引力,一般难于和粒间溶液中的离子交换,但在某些情况下,也能进行上述代换,而产生专性吸附。在此层之外,距离远,受静电引力小,离子活动度大,疏散分布,称扩散层。扩散层离子具有交换能力,很易与粒间溶液中的离子进行交换,即通常所说的离子交换。

在双电层中存在一定的电位。在决定电位离子层界面上所具有的电位势,即决定电位离子层与粒间溶液之间产生的电位差,称为完全电位或热力学电位,用 ε 表示。在一定的胶体分散体系内,ε 电位大小基本不变。在非活性补偿离子层界面上的电位势,即非活性补偿离子层与粒间溶液之间产生的电位差,称为动电电位,或扩散层电位,用 ζ 表示,其大小可达几十个毫伏。动电电位的大小受扩散层厚度的制约,而扩散层的厚度在一定浓度条件下,决定于补偿离子的性质,即受离子价数、离子半径及水化程度等的制约。离子价数愈高,其水化半径愈小,扩散层愈薄。一般来说,扩散层越厚,动电电位越高,胶粒的电性也就显示的越充分。胶粒电性显示的充分与否,直接关系到胶体存在的状态,从而影响土壤的一系列物理性质,如结构性、黏性、耕性、胀缩性等,这在实践中都是很有意义的。

(二)土壤胶体的基本特性

土壤胶体的性质很多,但最能体现胶体性质并对土壤性质产生巨大影响的主要有以下几个方面。

1. 土壤胶体具有巨大的比面和表面能

比面是指单位体积或重量物体的总表面积。设各粒径的光滑球体的总体积均为 $\pi D^3/6$ 时,其表面积和比面如下所列:

表 2-15　各粒径的光滑球体的表面积和比面

球的直径(mm)	总表面积(cm^2)	比面(cm^2/cm^3)
10	3.14	6
1	31.42	60
0.05	628.32	1200
0.005	6283.2	12000
0.001	31416	60000
0.0002	157080	300000

可见,土粒愈细,总表面积愈大,比面也愈大。任何土粒表面并不呈光滑球形,因而具有更大的总表面积和比面。

任何物体表面的分子与内部分子所处的条件不同,内部分子在其周围受到与它类似分子的相同引力,而表面分子与界面其他物质的分子接触,所受吸力不同而出现某些数量的自由能,即表面能。颗粒愈细,比面愈大,表面能也愈强。因而,颗粒微细的土壤胶体具有巨大的表面能,使其有很强的表面活性。表现为能吸持各种重金属等污染元素,有较大的缓冲能力,对土壤中元素的保持和忍受酸碱变化以及减轻某些毒性物质的危害有重要的作用。

2. 土壤胶体具有带电性

所有土壤胶体都带有电荷。一般来讲,土壤胶体带负电荷,在某些情况下也会带正电荷。

土壤胶体由于具有上列两项特性,而使它成为土壤中最活跃的物质。土壤中许多重要的物理学、物理化学性质,如离子的吸附和交换、土壤酸碱性、缓冲性、土壤结构性、土壤耕性、某些土壤水分性质等都与之相关。它所带的表面电荷则是土壤具有一系列化学、物理化学性质的根本原因。土壤中的化学反应主要为界面反应,这是由于表面结构不同的土壤胶体所产生的电荷,能与溶液中的离子、质子、电子发生相互作用。土壤表面电荷数量决定着土壤所能吸附的离子数量,而由土壤表面电荷数量与土壤表面积所确定的表面电荷密度,则影响着对这些离子的吸附强度。所以,土壤胶体特性影响着污染元素、有机污染物等在土壤面相表面或溶液中的积聚、滞留、迁移和转化,是土壤对污染物有一定自净作用和环境容量的基本原因。

3. 土壤胶体的分散与凝聚性

它是由土壤胶体的动电电位引起的。土壤胶体分散在土壤溶液中,由于胶粒有一定的动电电位,一定厚度的扩散层相隔,而使其能均匀分散呈溶胶态,这就是胶体的分散性。当加入电解质时,胶粒的动电电位降低趋于零,扩散层减薄进而消失,使胶粒相聚成团,此时有溶胶转为凝胶,这就是胶体的凝聚性。这些特性与土壤结构的形成及污染元素在土壤中的行为均有密切的关系。

(三)土壤胶体的类型

按成分和来源,土壤胶体可分为无机胶体、有机胶体和有机无机复合胶体三类。

1. 无机胶体

无机胶体包括成分简单的晶质和非晶质的硅、铁、铝的含水氧化物,成分复杂的各种类型的层状硅酸盐(主要是铝硅酸盐)矿物。常把此两者统称为土壤黏粒矿物,因其同样都是岩石风化和成土过程的产物,并同样影响土壤属性。

含水氧化物主要包括水化程度不等的铁和铝的氧化物及硅的水化氧化物。其中又有结晶型与非晶质无定形之分,结晶型的如褐铁矿($2Fe_2O_3 \cdot 3H_2O$)、水赤铁矿($3Fe_2O_3 \cdot H_2O$)、针铁矿($Fe_2O_3 \cdot H_2O$)、水铝矿($Al_2O_3 \cdot H_2O$)、三水铝石($Al_2O_3 \cdot 3H_2O$)等;非晶质无定形如不同水化度的$SiO_2 \cdot nH_2O$、$Fe_2O_3 \cdot nH_2O$、$Al_2O_3 \cdot nH_2O$和$MnO_2 \cdot nH_2O$及它们相互复合形成的凝胶、水铝英石等。

2. 有机胶体

主要是腐殖质,还有少量的木质素、蛋白质、纤维素等。腐殖质胶体含有多种官能团,属两性胶体,但因等电点较低,所以在土壤中一般带负电,因而对土壤中无机阳离子特别是重金属等土壤吸附性能影响巨大。但它们不如无机胶体稳定,较易被微生物分解。

3. 有机-无机复合胶体

土壤中矿质胶体和有机胶体很少单独存在,大多互相结合成为有机无机复合胶体。这是因为土壤腐殖质中存在着活泼的功能团,在黏土矿物的表面也存在着许多活泼的原子团或化学键,在它们之间必然产生物理、化学或物理化学作用,因而通过机械混合、非极性吸附和极性吸附而将两者结合在一起,形成各种稳定性和性质都不同的有机无机复合胶体。有机无机复合胶体的结合过程是比较复杂的,

形成机制到现在还不十分清楚,根据现有材料,主要的结合方式有下列几种:

(1)有机无机胶体通过钙而结合

通过 Ca^{2+} 结合的有机无机复合胶体与水稳性结构形成有关,对土壤肥力起着良好的作用。

(2)有机胶体与铝铁胶体的结合

胡敏酸与铁铝结合有两种方式,可与 Fe^{3+}、Al^{3+} 结合,形成铁或铝胡敏酸化合物,也可与胶态铁铝结合形成铁铝胡敏酸凝胶。在高温多雨和冷湿地区的土壤中,铁、铝与有机胶体结合对土壤结构的稳定性也有很大意义。

(3)有机胶体与无机胶体的直接结合

有机胶体可借高度分散的状态,直接渗入黏土矿物的晶层或包围整个晶体的外部而进行结合。

新形成的腐殖质也可以键状结构形成胶膜状态,把矿质胶体包围起来,经过高湿、干燥、冰冻或氧化作用之后,即固定在矿物胶体或较粗颗粒的表面上形成一层胶膜。

有机胶体主要以薄膜状紧密覆盖于黏粒矿物的表面上,还可能进入黏粒矿物的晶层之间。土壤有机质含量愈低,有机-无机复合度愈高,一般变动范围为 50% $\sim 90\%$。

我国农民在长期生产实践中,充分体会到有机无机复合体的重要,创造了施用有机肥加速土壤有机无机复合体形成的措施,群众称之为土肥相融。土壤有机无机复合胶体的形成,有利于土壤结构的形成,改善土壤理化性质。如复合体中的胡敏酸,比单独存在时分解显著减慢,并可使土壤中有效磷增加,增强土壤的缓冲性能等。

(四)土壤胶体对阳离子的吸附与交换

土壤胶体表面所吸附的阳离子(主要是扩散层中的阳离子),与土壤溶液中的阳离子或不同胶粒上的阳离子相互交换的作用,称为阳离子交换吸附作用。如上节所述,土壤中的胶体大多数带负电荷,因此,土壤中阳离子交换吸附作用非常普遍。它是土壤中可溶性有效阳离子的主要保存形式。当阳离子吸附在胶体上时,表示阳离子养分的暂时保蓄,即保肥过程;当阳离子解离至土壤溶液中时,表示养分的释放,即供肥过程。

1. 阳离子交换吸附作用的特点

(1)阳离子交换吸附作用是一种可逆反应,而且一般情况下,可迅速达成可逆平衡。例如,上式是一个偏酸性土壤施入氮素化肥后的离子交换反应。反应同时向两个方向进行,而任何一个方向的反应都不能进行到底。上式中胶体上的 Ca^{2+}、Mg^{2+}、K^+、Na^+ 等为 NH_4^+ 所代换进入土壤溶液,同时又可重新为胶体所吸收,把 NH_4^+ 驱回到溶液中。当反应达到平衡时,单位时间内进入扩散层和自扩散层排出的离子当量数相等。这种平衡是相对的,是一种动态平衡,当溶液离子组成或浓度发生变化时,就会引起平衡状态转移的反应。

因为阳离子交换吸收是可逆反应,因此,在自然状况下,要把土壤胶体上某一阳离子全部代换到溶液中去,是不可能的。同时,土壤胶体上吸附的阳离子也必然是多种多样的,不可能为单一种离子所组成。在湿润地区的一般酸性土壤中,吸附的阳离子有 Al^{3+}、H^+、Ca^{2+}、Mg^{2+}、K^+ 等;在干旱地区的中性或碱性土壤中,主要的吸附性阳离子是 Ca^{2+},其次有 Mg^{2+}、K^+、Na^+ 等。

(2)阳离子交换与吸收的过程以等量电荷关系进行。例如,二价钙离子去交换一价钠离子时,一个 Ca^{2+} 可交换两个 Na^+;一个二价的钙离子可以交换两个一价的氢离子。

(3)交换反应的速度受交换点的位置和温度的影响。对阳离子交换的速度,过去认为在湿润情况下是很快的,几分钟就能达到平衡。近期研究认为离子交换速度在不同条件下,有不同的情况。如果溶液中的离子能直接与胶粒表面代换性离子接触,交换速度就快;如离子要扩散到胶粒内层才进行交换,则交换时间就较长,有的需要几昼夜才能达成平衡。因此,不同黏土矿物的交换速率是不同的。高岭石类矿物交换作用主要发生在胶粒表面边缘上,所以速率很快;蒙脱石类矿物的离子交换大部分发生在胶粒晶层之间,其速率取决于层间间距或膨胀程度;水云母类的交换作用发生在狭窄的晶层间,所以交换速率较慢。另外,温度升高,离子的热运动变得更为剧烈,致使单位时间内碰撞固相表面的次数增多,故升高温度可加快离子交换反应的速率。

2. 土壤阳离子交换量

土壤溶液在一定的 pH 值时,土壤所含有的交换性阳离子的最大量,称为阳离子交换量(即 CEC)。通常以 1kg 干土所含阳离子的厘摩尔数表示,可写为厘摩尔(＋)/千克,或简写为 $cmol(+) \cdot kg^{-1}$。因为阳离子交换量随土壤 pH 值变化而变化,故一般控制 pH 为 7 的条件下测定土壤的交换量。

阳离子交换量的大小与土壤可能吸收的速效养料的容量及土壤保肥力有关。交换量大的土壤就能吸收多量的速效养料,避免它们在短期内完全流失。

决定土壤阳离子交换量的因子,主要是土壤胶体上负电荷的多少,而影响土壤胶体负电荷的,主要是土壤中带负电荷胶体的数量与性质。具体有以下四个方面:

(1)土壤质地

土粒愈细,无机胶体数量愈多,交换量便愈高。故一般地说,黏土交换量大于壤土和砂土,黏土的保肥力也较高。去除土壤有机质,从纯矿质土壤来看,数据见表 2-16 所列。

表 2 - 16 不同质地矿质土壤的阳离子交换量

质 地	砂土	砂壤土	壤 土	黏 土
阳离子交换量 (cmol(+) · kg⁻¹)	1~5	7~8	7~18	25~30

（2）土壤腐殖质

土壤腐殖质含有大量—COOH、—OH 等功能团，当它们解离出 H^+ 时，使胶体带有大量负电荷，而且腐殖质分散度大，具有很大的吸收表面。所以腐殖质的阳离子交换量远远大于无机胶体，其交换量一般为 150~500cmol(+) · kg⁻¹。因此，施用有机肥料，增加土壤腐殖质，可以提高阳离子交换量，增强土壤保肥力。

（3）土壤无机胶体的种类

如前所述，无机胶体因化学组成和结晶构造的不同，比面不同，交换量的大小也不相同。蒙脱石类的阳离子交换量最大，水云母类次之，高岭石类的阳离子交换量较小，至于含水氧化铁、铝等胶体的阳离子交换量就更小了，它们在酸性条件下，反而带正电，根本不吸附阳离子。各类土壤胶体阳离子交换量的大小见表 2 - 17 所列。

表 2 - 17 土壤胶体的阳离子交换量

胶体种类	腐殖质	蛭 石	蒙脱石	水云母	高岭石	含水氧化铁、铝
阳离子交换量 (cmol(+) · kg⁻¹)	150~500	100~150	80~100	20~40	5~15	微 量

（4）土壤酸碱反应

土壤反应对阳离子交换量的大小有明显影响。除氢氧化铁、氢氧化铝等两性胶体的带正电或负电是受反应条件的支配外，其他负电胶体带负电荷的多少，也受反应条件的影响。因为胶体表面—OH 群或—COOH 群的解离是在一定的 pH 条件下进行的。如果土壤溶液的 pH 值很小，即 H^+ 浓度很大，上述功能团中 H^+ 的解离就受到抑制，土壤胶体的负电荷就少，阳离子交换量也小。只有 pH 值增至一定数值时，功能团的 H^+ 才开始解离，胶体的负电荷和阳离子交换量也随之增加。例如，黏土矿物中联系于破裂边角硅离子的氢氧群，在 pH 值小于 6 时，H^+ 的解离很少，pH 值增至 7 时解离增加。碱性增大，负电荷逐渐增多，其反应如下：

$$\equiv Si—OH + H_2O \Longrightarrow \equiv Si—O^- + H_3O^+$$

破裂边缘联系于铝离子的氢氧群，同样随 pH 值增大于而解离 H^+，只是它开始解离时所要求的 pH 值较高，pH 值为 8 时，H^+ 才开始显著解离。其反应为

$$=Al—OH+H_2O =\!\!=\!\!= =Al—O^-+H_3O^+$$

土壤有机胶体(如腐殖质)随 pH 值变化而增减负电荷的现象更为明显。因为腐殖质的电荷来源主要是可变电荷。有机胶体负电荷和阳离子交换量,从 pH 值 4 到 pH 值 9 以上的范围内都随 pH 值的提高而显著增加;无机胶体蒙脱石在 pH 值 6 以下时,负电荷和阳离子交换量基本不变,pH 值 6 以上时也只有小幅度的提高,这是因为蒙脱石的负电荷大部分是由于同晶置换作用而产生的永久负电荷,这部分电荷不随 pH 值的变化而变化,直到 pH 值 6 以上时,晶格表面—OH 群开始解离 H^+,才增加一些负电荷。高岭石和蒙脱石类似,pH 值 6 以下,交换量基本不变,pH 值 6 以上,随 pH 提高而增加一些可变电荷和阳离子交换量,不同的是高岭石在 pH 值 6 以下的永久电荷和交换量比蒙脱石小得多。

总的来讲,土壤阳离子交换量的大小,与土壤中带负电荷胶体的数量、组成和性质以及溶液的反应有关。而这些情况在不同的土壤类型中是不同的,因此,各种土壤的阳离子交换量也不同。我国北方的土壤含蒙脱石、水云母较多,土壤反应又多为中性或微碱性,因此,阳离子交换量一般较高。例如,东北的黑土、内蒙古的栗钙土的交换量在 $30\sim50cmol(+)\cdot kg^{-1}$;而华南、西南的红、黄壤地带,无机胶体以高岭石和含水氧化铁、氧化铝为主,土壤酸性大,pH 值低,阳离子交换量小,一般每千克土只有十几个厘摩尔,广东的砖红壤的交换量只有 $5.2cmol(+)\cdot kg^{-1}$。长江中下游发育在冲积母质上的土壤,黏土矿物以蒙脱石、水云母为主,交换量大约为 $20\sim30cmol(+)\cdot kg^{-1}$;江苏省丘陵地区发育在黄土母质上的土壤,土质较黏,黏土矿物又以水云母、蒙脱石为主,交换量约 $30cmol(+)\cdot kg^{-1}$ 左右;苏南地区发育在湖湘沉积物上的土壤,如黄泥土、乌栅土等,土质黏重,黏土矿物也是以水云母、蒙脱石为主,同时因腐殖质较多,阳离子交换量达 $30\sim40cmol(+)\cdot kg^{-1}$。

阳离子交换量和施肥有密切关系。在施肥时不仅要了解作物的需要,同时还要考虑土壤交换量的大小。例如,在砂土上施用化肥,由于土壤交换量小,土壤保肥力差,应该分多次施肥,每次施量不宜多,以免养分淋失。对于交换量小、保肥力差的土壤,可通过施用河塘泥、厩肥、泥炭或掺黏土,以增加土壤中的无机有机胶体,以及通过施用石灰调节土壤反应等来提高土壤的阳离子交换量。

3. 影响阳离子交换作用的因素

阳离子交换反应进行的方向和程度决定于阳离子的交换能力、阳离子的相对浓度以及反应生成物的性质。

(1)阳离子的交换能力

是指一种阳离子将胶体上另一种阳离子交换下来的能力。也就是阳离子被胶粒吸附的力量,或称阳离子与胶体的结合强度,它实质上是阳离子与胶体之间的静电能。

①离子电荷价 各种阳离子的交换能力或结合强度不等,它服从于库仑定律:

$$F = \frac{q_1 q_2}{\varepsilon r^2}$$

式中,F——吸力;

ε——介电常数;

q_1——阳离子电荷量;

q_2——负电胶体的电荷量;

r——阳离子水化后的有效半径。

由此可知,阳离子的交换能力首先受离子电荷价的影响,离子的电荷价越高,受胶体电性吸持力愈大,因而具有比低价离子较高的交换能力。也可以说,胶体上吸着的阳离子的价数越低,越容易被交换出来,即越容易解吸。通常情况下,阳离子与胶体的结合强度和交换力具有以下顺序:

$$M^{3+} > M^{2+} > M^+ (M \text{ 表示阳离子})$$

②离子的半径及水化程度 同价离子交换力和结合强度的大小,决定于离子的大小及重量。凡离子本身半径愈大,重量愈大的离子,其代换力和结合强度也愈大。离子半径大小与交换力的关系,可由水化作用来解释。离子半径越大,单位面积上所带的电荷(电荷密度)越小,因此,对水分子的吸引力小,即水化程度弱,离子水化半径越小,其与胶粒间距离也愈小,按库仑定律,它和胶粒间的吸引力就愈大,它代换其他离子的能力就愈强(表 2 - 18)。

表 2 - 18 离子价、离子半径及水化程度与交换力的关系

离　子	价　数	原子量	离子半径(nm)		代换力顺序
			未水化	水化	
Na^+	1	23.00	0.093	0.790	6
NH_4^+	1	18.01	0.143	0.532	5
K^+	1	39.10	0.133	0.537	4
Mg^{2+}	2	24.32	0.078	1.330	3
Ca^{2+}	2	40.08	0.106	1.000	2
H^+	1	1.008	——	——	1

此外,离子交换力也受离子运动速度的影响。凡离子运动速度愈大的,其交

换力也愈大。例如,氢离子就是这样,而且氢离子水化很弱,通常 H^+ 只带一个水分子,即以 H_3O^+ 的形态参加交换,水化半径很小,因此它在交换力上具有特殊位置。

综上所述,阳离子交换力大小的顺序为

$$Fe^{3+} > Al^{3+} > H^+ > Sr^{2+} > Ba^{2+} > Ca^{2+} > Mg^{2+} > Rb^+ > K^+ > NH_4^+ > Na^+$$

我国红壤、砖红壤中测定的阳离子结合强度和代换力的顺序与上述顺序基本一致,其顺序为

$$Al^{3+} > Mn^{2+} \geqslant Ca^{2+} > K^+$$

提请注意的是,这种次序不是绝对不变的,它只是一般的情况。由于土壤中吸附剂(即各种胶体)的不同和浓度不同,都可导致离子交换能力序列的变化。所以严格地说,没有一个统一的序列能够适应任何一种土壤。

(2)阳离子的相对浓度及交换生成物的性质

阳离子交换作用也受质量作用定律所支配,如果溶液中某种离子的浓度较大,则虽其交换能力较小,同样能把胶体上交换能力较大的其他阳离子代换下来。另外,当交换后形成不溶性或难溶性物质时,或将其交换后的生成物不断除去时,都可使交换作用继续进行。例如,

$$\boxed{胶粒} {=Ca + Na_2C_2O_4 \atop (溶液中)} \longrightarrow \boxed{胶粒} {- Na + CaC_2O_4 \downarrow \atop - Na}$$

上式中 Na^+ 的交换能力虽小于 Ca^{2+},但溶液中有 Na^+ 而且代换后生成难溶性的草酸钙,使溶液中 Ca^{2+} 的浓度维持很低,故其交换作用可继续进行。又如,

$$\boxed{胶粒} {=Ca + 2NaCl \atop (溶液中)} \longrightarrow \boxed{胶粒} {- Na + Ca^{2+} + 2Cl^- \atop - Na \ (溶液中)}$$

在此,若不把交换过程中产生的 Ca^{2+} 不断除去,则交换作用很快即达到平衡。但是,只要改变溶液中 Na^+ 或 Ca^{2+} 的浓度,平衡即可破坏。若增加溶液中 Na^+ 的浓度,或将生成的 Ca^{2+} 淋洗掉时,则其反应向右进行。如在土壤分析中,采用钠盐浸提土壤中阳离子,就是这个道理;若增加溶液中 Ca^{2+} 的浓度,则反应向左进行。因此,利用这一规律,我们完全有可能控制土壤中阳离子交换作用的方向,定向地改造土壤,提高土壤肥力。

(3)胶体性质

阳离子交换作用还受胶体性质的影响,一般情况下,交换量大的胶体(如蒙脱石)结合两价离子的能力强,结合一价离子的能力稍弱;反之,交换量小的胶体(如

高岭石)则结合一价离子能力强,与两价离子的结合能力较弱,即一价离子可将两价离子交换下来。又如,水云母具有六角形网孔(晶孔),容易吸附与其孔径大小相当的 K^+ 和 NH_4^+,这些离子一旦进入六角形孔穴,即可发生配位作用,很难出来,只有当晶层破裂时,被固定的 K^+、NH_4^+ 方可重新释放出来。

阳离子交换作用的这些特点和规律是非常重要的。它是施肥和改良土壤等措施的理论依据。例如,施用化肥后,可溶性养分的保蓄,以及施用石灰改良酸性土,施用石膏改良盐碱土等措施,都是对这些原理的实际应用。

4. 土壤盐基饱和度

土壤胶体上吸附的阳离子可分为两类。一类是 H^+ 和 Al^{3+},另一类是盐基离子(如 Ca^{2+}、Mg^{2+}、K^+、Na^+、NH_4^+ 等,由于含 Al^{3+} 的盐在水溶液中强烈水解,使溶液呈酸性,故 Al^{3+} 不包括在盐基离子内)。土壤盐基饱和度是指土壤胶体上交换性盐基离子占交换性阳离子总量的百分率。以算式表示为

$$盐基饱和度(\%)=\frac{交换性盐基总量(cmol(+)kg^{-1})}{阳离子交换量(cmol(+)kg^{-1})}\times100$$

如果土壤胶体上的交换性阳离子绝大部分都是盐基离子,即为盐基饱和的土壤,否则就属盐基不饱和。我国南方酸性土壤都是盐基不饱和的土壤,北方中性或碱性土壤的盐基饱和度都在 80% 以上。盐基饱和度与 pH 值之间有明显的相关性。盐基淋失,饱和度降低,pH 也按一定比例降低。在 pH5～6 的暖湿地区,pH 每变动 0.10,盐基饱和度相应变动 5% 左右。例如,设 pH 为 5.5 时盐基饱和度为 50%,那么在 pH5.0 和 6.0 时,盐基饱和度分别约为 25% 和 75%。

不同类型的土壤,交换性阳离子的组成也不同。一般土壤中,交换性阳离子以 Ca^{2+} 为主,Mg^{2+} 次之,K^+、Na^+ 等很少。如江苏的黄棕壤交换性阳离子,Ca^{2+} 占 65%～85%,Mg^{2+} 占 15%～30%,K^+ 和 Na^+ 占 2%～4%。但在盐碱土中则有显著数量的 Na^+,在酸性土中有较多的 H^+ 和 Al^{3+},在沼泽化或淹水状态下,还有 Fe^{2+}、Mn^{2+} 等。土壤盐基饱和度和交换性离子的有效性密切有关,盐基饱和度越大,养分有效性越高,因此盐基饱和度是土壤肥力的指标之一。

5. 交换性阳离子的活度及其影响因素

植物吸收养分是植物与土壤间进行离子交换吸收的过程。这种离子交换吸收的方式有两种:一种是根胶体上的离子与土壤溶液中的离子进行交换;另一种是根胶体与土壤胶体直接进行离子交换,不需要通过溶液作为媒介,这种吸收只有根毛与土壤胶体紧密接触的情况下发生,故又称接触交换。植物的交换吸收,在一般情况下都是通过土壤溶液,不可能在绝对干燥的情况下进行交换。因此土壤溶液中的离子和胶体上的交换性离子都与植物根系吸收密切有关。

但是土壤交换性离子和溶液中离子二者之总量,还不能确切反映植物根系的离子环境。因为胶体吸附的离子不可能全部解离出来。交换性离子活度是指实际

能解离出来的交换性离子的数量。有试验表明,在黏土矿物的悬浊液中,交换性钙的含量是交换性钾的 1.5 倍,但钾离子活度却为钙离子的 6.6 倍。因此,用离子活度的概念来反映实际有效浓度,比一般的浓度概念更有意义。如一种交换性离子,在土壤胶体体系中的总浓度为 c,当解离达到动态平衡时,解离出来的活性离子的数量以活度 a 表示,它与该离子总浓度 c 之比称为活度系数,以 f 表示,即 $f=a/c$。

当胶体上交换性离子能全部解离时,则活率 a 近于浓度 c,活度系数 f 达最大,近于 1;如不能解离,则 f 达最小值,接近零。因此在一定的离子浓度下,交换性离子活度系数的大小,表明它在平衡体系中自由活动的难易程度,同时也表明它进入植物体内的难易程度,从而可作为养分有效度的指标。其影响因素有以下一些:

(1)交换性离子的饱和度

胶体上某种阳离子占整个阳离子交换量的百分数,即该离子的饱和度。饱和度愈大,该离子的有效性愈大,因为离子与胶体的结合强度随其饱和度的增加而降低,其活度随饱和度的增加而增强。特别是 Ca^{2+}、Mg^{2+} 等二价离子活度随饱和度增加而增加的现象更为明显,它们的饱和度由 50% 增加到 100% 时,活度系数提高 3~4 倍。一价离子如 Na^+、K^+、NH_4^+ 等随饱和度增加而增大活度系数的现象,不及二价离子明显。但在相同饱和度下,一价离子的活度,远远大于二价离子。也就是说,在相同饱和度下,一价离子的有效性大于二价离子。这是因为一价离子与胶体的结合强度小于二价离子。

如果某一离子的饱和度低到一定程度,植物不仅不能从胶体上吸取它,反而由植物根部解吸出来被土壤吸收,此时该离子的饱和度称为临界饱和度。据试验:燕麦和黑麦在蒙脱石类黏粒上交换性钾的最低饱和度为 4% 左右,在高岭石类黏粒上的最低饱和度为 2% 左右。

在生产实践上,一些有效的施肥措施,其原因之一就是提高了离子的饱和度,增加了离子的有效性。例如,农谚"施肥一大片,不如一条线",以及采用"穴施"、"条施"、"大窝施肥"等集中施肥的方法,都是增加离子饱和度,提高肥料的利用率。

(2)陪补离子的种类

土壤胶体一般同时吸附多种离子,对于其中某一离子来说,其他离子都是它的陪补离子。如胶体吸附了 H^+、Ca^{2+}、Mg^{2+}、K^+ 等离子,对 H^+ 来说,Ca^{2+}、Mg^{2+}、K^+ 是它的陪补离子;对 Ca^{2+} 来说,H^+、Mg^{2+}、K^+ 是它的陪补离子。凡是与土壤胶体结合强度大的离子,其本身有效性低,但对共存的其他离子的有效性愈有利;反之,若某一离子与胶体结合强度较共存的其他离子弱,则将抑制其他离子的有效性。以 K^+ 为例,如果它的陪补离子是 Ca^{2+},而 Ca^{2+} 的结合强度和代换力均大于 K^+,则可促进 K^+ 的有效性。如果 K^+ 的陪补离子是 Na^+,Na^+ 的结合强度和代换力小于 K^+,则抑制了 K^+ 的有效性。这种现象称为陪补离子效应。

浙农大曾对 Ca^{2+} 以三种不同的陪补离子,在胶体种类和数量相同(交换量相同)的土壤上试验。甲土以 H^+ 作为 Ca^{2+} 的陪补离子,乙土和丙土分别以 Mg^{2+} 和 Na^+ 作为 Ca^{2+} 的陪补离子,三种土壤处理中 Ca^{2+} 的饱和度相等,但甲土 Ca^{2+} 的有效度远较乙、丙土为大,并影响到产量(表 2–19)。

表 2–19　不同陪补离子对交换性钙有效性的影响(据浙农大资料)

土壤处理	交换性阳离子组成	盆中幼苗干重(g)	盆中幼苗吸钙量(mg)
甲	40%Ca+60%H	2.80	11.15
乙	40%Ca+60%Mg	2.79	7.83
丙	40%Ca+60%Na	2.34	4.36

离子相互抑制的能力有下列顺序: $Na^+>K^+>Mg^{2+}>Ca^{2+}>H^+$ 和 Al^{3+}。

这一顺序与离子结合强度和交换力的大小正好相反。其中每一离子都强烈抑制它后面的离子对植物营养的有效性。特别是 Na^+ 作为陪补离子并达到一定含量时,不但植物不能吸收 Ca^{2+}、Mg^{2+} 等离子,而且还会使幼苗中的 Ca^{2+} 等为土壤所解吸。

(3)无机胶体的种类

一般来说,在饱和度相同的情况下,各营养离子在高岭石上的有效性大,蒙脱石次之,水云母最小。但个别情况也有例外(表 2–20)。

表 2–20　各类黏土矿物上阳离子的活度系数

黏土矿物	阳 离 子 活 度 系 数				
	Na^+	K^+	NH_4^+	H^+	Ca^{2+}
高 岭 石	0.34	0.33	0.25	0.008	0.080
蒙 脱 石	0.21	0.25	0.18	0.059	0.022
水 云 母	0.10	0.13	0.12	0.036	0.040

(4)离子半径大小与晶格孔穴大小的关系

根据培济(Page)和巴维尔(Baver)等的"晶格孔穴理论",黏土矿物表面存在由六个硅四面体联成的六角形孔穴,这些孔隙的半径为 0.14nm,凡离子大小与此孔径相近的,即易进入晶孔,而降低其有效性。K^+ 的半径为 0.133nm,NH_4^+ 半径为 0.143nm,它们的大小都近于晶格孔隙大小,容易固定在晶孔中,降低有效性。蒙脱石表面的硅四面体数量多,故这种晶孔固定作用含蒙脱石多的土壤多于含高岭石多的土壤。

(五)土壤吸附性

土壤是永久电荷表面与可变电荷表面共存的体系,可吸附阳离子,也可吸附阴离子。土壤胶体表面能通过静电吸附的离子与溶液中的离子进行交换反应,也能通过共价键与溶液中的离子发生配位吸附。因此,土壤学中,将土壤吸附性定义为土壤固相和液相界面上离子或分子的浓度大于整体溶液中该离子或分子浓度的现象,这时称为正吸附。在一定条件下也会出现与正吸附相反的现象,即称为负吸附,是土壤吸附性能的另一种表现。土壤吸附性是重要的土壤化学性质之一。它取决于土壤固相物质的组成、含量、形态和溶液中离子的种类、含量、形态,以及酸碱性、温度、水分状况等条件及其变化,影响着土壤中物质的形态、转化、迁移和有效性。

按产生机理的不同可将土壤吸附性分为交换性吸附、专性吸附、负吸附及化学沉淀等方面。

1. 交换性吸附

带电荷的土壤表面借静电引力从溶液中吸附带异号电荷或极性分子。在吸附的同时,有等当量的同号另一种离子从表面上解吸而进入溶液。其实质是土壤固液相之间的离子交换反应。

2. 专性吸附

土壤铁、铝、锰等的氧化物胶体,其表面阳离子不饱和而水合(化),产生可离解的水合基($-OH_2$)或羟基($-OH$),它们与溶液中过渡金属离子(M^{2+},MOH^+)作用而生成稳定性高的表面络合物,这种吸附称为专性吸附(Specific adsorption),不同于胶体对碱金属和碱土金属离子的静电吸附。层状硅酸盐黏土矿物边面上裸露的 $Al-OH$ 基和 $Si-OH$ 基与氧化物表面的羟基相似,也有一定的专性吸附能力。专性吸附的金属离子为非交换态,不参与一般的阳离子交换反应。可被与胶体亲和力更强的金属离子置换或部分置换,或在酸性条件下解吸。专性吸附在胶体表面正、负、零电荷时均可发生,反应结果使体系 pH 下降。

土壤对重金属离子专性吸附的机理有表面配合作用说和内层交换说等;对于多价含氧酸根等阴离子专性吸附的机理则有配位体交换说和化学沉淀说。这种吸附仅发生在水合氧化物型表面(也即羟基化表面)与溶液的界面上。

3. 负吸附

与上述两种吸附相反的,土壤表面排斥阴离子或分子的现象,表现出土壤固液相界面上,离子或分子的浓度低于整体溶液中该离子或分子的浓度。其机理是静电因素引起的,即阴离子在负电荷表面的扩散双电层中受到相斥作用;是土壤体系力求降低其表面能以达体系的稳定,因此凡会增加体系表面能的物质都会受到排斥。在土壤吸附性能的现代概念中的负吸附仅指前一种(阴离子),后者(分子)常归入土壤物理性吸附范畴。

4. 化学沉淀与土壤吸附

指进入土壤中的物质与土壤溶液中的离子(或固相表面)发生化学反应,形成难溶性的新化合物而从土壤溶液中沉淀而出(或沉淀在固相表面上)的现象,实为化学沉淀反应,而不是界面化学行为的土壤吸附现象。但在实践上有时两者很难区分。

(六)土壤胶体吸附性的环境意义

1. 对重金属等污染元素生物毒性的影响

土壤和沉积物中的锰、铁、铝、硅等氧化物及其水合物,对多种微量重金属离子起富集作用,其中以氧化锰和氧化铁的作用更为明显。例如,在红壤、黄壤的铁锰结核中,Zn、Co、Ni、Ti、Cu、V 等都有富集,其中 Zn、Co、Ni 与锰含量呈正相关,而 Ti、Cu、V、Mo 与铁含量呈正相关。这些被铁、锰氧化物吸附的所有重金属离子都不能被提取交换性阳离子的通用试剂如 $CH_3COOHNH_4$、$CaCl_2$ 等所提取,也就是说,这种富集现象是由于氧化物胶体专性吸附的结果。由于专性吸附对微量金属离子具有富集作用的特性,因此,正日益成为地球化学领域和环境等学科的重要内容。

氧化物及其水合物对重金属离子的专性吸附,起着控制土壤溶液中金属离子浓度的重要作用,土壤溶液中 Zn、Cu、Co、Mo 等微量重金属离子的浓度主要受吸附—解吸作用所支配,其中氧化物专性吸附所起的作用更为重要。因此,专性吸附在调控金属元素的生物有效性和生物毒性方面起着重要作用。

土壤是重金属元素的一个汇。当外源重金属污染物进入土壤或河湖底泥时,易为土壤中的氧化物、水合物等胶体专性吸附所固定,对水体中的重金属污染起到一定的净化作用,并对这些金属离子从土壤溶液向植物体内迁移和累积起一定的缓冲和调节作用。另一方面,专性吸附作用也给土壤带来潜在的污染危险。因此,在研究专性吸附的同时,还必须探讨通过土壤胶体专性吸附的金属离子的生物学效应问题。

2. 对有机污染物环境行为的影响

由于土壤胶体特性影响农药等有机污染物在土壤环境中的转化过程,从而导致污染物的环境滞留等问题进入土壤的农药等有机污染物可被黏粒矿物吸附而失去其药性,而当条件改变时,又可释放出来。有些有机污染物可在黏粒表面发生催化降解而失去毒性。一般地说,带负电的、非聚合分子有机农药,在有水的情况下,不会被黏粒矿物强烈吸附;相反,对带有正电荷的有机物则有很强的吸附力。

黏粒吸附阳离子态有机污染物的机制是离子交换作用。例如,杀草快和百草枯等除草剂是强碱,易溶于水而完全离子化,黏粒对这类污染物的吸附与其交换量有着十分密切的关系。很多有机农药是较弱的碱类,呈阳离子态,其与黏粒上金属离子相交换的能力决定于农药从介质中接受质子的能力,同时亦受 pH 的影响。黏粒矿物的表面可提供 H^+ 使农药质子化。

有机污染物与黏粒的复合,必然影响其生物毒性,影响程度取决于吸附力和解吸力。例如,蒙脱石吸附的百草枯很少呈现植物毒性,而吸附于高岭石和蛭石的百草枯仍具有生物毒性。不同交换性阳离子对蒙脱石所吸附农药的释放程度的影响也不同。铜-黏粒-农药复合体最为稳定,农药只少量地逐步释放;而钙-黏粒-农药复合体很不稳定,差不多立即释放全部农药;铝体系的释放情况介于二者之间。农药解吸的难易,直接决定土壤中残留农药的生物毒性的大小。

九、土壤酸碱性及缓冲性

土壤酸碱性与土壤的固相组成和吸收性能有着密切的关系,是土壤的一个重要化学性质,其对植物生长和土壤生产力以及土壤污染与净化都有较大的影响。

1. 土壤pH

土壤酸碱性常用土壤溶液的pH表示之。土壤pH常被看作土壤性质的主要变量,它对土壤的许多化学反应和化学过程都有很大影响,对土壤中的氧化还原、沉淀溶解、吸附、解吸和配位反应起支配作用。土壤pH对植物和微生物所需养分元素的有效性有显著的影响,在pH大于7的情况下,一些元素,特别是微量金属阳离子如Zn^{2+}、Fe^{3+}等的溶解度降低,植物和微生物会蒙受由于此类元素的缺乏而带来的负面影响;pH小于$5.0\sim5.5$时,铝、锰及众多重金属的溶解度提高,对许多生物产生毒害;更极端的pH预示着土壤中将出现特殊的离子和矿物,例如pH大于8.5,一般会有大量的溶解性Na^+或交换性Na^+存在,而pH小于3则往往会有金属硫化物存在。

2. 土壤酸度

(1)土壤中不同形态酸度之间的关系

土壤总酸度是用碱如$Ca(OH)_2$进行滴定而获得的,它包括了各种形态的酸,其大小顺序是:

①土壤潜在酸(或储备酸) 是与固相有关的土壤全部滴定酸,其大小等于土壤非交换性酸和交换酸之总和。

②土壤的非交换性酸 是不能被浓中性盐(一般是$1.0mol/L$ KCl)置换或极慢置换进溶液的结合态H^+和Al^{3+}。非交换性酸与腐殖质的弱酸性基、有机质配合的铝、矿物表面强烈保持的羟基铝等有密切关系。

③土壤的交换性酸 是能被浓中性盐(往往是$1.0mol/L$ KCl)置换进入溶液的结合态H^+和Al^{3+}。交换性酸与有机配合铝、腐殖质的易解离酸性基及保持在黏土交换点位上的Al^{3+}有关。矿质土壤的交换性酸主要由交换性Al^{3+}组成,有机质土壤的交换性酸主要由交换性H^+组成。有些土壤交换性酸的量能超过非交换性酸的量。

④土壤的活性酸　是土壤中与溶液相关的全部滴定酸(主要是溶液中的游离 H^+ 和 Al^{3+})。最好是从土壤溶液中 Al^{3+} 浓度和 pH 的直接测定进行计算而得。

(2)土壤 pH 与土壤潜在酸

保持在土壤固体上的、形态明显的酸度和潜在形态(产生质子的)的酸度与土壤 pH 密切相关。土壤固体表面酸度的重要形态包括:①解离而释放酸的有机酸;②水解而释放酸的有机- Al^{3+} 配合物;③被阳离子交换和水解作为酸释放的交换性 H^+ 和 Al^{3+};④矿物上的非交换性酸,主要指铁、铝氧化物,水铝英石及层状硅酸盐矿物表面吸附的羟基铁和羟基铝聚合物等可变电荷矿物的表面产生的非交换性酸。

以上这些形态的酸共同组成土壤潜在酸,因为这些酸性离子在土壤微孔隙中扩散缓慢,铝配合物的解离也相当缓慢,所以它们对土壤溶液中 H^+ 和 Al^{3+}(土壤活性酸)变化的化学过程反应很迟钝。

3. 土壤碱度

土壤碱性反应及碱性土壤形成是自然成土条件和土壤内在因素综合作用的结果。碱性土壤的碱性物质主要是钙、镁、钠的碳酸盐和重碳酸盐,以及胶体表面吸附的交换性钠。形成碱性反应的主要机理是碱性物质的水解反应,如碳酸钙的水解、碳酸钠的水解及交换性钠的水解等。

和土壤酸度一样,土壤碱度也常用土壤溶液(水浸液)的 pH 表示,据此可进行碱性分级。由于土壤的碱度在很大程度上取决于胶体上吸附的交换性 Na^+ 的相对数量,所以通常把交换性 Na^+ 的饱和度称为土壤碱化度,它是衡量土壤碱度的重要指标。

$$碱化度(\%) = 交换性钠(mmol/kg) \times 100 / 阳离子交换量(mmol/kg)$$

土壤碱化与盐化有着发生学上的联系。盐土在积盐过程中,胶体表面吸附有一定数量的交换性钠,但因土壤溶液中的可溶性盐浓度较高,阻止交换性钠水解。所以,盐土的碱度一般都在 pH8.5 以下,物理性质也不会恶化,不显现碱土的特征。只有当盐土脱盐到一定程度后,土壤交换性钠发生解吸,土壤才出现碱化特征。但土壤脱盐并不是土壤碱化的必要条件。土壤碱化过程是在盐土积盐和脱盐频繁交替发生时,促进钠离子取代胶体上吸附的钙、镁离子,从而演变为碱化土壤。

4. 影响土壤酸碱度的因素

土壤在一定的成土因素作用下都具有一定的酸碱度范围,并随成土因素的变迁而发生变化。

(1)气候

温度高、雨量多的地区,风化淋溶较强,盐基易淋失,容易形成酸性的自然土壤。半干旱或干旱地区的自然土壤,盐基淋溶少,又由于土壤水分蒸发量大,下层的盐基物质容易随着毛管水的上升而聚集在土壤的上层,使土壤具有石灰性反应。

（2）地形

在同一气候小区域内,处于高坡地形部位的土壤,土壤淋溶作用较强,所以其pH常较低地为低。干旱及半干旱地区的洼地,由于承纳高处流入的盐碱成分较多,或因地下水矿化度高而又接近地表,使土壤常呈碱性。

（3）母质

在其他成土因素相同的条件下,酸性的母岩(如砂岩、花岗岩)常较碱性的母岩(如石灰岩)所形成的土壤有较低的 pH。

（4）植被

针叶林的灰分组成中盐基成分常较阔叶树为少,因此发育在针叶林下的土壤酸性较强。

（5）人类耕作活动

耕作土壤的酸度受人类耕作活动影响很大,特别是施肥。施用石灰、草木灰等碱性肥料可以中和土壤酸度;而长期施用硫酸铁等生理酸性肥料,会因遗留酸根而导致土壤变酸。排灌也可以影响土壤酸碱度。

此外,某些土壤性质也会影响土壤酸碱度,如盐基饱和度、盐基离子种类和土壤胶体类型。当土壤胶体为氢离子所饱和的氢质土时呈酸性,为钙离子所饱和的钙质土时接近中性,而为钠离子所饱和的钠质土时则呈碱性反应。当土壤的盐基饱和度相同而胶体类型不同时,土壤酸碱度也各异。这是因为不同胶体类型所吸收的 H^+ 离子具有不同的解离度。

5. 土壤酸碱性的环境意义

土壤酸碱性对土壤微生物的活性、对矿物质和有机质分解起重要作用。它可通过对土壤中进行的各项化学反应的干预作用而影响组分和污染物的电荷特性,沉淀—溶解、吸附—解吸和配位—解离平衡等,从而改变污染物的毒性;同时,土壤酸碱性还通过土壤微生物的活性来改变污染物的毒性。

土壤溶液中的大多数金属元素(包括重金属)在酸性条件下以游离态或水化离子态存在,毒性较大,而在中、碱性条件下易生成难溶性氢氧化物沉淀,毒性大为降低。以污染元素 Cd 为例,在高 pH 和高 CO_2 条件下,Cd 形成较多的碳酸盐而使其有效度降低。但在酸性((pH=5.5)土壤中在同一总可溶性 Cd 的水平下,即使增加 CO_2 分压,溶液中 Cd^{2+} 仍可保持很高水平。土壤酸碱性的变化不但直接影响金属离子的毒性,而且也改变其吸附、沉淀、配位反应等特性,从而间接地改变其毒性。

土壤酸碱性也显著影响含氧酸根阴离子(如铬、砷)在土壤溶液中的形态,影响它们的吸附、沉淀等特性。在中性和碱性条件下,Cr(III)可被沉淀为 $Cr(OH)_3$。在碱性条件下,由于 OH^- 的交换能力大,能使土壤中可溶性砷的百分率显著增加,从而增加了砷的生物毒性。

此外,有机污染物在土壤中的积累、转化、降解也受到土壤酸碱性的影响和制约。例如,有机氯农药在酸性条件下性质稳定,不易降解,只有在强碱性条件下才能加速代谢;持久性有机污染物五氯酚(PCP),在中性及碱性土壤环境中呈离子态,移动性大,易随水流失;而在酸性条件下呈分子态,易为土壤吸附而降解半衰期增加;有机磷和氨基甲酸酯农药虽然大部分在碱性环境中易于水解,但地亚农则更易于发生酸性水解反应。

十、土壤物理机械性与耕性

土壤受外力作用(如耕作)时,显示出一系列动力学特性,统称土壤力学性质(又称物理机械性)。主要包括黏结性、黏着性和塑性等。耕性是土壤在耕作时所表现的综合性状,如耕作的难易、耕作质量的好坏、宜耕期的长短等。土壤耕性是土壤力学性质的综合反映。

1. 土壤黏结性和黏着性

(1)概念

土壤黏结性是土粒与土粒之间由于分子引力而相互黏结在一起的性质。这种性质使土壤具有抵抗外力破碎的能力,是耕作阻力产生的主要原因。干燥土壤中,黏结性主要由土粒本身的分子引力引起。而在湿润时,由于土壤中含有水分,土粒与土粒的黏结常常是通过水膜为媒介的,所以实际上它是土粒—水膜—土粒之间的黏结作用。同时,粗土粒可以通过细土粒(黏粒和胶粒)为媒介而黏结在一起,甚至通过各种化学胶结剂为媒介而黏结。土壤黏结性的强弱,可用单位面积上的黏结力(g/cm^2)来表示。土壤的黏结力,包括不同来源和土粒本身的内在力。有范德华力、库仑力以及水膜的表面张力等物理引力,有氢键的作用,还往往有如化学胶结剂(腐殖质、多醣胶、碳酸钙等)的胶结作用等化学键能的参与。

土壤黏着性是土壤在一定含水量范围内,土粒黏附在外物(农具)上的性质,即土粒—水—外物相互吸引的性能。土壤黏着力大小仍以 g/cm^2 表示之。土壤开始呈现黏着性时的最小含水量称为黏着点;土壤丧失黏着性时的最大含水量,称为脱黏点。

(2)黏结性与黏着性的影响因素

土壤黏结性和黏着性均发生于土粒表面,同属表面现象,其影响因素相同,主要有土壤活性表面大小和含水量高低两个方面。

①土壤比表面及其影响因素　土壤质地、黏粒矿物种类和交换性阳离子组成,以及土壤团聚化程度等,都是影响其黏结性和黏着性大小的因素。土壤质地愈黏重,黏粒含量愈高,尤其是2∶1型黏粒矿物含量高。交换性钠在交换性阳离子中占的比例大,而使土粒高度分散等,则黏结性与黏着性增强;反之,土粒团聚化降低

了彼此间的接触面,所以有团粒结构的土壤就整体来说黏结力与黏着性减弱。

腐殖质的黏结力与黏着力比黏粒小,当腐殖质成胶膜包被黏粒时,可减弱黏粒的黏结性和黏着性。同时,腐殖质还能促进团粒结构的形成,减少土壤分散度,有利于减弱黏质土壤的黏结性与黏着性。腐殖质的黏结性与黏着性比砂粒大,故可改善砂土过于松散的缺点。

②土壤含水量 土壤含水量的多少,对黏结性和黏着性的强弱的影响很大。一个完全干燥和分散的土粒,彼此间在常压下不表现黏结力。加入少量水后就开始显现黏结性,这是由于水膜的黏结作用。当水膜分布均匀并在所有土粒接触点上都出现接触点的弯月面时,黏结力达最大值。此后,随着含水量的增加,水膜不断加厚,土粒之间的距离不断增大,黏结力便愈来愈弱了。所以,在适度的含水量范围内,土壤才有最强的黏结性。

就土壤黏着性来说,开始出现黏着性的含水量要比开始出现黏结性的含水量为大,这就是说,当在土壤水量低时,水膜很薄,土壤主要表现黏结现象;当含水量增加而水膜加厚到一定程度时,水分子除了能为土粒吸引外,也能为各种物质(如农具、木器或人体)所吸引,表现出黏着性;土壤含水量再继续增加,则水膜过厚,黏着性又减弱,当土壤表现出流体的性质时黏着性完全消失。

2. 土壤塑性

塑性是指土壤在外力的作用下变形,当外力撤销后仍能保持这种变形的特性,也称可塑性。土壤塑性是片状黏粒及其水膜造成的。一般认为,过干的土壤不能任意塑形,泥浆状态土壤虽能变形,但不能保持变形后的状态。因此,土壤只有在一定含水量范围内才具有塑性。此时,土粒间的水膜已厚到允许土粒滑动变形,但又没有丧失其黏结性,否则在所施压力解除或干燥后就不能维持变形后的形状。

此外,土壤塑性还必须以具有一定的黏结性为前提。比如,湿砂是可塑的,但干后就散碎了,因为它的黏结力很弱,所以砂土不具有塑性。因此,完全没有黏结性的土壤也没有塑性,而黏结性很弱的土壤不会有明显的塑性。

土壤呈现塑性的含水量范围,称为塑性范围,它的上、下限分别叫做上、下塑限,二者之差叫塑性值。塑性值愈大,塑性愈强。土壤塑性值的大小与黏结性强弱呈现正相关的趋势。凡是影响土壤黏结性的因素(也就是影响土壤表面积大小的因素和土粒形状等)都影响塑性。然而,其中有一点值得注意,即土壤有机质能明显减弱土壤黏结性,提高土壤上、下塑限,但几乎不改变其塑性值。

3. 土壤耕性

土壤耕性是指由耕作所表现出来的土壤物理性质,它包括:①耕作时土壤对农具操作的机械阻力,即耕作的难易问题;②耕作后与植物生长有关的土壤物理性状,即耕作质量问题。因此,对土壤耕性的要求包括耕作阻力尽可能小,以便于作业和节约能源;耕作质量高,耕翻的土壤要松碎,便于根的穿扎和有利于保温、保墒、通气和养分转化;适耕期尽可能长。

由于耕性是土壤力学性质在耕作上的综合反映,所以凡是影响土壤力学性质的因子,如土壤质地、有机质含量、土壤结构性及含水量等,必定影响着土壤的耕性。

复习思考题

2.1　土壤的形成因素有哪些? 各成土因素的作用怎样?

2.2　主要成土过程有哪些? 它们与相应的环境条件有些什么关系?

2.3　土壤剖面层次有哪些?

2.4　选择一个当地的代表性土壤剖面,划分发生层,并分析其形成条件。

2.5　试结合当地特点,分析土壤形成因素与土壤性质的关系。

2.6　环境土壤学的研究内容有哪些?

2.7　土壤的基本组成物质有哪些?

2.8　土壤的性质主要表现在哪些方面?

2.9　土壤质地类型有哪些?

2.10　土壤有机质的作用有哪些?

2.11　简述土壤孔隙的分类及功能。

2.12　简述土壤结构类型及理想结构的改良方式。

2.13　怎样进行土壤水分的类型及有效性分析?

2.14　简述土壤胶体的结构及离子交换作用。

2.15　叙述土壤酸度类型及酸碱缓冲性的改良措施。

第三章 土壤背景值与环境容量

第一节 土壤背景值

土壤背景值是指未受或少受人类活动(特别是人为污染)影响的土壤环境本身的化学元素组成及其含量。它是诸成土因素综合作用下成土过程的产物。地球上的不同区域,从岩石成分到地理环境和生物群落都有很大的差异,所以实质上它是各自自然成土因素的函数。由于成土环境条件仍在继续不断地发展和演变,特别是人类社会的不断发展,人类对自然环境的影响不断地增强和扩展,目前已难于找到绝对不受人类活动影响的土壤。因此,现在所获得的土壤背景值也只是尽可能不受或少受人类活动影响的数值,所谓土壤环境背景值代表土壤某一历史发展、演变阶段的一个相对意义上的数值,并非是确定不变的数值。由于目前已经很难找到不受人类活动和污染影响的土壤,因此通过取样调查的方法来找出真正的土壤元素背景值是非常困难的,要找到完全没有受到任何人为污染的土壤则几乎不太可能。但从实际操作的角度考虑,只要通过合理的取样布点,采集避开人类活动密集区域的土壤,则所取土壤的元素含量就可以代表其相应的背景值。

土壤背景值的研究具有重要的理论和实践意义,土壤环境背景值是土壤环境质量评价,特别是土壤污染综合评价的基本依据;是研究和确定土壤环境容量,制定土壤环境标准的基本数据;是研究污染元素和化合物在土壤环境中的化学行为的依据;在土地利用及其规划时土壤环境背景值也是重要的参比数据,一直以来,都是国内外环境科学领域关注的对象,许多国家先后进行了背景值的研究工作。

一、国外土壤环境背景值研究

从 20 世纪 60 年代起,美国地质调查所为建立土壤中元素的基线值,开展了一系列的区域土壤背景值调查工作。在美国大陆本地上以 80km×80km 间隔采集了 1218 个土壤和地表物质样品,采样深度为 20cm。1984 年发表了《美国大陆土壤及地表物质中元素浓度》的专项报告,讨论了 46 个元素的土壤背景值,并绘制了各元素点位分级图。1988 年美国地质调查所又完成了阿拉斯加州土壤环境背景值的调查研究报告,涉及 35 个元素的环境背景值。至今,美国完成了全国土壤背景值的调查研究。

英国的英格兰、威尔士土壤调查总局于 1979 年按网格设计,间隔 5km 采集一个表土,在英格兰和威尔士共采集了 6000 个样品,采用王水消解,消解液 ICP—AES,测定了 19 个元素。

日本在 1978—1984 年间在全国 25 个道县采集表土和底土样品 687 个,用 $HNO_3 - H_2SO_4 - HClO_4$ 消解法,测定了 Cu、Pb、Zn、Cd、Cr、Mn、Ni、As 等 8 个元素。

瑞士于 20 世纪 80 年代建立了国家土壤环境监测网(NABO),在全国设立了 120 个土壤监测点。

其他国家,前苏联、罗马尼亚、加拿大、挪威等 30 多个国家和地区也都开展了土壤背景值的调查。

二、国内土壤背景值研究

我国土壤环境背景值的研究始于 20 世纪 70 年代,1978 年农牧渔业组织 34 个单位,对 13 个省、市、自治区的主要农业土壤和粮食作物中 9 种元素的含量进行了研究。1982 年国家将环境背景值调查研究列入"六五"重点科技攻关项目,在"七五"期间,国家将"全国土壤背景值调查研究"列为重点科技攻关课题,共计 60 余个单位参加联合攻关。调查范围包括除台湾省以外的 29 个省、市、自治区,在全国范围内共采集了 4095 个土壤剖面,获得了 41 个土类中 60 余种元素的背景值,研究了土壤背景值的区域分异性,并探讨了在环境健康、环境评价和农业利用等方面的应用前景。

土壤背景值的研究涉及面广、技术难度要求高,并需要多学科支撑。但由于人类活动和现代工业发展的影响,加上土壤本身所具有的多样性和不均匀性等所固有的特征,因而土壤元素的背景值是统计性的,它是一个范围值,而不是一个确定值。土壤背景值的研究是一项相当复杂的系统工程,它必须按照研究区域的具体情况来确定布点原则、采样方法、分析测试方法的选择和质量控制,以及数据处理等。

土壤元素背景值是检验过去和预测未来土壤环境演化的基础性资料,也是判断土壤中化学物质的行为与环境质量的必要的基础数据。它包括土壤、植物的元素背景值,有机化合物的类型与含量、动物区系、微生物种群和活性等生物多样性资料,以及对外源污染物的负载容量等。然而,在我国土壤元素背景值的研究中缺少元素可提取态的数据,从而在一定程度上影响了元素背景值的实际应用。另一方面,由于可提取态自身的复杂性,目前还难以像元素总量一样给出全国范围的比较,它牵涉到不同土类之间提取剂的差异,同一提取剂在不同土类之间提取量的差异以及提取量与生态效应的差异等,尚有待于研究与解决。

第二节 土壤背景值的调查方法

一、土壤背景值调查布点

研究土壤背景值的区域分异规律及影响因素,必须要进行地面调查,全国土壤环境背景值监测一般以土类为主,省、自治区、直辖市级的土壤环境背景值监测以土类和成土母质母岩类型为主,省级以下或条件许可或特别工作需要的土壤环境背景值监测可划分到亚类或土属,具体分为前期准备、样品采集与室内分析几个方面。

1. 前期准备

(1)组织准备

确定调查目标,由具有野外调查经验且掌握土壤采样技术规程的专业技术人员组成采样组,采样前组织学习有关技术文件,了解监测技术规范。

(2)资料收集

收集包括监测区域的交通图、土壤图、地质图、大比例尺地形图等资料,供制作采样工作图和标注采样点应用。收集包括监测区域土类、成土母质等土壤信息资料;收集工程建设或生产过程对土壤造成影响的环境研究资料。收集造成土壤污染事故的主要污染物的毒性、稳定性以及如何消除等资料。收集土壤历史资料和相应的法律(法规)。收集监测区域工农业生产及排污、污灌、化肥农药施用情况资料。收集监测区域气候资料(温度、降水量和蒸发量)、水文资料。收集监测区域遥感与土壤利用及其演变过程方面的资料等。

(3)现场调查

现场踏勘,将调查得到的信息进行整理和利用,丰富采样工作图的内容。

(4)采样器具准备

工具类:铁锹、铁铲、圆状取土钻、螺旋取土钻、竹片以及适合特殊采样要求的工具等。

器材类:GPS、罗盘、照相机、胶卷、卷尺、铝盒、样品袋、样品箱等。

文具类:样品标签、采样记录表、铅笔、资料夹等。

安全防护用品:工作服、工作鞋、安全帽、药品箱等。

2. 布点方法

采样要遵循"随机"和"等量"原则,因为样品是由总体中随机采集的一些个体所组成,个体之间存在变异。因此样品与总体之间,既存在同质的"亲缘"关系,样品可作为总体的代表,但同时也存在着一定程度的异质性的,差异愈小,样品的代表性愈好,反之亦然。为了达到采集的监测样品具有好的代表性,必须避免一切主观因素,使组成总体的个体有同样的机会被选入样品,即组成样品的个体应当是随机地取自总体。另一方面,在一组需要相互之间进行比较的样品应当有同样的个体组成,否则样本大的个体所组成的样品,其代表性会大于样本少的个体组成的样品。所以"随机"和"等量"是决定样品具有同等代表性的重要条件。

(1)简单随机

将监测单元分成网格,每个网格编上号码,决定采样点样品数后,随机抽取规定的样品数的样品,其样本号码对应的网格号,即为采样点。随机数的获得可以利用掷骰子、抽签、查随机数表的方法。关于随机数骰子的使用方法可见《利用随机数骰子进行随机抽样的办法》(GB 10111)。简单随机布点是一种完全不带主观限制条件的布点方法。

(2)分块随机

根据收集的资料,如果监测区域内的土壤有明显的几种类型,则可将区域分成几块,每块内污染物较均匀,块间的差异较明显。将每块作为一个监测单元,在每个监测单元内再随机布点。在正确分块的前提下,分块布点的代表性比简单随机布点好,如果分块不正确,分块布点的效果可能会适得其反。

(3)系统随机

将监测区域分成面积相等的几部分(网格划分),每网格内布设一采样点,这种布点称为系统随机布点。如果区域内土壤污染物含量变化较大,系统随机布点比简单随机布点所采样品的代表性要好。

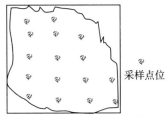

| (a)随机布点 | (b)分块随机布点 | (c)系统布点 |

图 3-1　布点方式示意图

3. 基础样品数量

确定采样单元后,在划分单元时应注意减少同一单元的差异性,样点要均匀地分布在调查区内。布点时要综合考虑土壤类型、母质母岩、地质地貌、植被类型、土地利用类型等因素。每个采样单元所包括的样点数越多,所获得的背景值将越接近真值,但是费用会增加;因而应根据科学数据的基本保证和经济条件来综合考虑采样的数量,具体方式如下。

(1)由均方差和绝对偏差计算样品数

用下列公式可计算所需的样品数:

$$N = t^2 s^2 / D^2$$

式中:N——样品数;

t——选定置信水平(土壤环境监测一般选定为 95%)一定自由度下的 t 值;

s^2——均方差,可从先前的其他研究或者从极差 $R(s^2 = (R/4)^2)$ 估计;

D——可接受的绝对偏差。

(2)由变异系数和相对偏差计算样品数

$$N = t^2 s^2 / D^2$$

可变为

$$N = t^2 C_v^2 / m^2$$

式中:N——样品数;

t——选定置信水平(土壤环境监测一般选定为 95%)一定自由度下的 t 值;

C_v——变异系数(%),可从先前的其他研究资料中估计;

m——可接受的相对偏差(%),土壤环境监测一般限定为 20%～30%。

没有历史资料的地区、土壤变异程度不太大的地区,一般 C_v 可用 10%～30% 粗略估计,有效磷和有效钾变异系数 C_v 可取 50%。

二、土样的采集与室内分析

1. 样品采集

(1)野外选点

首先采样点的自然景观应符合土壤环境背景值研究的要求。采样点选在被采土壤类型特征明显的地方,地形相对平坦、稳定、植被良好的地点;坡脚、洼地等具有从属景观特征的地点不设采样点;城镇、住宅、道路、沟渠、粪坑、坟墓附近等处人为干扰大,失去土壤的代表性,不宜设采样点,采样点离铁路、公路至少 300m 以上;采样点以剖面发育完整、层次较清楚、无侵入体为准,不在水土流失严重或表土被破坏处设采样点;选择不施或少施化肥、农药的地块作为采样点,以使样品点尽可能少受人为活动的影响;不在多种土类、多种母质母岩交错分布、面积较小的边缘地区布设采样点。

（2）厚度采样

采样点可采表层样或土壤剖面。一般监测采集表层土，采样深度 0～20cm，特殊要求的监测（土壤背景、环评、污染事故等）必要时选择部分采样点采集剖面样品。剖面的规格一般为长 1.5m、宽 0.8m、深 1.2m。挖掘土壤剖面要使观察面向阳，表土和底土分两侧放置。

一般每个剖面采集 A、B、C 三层土样。地下水位较高时，剖面挖至地下水出露时为止；山地丘陵土层较薄时，剖面挖至风化层。对 B 层发育不完整（不发育）的山地土壤，只采 A、C 两层；干旱地区剖面发育不完善的土壤，在表层 5～20cm、心土层 50cm、底土层 100cm 左右采样。水稻土按照 A 耕作层、P 犁底层、C 母质层（或 G 潜育层、W 潴育层）分层采样，对 P 层太薄的剖面，只采 A、C 两层（或 A、G 层或 A、W 层）。

对 A 层特别深厚，沉积层不甚发育，一米内见不到母质的土类剖面，按 A 层 5～20cm、A/B 层 60～90cm、B 层 100～200cm 采集土壤。草甸土和潮土一般在 A 层 5～20cm、C_1 层（或 B 层）50cm、C_2 层 100～120cm 处采样。

采样次序自下而上，先采剖面的底层样品，再采中层样品，最后采上层样品。测量重金属的样品尽量用竹片或竹刀去除与金属采样器接触的部分土壤，再用其取样。

剖面每层样品采集 1kg 左右，装入样品袋，样品袋一般由棉布缝制而成，如潮湿样品可内衬塑料袋（供无机化合物测定）或将样品置于玻璃瓶内（供有机化合物测定）。采样的同时，由专人填写样品标签、采样记录；标签一式两份，一份放入袋中，一份系在袋口，标签上标注采样时间、地点、样品编号、监测项目、采样深度和经纬度。采样结束，需逐项检查采样记录、样袋标签和土壤样品，如有缺项和错误，及时补齐更正。将底土和表土按原层回填到采样坑中，方可离开现场，并在采样示意图上标出采样地点，避免下次在相同处采集剖面样。

2. 土壤室内分析测定

样品分析方法的可靠性和稳定性是获得土壤环境中化学元素正确含量的重要环节。在样品的分析过程中应严格执行质量控制，包括全程序空白值控制、精密度控制和准确度控制等。由于在采样过程中可能包括污染样品或高背景样品，所以要对分析数据进行数理统计，剔除异常值。

（1）样品处理

土壤与污染物种类繁多，不同的污染物在不同土壤中的样品处理方法及测定方法各异。同时要根据不同的监测要求和监测目的，选定样品处理方法。一般选定《土壤环境质量标准》中选配的分析方法中规定的样品处理方法，其他类型的监测优先使用国家土壤测定标准,如果《土壤环境质量标准》中没有的项目或国家土壤测定方法标准暂缺项目则可使用等效测定方法中的样品处理方法。

一般区域背景值调查和《土壤环境质量标准》中重金属测定的是土壤中的重金属全量(除特殊说明,如六价铬),其测定土壤中金属全量的方法见相应的分析方法。

(2)分析方法

分析方法要根据实际情况进行选择,一般分为下面三种:

第一方法:标准方法(即仲裁方法),按土壤环境质量标准中选配的分析方法(表3-1)。

第二方法:由权威部门规定或推荐的方法。

第三方法:根据各地实情,自选等效方法,但应作标准样品验证或比对实验,其检出限、准确度、精密度不低于相应的通用方法要求水平或待测物准确定量的要求。

土壤监测项目与分析第一方法、第二方法和第三方法汇总见表3-2所列。

表3-1 土壤常规监测项目及分析方法

监测项目	监测仪器	监测方法	方法来源
镉	原子吸收光谱仪	石墨炉原子吸收分光光度法	GB/T 17141—1997
	原子吸收光谱仪	KI—MIBK 萃取原子吸收分光光度法	GB/T 17140—1997
汞	测汞仪	冷原子吸收法	GB/T 17136—1997
砷	分光光度计	二乙基二硫代氨基甲酸银分光光度法	GB/T 17134—1997
	分光光度计	硼氢化钾-硝酸银分光光度法	GB/T 17135—1997
铜	原子吸收光谱仪	火焰原子吸收分光光度法	GB/T 17138—1997
铅	原子吸收光谱仪	石墨炉原子吸收分光光度法	GB/T 17141—1997
	原子吸收光谱仪	KI—MIBK 萃取原子吸收分光光度法	GB/T 17140—1997
铬	原子吸收光谱仪	火焰原子吸收分光光度法	GB/T 17137—1997
锌	原子吸收光谱仪	火焰原子吸收分光光度法	GB/T 17138—1997
镍	原子吸收光谱仪	火焰原子吸收分光光度法	GB/T 17139—1997
六六六和滴滴涕	气相色谱仪	电子捕获气相色谱法	GB/T 14550—1993
六种多环芳烃	液相色谱仪	高效液相色谱法	GB 13198—91
稀土总量	分光光度计	对马尿酸偶氮氯膦分光光度法	GB 6262
pH	pH 计	森林土壤 pH 测定	GB 7859—87
阳离子交换量	滴定仪	乙酸铵法	①

注:①《土壤理化分析》,1978,中国科学院南京土壤研究所编,上海科技出版社。

表3-2 土壤环境质量标准选配分析方法

序号	项目	测定方法	检测范围（mg/kg）	注释	分析方法来源
1	镉	土样经盐酸—硝酸—高氯酸（或盐酸—硝酸—氢氟酸—高氯酸）消解后		土壤总镉	①、②
		(1)萃取-火焰原子吸收法测定	0.025以上		
		(2)石墨炉原子吸收分光光度法测定	0.005以上		
2	汞	土样经硝酸—硫酸—五氧化二钒或硫、硝酸高锰酸钾消解后，冷原子吸收法测定	0.004以上	土壤总汞	①、②
3	砷	(1)土样经硫酸—硝酸—高氯酸消解后,二乙基二硫代氨基甲酸银分光光度法测定	0.5以上	土壤总砷	①、②
		(2)土样经硝酸—盐酸—高氯酸消解后,硼氢化钾-硝酸银分光光度法测定	0.1以上		
4	铜	土样经盐酸—硝酸—高氯酸（或盐酸—硝酸—氢氟酸—高氯酸）消解后,火焰原子吸收分光光度法测定	1.0以上	土壤总铜	①、② ②
5	铅	土样经盐酸—硝酸—氢氟酸—高氯酸消解后(1)萃取—火焰原子吸收法测定	0.4以上	土壤总铅	②
		(2)石墨炉原子吸收分光光度法测定	0.06以上		
6	铬	土样经硫酸—硝酸—氢氟酸消解后,	1.0以上	土壤总铬	①
		(1)高锰酸钾氧,二苯碳酰二肼光度法测定	2.5以上		
		(2)加氯化铵液,火焰原子吸收分光光度法测定			

（续表）

序号	项目	测定方法	检测范围（mg/kg）	注释	分析方法来源
7	锌	土样经盐酸—硝酸—高氯酸（或盐酸—硝酸—氢氟酸—高氯酸）消解后，火焰原子吸收分光光度法测定	0.5 以上	土壤总锌	①、②
8	镍	土样经盐酸—硝酸—高氯酸（或盐酸—硝酸—氢氟酸—高氯酸）消解后，火焰原子吸收分光光度法测定	2.5 以上	土壤总镍	②
9	六六六和滴滴涕	丙酮-石油醚提取，浓硫酸净化，用带电子捕获检测器的气相色谱仪测定	0.005 以上		GB/T 14550—93
10	pH	玻璃电极法（土∶水＝1.0∶2.5）	—		②
11	阳离子交换量	乙酸铵法等	—		③

注：分析方法除土壤六六六和滴滴涕有国标外，其他项目待国家方法标准发布后执行，现暂采用下列方法：

① 《环境监测分析方法》，1983，城乡建设环境保护部环境保护局；

② 《土壤元素的近代分析方法》，1992，中国环境监测总站编，中国环境科学出版社；

③ 《土壤理化分析》，1978，中国科学院南京土壤研究所编，上海科技出版社。

3. 分析记录

（1）分析记录

分析记录一般要设计成记录本格式，页码、内容齐全，用碳素墨水笔填写翔实，字迹要清楚，需要更正时，应在错误数据（文字）上划一横线，在其上方写上正确内容，并在所划横线上加盖修改者名章或者签字以示负责。

分析记录也可以设计成活页,随分析报告流转和保存,便于复核审查。

分析记录也可以是电子版本式的输出物(打印件)或存有其信息的磁盘、光盘等。

记录测量数据,要采用法定计量单位,只保留一位可疑数字,有效数字的位数应根据计量器具的精度及分析仪器的示值确定,不得随意增添或删除。

(2)数据运算

有效数字的计算修约规则按 GB 8170 执行。采样、运输、储存、分析失误造成的离群数据应剔除。

(3)结果表示

平行样的测定结果用平均数表示,一组测定数据用 Dixon 法、Grubbs 法检验剔除离群值后以平均值报出;低于分析方法检出限的测定结果以"未检出"报出,参加统计时按二分之一最低检出限计算。

土壤样品测定一般保留三位有效数字,含量较低的镉和汞保留两位有效数字,并注明检出限数值。分析结果的精密度数据,一般只取一位有效数字,当测定数据很多时,可取两位有效数字。表示分析结果的有效数字的位数不可超过方法检出限的最低位数。

三、数据处理

土壤元素背景值可以用土壤样品算术平均值(x)或几何平均值(M)表示。对元素测定值呈正态分布或近似正态分布的元素,剔除 $x\pm3s$(s 为算术标准差)以外的异常值,可连续剔除至无异常值为止;用算术平均值(x)表示数据分布的集中趋势,用算术均值标准差(s)表示数据的分布散度,用 $z\pm2s$ 表示 95% 置信度数据的范围。对元素测定值呈对数正态或近似对数正态分布的元素,剔除 $M/D^3\sim M\times D^3$(D 为几何标准差)以外的异常值,可连续剔除至无异常值为止;用几何平均值(M)表示数据分布的集中趋势,用几何标准差(D)表示数据分散度,用 $M/D^2\sim M\times D^2$ 表示 95% 置信度数据的范围值。在剔除异常值时,样品量的不同,采用的方法亦有所不同。

中国土壤元素背景值有 60 余种元素,外加总稀土、铈组、钇组稀土。土壤是地壳表层岩石风化与成土作用的产物,总体上化学组成相对稳定,元素含量水平与变化幅度也相对固定,除了污染点外,世界各地土壤化学元素之间有较高的可比性。中国土壤各主要元素环境背景值和美国本土及日本、英国土壤的含量水平大体相当,在数量级上更为一致。与日本和英国相比,中国土壤中汞、镉明显偏低,而铬、铅比日本、美国含量偏高,比英国含量偏低。

四、土壤背景值与环境质量

土壤是与人类关系极为密切的环境介质,土壤背景值涉及土壤与水和大气质量的关系,即土壤作为源与汇(或库)对水质和大气质量的影响;涉及人类居住环境问题,即土壤元素丰缺与人类健康的关系;涉及土壤与其他环境要素的交互作用,即土壤圈、水圈、岩石圈、生物圈和大气圈的相互影响;涉及土壤质量的保护与改善等土壤环境工程的相关研究与应用。土壤质量是土壤在生态系统范围内,维持生物的生产力、保护环境质量以及促进动植物和人类健康的能力,它包括土壤肥力质量和土壤环境质量。土壤质量是土壤在一定的生态系统内提供生命必需养分和生产生物物质的能力;容纳、降解、净化污染物质和维护生态平衡的能力;影响和促进植物、动物和人类生命安全和健康的能力之综合量度。

土壤质量是土壤支持生物生产能力、净化环境能力、促进动植物和人类健康能力的集中体现,是现代土壤学研究的核心。人类的健康与土壤环境背景值存在密切关系。有关研究结果表明,人体内 60 多种化学元素的含量与地壳中这些元素的平均含量相近。人类摄取这些化学元素主要来自于生长在土壤中的粮食食品、水生动植物以及饮水等。因此,土壤环境的化学元素种类和数量对维持人体营养元素平衡和能量交换具有重要作用。

由于土壤形成过程及类型的差别,土壤环境元素含量也发生了明显差异,致使某些元素过于集中或分散。土壤环境背景值反映了各区域土壤化学元素本来的组成和数量。通过对土壤化学元素背景值的分析,可以找出土壤常量和微量元素的种类、数量与人类健康的关系。

从环境角度出发,我们首先必须发展一种灵敏而合适的方法来评价土壤环境质量。人对土壤质量的概念性解释有可能随土地的实际使用状况而变化,对农业和非农业土壤来说也并非总是相同的。对污染土壤来说,对其评价的最重要依据是其质量标准,因而制定合适的、具有法律效力的土壤环境质量标准(强调土壤资源的自身保护和持续利用)和土壤健康质量标准(强调土壤资源的可利用性,即在特定条件、特定用途下所确定的土壤有毒物质的限量或临界含量),也是土壤质量与环境质量紧密联系的重要环节。

土壤环境质量评价涉及评价因子、评价标准和评价模式。评价因子数量与项目类型取决于监测的目的和现实的经济和技术条件。评价标准常采用国家土壤环境质量标准、区域土壤背景值或部门(专业)土壤质量标准。评价模式常用污染指数法或者与其有关的评价方法。

1. 污染指数、超标率(倍数)评价

土壤环境质量评价一般以单项污染指数为主,指数小污染轻,指数大污染则重。当区域内土壤环境质量作为一个整体与外区域进行比较或与历史资料进行比较时除用单项污染指数外,还常用综合污染指数。土壤由于地区背景差异较大,用土壤污染累积指数更能反映土壤的人为污染程度。土壤污染物分担率可评价确定土壤的主要污染项目,污染物分担率由大到小排序,污染物主次也同此序。除此之外,土壤污染超标倍数、样本超标率等统计量也能反映土壤的环境状况。污染指数和超标率等计算公式如下:

土壤单项污染指数＝土壤污染物实测值/土壤污染物质量标准

土壤污染累积指数＝土壤污染物实测值/污染物背景值

土壤污染物分担率(％)＝(土壤某项污染指数/各项污染指数之和)×100％

土壤污染超标倍数＝(土壤某污染物实测值－某污染物质量标准)/某污染物质量标准

土壤污染样本超标率(％)＝(土壤样本超标总数/监测样本总数)×100％

2. 内梅罗污染指数评价

内梅罗污染指数$(P_N)=\{[(P_{i均}^2)+(P_{i最大}^2)]/2\}^{1/2}$

式中,$P_{i均}$和$P_{i最大}$分别是平均单项污染指数和最大单项污染指数。

内梅罗指数反映了各污染物对土壤的作用,同时突出了高浓度污染物对土壤环境质量的影响,可按内梅罗污染指数,划定污染等级。内梅罗指数土壤污染评价标准见表3-3所列。

表3-3　土壤内梅罗污染指数评价标准

等级	内梅罗污染指数	污染等级
Ⅰ	$P_N \leqslant 0.7$	清洁(安全)
Ⅱ	$0.7 < P_N \leqslant 1.0$	尚清洁(警戒限)
Ⅲ	$1.0 < P_N \leqslant 2.0$	轻度污染
Ⅳ	$2.0 < P_N \leqslant 3.0$	中度污染
Ⅳ	$P_N > 3.0$	重污染

3. 背景值及标准偏差评价

用区域土壤环境背景值(x)95％置信度的范围$(x \pm 2s)$来评价:

若土壤某元素监测值$x_1 < x - 2s$,则该元素缺乏或属于低背景土壤;

若土壤某元素监测值在$x \pm 2s$,则该元素含量正常;

若土壤某元素监测值$x_1 > x + 2s$,则土壤已受该元素污染,或属于高背景土壤。

4. 综合污染指数法

综合污染指数(CPI)包含了土壤元素背景值、土壤元素标准尺度因素和价态效应综合影响。其表达式:

$$CPI = X \cdot (1 + RPE) + Y \cdot DDMB / (Z \cdot DDSB)$$

式中:CPI——综合污染指数;

X, Y——测量值超过标准值和背景值的数目;

RPE——相对污染当量;

DDMB——元素测定浓度偏离背景值的程度;

DDSB——土壤标准偏离背景值的程度;

Z——用作标准元素的数目。

主要有下列计算过程:

$$RPE = \left[\sum_{i=1}^{N} (C_i / C_{is})^{1/n} \right] / N$$

(1)计算相对污染当量(RPE)

式中:N——测定元素的数目;

C_i——测定元素 i 的浓度;

C_{is}——测定元素 i 的土壤标准值;

n——测定元素 i 的氧化数。对于变价元素,应考虑价态与毒性的关系,在不同价态共存并同时用于评价时,应在计算中注意高低毒性价态的相互转换,以体现由价态不同所构成的风险差异性。

(2)计算元素测定浓度偏离背景值的程度(DDMB)

$$DDMB = \left[\sum_{i=1}^{N} C_i / C_{iB}^{1/n} \right] / N$$

式中,C_{iB} 是元素 i 的背景值,其余符号同上。

(3)计算土壤标准偏离背景值的程度(DDSB)

$$DDSB = \left[\sum_{i=1}^{Z} C_{is} / C_{iB}^{1/n} \right] / Z$$

式中,Z 为用于评价元素的个数,其余符号的意义同上。

(4)综合污染指数计算(CPI)

(5)评价

用 CPI 评价土壤环境质量指标体系见表 3-4 所列。

表 3-4 综合污染指数(CPI)评价表

X	Y	CPI	评价
0	0	0	背景状态
0	≥1	0<CPI<1	未污染状态,数值大小表示偏离背景值相对程度
≥1	≥1	≥1	污染状态,数值越大表示污染程度相对越严重

(6)污染表征

$$_N T_{CPI}^X(a,b,c,\cdots)$$

式中:X——超过土壤标准的元素数目;

$a,b,c,\cdots$——超标污染元素的名称;

N——测定元素的数目;

CPI——综合污染指数。

五、土壤环境容量

1. 土壤环境容量的概念

土壤环境容量亦称污染物的土壤负载容量(Soil environmental capacity)是一个发展的概念,随环境因素的变化以及人们对环境目标期望值的变化而变化,定义有所不同。夏增禄等认为"土壤环境容量是在一定区域与一定时限内,遵循环境质量标准,既保证农产品生物学质量,也不使环境遭到污染时,土壤所能容纳污染物的最大负荷量"。王淑莹等认为"土壤环境容量是人类生存和自然条件生态不受破坏的前提下,土壤环境所能容纳的污染物的最大负荷量"。卢升高等认为"土壤环境容量是在区域土壤指标标准的前提下,土壤免遭污染所能接受的污染物最大负荷"。张从将"土壤在环境质量标准的约束下所能容纳污染物的最大数量"称为土壤环境容量。一般认为土壤环境容量是指在一定环境单元、一定时限内遵循环境质量标准,既能保证土壤质量,又不产生次生污染时,土壤所能容纳污染物的最大负荷量。如从土壤圈物质循环来考虑,亦可简要的定义为"在保证土壤圈物质良性循环的条件下,土壤所能容纳污染物的最大允许量"。

由于影响因素的复杂性,因而土壤负载容量不是一个固定值而是一个范围值。它受到多种因素的影响,土壤性质、指示物的差异、污染历程、环境因素、化合物的类型与形态是容量研究中已知的重要影响因素,它们在土壤污染物临界含量的确定中均应予以考虑。但直至目前土壤负载容量研究的基础仍然建立在黑箱理论上,仅考虑输入和输出而不涉及所发生的过程。而这些过程却是影响土壤负载容量的重要因素,应在今后的研究中注意引入相应过程的参数,在土壤这样一个多介质的复杂体系中,逐步完善环境容量的计算模型与模式。

2. 土壤环境容量的计算方法

环境标准限制某一要素的某一区域可能达到限度的量,作为该区域的环境容量,即环境的标准容量(C_0),将此衡量土壤容许的污染量这个基准含量水平称为土壤净容量(Q_1)。

其计算模式如下:$Q_1 = (C_0 - B) \times 2250$;

式中:Q——土壤环境容量(g/hm^2);

C_0——土壤环境标准值或土壤环境临界值(g/t)；

B——区域土壤背景值或土壤本地值(g/t)；

2250——单位土地的表土计算重量(t/hm^2)。

由此可知，一定区域的土壤特性和环境条件$(B$一定$)$，土壤环境容量(Q)的大小取决于土壤环境质量标准值。土壤环境质量标准大，土壤环境容量大；标准严，则容量小。但这个水平计算出来的容量，仅反映了土壤污染物生态效应和环境效应所容许的水平，没考虑土壤污染物累积过程中污染物的输入与输出、吸附与解吸、固定与释放、累积与降解的净化过程以及土壤的自净作用。这些过程的结果，都将影响到容许进入土壤中的污染量。将这一部分净化的量(Q_2)加入到土壤净容量(Q_1)才是土壤动态的、全部容许的量，即土壤环境容量(Q)，也有人称之为土壤环境动容量。用数学式表示即为$Q=Q_1+Q_2$。

3. 土壤临界含量的确定

土壤临界含量是土壤所能容纳污染物的最大负荷量，是土壤环境容量研究中的一个主要内容。土壤作为一个生态系统，它由土壤-植物体系、土壤-微生物体系、土壤-水体系等组成，并与外界环境相互作用形成一个有机的自然体。在获得土壤污染物的各种生态效应、环境效应及各单一体系的临界含量后，采用各种效应的综合临界指标，得出整个土壤生态系统的临界含量，以此来作为国家制定土壤环境标准的依据和计算土壤环境容量的依据，是土壤环境容量研究中的重要步骤。确定土壤临界含量的指标体系和依据，见表3-5所列。

表3-5 确定土壤临界含量的依据

体系	内容		目的	指标	级别
土壤-植物	人体健康作物效应		防止污染食物链，保证人体健康，保持良好的生产力和经济效益	国家或政府主管部门颁发的粮食卫生标准生理指标或者产量降低程度	仅一种 减产10%、减产20%
土壤-微生物	生物效应	生化指标微生物计数	保持土壤生态处于良性循环	凡一种以上的生物化学指标出现的变化微生物计数指标出现的变化	≥25%、≥15%、 ≥10%～15%、 ≥50%、≥30%、 ≥10%～15%
土壤-水	环境效应	地下水地表水	不引起次生水环境污染	不导致地下水超标 不导致地表水超标	仅一种 仅一种

4. 土壤环境容量的应用

(1)制定土壤环境质量标准

通过土壤环境容量的研究，在以生态效应为中心，全面考察环境效应、化学形态效应、元素净化规律基础上提出了各元素的土壤基准值,这为区域性土壤环境标准的制定提供了依据。

(2)制定农田灌溉水质标准

我国是一个农业大国,制定农田灌溉水质标准、把水质控制在一定浓度范围是避免污水灌溉污染的重要措施。用土壤环境容量制定农田灌溉水质标准,既能反映区域性差异,也能因区域性条件的改变而制定地方标准。

(3)制定农田污泥施用标准

污泥允许施入农田的量决定于土壤容许输入农田的污染物最大量,即土壤变动容量或年容许输入量,而土壤环境容量是计算该值的一个重要参数。

(4)进行土壤环境质量评价

在土壤环境容量研究中,获得了重金属土壤临界含量,在此基础上提出了建议的土壤环境质量标准,为准确评价土壤环境质量提供了评价标准。

(5)进行土壤污染预测

土壤污染预测是制定土壤污染防治规划的重要依据。目前,大多数以土壤残留率为基础设计成的预测模型,土壤环境容量是进行预测的一个重要指标。

(6)对污染物总量控制

土壤环境容量充分体现了区域环境特征,是实现污染物总量控制的重要基础。以区域能容纳某污染物的总量作为污染治理量的依据,使污染治理目标明确。以区域容纳能力来控制一个地区单位时间污染物的容许输入量,在此基础上可以合理、经济地制定总量控制规划,可以充分利用土壤环境的纳污能力。

(7)在农业对策上的应用

根据土壤环境容量理论,在污染地上设法减少施肥引起的污染输入量,改污染地为种子田,合理规划土壤利用方式,筛选对各污染物忍耐力较强、吸收率低的作物,发展生态农业。另外,提高有机质含量,防止工矿污水浸入农田,防止土壤盐碱化和改良作物品种等都能发挥土壤潜力、充分利用土地资源、提高土壤环境含量。

复习思考题

3.1 土壤背景值调查布点方法有哪些?

3.2 怎样进行土壤背景值研究的土样采集与室内分析?

3.3 叙述土壤背景值与环境质量的关系。

第四章　土壤退化

　　土壤退化是当今全球变化研究的重要内容。21 世纪以来,由于人口的迅猛增加带来的食物需求以及人类不合理的开发利用土地,已引起全球土地资源的不断退化和生态环境的日益恶化,它将威胁着粮食安全、社会经济系统持续发展及人类的生存环境。鉴于土壤退化对全球食物安全、环境质量及人畜健康的负面影响日益严重的现实,研究土壤退化,特别是人为因素导致的土壤退化的发生机理、演变动态、时空分布规律及生态恢复与重建对策,已成为研究全球变化的最重要的组成部分,并将继续成为 21 世纪环境科学、地理科学等学科共同关注的热点问题。

第一节　土壤退化概述

一、土壤退化的概念

　　土壤退化问题早已引起国内外土壤学家的关注,但土壤(地)退化的定义,不同学者提出了多种不同的叙述。现在一般认为,土壤退化(Soil degradation)是指在各种自然的,特别是人为的因素影响下所发生的导致土壤的农业生产能力或土地利用和环境调控潜力,即土壤质量及其可持续性暂时或永久性地下降,甚至完全丧失其物理的、化学的和生物学特征的过程。土壤质量(Soil quality)则是指土壤的生产力状态或健康(Health)状况,特别是维持生态系统的生产力和持续土地利用及环境管理、促进动植物健康的能力。土壤质量的核心是土壤生产力,其基础是土壤肥力。土壤肥力是土壤维持植物生长的自然能力。

　　简言之,土壤退化是指土壤数量减少和质量降低。数量减少表现为表土丧失,或整个土体毁坏,或被非农业占用。质量降低表现为物理、化学、生物学性质方面的质量下降,主要表现为有机质含量下降、营养元素减少、土壤结构遭到破坏、土壤侵蚀、土层变浅、土体板结、土壤盐化、酸化、沙化等。其中,有机质下降是土壤退化的主要标志。在干旱、半干旱地区,原来稀疏的植被受破坏,土壤沙化,就是严重的土壤退化现象。

为了正确理解土壤退化的概念,可从以下几方面进行认识:

(1)由于生态环境的破坏与不合理的利用方式,使土壤发生物理、化学、生物特性的退化,从而导致土壤肥力退化与生产力减退,因此人类活动是影响土壤退化的基本动力之一。

(2)土壤退化过程实质上是一个动态平衡过程,其变化是通过时间与空间、数量与质量具体表现的。在一定的时间与空间条件下,土壤退化与恢复、重建过程是对立统一的。因此,土壤退化的涵义是相对的,是受一定时间与空间限制的,并且是处在动态平衡之中的。

(3)土壤肥力(土壤养分)退化与土壤养分恢复重建过程是土壤退化与土壤恢复重建过程的核心。这是因为,土壤肥力(土壤养分)是建立持久农业的根本物质基础,因此,土壤退化过程的研究必须以土壤养分的退化与恢复重建为重点。

(4)土壤退化(包括土壤养分退化)与土壤恢复重建过程是普遍存在的。只是这种过程在一定时间与一定的土壤类型其表现程度不同而已。因此,人类的任务在于调节这两个相反过程(退化与重建)的强度,使其向有利于防治土壤退化和有利于土壤肥力提高的方向发展。

二、土壤退化的原因

土壤退化虽然是一个非常复杂的问题,但引起其退化的原因是自然因素和人为因素共同作用的结果。

(一)自然因素

包括破坏性自然灾害和异常的成土因素(如气候、母质、地形等),它是引起土壤自然退化过程(侵蚀、沙化、盐化、酸化等)的基础原因。

1. 地形、地貌

例如,地表支离破碎、高低不平,有利于水土流失和土地生产力下降。例如,地形是影响水土流失的重要因素,而坡度的大小、坡长、坡形等都对水土流失有影响,其中坡度的影响最大,因为坡度是决定径流冲刷能力的主要因素。坡耕地植使土壤暴露于流水冲刷是土壤流失的推动因子。一般情况下,坡度越陡,地表径流流速越大,水土流失也越严重。我国是个多山国家,山地面积占国土面积的 2/3;我国又是世界上黄土分布最广的国家。山地丘陵和黄土地区地形起伏。黄土或松散的风化壳在缺乏植被保护情况下极易发生侵蚀。

2. 气候

雨热同期或降雨集中,或风力强劲,有利于风化与侵蚀,也有利于土壤物质的淋失和土地质量、生产力的下降。例如,气候因素特别是季风气候与土壤侵蚀密切相关。季风气候的特点是降雨量大而集中,多暴雨,因此加剧了土壤侵蚀。最主要而又直接的是降水,尤其暴雨是引起水土流失最突出的气候因素。所谓暴雨是指短时间内强大的降水,一日降水量可超过50mm或1小时降水超过16mm的都叫做暴雨。一般说来,暴雨强度愈大,水土流失量愈多。我国大部分地区属于季风气候,降水量集中,雨季降水量常达年降水量的60%~80%,且多暴雨。气候是造成土壤退化的重要原因。

3. 植被状况

植被稀少,容易造成土地退化,黄土高原的土地退化与环境的恶化就与植被破坏有很大的关系。例如,植被破坏使土壤失去天然保护屏障,成为加速土壤侵蚀的先导因子。据中国科学院华南植物研究所的试验结果显示,光板的泥沙年流失量为26902kg/hm²,桉林地为6210kg/hm²,而阔叶混交林地仅为3kg/hm²。因此,保护植被,增加地表植物的覆盖,对防治土壤侵蚀有着极其重要意义。

4. 地表碎屑物或土壤状况

土壤或碎屑物疏松有利于土壤剥蚀和土地退化。土壤是侵蚀作用的主要对象,因而土壤本身的透水性、抗蚀性和抗冲性等特性对土壤侵蚀也会产生很大的影响。土壤的透水性与质地、结构、孔隙有关,一般地,质地沙、结构疏松的土壤易产生侵蚀。土壤抗蚀性是指土壤抵抗径流对它们的分散和悬浮的能力。若土壤颗粒间的胶结力很强,结构体相互不易分散,则土壤抗蚀性也较强。土壤的抗冲性是指土壤对抗流水和风蚀等机械破坏作用的能力。据研究,土壤膨胀系数愈大,崩解愈快,抗冲性就愈弱,如有根系缠绕,将土壤团结,可使抗冲性增强。

5. 岩石类型

不同的岩石具有不同的矿物组成和结构构造,不同矿物的溶解性差异很大。节理、层理和孔隙的分布状况和矿物的粒度,又决定了岩石的易碎性和表面积。

风化速率的差异:如花岗岩石碑,其成分主要是硅酸盐矿物,这种石碑就能很好地抵御化学风化;而大理岩石碑则明显地容易遭受风化。碳酸岩地区成土速度慢,土层薄,容易表土流失而石漠化。

(二)人为因素

人与自然相互作用的不和谐即人为因素是加剧土壤退化的根本原因。人为活动不仅仅直接导致天然土壤的被占用等,更危险的是人类盲目地开发利用土、水、气、生物等农业资源(如砍伐森林、过度放牧、不合理农业耕作等),造成生态环境的恶性循环。例如,人为因素引起的"温室效应",导致气候变暖和由此产生的全球性变化,必将造成严重的土壤退化。水资源的短缺也促进土壤退化。

三、土壤退化的分类体系

土壤退化虽自古有之,但土壤退化的科学研究一直是比较薄弱的。联合国粮农组织 1971 年才编写了《土壤退化》一书,中国 20 世纪 80 年代才开始研究土壤退化分类。所以目前还没有一个统一的土壤退化分类体系,仅有一些研究结果,现列举有代表性的分述如下。

(一)联合国粮农组织采用的土壤退化分类体系

1971 年联合国粮农组织在《土壤退化》一书中,将土壤退化分为十大类,即侵蚀、盐碱、有机废料、传染性生物、工业无机废料、农药、放射性、重金属、肥料和洗涤剂。此外,后来又补充了旱涝障碍、土壤养分亏缺和耕地非农业占用三类。

(二)中国科学院南京土壤研究所对土壤退化的分类

中国科学院南京土壤研究所龚子同等借鉴了国外的分类,结合中国的实际,采用了二级分类。一级将中国土壤退化分为土壤侵蚀、土壤沙化、土壤盐化、土壤污染、土壤性质恶化和耕地的非农业占用等六大类,在这 6 级基础上进一步进行了二级分类,即在 1 级类型以下进一步细划 18 个二级类型。

表 4-1　南土所土壤退化的分类

1 级	2 级
A 土壤侵蚀	A_1 水蚀
	A_2 冻融侵蚀
	A_3 重力侵蚀
B 土壤沙化	B_1 悬移风蚀
	B_2 推移风蚀
C 土壤盐化	C_1 盐渍化和次生盐渍化
	C_2 碱化
D 土壤污染	D_1 无机物(包括重金属和盐碱类)污染
	D_2 农药污染
	D_3 有机废物(工业及生物废弃物中生物易降解有机毒物)污染
	D_4 化学肥料污染
	D_5 污泥、矿渣和粉煤灰污染
	D_6 放射性物质污染
	D_7 寄生虫、病原菌和病毒污染

（续表）

1 级	2 级
E 土壤性质恶化	E_1 土壤板结
	E_2 土壤潜育化和次生潜育化
	E_3 土壤酸化
	E_4 土壤养分亏缺

（三）郝芳华对土壤退化的分类

郝芳华认为，土壤退化主要包括：水土流失、土壤荒漠化、盐渍化和次生盐渍化、潜育化和次生潜育化、土壤酸化、土壤污染、非农业建设滥占浪费、粗放经营等，如图4-1所示。

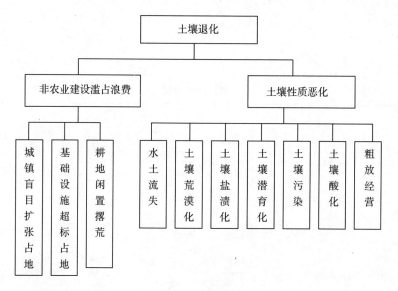

图 4-1　土壤退化分类

（四）潘根兴对土壤退化的分类

潘根兴（1995）初拟了一个土壤退化类型的划分，把土壤划分为如下两类：

1. 数量退化

具有现实农、林、牧生产力的土壤面积减少。

2. 质量退化

土壤性质恶化、土壤肥力与环境质量下降。

根据土壤退化的原因，将上述两类给予进一步划分（表4-2）：

表 4 - 2　潘根兴对土壤退化的分类

1级	2级	3级
土壤面积萎缩	城镇化占地	
	工矿土壤剥离	
	不合理利用中废弃与转移	
土壤性质恶化	物质损失型	土壤流失
		土壤沙化与沙漠化
	过程干扰型	土壤贫瘠化
		土壤板结化
		土壤酸化、盐渍化、潜育化
	环境污染型	土壤农药污染
		土壤重金属污染
		土壤放射性污染

四、主要土壤退化类型的特点

(一)土壤侵蚀

1. 土壤侵蚀的概念

侵蚀是土壤及其母质在水力、风力、冻融、重力等外营力作用下,被破坏、剥蚀、搬运和沉积的过程。简单地说,侵蚀是土壤物质从一个地方移动至另外一个地方的过程。水力或风力所造成的土壤侵蚀也相应地简称为水蚀或风蚀。土壤侵蚀导致土层变薄、土壤退化、土地破碎,破坏生态平衡,并引起泥沙沉积,淹没农田,淤塞河湖水库,对农牧业生产、水利、电力和航运事业产生危害。土壤水蚀还会输出大量养分元素,污染下游水体。侵蚀对全球碳的生物地球化学循环也产生影响,从而对全球变化也产生影响。

土壤侵蚀退化是对人类赖以生存的土壤、土地和水资源的严重威胁。Pimentel 等(1995)估计全球土壤侵蚀每年的经济损失相当于 4000 亿美元,人均每年损失约 70 美元。侵蚀可以是一个自然过程,所以实际上它几乎无所不在,但这里要论述的主要还是针对人为活动所导致的加速侵蚀现象和其影响。土壤水蚀是各种侵蚀类型中最具有代表性的一种。

2. 土壤侵蚀的影响因素

土壤水蚀是由降雨和水流所决定的过程,但自然地貌类型、地表状况、土壤特征对侵蚀过程都有显著的影响。土壤水蚀通常可以分为沟蚀(包括大小不同的侵蚀沟)和沟间侵蚀(片蚀)。沟间侵蚀是雨滴和极薄层水流(非径流)产生的土壤离位和搬运过程,在坡面特征不变的情况下它也是匀速的(Sharma 1996)。沟间侵蚀通常发生在雨滴影响到的 1m 范围之内,然后将土壤物质传输到附近侵蚀小沟中,侵蚀沟中的径流再进一步将土壤搬运至溪流。如果没有细沟径流,沟间物质则会停留在被剥离位置的附近。与此对应的是所谓沟蚀,即土壤被流水剥离和搬运的过程。沟蚀和沟间侵蚀明显不同,估计和控制它们的方法也因而有很大差别,它们对土壤退化的影响也是如此。一般地提到土壤侵蚀时实际上包括了上述两个过程,但它们的计算方法是完全不一样的。广为人知的通用土壤流失方程(USLE,Universal Soil Loss Equation)实际上是计算土壤沟间侵蚀的模型。

在土壤侵蚀的影响因子中,气候因素是决定土壤侵蚀量的最重要影响因子,其中降雨是土壤侵蚀的驱动力量,它的大小和强度直接决定土壤侵蚀的强度。气候因子很大程度上影响着植被生长和覆盖状况,以及由此决定的有机物质输入土壤的多寡;气候影响土壤有机物质分解和腐殖质含量,而它们又影响着土壤可蚀性。但是,这些影响不是简单的线性关系,而是互相联系的复杂过程。比如热带湿润气候条件下的雨量可以很高,强度很大,但良好的覆盖和腐殖质胶结所形成的良好土壤结构使土壤的侵蚀程度很小;又比如冷凉干旱气候条件下几乎没有有机质的形成,雨量却通常很低,虽然此时风蚀可能成为主要侵蚀形式,但水蚀则不明显。

地表覆盖可以显著地影响侵蚀状况,主要是保护雨滴的直接冲击。雨滴的能量通过植被冠层缓冲后到达土壤表面时对土壤的剥离作用大大降低,使侵蚀作用减弱。同时,覆盖还会阻滞径流速度,减少沟间侵蚀作用。植被的另一个经常被忽视的作用是其对土壤水分的利用可以降低土壤含水量,从而可增加土壤入渗并减少径流量和径流速率,降低沟间侵蚀作用(Laflen et al. 1998)。

地形是影响土壤侵蚀的另一个因素。虽然在水平表面同样可以发生侵蚀,但坡地条件下侵蚀显著增加,因为此时不仅有沟间侵蚀,在径流作用下细沟侵蚀成为主要过程,并且径流速度和搬运能力随着坡度和坡长的增加迅速提高,因而可显著增加土壤侵蚀量。

影响土壤侵蚀量的另一个重要方面是人为管理措施,它主要体现在两个方面。一是土壤耕翻措施,耕作扰动与否对土壤侵蚀有明显影响,耕翻可以增加土壤侵蚀危险性,而免耕则相对降低侵蚀危险性。另一个方面是耕作方式,如顺坡耕种、等高耕种、建筑梯田等不同的坡面管理措施,都对土壤水蚀有明显的影响。众所周知,梯田是防止土壤流失的经典而有效的土壤管理措施。

(二)土壤荒漠化

1. 土壤荒漠化的概念及表现

"荒漠化"指干旱、半干旱、干旱的半湿润地区在自然和人为活动影响下造成的土地退化。荒漠化是一个复杂的土地退化过程，不单纯是土壤的变化，正如"土地"退化所指，荒漠化既包含土壤退化，也包括土壤生态与环境的退化。前者包括侵蚀、盐碱化、肥力衰竭等土壤演变过程，后者包括植被覆盖度降低、生物量减少和生物多样性下降等生态系统变化过程。

全球干旱地区总面积为 $61.49 \times 10^8 \, hm^2$，其中荒漠化面积为 $35.92 \times 10^8 \, hm^2$。在全部荒漠化土地中荒漠化草场总面积为 $33.33 \times 10^8 \, hm^2$，占 92.8%；荒漠化雨养耕地面积为 $2.16 \times 10^8 \, hm^2$，占 6%；荒漠化灌溉耕地面积为 $0.43 \times 10^8 \, hm^2$，占 1% ～ 2%。从这些数据可以看出，草场是干旱地区的主要利用方式，也是荒漠化土地中所占比例最大的利用方式。1984～1991 年间，全球干旱地区荒漠化草场的面积以每年 $3 \times 10^7 \, hm^2$ 的速度增加，并还在以这样的速率继续恶化。干旱地区荒漠化已经演变成全球性的环境问题之一，对人类的生存和发展构成了严重的威胁。

调查显示，中国荒漠化潜在发生区域范围，即干旱、半干旱和亚湿润干旱地区范围总面积为 $3.32 \times 10^6 \, hm^2$，占国土面积 34.6%。其中，荒漠化土地面积为 $2.62 \times 10^6 \, hm^2$，占这一区域面积的 79%，占国土总面积的 27.3%，是全国耕地总面积的两倍多。中国荒漠化的类型多样，主要有风蚀荒漠化、水蚀荒漠化、冻融荒漠化、盐渍荒漠化等多种类型。其中风蚀荒漠化面积为 $1.67 \times 10^6 \, hm^2$，占荒漠化总面积的 61.3%，是中国荒漠化土地中面积最大、分布范围最广的一种荒漠化类型。水蚀荒漠化主要分布在黄土高原北部、黄河中上游地区，盐渍荒漠化主要分布在西北、华北的重要粮食产区，冻融荒漠化主要发生在青藏高原。

中国荒漠化程度严重。据综合评价，中国轻度荒漠化为 $9.51 \times 10^6 \, hm^2$，中度为 $6.41 \times 10^6 \, hm^2$，重度为 $10.03 \times 10^6 \, hm^2$。重度荒漠化比重达到 39.3%，高出全球重度荒漠化比例 37 个百分点。另外，由于气候变暖、人类经济活动频繁等因素影响，中国荒漠化扩展速度呈不断加快趋势。仅沙化面积每年大约扩展 $2.4 \times 10^5 \, hm^2$，相当于一个中等县的面积。

2. 土壤荒漠化过程的特点

(1)植被退化

由于过度放牧和其他原因引发的草场植被逆行演替，导致草场植被的产量和质量下降。一般意义上，植被退化可以概括为覆盖率的降低和饲草产量的下降，具体表现为以下几个方面：植被生产力下降，植被群落结构变劣，植被生物多样性降低，植被再生能力下降。

(2)土壤退化

土壤退化主要包括土壤侵蚀和土壤性质恶化两个方面。荒漠化过程中的土壤侵蚀包括侵蚀的各种类型：水蚀、风蚀、沙化、重力侵蚀和冰融滑坡侵蚀等。土壤性质退化主要是指人为活动导致的土壤理化性质恶化，如土壤压实、结构破坏、土壤养分枯竭、次生盐渍化等。

(3)植被与土壤退化相互作用,加速草场荒漠化进程

在草场荒漠化过程中,植被与土壤的退化不是相互孤立的,而是互为因果、相互促进的过程。植被退化导致的草场植被初级生产力的降低,一方面加重地表的水土流失,另一方面削弱土壤内部营养元素的补给,使土壤理化性状恶化,从而加速土壤退化过程。

3. 荒漠化过程的影响因子

荒漠化的产生与特定的干旱、半干旱环境有关,主要原因在于水分严重短缺导致植被生长困难,有机质不足而且分解较快,土壤结构破坏等互相关联的自然背景和过程。但是,人为活动的影响是荒漠化加速的直接因子,在干旱、半干旱草原地区,与人为活动相关的荒漠化过程原因在于:第一,干旱地区草场生态系统对自然条件与人为活动的变化较为敏感,抵抗退化能力较弱;第二,草场生物资源的过度开发;第三,草场土地资源的不合理利用。

有关研究表明,我国的草场荒漠化主要的驱动因素具体体现在三个方面:

(1)土地滥垦与不适宜的种植业发展

开荒造成大片草场被毁,天然植被破坏,其直接后果是地表稳定性明显下降、土壤入渗性能降低、蒸发加强。这不仅使干旱进一步加剧,而且导致风蚀、水蚀与盐渍化等土壤退化过程的加速发展。

(2)过度放牧与不当的草场管理

畜牧业的发展超过了草场的载畜量,超载导致植被的迅速破坏。加上经营管理方式与放牧制度的落后,放牧频率和利用强度提高使草场得不到休养生息的机会,导致草场植被普遍稀疏、低矮、植物种类减少、群落结构简单、草质变劣。

(3)森林滥伐与地表植被的破坏

森林的破坏一方面改变了区域小气候条件,使蒸发量增大,相对湿度降低、风速增大,从而彻底使草场失去抵御风沙的天然屏障;另一方面土壤也因此失去了森林凋落物所提供的有机质和营养成分以及林木根系的固定,使养分更加贫瘠,土层更加疏松,最终导致并加速土壤风蚀、水蚀等土地荒漠化进程。

(三)土壤酸化

1. 土壤酸化的概念

土壤酸化是指在自然或人为条件下土壤 pH 下降的过程。土壤的自然酸化过程,即盐基阳离子淋失,使土壤交换性阳离子变成以 Al^{3+} 和 H^+ 为主的过程,是相对缓慢的。在热带亚热带高温多雨的气候条件下,土壤矿物质风化和物质淋溶过程是主导的成土过程。全球范围内 pH<5 的酸性土壤占全球土壤面积在三分之一左右,因此酸化过程的影响是极其广泛的。

自然酸化过程质子来源主要是大气的无机酸和生物体对阳离子的吸收,以及部分来源于有机酸的离解、氨气的挥发、铵的硝化作用等(于天仁,1990)。然而,人为活动的影响改变了自然酸化过程影响的范围和速度,由于近代工业的迅猛发展,大量化石燃料燃烧排放出 SO_2 和 NO_x,它们与大气中的水汽发生化学反应生成无机酸,使降水 pH 低至 4.0 以下(于天仁,1989)。大量的干、湿酸沉降进入土壤,无机酸替代 CO_2 成为土壤酸化的主要因子,因此大大增加土壤的酸化速率和铝的溶出。

2. 土壤酸化的原因

土壤酸化的原因是多方面的,既有自然方面的原因,也有人为方面的原因:

(1)自然原因

自然情况下的土壤酸化在自然条件下,大多数土壤形成过程是物质淋溶的过程。因为盐基性离子较易淋失,所以淋溶过程实质上是酸化过程。另外,自然条件下,通常降雨中会有一些无机酸,如碳酸和硝酸,土壤中的微生物和植物根系的代谢作用也可产生碳酸。土壤中的有机质分解可产生有机酸和高分子的腐殖酸。某些地区土壤中的硫化铁矿物氧化可产生硫酸。种种自然方面的原因导致某些土壤酸化。因此土壤酸化是土壤形成过程中的一种自然的生物地球化学过程。这种过程在热带亚热带湿润地区尤为明显。不过土壤的自然酸化速率一般相当缓慢,人为活动影响下,这一过程则可大大加速。

(2)人为因素诱发的土壤酸化

人为活动影响下的土壤酸化,主要表现为 H^+ 的大量输入,盐基离子伴随强酸阴离子的淋溶。这种酸化作用,事实上是在自然酸化基础上的加速酸化作用。随着工业的发展和人们生活水平的提高,能源消耗巨大,特别是以煤为主的能源消耗,大量的硫、氮氧化物排放到大气中,成为酸沉降源。目前,在我国长江以南不少地区,降水年平均 pH 值低于 5.0,成为酸雨污染严重地区。我国南方土壤本来多呈酸性,再经酸雨冲刷,大大加速了土壤酸化过程。除此之外,某些农业生产措施也会引起土壤酸化,如酸性和生理酸性肥料的施用可引起土壤酸化,人为的灌溉也加强了淋溶和酸化过程。

3. 土壤酸化对土壤性质的影响

土壤酸化对土壤性质的影响是多方面的,其中对土壤化学性质的影响尤为明显。在我国南方,土壤酸化已经成为限制农业生产和影响环境质量的主要因素之一。

(1)土壤 pH 值下降

土壤 pH 值的降低是土壤酸化的必然结果。在土壤溶液中,pH 值的降低会使许多化学平衡遭到破坏。例如,对于硫化物来说,分子态硫化氢的浓度增加(对植物有毒),离子态硫化物的比例减少。又如,随着 pH 值的降低,螯合态金属元素比例减少,离子态金属比例增加,对这些元素的移动及对植物的有效性都会产生影响。因此,pH 值的降低在农业生产上的意义并不在于降低这个表面现象本身,而在于它所引起的一系列直接和间接的后果。

(2)土壤活性铝的溶出

土壤活性铝的溶出与土壤酸化的关系极为密切,铝离子增多是土壤酸化的结果。铝离子增多又有两个严重后果:①活性铝离子增多到一定程度后,植物将受害而生长不良,可以说土壤酸化对植物的危害最重要的就是铝害。②铝离子与土壤胶体的结合能力特别强,很容易从土壤胶体的负电荷点上排挤盐基性离子,使它们进入土壤溶液后遭受淋失,这在南方多雨地区更有特殊意义。已有很多材料说明,我国南方酸性红壤中大量铝离子的存在既是土壤遭受强烈淋溶,土壤发生酸化的一个后果,它反过来也是使这类土壤的盐基性离子易于遭受淋失,从而加速酸化的一个原因。

(3)土壤营养元素的淋溶和固定

土壤酸化,H^+、Al^{3+} 增加,不断排挤土壤胶体上的盐基离子,使得土壤中的 K^+、Ca^{2+}、Mg^{2+} 等营养性盐基离子淋失加剧,从而导致土壤肥力下降。pH 值越低,这种影响越大。如果 pH 值足够低,甚至土壤固相部分都可以被侵蚀。另一方面,土壤酸化也可促使另一些元素如磷的固定。研究结果表明,当土壤 pH 值低于 6 时,红壤中磷的固定率随 pH 值的降低而直线上升。磷的固定使其利用率降低,已是农业生产上的严重问题之一。

(4)土壤有毒金属元素的释放和活化

由于锰、铬、铜、铅、镉、锌等有毒重金属离子在低 pH 值条件下溶解度升高,活性增大,所以土壤酸化将加剧有毒重金属元素的释放。如锰离子,当土壤 pH 值降至 5 左右时,其浓度即可达到毒化水平。高浓度的有毒重金属元素会沉降和积累在表土层,使土壤成为有毒性的环境介质,进而影响植物的生长。

(5)土壤微生物和酶活性的降低

土壤养分特别是有机态养分的转化与循环,有赖于专性微生物和酶的生化活性方能完成,而土壤酸化对这类具有专一效应的微生物和酶活性具有相当的抑制作用。土壤酸化可使土壤微生物种群变化、细菌个体生长变小、生长繁殖速度降低;如分解有机质及其蛋白质的微生物类群芽孢杆菌、极毛杆菌和有关真菌数量降低,影响营养元素的良性循环,造成农业减产。特别是土壤酸化可降低土壤中氨化细菌和固氮细菌的数量,使土壤微生物的氨化作用和固氮作用能力下降,对农作物大为不利。

(四)土壤盐渍化

1. 土壤盐渍化概念

土壤盐渍化包括盐化和碱化。土壤盐化是指可溶盐类在土壤中的累积,特别是在土壤表层累积的过程;碱化则是指土壤胶体被钠离子饱和的过程,也常称为钠渍化过程。水溶性盐分在土壤中的积累是影响盐渍土形成过程和性质的一个决定性因子。不同盐分组成所形成的盐渍土在特性上也有区别。在土壤盐度达到一定阈值以后,土壤性质产生变化,这种变化对土壤的生产能力和环境功能而言是有害的,它包括抑制生物生长能力和生物多样性的下降等。

2. 土壤盐渍化的表现

土壤的盐化和碱化是全球农业生产和土壤资源可持续利用中存在的严重问题。灌溉地区的土壤次生盐渍化和碱化引起的土壤退化则更加突出。据估计,世界上现有灌溉土壤中有一半遭受次生盐渍化和碱化的威胁。由于灌溉不当,每年有 $1.0 \times 10^7 hm^2$ 灌溉土壤因为次生盐渍化和碱化而被抛弃。盐渍化是土地退化的一种主要类型,虽然很多人认为它是一个化学退化过程,实际上其环境影响亦如土壤化学污染那样的非常重要。随着盐分在土壤中的累积,盐分的数量和类型决定着所有主要的土壤属性:物理的、化学的、生物的甚至矿物学的属性。

3. 土壤盐渍化过程及其影响因子

土壤盐分的形成和积累与地壳上层发生的诸多地球化学过程和水文化学过程有关。从形成来源上看,土壤中的盐分主要来自于矿物的风化、降雨、灌溉水、含盐岩层、地下水以及人为活动。盐分积累依赖于三个方面:①可溶盐的数量;②盐分转化的化学过程;③积累的盐分在土壤和沉积物中的垂直和水平移动。

气候、地质、地貌和水文地质条件决定着盐渍化的类型和程度。盐分积累和盐渍化土壤不仅出现在干旱和低洼地区,而且出现在从潮湿热带地区到极地圈的广泛范围。它们会发生在不同的海拔高度,从海平面以下(如死海地区),到 5000m 以上的高山地区(如青藏高原和洛基山脉)。盐渍土大约占陆地面积的十分之一,世界上 100 多个国家都有不同比例的国土面积为盐渍土所覆盖。

可溶性盐分,特别是钠盐,在土壤剖面、岩石、水体中的积累,是盐渍土形成的根本原因。盐渍土的形成有两个重要的前提:①可溶盐的来源;②盐分的积累周期性或永久地超过盐分淋溶过程。

(1)矿物的风化

土壤中的盐分是由岩石风化而来的。组成地球表面岩石的主要元素在风化过程中释放出来,并重新组合成无机盐类,参与土壤的盐化和碱化过程。与土壤盐化和碱化关系最密切的元素是 Ca、Mg、Na、Cl、S、B 和 N 等,它们组成盐土中普遍存在的盐类,如氯化物、硫酸盐、碳酸盐以及硝酸盐等。土壤中原生矿物的风化是土壤盐分的重要来源之一。

(2)降雨

现代存在于海洋中的盐分主要来源于地壳的矿物风化,然而海洋又是干旱和半干旱地区盐分的主要来源之一。当海洋空气移向内陆时,大气中的盐分随移动距离而呈指数下降,盐分组成也发生变化,雨水中的 Cl/Na 以及 Cl 和 Na 的绝对浓度通常是随离海岸的距离增加而下降,Ca^{2+} 和 SO_4^{2-} 的相对量则增加。海洋空气中的盐分对内陆的影响通常达到离海岸(50~150)km 的距离。

(3)含盐构造

含盐地层的存在是某些背景下土壤盐分的主要来源。由于自然和人为活动的影响,这些岩石中的盐分被释放出来,参与现代土壤的积盐过程。例如,当水流经含盐地层后,通过溶解作用将含有高浓度的盐分携带,然后再使沿途土壤发生严重的盐渍化。

(4)灌溉水

灌溉水无论来自地表还是地下,都有一定的矿化度,或多或少地含有可溶盐。在排水不良、盐分可以有净积累的条件下,就可能引起土壤盐分富集,进而产生土壤盐渍化。指示灌溉水质量的指标可以用矿化度,也可以用电导率。我国主要的灌区是在黄河流域,黄河水的矿化度在没有污染时为 0.2~0.36g/L,按黄淮海平原小麦生长季节灌溉水量 1500m^3/hm^2 计算,每年随灌溉水带入土壤的盐分为 300~500kg/hm^2。在西北内陆等干旱地区引淤灌溉的情况下,灌溉水矿化度更高,盐分输入也高得多。

(5)地下水

地下水作为盐分的主要载体,是现代积盐的主导因素。在地下水位较高、盐分可以通过毛细管上升的河谷平原,或者使用地下水灌溉的地区,土壤的积盐量和盐分组成与地下水的矿化度和盐分组成密切相关。地下水的矿化度与盐分组成也是互相联系的。当矿化度小于 0.5g/L 时,阳离子以镁为主,钙和钠、钾的总量大致相同,阴离子以重碳酸根为主;当地下水的矿化度超过 1g/L 时,氯离子的浓度超过重碳酸根离子。更高矿化度的地下水的水质依次为碳酸盐-硫酸盐-氯化物型、硫酸盐-氯化物型和氯化物型。

(6)人为活动

人类活动通过多种方式将盐分输入土壤中。灌溉是最为剧烈的形式之一,施肥也是重要的盐分输入过程。从化学组成上看,无机肥本身就是盐类,所以化肥的使用也是盐分进入土壤的过程。厩肥、土粪等也含有大量的盐分。我国北方农村有施用土粪的习惯,造成盐分的人为迁移。随着工业的发展,废水灌溉、废渣使用、污泥农用等,都可能将盐分带入土壤之中。在城市范围内,人为使用盐类防冻更是土壤中盐分增加的直接原因。

（五）土壤潜育化和次生潜育化

1. 基本概念

土壤潜育化是指土壤长期滞水，严重缺氧，产生较多还原物质，使高价铁、锰化合物转化为低价状态，使土壤变成蓝灰色或青灰色的现象。次生潜育化系指由于人为因素影响而引起的土壤潜育化作用。如在持续灌溉条件下，土壤中上部形成新的潜育层，多见于我国南方复种指数高的水稻土，凡次生潜育化的水稻土，犁底层一般发青、密实、通气孔隙甚少。

潜育化和次生潜育化土壤较非潜育化土壤还原性有害物质较多、土性冷、土壤的生物活动较弱，有机物矿化作用受抑制。易导致稻田僵苗不发，迟熟低产。土壤潜育化和次生潜育化广泛分布于江、湖、平原，如鄱阳湖平原、珠江三角洲平原、太湖流域、洪泽湖地区，以及江南丘陵区的山间构造盆地，以及古海湾地区。

2. 形成原因

（1）排水不良——土壤处于洼地、比较小的平原、山谷涧地等地区，排水不良是形成次生潜育化的根本原因。

（2）水过多——首先是水利工程，沟渠水库周围由于坝渠漏水。其次可能是潜水出露，排灌不分离，串灌造成土壤长期浸泡。

（3）过度耕垦——我国南方大力推广三季稻，复种指数大大提高，干湿交替时间缩短，犁底层加厚并更紧实，阻碍了透水、透气，故易诱发次生潜育化。另外次生潜育化与土壤质地较黏、有机质含量较高也有关。

3. 改良与治理

潜育化和次生潜育化土壤的改良和治理应从环境治理做起，治本清源、因地制宜、综合利用。主要方法措施如下：

（1）开沟排水，消除渍害

在稻田周围开沟、排引水源，排灌分离，防止串灌。明沟成本较低，但暗沟效果较好，沟距以 6～8m（重黏土）和 10～15m（轻黏土）为宜。

（2）多种经营，综合利用

稻田-养殖系统，如稻田-鱼塘、稻田-鸭-鱼系统。或者开辟为浅水藕、荸荠等经济作物田。有条件的实施水旱轮作。

（3）合理施肥

潜育化和次生潜育化稻田 N 肥的效益大大降低，宜施 P、K、Si 肥以获增产。

（4）开发耐渍水稻品种

这是一种生态适应性措施。探索培育耐潜育化水稻良种，已收到一定的增产效果。

(六)土壤板结

土壤板结是指土壤表层在降雨或灌水等外因作用下结构破坏、土料分散,而干燥后受内聚力作用的现象。

土壤的团粒结构是土壤肥力的重要指标,土壤团粒结构的破坏致使土壤保水、保肥能力及通透性降低,造成土壤板结。

有机质的含量是土壤肥力和团粒结构的一个重要指标,有机质的降低,致使土壤板结。土壤有机质是土壤团粒结构的重要组成部分。土壤有机质的分解是以微生物的活动来实现的。向土壤中过量施入氮肥后,微生物的氮素供应增加一份,相应消耗的碳素就增加 25 份,所消耗的碳素来源于土壤有机质。有机质含量低,影响微生物的活性,从而影响土壤团粒结构的形成,导致土壤板结。

土壤团粒结构是带负电的土壤黏粒及有机质通过带正电的多价阳离子连接而成的。多价阳离子以键桥形式将土壤微粒连接成大颗粒形成土壤团粒结构。土壤中的阳离子以 2 价的钙、镁离子为主,向土壤中过量施入磷肥时,磷肥中的磷酸根离子与土壤中钙、镁等阳离子结合形成难溶性磷酸盐,既浪费磷肥,又破坏了土壤团粒结构,致使土壤板结。

向土壤中过量施入钾肥时,钾肥中的钾离子置换性特别强,能将形成土壤团粒结构的多价阳离子置换出来,而一价的钾离子不具有键桥作用,土壤团粒结构的键桥被破坏了,也就破坏了团粒结构,致使土壤板结。

向土壤中施入微生物肥料,微生物的分泌物能溶解土壤中的磷酸盐,将磷素释放出来,同时,也将钾及微量元素阳离子释放出来,以键桥形式恢复团粒结构,消除土壤板结。

(七)土壤污染

事实上,土壤污染所导致的土壤退化在近年越来越严重,也日益受到人们关注,关于土壤污染方面的分析与防治都将在后面章节中分别论述。

五、中国土壤退化的现状与基本态势

1. 土壤退化的面积广、强度大、类型多

据统计,我国土壤退化总面积达 460 万 km²,占全国土地总面积的 40%,是全球土壤退化总面积的 1/4。其中水土流失总面积达 150 万 km²,几乎占国土总面积的 1/6,每年流失土壤 50 万 t,流失的土壤养分相当于全国化肥总产量的 1/2。沙漠化、荒漠化总面积达 110 万 km²,占国土总面积的 11.4%。全国草地退化面积 67.7 万 km²,占全国草地面积的 21.4%。土壤环境污染日趋严重,20 世纪 90 年代初仅工业三废污染农田面积达 6 万 km²,相当于 50 个农业大县的全部耕地面积。我国土壤退化的发生区域广,全国各地都发生类型不同、程度不等的土壤退化现

象。就地区来看,华北地区主要发生着盐碱化,西北主要是沙漠化,黄土高原和长江中、上游主要是水土流失,西南发生着石质化,东部地区主要表现为土壤肥力衰退和环境污染。总体来看,土壤退化已影响到我国 60% 以上的耕地土壤。

2. 土壤退化速度快,影响深远

我国土壤退化的速度十分惊人(表 4 - 3)。仅耕地占用一项,在 20 世纪 80 年代的十年间达到 230 多万 hm²,近年仍在加快。其中国家和地方建设占地为 20% 左右,农民建房占 5%~7%。土壤流失的发展速度也十分注目,水土流失面积由 1949 年的 150 万 hm² 发展到 20 世纪 90 年代中期的 200 万 hm²。近几十年来土壤酸化不断扩展,例如,在长江三角洲地区,宜兴市水稻土 pH 平均下降了 0.2~0.4 个单位,Cu、Zn、Pb 等重金属有效态含量升高了 30%~300%。并且有越来越多的证据表明土壤有机污染物积累在加速。

表 4 - 3　我国土壤退化类型的发展速度

土壤退化类型	发展速度(万 hm²/年)
耕地占用	15
耕地剥离	10
土壤流失	30~40
土壤沙化	490
草地退化	130

六、土壤退化的危害

土壤是土地的主要自然属性,是土地中与植物生长密不可分的那部分自然条件。对于农业来说,土壤无疑是土地的核心。土壤退化是土地退化中最集中的表现,是最基础和最重要的,且具有生态环境连锁效应的退化现象。

(一)土壤退化对土地资源的危害

1. 土壤资源质量下降

土壤退化的一个重要方面就是指土壤质量下降的物理、化学和生物过程。土壤生产力会随着土壤退化的发生、发展而不断降低。例如,在土壤侵蚀中,每损失 1mm 的表土,土壤有机质含量减少 1/2,降低谷物产量约 10kg/ha,玉米产量减少 1/4。

2. 土壤资源数量的减少

所谓土壤资源,是指能够满足人类的生活和生产需要的土壤。侵蚀、盐渍化、次生盐渍化以及土壤板结等问题,不仅导致土地生产力下降,而且会导致土壤生产力的完全丧失,人类可利用的土壤资源数量不断减少。严重退化使良田变成废地。

(二)土壤退化对生态环境的危害

土壤退化已经成为限制农业生产力发展、威胁人类生存的全球性重大生态环境问题。

1. 对土壤-植物生态系统的危害

土壤是自然环境的重要组成之一,随着土壤侵蚀的发展,土壤生态也发生相应变化,如土壤层变薄,肥力降低,含水量减少,热量状况恶劣等,使土壤失去生长植物和保蓄水分的能力,从而影响调节气候、水分循环等功能。

2. 对生物多样性的危害

生物多样性是生物圈的核心组成部分,也是人类赖以生存的重要物质基础。由于土壤退化、环境污染严重地破坏大自然原有的生物多样性,最终也将威胁到人类自身的生存与发展。

3. 诱发或加剧自然灾害

自然灾害是指自然界中某些可以给人类社会造成危害和损失的具有破坏性的现象。自然灾害按发生机理可分为气象灾害、地质地理灾害、生物灾害等。气象灾害主要包括洪涝、干旱、台风、暴雨、冰雹、龙卷风等;地质地理灾害包括地震、滑坡、泥石流、崩塌等;生物灾害包括植物病虫害等。

4. 对人类健康的危害

土壤的健康直接影响人类的健康,清洁干净的土壤可以为人类生产无公害的绿色生物产品,而污染劣质的土壤则给人类带来无穷的危害。各危害性表现为到目前为止,已经发现许多疾病都与土壤质量有直接或间接关系;土壤中的各种有机和无机污染物可随土壤的地表径流和侧渗进入河流,对水体造成污染和生物富集,使环境污染进一步扩大;由于土壤质量下降或污染,具有缓效性和隐蔽性而通常不为人们所重视,其危害更大。

(三)土壤退化对国民经济的危害

土壤退化会直接和间接地危害农业、水利、交通和城建等国民经济各部门,造成巨大的经济损失。

1. 对农业的危害

首先,各种类型的土壤退化都会导致农业减产。其中由于土壤肥力退化而造成产量下降在广大农牧区具有普遍性;土壤污染造成减产;土壤物理紧实与硬化、土壤动物区系的退化等也都会造成减产。

其次,农业生产条件恶化,生产成本增加。水土流失造成农业灌溉系统的淤积,导致农业抵御洪涝、干旱灾害的能力降低。

第三,土壤退化已经使得部分地区陷入贫困化。土壤退化导致农业生产能力下降,农民经济收入低下,陷入贫困化。

2. 对水利、交通和城镇设施的危害

土壤退化还可对水利、交通和城镇设施产生危害。主要表现在:首先,水利设施极易受到侵蚀泥沙的破坏。在中国,侵蚀泥沙对水库的破坏程度是世界罕见的。第二,在中国,侵蚀泥沙对河道和航运的危害在世界上也是非常突出的。第三,交通运输、城镇设施会受到侵蚀的干扰和破坏。

当今世界,土壤退化及其后果日趋严重,主要原因是:土壤退化的种类越来越多;土壤退化的成因越来越复杂;土壤退化的分布越来越广泛;土壤退化的速度呈加快的趋势;土壤退化的程度越来越严重。

第二节 土壤退化评价的理论与方法

20世纪90年代后期,国内外土壤退化的评价与监测在理论和方法上有了一定的进展,但相比而言,理论方面更多一些。

一、土壤退化的评价理论

评价理论进展主要反映在1997年出版的"世界荒漠化地图集"和对其他地区土地退化的评价中。评价理论包括土壤退化性质、退化程度、总体退化状态、危险度以及相对应的指标体系多方面,而理论的核心体现在退化程度和状态的评价上。

从退化性质看,土壤退化可分为三大类,即物理退化、化学退化和生物退化;从退化程度看,土壤退化可分为轻度、中度、强度和极度4类;从土壤退化的表现形式上看,土壤退化可分为显型退化和隐型退化两大类型,前者是指退化过程(有些甚至是短暂的)可导致明显的退化结果,后者则是指有些退化过程虽然已经开始或已经进行较长时间,但尚未导致明显的退化结果。在土壤退化评价指标体系上,可根据4个范畴划分退化指标,即土壤退化阶段的判断、土壤退化发生的判断、土壤退化程度的判断、土壤退化趋势的判断。土壤退化的标志是土壤承载力的下降,即对农作物来讲是土壤肥力的下降,对人类来说是人均土壤资源数量的减少,而对生态环境来说是环境质量的降低。

二、土壤退化的分级

(一)土壤退化等级评价原则

土壤退化等级评价原则主要是从其评价的针对性、适应性与限制性的关系、主

导因素与综合因素、等间差异性与等内相对一致性、科学性与可操作性、指导生产等方面来考虑分析。

1. 针对性原则

由于不同的利用方向和利用类型对于土壤的理化性质有着不同的要求,土壤对于不同的利用方向和用途也会表现出不同的适应性和限制性。土壤本身有自己的独特性,针对土壤规划利用类型作土壤评价较为合理。

2. 适应性与限制性相结合的原则

由于土壤是由多种自然、经济、社会因素构成的一个复杂的历史自然综合体。即使是针对某一个具体的利用方向和利用类型来说,土壤的某些方面的属性也可能表现为较好的适应性,而另外一些因素则可能会表现为较强的限制性。在对土壤进行质量评价时,必须综合分析土壤的各种属性对于某种用途所表现出的适应性和限制性,以便做出更准确、合理的评判。

3. 主导因素与综合因素相结合的原则

土壤的质量是由土壤的各种属性特征的综合表现。因此,影响土壤退化的因素很多,不同的因素可能会从不同的方面、通过不同的作用方式影响土壤退化等级。但对于某种具体的用途而言,其中的一些因素对于土壤的适应性或者是限制性的影响较之于其他因素更大,对于土壤退化等级的评定起着主要的甚至是决定的作用,称这些因素为主导因素。在具体评定土壤的退化等级时,对这些主导因素进行重点分析的同时,也要综合分析各种因素对于土壤退化的影响。

4. 等间差异性与等内相对一致性原则

土壤退化评价的结果是相对于某利用方向或用途来说的,具有相同或相似适应性或限制性的各种土壤类型进行归类分析和统计。因此,评定结果要能体现等间土壤类型之间的相对一致性原则与不同土壤类型之间的差异性。

5. 科学性与可操作性原则

由于土壤退化评价是一项专业性较强的工作,评定的结果最终要运用于生产实践。因此,必须强调评定方法和结果的科学性。同时要结合可能的实际情况,决定所选的参评因素和评定方法。

6. 有利于指导生产的原则

土壤退化的评价最终目的是为指导生产提供服务。因此,有利于生产应当作为土壤退化评价的基本思想和遵循原则。

(二)土壤退化的等级

土壤退化等级有不同的分法,通常我国土壤退化分为轻度、中度、强度和极强度退化等级,对各类土壤退化分别提出了评价指标和分级值。

表 4 - 4 GLASOD 中土壤退化等级的划分

退化程度	描　述
轻度	土地生产力稍有下降,仍适于农业利用。生态系统未受较大影响,采取合理的生产方式,较易恢复
中度	土地生产力有较大下降,尚适于农业利用,生态系统受到部分破坏,需采取较强的整治措施才能恢复
强度	仅部分做牧业利用,生态系统功能基本丧失,需采取强有力的生物和工程措施才能恢复
极强度	不再适于农林牧业,生态系统功能完全丧失,极难恢复

三、土壤退化的评价标准

当前国内外都没有统一的土壤退化评价标准,其评价指标存在许多不确定性和复杂性。

1. 水蚀作用下土壤退化的评价标准

水蚀作用下的土地退化,包括溅蚀、片蚀、沟蚀和由于流水和重力作用引起的各种类型的块体运动如滑坡、泥石流以及崩塌等,以出现劣地和石质坡地作为标志性形态。评价标准见表 4 - 5 所列。

表 4 - 5 水蚀作用下的土壤退化评价标准

评价因素	退化程度			
	轻度	中度	强度	极强度
地表状况	砾石及石块 (<10%)	石块及卵石 (10%~25%)	卵石及岩石 (25%~50%)	卵石及裸岩 (>50%)
侵蚀类型	片蚀及细沟侵蚀	片蚀及细沟侵蚀	片蚀、细沟 沟谷侵蚀	片蚀、细沟 沟谷侵蚀
裸露的心土面积占总面积(%)	10	10~25	25~50	>50
现代沟谷面积占总面积(%)	10	10~25	25~50	>50
劣地或石质坡地面积占总面积(%)	10	10~25	25~50	>50

（续表）

评价因素	退化程度			
	轻度	中度	强度	极强度
土壤厚度(cm)	＞90	50～90	10～50	＜10
植被覆盖度(%)	50～75	30～50	10～30	＜10
年侵蚀面积扩展速率(%)	＜1.0	1.0～2.0	2.0～5.0	＞5.0
土壤流失量 (t·hm^{-2}·a^{-1})	＜10	10～50	50～200	＞200
年侵蚀深度(mm)	＜0.5	0.5～3.0	3.0～10.0	＞10.0
生物生产量的减少(%)	＜15	15～35	35～75	＞75
地表景观综合特征	斑点状分布的劣地或石质坡地；沟谷切割深度1m以下，片蚀及细沟发育；零星分布的裸露沙石地表	有较大面积分布的劣地或石质坡地；沟谷切割深度1～3m；较广泛分布的裸露沙石地表	密集分布的劣地或石质坡地；沟谷切割深度3～5m；地表切割破碎	密集分布的劣地或石质坡地；沟谷切割深度5m以上；地表切割破碎

2. 物理作用下土壤退化的评价标准

物理作用下的土地退化，主要表现在土壤物理性质的变化，如使用沉重的农业机械、草场上牲畜的过度践踏造成土壤板结，以及内陆河流域水资源利用不当和地下水过度开采造成土壤水分减少而导致的干旱化等。评价标准见表4-6所列。

表4-6　物理退化土地评价标准

评价因素	退化程度			
	轻度	中度	强度	极强度
土壤板结和紧实				
退化后土壤容重(g/cm^3)的增加(%)				
＜1.00	＜5.0	5.0～10.0	10.0～15.0	＞15.0
1.00～1.25	＜2.5	2.5～5.0	5.0～7.5	＞7.5

（续表）

评价因素	退化程度			
	轻度	中度	强度	极强度
1.25～1.40	<1.5	1.5～2.5	2.5～5.0	>5.0
1.40～1.60	<1.0	1.0～2.0	2.0～3.0	>3.0
干旱化				
地下水位下降速率（cm/a）	2～5	5～10	10～30	>30
土地和矿产资源开发造成的土地损毁				
土地生产力和生态系统功能下降	土地生产力稍有下降，生态系统未受较大影响，极易恢复	土地生产力有较大下降，生态系统受部分破坏，较难恢复	土地生产力和生态系统功能基本丧失，需采取强有力的生物和工程措施才能恢复	土地生产力和生态系统功能完全丧失，极难恢复
过度放牧和管理不当造成的草地退化				
可食牧草生物量占总生物量(%)	>75	50～75	25～50	<25
有害杂草生物量占总生物量(%)	<20	20～40	40～60	>60
鼠害面积(%)	5～15	15～25	25～40	>40
草地载畜量的下降(%)	<15	15～30	30～50	>50
地面景观综合特征	地面有少量裸露，有腐殖质层	草皮不完全，表土出现风蚀沟	土壤有大量裸露，表土有明显侵蚀	土壤完全裸露，极严重侵蚀

3. 风蚀作用下土壤退化的评价标准

风蚀作用下的土壤退化，包括风力作用下地表的吹蚀与堆积，以出现风蚀地、粗化地表及流动沙丘作为标志性形态。由于过度放牧、垦荒、樵采等破坏草场和林地而造成的风蚀、沙化和退化均属于这一类。

4. 化学作用下土壤退化的评价标准

化学作用下的土壤退化,在我国主要表现为土壤次生盐渍化、土壤酸化和污染以及土壤肥力下降等。在我国西北、华北和东北地区,由于灌溉不当引起的次生盐渍化很严重,这类退化土地主要散布在黄淮海平原、河套平原、银川平原、河西走廊的石羊河、黑河及疏勒河下游,在新疆塔里木盆地和准噶尔盆地的一些扇缘绿洲与内陆河下游垦区也有所见。其评价标准见表 4 -所列。

表 4 - 7 风力作用下的土壤退化评价标准

评价因素	退化程度			
	轻度	中度	强度	极强度
风蚀(风积)地表占总面积(%)	<15	15~30	30~50	>50
风蚀(风积)地表年扩散速率(%)	<1	1~2	2~5	>5
植被覆盖度(%)	>50	30~50	10~30	<10
土壤风蚀流失量 $[t/(hm^2 \cdot a^{-1})]$	<10	10~50	50~200	>200
年风蚀深度(mm)	<0.5	0.5~3.0	3.0~10.0	>10.0
生物生产量的减少(%)	<15	15~35	35~75	>75
地面景观综合特征	自然景观尚未受破坏,局部地区出现斑点状风蚀和流沙	片状分布的流沙或风蚀地。矮沙丘或吹扬的罐丛沙堆。固定沙丘群中有零星分布的流沙(或风蚀窝)。旱作农地和草场有明显风蚀痕迹和地表粗化,局部地段有流沙形成	地表出现2~5m高流动沙丘。固定沙丘群中沙丘活化显著。旱作农地和草场有明显风蚀洼地和风蚀残丘。广泛分布的粗化砂砾地表	5m以上密集的流动沙丘成风蚀地

四、评价指标体系

至今尚无统一而实用的标准，并且研究工作多侧重土壤本身的退化。

1. 指标体系的雏形

Berry 和 Ford(1977)创立的，他们以气候、土壤、植物、动物和人类等因子为依据，提出了全球、地区、国家和地方四级指标。全球性指标由地面反射率、尘暴、降雨、土壤侵蚀与沉积、盐渍化等项目组成；地区范围指标由生产率、当地生物量、气候、土壤养分及盐渍化等组成；国家和地方指标为生产率、人的生活环境及人的感觉等。

2. 董玉祥建立的评价指标

董玉祥博士论文中选择植被、土壤水蚀和土壤风蚀等大类指标。

植被指标包括状态指标（植被盖度、生物生产量、生产量占潜在生产力的百分率、1mm 降雨生产的干物质）、速率指标（生物量下降率、年产饲料下降率、年草场退化面积）。

土壤水蚀指标包括侵蚀类型、地表切割度、土壤厚度、年土层损失量、年增加侵蚀面积率等。

土壤风蚀指标包括流沙占地、土壤表层损失百分率、各类沙漠化土地年增加均值、沙漠化土地年扩大率、年风蚀土壤厚度等。

3. 杨艳生建立的评价指标

从环境退化、形态退化、肥力退化、污染退化四个方面评价土壤退化。

用植物类别、覆盖度、地被物厚度三个因子表征环境退化状况；用残留剖面构型、母质类型、地表形态三个因子表征形态退化状况；用化学退化、物理退化、微生物退化三个因子表征肥力退化状况；用有害元素含量或酸度提高表征污染退化状况，而化学退化再用土壤、pH、有机质、氮素、磷素、钾素、微量元素等具体指标量化，物理退化用团粒结构、紧实程度来描述。

4. 卢金发建立的评价指标

对中国东部亚热带丘陵山地的退化进行了一系列的研究，并提出了土壤退化评价指标（表 4-8）：

表 4-8　中国东部亚热带地区山丘荒地土地退化评价标准

评价指标	退化程度				
	Ⅰ	Ⅱ	Ⅲ	Ⅳ	Ⅴ
植被类型	林灌草	疏林草灌	疏林	草灌	草地
植被覆盖度（%）	＞70	70～50	50～30	＜30	＜10

(续表)

评价指标	退化程度				
	I	II	III	IV	V
地面组成物质	表土	表土+侵蚀土壤	侵蚀土壤	侵蚀土壤+成土母质	成土母质或基岩层
成土母质出露比例(%)	<10	10～25	25～50	>50	>85
沟谷类型		无沟谷	浅沟	切沟	冲沟
沟谷面积比例(%)		<10	10～25	25～50	>50

另外,张建平博士论文中,选择植被指标、土壤侵蚀指标和土壤指标,进行综合后形成的指标体系是:植被覆盖率、生物量下降、土壤有机质、土壤厚度、土壤侵蚀面积、侵蚀模数等组成。

到目前为止,要建立一个完整统一的指标体系是困难的,如果选择指标太多,无法进行计算和操作;而选择指标不足又不够全面。

五、评价方法与步骤

(一)评价方法

土壤退化评价方法在国内外尚无统一的认识。但采取不同的评价方法,土壤退化指标选取不同,得出不同的评价结果。

1. 土壤动态退化评价法

认为土壤退化处于动态变化之中,即随着时间的推移,其退化过程和速率不同。这种观点强调,在自然界,土壤受到外在因素影响发生退化的同时,土壤本身具有一定的抵抗恢复作用,二者之间的平衡关系决定着特定地区土壤退化的速率。人类活动可以改变(增强或减少)土壤对退化作用的抵抗力。因而,目前土壤退化的速率决定于当前土地利用方式能否改变土壤自然退化与自然恢复之间的平衡,从而将土壤退化看做是现在进行着的一个动态过程。根据这种方法,可以评价某种土壤正在以严重的速率退化,但尚未达到严重的退化阶段;或者相反,某种土壤过去虽然严重退化,但现在的退化速率不大。

2. 土壤潜在退化评价法

认为土壤在天然植被保护而无人为干扰的条件下,仅存在退化的潜在可能性。在人为干扰或天然植被遭到破坏时发生的土壤退化,才构成现实的土壤退化。潜在退化有时被理解为对未来退化的预测。其方法是将危险评估建立在相对稳定因素的基础上,使评估不受时间因素的限制,据此用以估计在某种土地利用条件下发生退化的危险性,以及需要采取哪些措施,才能使这种土地利用方式长期持续下去,或根据潜在退化资料,预测天然植被破坏后可能出现的后果和确定防治退化的措施。因此,潜在退化评估可为确立合理的土地利用方式,或选择适合的改良措施提供决策依据。

3. 土壤属性退化评价法

目前国际上采用此法较多,即根据土壤特性的变化评价土壤退化的差异性。如以土层厚度的减少和土壤养分、土壤肥力的变化,客观反映土壤退化的现状、过程及其对生产力的影响。应用此方法便于各地区相互进行比较,亦便于与国际接轨。当前土壤退化评价多采用此方法。

例如,在评价土壤污染退化方面,可以使用单因子指数法和内梅罗综合污染指数法。在评价土壤养分退化方面可以采用类比法,主要用当前土壤养分含量与前期某时刻养分含量的比值来评价,等等。当然在评价过程中也可以结合一定的技术手段:一是运用图像处理软件,通过监督与非监督分类,直接划分类型和程度;另一种是选择几个基于 RS、GIS 的指标,给定不同的权重,通过综合来得出结果。

(二)评价步骤

土壤退化评价一般包括选取评价因子、确立评价单元、权重的确定、土壤退化综合评价等环节。这里介绍周红艺的土壤退化评价过程。

1. 选取评价因子

结合全国耕地类型区、耕地地力等级划分标准(NY/T 309—1996)和参考土壤退化指标选择相关文献,从物理、化学、养分指标 3 个方面选择了 14 个因子作为评价指标,分层给出各类因子的专家评分(表 4 - 9)。

表 4 - 9　土壤退化的标准参照剖面土壤退化指标评分

评价指标		无退化 80~100	轻度退化 60~80	中度退化 60~40	强度退化 0~40
物理指标	土壤厚度(cm) A 层厚度	>20	15~20	10~15	<10
	土壤厚度(cm) 土体厚度	>100	100~50	50~30	<30
	土壤机械组成 黏粉比	0.8~1.2	0.6~0.8 1.2~1.5	0.4~0.6 1.5~2.5	<0.4 >2.5
	土壤容重	<1.2	1.2~1.3	1.3~1.4	>1.4
	土壤水分(%)	>25	20~25	18~20	<18
化学指标	土壤 pH	6.0~7.0	5.0~6.0 7.0~7.5	4.0~5.0 7.5~8.0	<4.0 >8.0
	CEC(cmol/kg)	>20	15~20	10~15	<10

（续表）

评价指标		无退化 80～100	轻度退化 60～80	中度退化 60～40	强度退化 0～40
养分指标	有机质(g/kg)	>20	15～20	10～15	<10
	土壤 N 全 N(g/kg)	>1.5	1.5～1.0	1.0～0.8	<0.8
	土壤 N 碱解 N (mg/kg)	>80	50～80	30～50	<30
	土壤 P 全 P(g/kg)	>1	0.5～1	0.2～0.5	<0.2
	土壤 P 速效 P (mg/kg)	>5	4～5	3～4	<3
	土壤 K 全 K(g/kg)	>20	15～20	5～15	<5
	土壤 K 速效 K (mg/kg)	>100	80～100	40～80	<40

2. 确立评价单元

评价单元是土壤及其空间实体，包括地貌、地形等相对一致的区域，在制图中表现为同一上图单元。SOTER 数据库是以地形、母质特性和土壤属性作为 3 类基础数据，划分为地形—母质—土壤单元，即 SOTER 单元，单元的空间关系由 GIS 管理。相应的每一个 SOTER 单元都包含全面的地形、母质特性和土壤属性信息，共 118 个属性。这些信息可以通过互相关联的地体单元数据库、地体组分数据库、土壤组分数据库、土壤剖面数据库和土层数据库来管理。由作者所建立的典型区 PXSOTER(1：50000)数据库，包括 53 个 SOTER 单元（共 1697 个图斑单元），每个单元都有配套的分析数据支持，包含了所选的 14 个评价要素的属性数据。分别对 53 个 SOTER 单元进行评价。

3. 评价因素权重的确定：AHP 法

根据每一评价因素相对重要性，运用层次分析法（AHP）求出每一因素的权重。AHP 的基本思路是：按照各类因素之间的隶属关系把它们排成从高到低的若干层次，根据对一定客观现实的判断就每一层次的相对重要性给予定量表示，并利用数学方法确定每一层次的全部元素的相对重要性次序的权重。其主要步骤包括：①构建层次结构；②构造判别矩阵。由于各评价指标对土地适宜度的影响不同，所以要确定它们的权重，以避免均衡评判产生的误差，进行客观的评价，使之更加与实际情况相吻合。根据该区的实际情况和掌握的专业知识并听取有关专家和有实践经验的技术人员的意见，分别比较单个因素的相对重要性，并且判断它们的权重,从而得到判别矩阵。③计算权向量并作一致性检验。根据层次分析的计算公式得到了层次分析结果列于表 4-10。

表 4-10 层次分析结果

指标	物理指标 (0.4)	化学指标 (0.4)	养分指标 (0.2)	组合权重 $\lambda=3, C_i=0, C_{ii}=C_i/R_i=0<0.1$
土壤 A 层厚	0.09	—	—	0.0374
土体厚度	0.10	—	—	0.0412
黏粉比	0.19	—	—	0.0742
土壤容重	0.31	—	—	0.1236
土壤水分(%)	0.31	—	—	0.1236
土壤 pH	—	0.5	—	0.2000
CEC(cmol/kg)	—	0.5	—	0.2000
土壤有机质	—	—	0.428	0.0856
全氮	—	—	0.144	0.0288
碱解 N	—	—	0.247	0.0494
全 P	—	—	0.080	0.0160
速效 P	—	—	0.040	0.0080
全 K	—	—	0.040	0.0080
速效 K	—	—	0.021	0.0042
λ	5.26	2	7.402	—
C_i	0.06	0	0.067	—
$C_{ii}=C_i/R_i$	0.06	0	0.051	0.0006

注:λ 代表最大特征根,C_i 表示判别矩阵的一致性指标,R_i 表示同阶平均随机一致性指标,C_{ii} 表示随机一致性比率。

4. 土壤退化综合评价

构建土壤退化综合评价模型:$S=\sum W_i \times C_i \quad (i=1,2,3,\cdots,n)$

式中:S—— 其一个图形单元的综合分数;

C_i—— 第 i 个因子的权重;

W_i—— 该图形单元相对于第 i 个因素的单因子评分;

n—— 参评因子数。

运用 SOTER 的空间查询和地理分析的功能,对 14 个单因子评价层的土壤退化属性,利用所构建的综合评价模型进行复合计算如下:先计算各土壤剖面各属性指数和 $S = \sum W_i \times C_i$,然后在 SOTER 单元属性数据中建立土壤退化等级字段(Grade),记录各单元的土壤退化总得分 S。将空间与属性数据库通过 SOTER 单元码连接,利用 Grade 字段在 Arc/view3.0 下显示各评价单元的等级空间分布,生成一个新的数据表(表4-11),此表经查询分析确定划分等级的阈值后,可转化为土壤退化综合评价成果。

表 4-11　土壤退化结果

土壤退化	面积(km²)	所占比例(%)	图斑个数
无退化	365.92	25.78	447
轻度退化	174.93	12.30	202
中度退化	719.91	50.60	429
强度退化	130.51	9.17	609
未评价区	30.56	2.15	10

第三节　土壤退化的防治措施与修复技术

一、土壤退化的综合防治措施

1. 提高人们保护土壤的自觉意识

土壤退化治理成效的高低,在很大程度上受到社会环境的影响。一些地方的群众、干部甚至部分领导对土壤保护的认识不够,急功近利,在开发建设过程中存在忽视保护生态的情况。因此,必须加大力度,采取各种有效措施来提高人们的自觉意识,加强广泛的社会宣传和环境教育,建立包括地方电台、电视台以及报刊在内的水土保持专题宣传教育网络;建立和加强环境科技指导和职业培训体系,提高干部的专业管理水平和群众的水土保持技能;通过各种措施营造环保文化氛围,使合理的开发、利用土壤变成人们的自觉行动。

2. 加大资金投入

土壤退化在某种程度上是与经济落后相关联的,保证资金足量、稳定的投入对土壤退化区的治理起着重要作用。我们必须正确把握生态修复的着眼点和着力点。生态修复的着眼点是改善生态环境,着力点则是解决当地群众的生产生活问题。因此,要尽快扭转目前的土壤退化状况,并避免新的人为土壤退化的发生,一方面,地方政府要在确保生态安全的前提下,努力发挥资源优势,改变贫困面貌,振兴区域经济;另一方面,需要各级政府及有关部门在过去投资的基础上加大投入力度,并采取多元化、多层次、多渠道的筹资机制,筹集社会闲散资金,保证比较稳定的资金来源,调动政府、集体、个人的积极性,加快土壤退化的治理步伐。

3. 加大科技投入

树立科学技术是第一生产力的思想,加大科技投入,将科学技术同治理和生产结合起来;积极同有关科研单位、大专院校就土壤退化区的退化状况的恢复进行探讨和交流,针对亟待解决的技术问题,组织力量攻关,加快科技成果转化;以科技为支撑,建立完善的科技推广、技术监测和技术服务体系,对各项治理措施进行评估和效益预测,严格设计施工、规范操作和加强技术管理;制定切实可行的激励政策,鼓励大批科技工作者投入到土地保护工作的第一线,为土地治理工作贡献力量。

4. 因地制宜,综合治理

复杂的地形、多样的自然条件和社会发展水平,决定了其治理模式和配套措施的多样性,也决定了其规划设计要具有科学性,因此,应根据实际情况,分类指导,分区施策,不能搞"一刀切"。在统一指挥下,分区域、分流域进行有重点、有针对性的开发治理。在一些生态环境极度恶化、已丧失基本生存条件的地方,应实行生态移民搬迁,封山绿化;在条件较好的地点建立生态农业示范点和示范片,提高土地承载力和环境容量,吸引更多的人从高山、高坡地和林区走出来,以尽量减少对生态脆弱区的扰动。

5. 恢复植被,维护"土壤水库"

植被能够起到调节和拦截降水的作用,是创建土壤水库的唯一积极而持续有效的因素。据有关资料显示,目前我国森林的年水源涵养量为 3470 万 t,相当于全国现有水库总量的 3/4,保护好现有植被显得尤为重要。因此,应进一步发挥生态修复工程在大面积恢复植被、加快生态建设进程中的作用;大力发展水电,以电代薪;减少林木采伐量,充分利用云南省日照天数多的特点,大力发展太阳能,大力提倡改灶节柴,使能源利用由单向变多向等。

6. 加强体制创新

目前我国已加入了 WTO,国家加快了改革原有计划经济时代的各种法律法规和各种管理体制,经济建设和社会发展不可避免地受到市场这个"无形的手"操纵,使生态环境建设在市场经济大潮中面临新的挑战,因此必须在体制上进行创新,主动适应社会主义市场经济体制要求,探索政府推动和市场机制推动相结合的办法。特别要遵循经济规律,面向市场,对水土保持工程,明晰所有权,拍卖使用权,搞活经营权,放开建设权,建立良性循环机制,以改革创新调动广大农民和全社会的积极性,促进土地治理工作健康、快速发展。

7. 完善预防、监督和执法体系

在土壤退化的防治与治理工作中,要加强预防监督管理工作:要认真宣传贯彻土地保护相关法规政策及有关规定,落实好审批、监督、收费权,将保护土地的相关条文落实到每个地方和每项开发建设工程,切实把防治土地退化工作转到预防为主的轨道上来,同时要从机构设置、人员配备、仪器装备等方面加强监督管理队伍建设,坚决杜绝少数地方存在"以权压法、以言代法"现象,坚决遏制陡坡开荒、乱垦滥伐现象,坚持开发建设项目实行水土保持方案审批制和"三同时"制度,要严厉查处各类开发建设项目违法案件,真正做到有法必依,违法必究,严格执法,实现土地治理工作的法制化、规范化。

二、物理修复、化学修复和生物修复

从 20 世纪五六十年代开始土壤修复技术的研究,土壤修复方法的种类颇多,从修复的原理来考虑大致可分为物理方法、化学方法以及生物方法三大类。物理修复是指以物理手段为主体的移除、覆盖、稀释、热挥发等污染治理技术。化学修复是指利用外来的,或土壤自身物质之间的,或环境条件变化引起的化学反应来进行污染治理的技术。生物修复包含了广义和狭义两种类型。广义的生物修复是指一切以利用生物为主体的环境污染治理技术。它包括利用植物、动物和微生物吸收、降解、转化土壤中的污染物,使污染物的浓度降到可接受的水平;或将有毒、有害污染物转化为无害的物质。在这一概念下,可将生物修复分为植物修复、动物修复和微生物修复三种类型。狭义的生物修复是特指通过微生物的作用消除土壤中的污染物,或是使污染物无害化的过程。然而,在修复实践中,人们很难将物理、化学和生物修复截然分开。

(一)物理修复

1. 基本概念

物理修复是根据物理学原理,采用一定的工程技术,对退化土壤进行恢复或重建的一种治理方法。相对其他修复方法,物理修复通常较为彻底、稳定,但工程量较大,一般需要研制大中型修复设备,因此其耗费也相对昂贵,容易引起土壤肥力减弱,因此目前适合小面积的污染区修复。

2. 修复方法表现形式

(1)改善成土条件和土壤性质

表土常常会流失或遭到破坏。粉碎、压实、填充、松土、排灌等技术被用于改进成土条件和改善土壤的性质,实际操作还包括梯田种植、排流水道和稳定塘设置、覆盖物或有机肥施用等。

(2)改善土壤环境质量

包括机械工程措施、高温热解、蒸汽抽提、固化、玻璃化、电动法等可用来改善土壤的环境质量。

机械工程措施是对被污染土壤进行物理转移或隔离,以降低污染浓度或减少污染物与植物根系的接触,如客土、换土、翻土、去表土和隔离等措施,一般适用于小面积、重污染土壤。

高温热解和蒸汽抽提适用于含易挥发、半挥发污染物的土壤,先使污染物热分解或挥发,然后进行回收处理。

固化和玻璃化是加入固化剂如水泥等物质,使土壤呈颗粒状或大块状存在,污染物也处于相对稳定状态,适用于含水量低、污染物深度不超过 6m 的土壤。

电动法是通过电渗流或电泳等方式将土壤中的污染物带到电极两端从而清洁土壤,不适于渗透性高、传导性差的土壤,特别适用于其他方法难以处理的、适水性差的黏土类土壤。

(二)化学修复

1. 基本概念

化学修复是利用加入到土壤介质中的化学修复剂的化学反应,对退化土壤进行恢复或重建的一种治理方法。化学修复剂的施用方式多种多样,如果是水溶性的化学修复剂,可以通过灌溉将其浇灌或喷洒在污染土壤的表层;或通过注入井把液态化学修复剂注入亚表层土壤。如果试剂会产生不良环境效应,或者所施用的化学试剂需要回收再利用,则可以通过水泵从土壤中抽提化学试剂。非水溶性的改良剂或抑制剂可以通过人工撒施、注入、填埋等方法施入污染土壤。如果土壤湿度较大,并且污染物质主要分布在土壤表层,则适合使用人工撒施的方法。为保证化学稳定剂能与污染物充分接触,人工撒施之后还需要采用普通农业技术(如耕作)把固态化学修复剂充分混入污染土壤的表层,有时甚至需要深耕。如果非水溶性的化学稳定剂颗粒比较细,可以用水、缓冲液或是弱酸配置成悬浊液,用水泥枪或者近距离探针注入污染土壤。

相对其他修复方法,化学修复技术发展较早,也相对成熟,是一种快捷、积极的方法。

2. 修复方法表现形式

(1)改善土壤性质

如在 pH 值不太低的酸性矿区,可施用碳酸氢盐或石灰来调节土壤酸性;对pH 值过低或产酸较久的,宜少量多次施用碳酸氢盐或石灰,也可施用磷矿粉;对于土地复垦和生态重建时充填一些工矿废弃物、粉煤灰等使土壤呈碱性的,一般可采用硫黄、氯化钙、石膏和硫酸等酸性试剂进行中和改良。

对土壤质地、结构的修复,可采用化学修复措施,如可添加有改良土壤质地作用的粗有机物料(粗质泥炭、锯末、树皮、稻壳、谷糠等)和膨胀岩石类(珍珠岩、浮岩、硅藻土、炉渣、粉煤灰等），施用有机肥也可显著改善土壤结构。

(2)改善土壤环境

包括化学改良剂法、化学淋洗法、化学栅法等。化学改良剂法适用于污染不太重的土壤，利用污染物与改良剂之间的化学反应，降低污染物的水溶性、扩散性和生物有效性。

常用的改良剂包括有机废弃物（如污水污泥、垃圾或熟堆肥等）、无机改良剂（如石膏、沸石、氯化钙、磷酸盐、碳酸盐等），将有害化学物质转化成毒性较低或迁移性较差的物质。

化学淋洗法是用化学溶液来淋洗土壤，较适合于砂土、砂壤土、轻壤土等轻质土壤，但易造成地下水污染、土壤养分流失及土壤变性。

化学栅法是将一些既能透水又具有较强吸附或沉淀污染物能力的固体材料（如活性炭、泥炭、高分子合成材料等）置于污染堆积物底层或土壤次表层的含水层，使有机污染物滞留在固体材料内，从而达到净化修复的目的，仅适用于浅层污染土壤（3～12m）的修复。

(三)生物修复

1. 基本概念

就是利用生物的生命代谢活动，对退化土壤进行恢复或重建的一种治理方法。

2. 修复方法表现形式

(1)对生态系统修复

针对矿区小气候恶劣、生物群落减少、生态系统均质化的特点，因地制宜采取生物修复措施，包括植被重建、微生物和动物的引入及发展，其核心是植被建设，形成人工植物群落。一般选用速生、适应性强、根系发达、抗逆性强的植物，草、灌、乔混交配置，短期、中期、长期结合发展；适当引入和发展一些有益的土壤动物（如蚯蚓等）和土壤微生物，以恢复原有气候、生物、生态系统条件。

(2)改善土壤环境质量

包括植物修复、微生物修复、植物-微生物及动物的协同修复等。

植物修复是利用绿色植物来转移、容纳或转化土壤中的污染物，降低其对环境的危害。由于这种方法成本低、效果较好、不破坏环境，因而受到了广泛的关注。但该法比较适合污染物浓度不太高的土壤，对于某些严重污染的土壤不适用。

微生物修复技术是利用土壤中某些微生物对污染物的吸收、沉淀、氧化和还原等作用，降低污染物的毒性与生物有效性，但由于微生物的生物体很小、专一性较强、吸收量较少、难以后续处理，限制了这种方法在大面积重金属污染土壤修复中的应用。

植物-微生物及动物的协同修复是利用生物的生命代谢活动，降低环境中有毒有害物质的浓度或使其完全无害化,从而使被污染的土壤环境能够部分或完全恢复到初始状态。如豆科植物具有微生物与植物所形成的根瘤共生体,可通过分泌质子、氨基酸以及各种有机酸,提高体系的酸度,溶解重金属,或者利用其共生体代谢产物与重金属配合改变重金属的形态。

另外,一些土壤动物(如蚯蚓),可维持和提高土壤肥力,改善土壤结构,促进植物的生长,增加植物的耐受度,从而减少根系对重金属的吸收。

3. 植物修复的优点和缺点

与物理、化学和微生物处理技术比较,植物修复技术有其独到的优点:

(1)植物修复最显著的优点是价格便宜,可作为物理化学修复系统的替代方法。根据美国的实践,种植管理的费用在每公顷 200~10000 美元之间,即每年每立方米的处理费用为 0.02~1.00 美元,比物理化学处理的费用低几个数量级。

(2)对环境扰动少,不需要挖掘、运输和巨大的处理场所,不破坏土壤生态环境,能使土壤保持良好的结构和肥力状态,无需进行二次处理,即可种植其他植物。植物修复技术可增加地表的植被覆盖,控制风蚀、水蚀,减少水土流失,有利于生态环境的改善和野生生物的繁衍生境。

(3)对植物集中处理可减少二次污染,对一些重金属含量较高的植物还可通过植物冶炼技术回收利用植物吸收的重金属,尤其是贵重金属。

(4)植物修复不会破坏景观生态,能绿化环境,容易为大众所接受。

此外,植物修复可以激发微生物的活动;增加蒸腾作用,从而可以防止污染物向下迁移;植物可把氧气供应给根际,有利于根际土壤中有机污染物的降解。

植物修复的局限性主要表现在以下几方面:

(1)一种植物通常只忍耐或吸收一种或两种重金属元素,对土壤中其他浓度较高的重金属则往往没有明显的修复效果,甚至表现出某些中毒症状,从而限制了植物修复技术在重金属复合污染土壤治理中的应用。但是,新近研究发现,一些超富集植物可以同时忍耐甚至富集多种重金属,例如,遏蓝菜对锌和镉都具有超富集能力;有的蜈蚣草可以富集砷和镉,同时也可以耐受高浓度锌和铅的毒害;堇菜可以同时富集镉和铅,亦可耐受高浓度砷、铅和锌的毒害。

(2)植物修复过程通常比物理、化学过程缓慢,比常规治理(挖掘、异位处理)需要更长的时间,尤其是与土壤结合紧密的疏水性污染物。

(3)植物修复受到土壤类型、温度、湿度、营养等条件的限制,对土壤肥力、气候、水分、盐度、酸碱度、排水与灌溉系统等自然条件和人工条件有一定的要求。植物受病虫害侵染时会影响其修复能力。

(4)对于植物萃取技术而言,污染物必须是植物可利用态并且处于根系区域才能被植物吸收。

（5）用于净化重金属的植物器官往往会通过腐烂、落叶等途径使重金属元素重返土壤，因此必须在植物落叶前收割植物器官，并进行无害化处理。

（6）用于修复的植物与当地植物可能会存在竞争，影响当地的生态平衡。

4. 微生物修复的优点和缺点

与传统的污染土壤治理技术相比，土壤微生物修复技术的主要优点是：

（1）微生物降解较为完全，可将一些有机污染物降解为完全无害的无机物，二次污染问题较小。

（2）处理形式多样，操作相对简单，有时可进行原位处理。

（3）对环境的扰动较小，不破坏植物生长所需要的土壤环境。

（4）与物理、化学方法相比，微生物修复的费用较低，约为热处理费用的 $1/3\sim1/4$。微生物处理的费用取决于土壤体积和处理时间。

（5）可处理多种不同种类的有机污染物，如石油、炸药、农药、除草剂、塑料等，无论污染面积的大小均可适用，并可同时处理受污染的土壤和地下水。

对微生物修复而言，微生物修复技术主要存在下述三方面的限制：

（1）当污染物溶解性较低或者与土壤腐殖质、黏粒矿物结合得较紧时，微生物难以发挥作用，污染物不能被微生物降解；

（2）专一性较强，特定的微生物只降解某种或某些特定类型的化学物质，污染物的化学结构稍有变化，同一种微生物的酶就可能不起作用；

（3）有一定的浓度限制，当污染物浓度太低且不足以维持降解细菌的群落时，微生物修复不能很好地发挥作用。

另一方面，微生物活性与温度、氧气、水分、pH 等环境条件的变化有关，因此，微生物修复技术受各种环境因素的影响较大。微生物修复技术的关键在于投加所需要的营养物质、共氧化基质、电子受体和其他促进微生物生长的物质，包括投加方法、投加时间和投加剂量等。同时，应用微生物修复时对修复地点有一定的限制，在一些低渗透的土壤中可能不宜使用该技术，因为由于细菌生长过多有可能会阻塞土壤本身或在其中安装的注水井。

5. 生物修复技术发展前景

生物修复技术具有广阔的应用前景，但应用范围有一定的限制，亦不如热处理和化学处理那样的见效快，所需的修复周期可以从几天到几个月，这取决于污染物种类、微生物物种和工程技术的差异。实践表明，微生物技术如与物理和化学处理配套使用，通常会取得更好的效果。比较理想的有效组合是首先用低成本的生物修复技术将污染物处理到较低的浓度水平，然后再采用费用较高的物理或化学方法处理残余的污染物。

三、原位修复和异位修复

土壤修复通常可采用异位修复和原位修复两种操作方式。

(一)原位修复

就是在不破坏土壤基本结构的情况下,即不需将土壤挖走而进行的修复技术。优点是节约成本,但通常需要较长的实施周期,且由于土壤及含水层存在差异性,不能保证处理一致性。

1. 土壤冲洗技术

土壤冲洗技术是指在水压的作用下,将水或含有助溶剂的水溶液直接引入被污染土层,或注入地下水使地下水位上升至受污染土层,使污染物从土壤中分离出来,最终形成迁移态化合物。该技术所需的运行和维护周期一般要 4~9 个月,主要用于处理地下水位线以上和饱和区的吸附态污染物,包括重金属、易挥发卤代有机物及非卤代有机物。

2. 原位化学氧化修复技术

该技术是指将化学氧化剂注入土壤渗透层或地下水中,以氧化其中的污染物质。可用于修复严重污染的场地或污染源区域,但对于污染物浓度较低的轻度污染区域,该技术并不经济。该技术所需的工程周期一般在几天至几个月不等。其目标污染物包括:石油类、有机溶剂、多环芳烃(如萘)、农药及非水溶性氯化物(如三氯乙烯)等,通常这些污染物在土壤中长期存在,很难被生物降解。

3. 原位化学还原修复技术

该技术是利用化学还原剂将污染物还原为难溶态,从而使污染物在土壤环境中的迁移性和生物可利用性降低。该技术对于处理污染范围较大的地下水污染区非常有效,所需工程周期一般在几天至几个月不等,所需费用主要由药剂费、采样分析费、现场管理费及施工费等组成。常用的还原剂包括:①SO_2还原剂。SO_2还原剂可用于去除地下水中对还原作用敏感的污染物,包括铬酸盐、铀和锝以及一些氯化溶剂。②H_2S。可用于修复被铬(Ⅵ)污染的土壤或地下水。③Fe^0胶体。粉末 Fe^0 能脱除很多氯化溶剂中的氯离子。将可迁移的氧化性阴离子、氧化性阳离子转化成固态物质而难以迁移。

4. 可渗透反应墙

可渗透反应墙可用于截留或原位处理迁移态的污染物,是指挖出土壤后,代以反应材料而形成的物理墙;墙体一般由天然材料和一种或多种活性材料混合而成。当污染物质随地下水向下游迁移并流经处理墙时,墙体中的活性物质将与其发生作用,导致污染物的降解或被截留固定。无机和有机污染物均可以通过不同活性材料组成的反应墙得以固化或降解,包括有机物、重金属、放射性元素等。但该技术不能保证所有扩散出来的污染物完全按处理的要求予以拦截和捕获,且外界环境条件的变化可能导致污染物重新活化。该技术目前还仅用于浅层污染土壤(3~12m)的修复。

5. 原位蒸汽抽提技术

该技术通过抽气井产生真空,使形成一个压力或浓度梯度,并使气相中的挥发性有机物由抽气井抽出,从而使土壤中的挥发性或半挥发性污染物质得到去除。工程实施时,往往需要在地表面覆盖地形膜,以防止发生短路,并可增加抽气井的作用范围。该技术主要用于挥发性有机污染物(通常为亨利系数大于 0.01 或者蒸汽压大于 66.66Pa 的有机物)的处理,但要求土壤的质地均一、渗透性好、孔隙率大、湿度小且地下水位较低。有时,该技术也用于去除土壤中的油类、有机金属、多环芳烃(PAHs)或二噁英等污染物。另外,由于原位蒸汽抽提技术在实施时向土壤中连续引入空气流,促进了土壤中一些低挥发性有机物的生物好氧降解过程。根据要求的修复程度、修复土壤的体积、污染物浓度及分布、现场条件(如土壤渗透性、各向异质性等)、工艺设施的工作能力等情况的不同,该技术所需的实施时间为6~12 个月,所需费用约为 26~78 美元/m³。

6. 强化破裂技术

该技术是一种用于改善或提高其他原位修复技术处理效果的强化修复手段,其通过在低渗透或过分结实的土壤中产生裂缝以增加可供流体流通的通道数,从而有利于有害污染物通过抽气井抽出后进行后续处理,同时也可将修复物质如微生物、氧化剂等通过压力泵注入地下污染区以降解、破坏污染物,可有效减少抽提井的数量,并可节省修复时间和处理费用。常用的强化破裂技术有:气动压裂、爆破强化破裂和水压破裂技术,一般 PF 所需的费用约为 8~12 美元/t,HF 所需的费用约为 1000~1500 美元/条(当每天产生 4~6 条裂隙时)。该技术应用时需注意的是增加孔隙的同时可能会导致有害污染物的进一步扩散,且不能应用于地震活动频繁的场合。

7. 空气喷射

空气喷射是指通过向受污染含水层注入高压空气,使形成纵、横向气流通道。污染物则挥发随气流进入气体抽提系统。为提高地下水和土壤间的接触及抽出更多地下水,在操作时需维持较高的气流流速。另外,除了可通过挥发而去除污染物外,还可增加溶解氧浓度,从而可增强好氧微生物的降解作用。有时为突出生物降解作用,可降低空气喷射的气流流速,该技术常被称为生物喷射技术。空气喷射修复技术主要用于处理中、高亨利常数(如高蒸汽压和低溶解性)的卤代和非卤代挥发性有机化合物及非卤代半挥发性有机物,所需的实施时间通常为 6 个月至 2 年,所需费用一般为 150000~350000 美元/hm²。但该技术的处理效果受土壤异质性、渗透性等因素影响。

8. 原位玻璃化技术

原位玻璃化是指向污染土壤插入电极,对污染土壤固体组分施加 1600℃～2000℃的高温处理,使有机污染物和部分无机污染物如硝酸盐、硫酸盐和碳酸盐等得以挥发或热解而从土壤中去除的过程。无机污染物(如放射性物质和重金属等)被包覆在冷却后形成化学性质稳定的、不渗水的坚硬玻璃体(类似黑曜岩或玄武岩)中;热解产生的水分和热解产物由气体收集系统收集后作进一步的处理。该技术通常可在 6～24 个月完成,适用于修复含水量较低、污染物埋深不超过 6m 的土壤,处理对象包括放射性物质、有机物、无机物等多种干湿污染物,但不适于处理可燃有机物含量超过 5%～10%的土壤。该技术所需的处理费用较高,据中东地区的研究表明,所需处理费用一般为 350 美元/m^3 左右,且土壤高含水量会增加处理成本。

9. 原位加热修复技术

污染土壤的原位加热修复即热力强化蒸汽抽提技术,是指利用热传导(如热井和热墙)或辐射(如无线电波加热)的方式加热土壤,以促进半挥发性有机物的挥发,从而实现对污染土壤的修复,包括高温(>100℃)原位加热修复技术和低温(<100℃)原位加热修复技术。通常热力强化蒸汽抽提系统所需的总处理费用为 30～130 美元/m^3,并可在 3～6 个月完成修复。该技术主要用于处理卤代有机物、非卤代的半挥发性有机物、多氯联苯(PCBs)以及高浓度的疏水性液体(DNAPI)等污染物。但高温会破坏土壤结构,且高水分和黏土含量会增加处理成本。实施时,需严格设计并操作加热和蒸汽收集系统,以防污染物扩散而产生二次污染。

10. 原位固化/稳定化土壤修复技术

原位固化/稳定化土壤修复技术是指运用物理或化学的方法将土壤中的有害污染物固定起来,阻止其在环境中迁移、扩散等过程的修复技术。常用于处理重金属和放射性物质污染的土壤。但其修复后场地的后续利用可能使固化材料老化或失效,从而影响其固化能力,且触水或结冰/解冻过程会降低污染物的固定化效果。该技术所需的实施时间一般为 3～6 个月,具体应视修复目标值、待处理土壤体积、污染物浓度分布情况及地下土壤特性等因素而定。

11. 电动学修复技术

电动学修复技术的基本原理与电池类似,是利用插入土壤中的两个电极在污染土壤两端加低压直流电场,在低强度直流电的作用下土壤中的带电颗粒在电场内做定向移动,土壤污染物在电极附近富集或被收集回收。特别适合于低渗透的黏土和淤泥土壤(由于水力传导性问题,传统的技术应用受到限制)或异质土壤的修复。目标污染物包括大部分无机污染物、放射性物质及吸附性较强的有机物。

但当土壤含水率低时,该技术的处理效果大大降低,且在电场的作用下可能产生有害副产物(如氯气、三氯甲烷、丙酮等)。

以上都是物理和化学原位修复技术,下面三种是生物原位修复技术,所谓生物原位修复技术,就是在不破坏土壤基本结构的情况下的微生物修复技术,有投菌法、生物培养法和生物通气法等,主要用于被有机污染物污染的土壤修复。

12. 投菌法

该法直接向受到污染的土壤中接入外源污染物降解菌,同时投加微生物生长所需的营养物质,通过微生物对污染物的降解和代谢达到去除污染物的目的。

13. 生物培养法

该法定期向土壤中投加过氧化氢和营养物,过氧化氢则在代谢过程中作为电子受体,以满足土壤微生物代谢,将污染物彻底分解为 CO_2 和 H_2O。

14. 生物通气法

该法是一种加压氧化的生物降解方法,它是在污染的土壤上打上几眼深井,安装鼓风机和抽真空机,将空气强行排入土壤中,然后抽出,土壤中的挥发性有机物也随之去除。在通入空气时,加入一定量的氨气,可为土壤中的降解菌提供所需要的氮源,提高微生物的活性,增加去除效率。生物通风系统就是为改变土壤中气体成分而设计的,它有助于通过真空或加压进行土壤曝气,使土壤中的气体成分发生变化。生物通气工艺通常用于处理被地下储油罐泄漏污染的土壤,这些土壤可先进行生物修复,然后再用生物通气工艺处理生物修复后所产生的少量土壤。由于生物通气法在军事基地的成功应用,美国空军将生物通气法列为处理受喷气机燃料污染土壤的一种基本方法。

(二)异位修复

就是处理污染土壤时,需要对污染的土壤进行大范围的搅动或挖走进行的集中处理和修复的过程。优点是所需的修复周期相对较短,且可以通过匀化、筛选、连续搅拌等手段更好控制处理的一致性,但其需要挖掘土壤,因此所需费用较高且需增加工程设施。

1. 化学淋洗

化学淋洗是指将污染土壤挖掘出来,用水或淋洗剂溶液清洗土壤、去除污染物,再对含有污染物的清洗废水或废液进行处理,洁净土可以回填或运到其他地点回用。一般可用于放射性物质、有机物或混合有机物、重金属或其他无机物污染土壤的处理或前处理。该技术对于大粒径级别污染土壤的修复更为有效,砂砾、沙、细沙以及类似土壤中的污染物更容易被清洗出来,黏土中的污染物则较难清洗。一般来讲,当土壤中黏土含量达到 25%~30% 时,将不考虑采用该技术。如污染物主要是有机物的话,黏土含量高的土壤更宜选用微生物修复的方法。

淋洗过程通常采用可移动处理单元在现场进行,因此其所需的实施周期主要取决于处理单元的处理速率及待处理的土壤体积,一般每套可移动处理单元的日处理能力为 $15\sim152m^3$。采用该技术时,所需的固定投资一般为 10000~20000 美元,所需的运行费用为 117~523 美元/m^3。

2. 溶剂浸提技术

溶剂浸提技术是指利用溶剂将有害化学物质从污染土壤中提取出来,并将该溶剂再生处理后回用的技术。该技术能取得成功的关键之一是要求浸提溶剂能很好地溶解污染物,但其本身在土壤环境中的溶解较少。典型的浸提溶剂有液化气(丙烷和丁烷)、超临界二氧化碳液体、三乙胺及专用有机液体等。通常采用可移动装置在现场进行浸提操作,1 台处理单元的日处理能力一般为 $15\sim152m^3$。该技术的目标污染物包括:PCBs、石油类碳氢化合物、氯代碳氢化合物、多环芳烃(PAHs)、多氯联苯-P-二噁英、多氯二苯呋喃(PCDF)及农药(如杀虫剂、杀真菌剂和除草剂等)等有机污染物。一般来说,不适于去除污染土壤中的重金属和无机污染物,且要求土壤的黏土含量低于 15%、湿度低于 20%。该技术所需的固定投资费用约为 10000~20000 美元,运行费用约为 90~400 美元/m^3。

3. 异位蒸汽抽提技术

异位蒸汽抽提技术是指将土壤挖掘出来后堆积在地面空气管网上,并施以真空抽吸,使挥发性和半挥发性有机物挥发而随气流排出至后续尾气处理系统,从而使土壤净化的修复技术。通常,土堆上覆盖有地膜,以防止挥发性有机物外逸,并防止土壤被雨淋湿。处理对象主要是土壤中的挥发性有机污染物。土壤中的腐殖质及黏土含量会影响其处理效果,且在挖土和处理过程中,容易发生泄漏或逸出。

该技术所需的实施时间主要取决于土壤的特性及土壤污染物的化学性质,通常处理 2000t 的污染土壤需要 12~36 个月。该技术所需的处理费用一般在 100 美元/t 以下(包括挖土费,但不包括尾气处理费和收集来的尾水处理费)。

4. 异位固化/稳定化技术

该技术是指将污染土壤与黏结剂混合形成凝固体而达到物理封锁(如降低孔隙率等)或发生化学反应形成固体沉淀物(如形成氢氧化物或硫化物沉淀等),从而达到降低污染物活性的目的。其所针对的土壤污染物质主要为无机物(包括放射性物质),一般不适于处理有机物和农药污染,不能保证污染物的长期稳定性,且处理过程会显著增加产物体积。

通常采用移动装置在现场进行浸提操作,1 台处理单元的日处理能力一般为 $7.6\sim380.0m^3$。该技术属于非常成熟的土壤修复技术之一,根据数十家厂商的典型案例分析,其处理费用一般少于 100 美元/t(包括挖土费)。

5. 化学脱卤技术

化学脱卤指向受卤代有机物污染的土壤中加入试剂,以置换取代污染物中的卤素或使其分解或部分挥发而得以去除。目标污染物包括卤代半挥发性有机物(SVOCs)和有机农药。其局限性在于:一些脱卤剂能与水起化学反应,高黏土含量及含水率会增加处理成本,且当卤代有机物浓度超过 5 时需要大量的反应试剂。正常情况下,该技术所需的修复周期较短,一般为 6～12 个月;所需的运行费用在全规模运行时约为 200～500 美元/t(高黏土含量或含水率会增加处理费用)。

6. 物理分离

物理分离技术是指借助物理手段将重金属颗粒从土壤胶体上分离开来的异位修复技术,工艺简单、费用低廉。其目标污染物主要为土壤中重金属。通常该技术可作为初步分选,以减少待处理土壤的体积,优化后续处理过程,但其本身一般不能充分达到土壤修复的要求,且要求污染物具有较高的浓度并存在于具有不同物理特性的相介质中。通常采用可移动装置在现场进行分离操作,1 台处理单元的日处理能力一般为 7.6～380.0m³。该技术是一项较为成熟的修复技术,一般所需的固定投资为 10000～20000 美元,运行费用为 6.5～118.0 美元/m³。

7. 异位化学氧化/还原技术

该技术是通过化学氧化/还原的手段将有害污染物转化成更稳定、迁移性较低或惰性的无害或低毒性物质。常用的氧化剂有臭氧、双氧水、次氯酸盐、氯气、二氧化氯等。但该技术通常需要采用多种氧化剂以防止发生逆向反应。该技术所针对的目标污染物主要为无机物,也可用于非卤代挥发性有机物(VOCs)、半挥发性有机物(SVOCs)、燃油类碳氢化合物及农药的处理,但其处理效率相对较低。该技术应用时,所需的费用一般为 190～660 美元/m³。

8. 热解吸

热解吸是指在真空条件下或通入载气时加热并搅拌土壤,使污染物及水分随气流进入气体处理系统。通过控制反应床的温度及停留时间,使目标污染物挥发,但并不发生氧化、分解等化学反应。该技术可去除的污染物主要为卤代和非卤代挥发性有机物(VOCs),但当采用较高的操作温度和较长停留时间时,该技术也可用于处理半挥发性有机物(SVOCs)和多氯联苯(PCBs)。该技术应用时,高黏土含量或湿度会增加处理费用,且高腐蚀性的进料会损坏处理单元。热解吸修复处理过程通常在现场由移动单元完成,1 套处理单元的日处理能力一般为 38～305m³。该技术所需的运行费用,对于石油类污染土壤一般为 32～72 美元/m³,对于其他污染物一般为 124～255 美元/m³。

9. 异位玻璃化技术

异位玻璃化技术是指利用等离子体、电流或其他热源在 $1600℃\sim2000℃$ 的高温下熔化土壤及其污染物,有机污染物在此高温下被热解或蒸发而去除,产生的水汽和热解产物收集后由尾气处理系统进行进一步处理后排放。熔化物冷却后形成的玻璃体将无机污染物包覆起来,使其失去迁移性。该技术可用于破坏、去除污染土壤、污泥等泥土类物质中的有机物和大部分无机污染物,但实施时,需控制尾气中的有机物及一些挥发性重金属,且需进一步处理玻璃化后的残渣。另外,所需的处理费用较高,约为 $650\sim1350$ 美元/m^3。该技术通常采用移动装置在现场进行玻璃化操作,1 台处理单元的日处理能力一般为 $3.8\sim23.0m^3$。

以上都是物理和化学异位修复技术,下面三种是生物异位修复,生物异位修复处理污染土壤时,需要对污染的土壤进行大范围的扰动,主要技术包括预制床技术、生物反应器技术、厌氧处理和常规的堆肥法。

10. 预制床技术

该技术是在平台上铺上砂子和石子,再铺上 $15\sim30cm$ 厚的污染土壤,加入营养液和水,必要时加入表面活性剂,定期翻动充氧,以满足土壤微生物对氧的需要,处理过程中流出的渗滤液,即时回灌于土层以彻底清除污染物。

11. 生物反应器技术

是把污染的土壤移到生物反应器,加水混合成泥浆,调节适宜的 pH 值,同时加入一定量的营养物质和表面活性剂,底部鼓入空气充氧,满足微生物所需氧气的同时,使微生物与污染物充分接触,加速污染物的降解,降解完成后,过滤脱水。这种方法处理效果好、速度快,但仅仅适宜于小范围的污染治理。

12. 厌氧处理技术

适于高浓度有机污染的土壤处理,但处理条件难于控制。常规堆肥法是传统堆肥和生物治理技术的结合,向土壤中掺入枯枝落叶或粪肥,加入石灰调节 pH 值,人工充氧,依靠其自然存在的微生物使有机物向稳定的腐殖质转化,是一种有机物高温降解的固相过程。

上述方法要想获得高的污染去除效率,关键是菌种的驯化和筛选。由于几乎每一种有机污染物或重金属都能找到多种有益的降解微生物。因此,寻找高效污染物降解菌是生物修复技术研究的热点。

(三)修复技术的组合

为有效完成某类污染土壤的修复,往往需要对各类修复技术进行合理组合,表 4-12 列举了一些污染类型的可行组合工艺。

表 4-12　土壤污染类型及其可行组合工艺

土壤污染类型	可行组合工艺
非卤代挥发性有机物污染	空气喷射＋后续尾气处理（活性碳吸附、催化氧化等）
非卤代半挥发性有机物污染	热力强化蒸汽抽提（SVE）＋土壤生物修复
卤代半挥发性有机物污染	挖土＋化学脱卤＋土壤淋洗
燃料油类污染	土壤冲洗＋微生物修复
无机物污染	电动学修复＋植物修复
放射性物质污染	挖土＋异位玻璃化处理
爆炸性物质污染	挖土＋微生物修复
半挥发性有机物＋重金属复合污染	热解吸＋异位固化/稳定化处理
石油碳氢化合物＋重金属复合污染	蒸汽抽提＋生化堆处理＋水泥固化

复习思考题

4.1　土壤退化的概念及土壤退化类型有哪些？

4.2　分析土壤退化的原因。

4.3　分析中国土壤退化的现状与基本态势。

4.4　土壤退化的危害有哪些？

4.5　土壤退化可以分为几级？

4.6　分析土壤退化评价指标体系的确定。

4.7　土壤退化评价标准的确定依据有哪些？

4.8　分析物理修复、化学修复和生物修复的涵义及各修复技术的优缺点。

4.9　什么是原位修复？什么是异位修复？

第五章　土壤污染与修复概述

第一节　土壤污染

一、土壤污染

土壤是农业生产最基本的生产资料,也是人类社会赖以生存和发展的基础,合理利用会不断提高土壤肥力、土壤资源可持续利用,而不合理地利用就会导致土壤肥力下降,土壤退化甚至荒漠化。土壤同时也是地球强大的净化器,由于土壤胶体物质具有非常强的吸附物质的能力,可以将进入土壤的有害物质牢牢地束缚在土壤中,降低其活性,从而避免进入水体和其他的生态环境,也减少了进入食物链的数量。土壤中庞大而复杂的生物系统,可以迅速分解进入土壤中的许多有害有毒的物质。长期以来人类一直利用土壤处理各种废弃物,但土壤容纳和处理各种废弃物的数量是有一定限度的,超过这一限度就会导致土壤污染。

如何定义土壤污染,关系到一个国家关于土壤保护和土壤环境污染防治的技术法规的执行和制定,因此是一项十分必要又非常迫切的工作。目前对于土壤污染的定义尚不统一。有人认为:只要人类向土壤中添加了有害物质,土壤即受到了污染,此定义的关键是存在可借鉴的人为添加污染物,可视为"绝对性"定义;另一种是以特定的参照数据——土壤背景值加两倍标准偏差来加以判断的,如果超过此值,则认为土壤已被污染,视为"相对性"定义;第三种定义不但要看含量的增加,还要看后果,即当进入土壤的污染物超过土壤的自净能力,或污染物在土壤中的积累量超过土壤基准量,给生态系统造成了危害,此时才能被称为污染,这也可视为"相对性"定义。以上三种定义的出发点虽然不同,但有一点是共同的,即认为土壤中某种成分的含量明显高于原有含量时,即构成了污染,显然现阶段采用第三种定义更具有实际意义。

我国不同部门按照部门职责需要对土壤污染进行定义。我国国家环境保护部指出:当认为活动产生的污染进入土壤并积累到一定程度,引起土壤环境质量恶化,并进而造成农作物中某些指标超过国家标准的现象,称为土壤污染。全国科学技术名词审定委员会认为:土壤污染是指对人类及动、植物有害的化学物质经人类活动进入土壤,其累积数量和速度超过土壤净化速度的现象。中国农业百科全书土壤卷给出定义为:土壤污染是指人为活动将对人类本身和其他生命体有害的物质施加到土壤中,致使某些有害成分的含量明显高于土壤原有含量,而引起土壤环境质量恶化的现象。

二、土壤污染分类

土壤污染的类型很多,原因非常复杂,几乎都与人类活动有关。根据污染物的性质,土壤污染分为化学污染、物理污染、生物污染和放射性污染。

1. 化学污染

由于过量的化学物质进入土壤,超过土壤环境容量,从而导致土壤性质恶化、肥力下降。化学污染是土壤污染的主要类型,不仅面积大,而且种类繁多。根据化学组成,可将进入土壤的化学污染物质分为无机和有机两大类,有机污染物包括农药、石油及其裂解产物、各类有机合成材料等。有机污染物主要包括农药、多氯联苯、多环芳烃、农用塑料薄膜、合成洗涤剂、石油和石油制品,以及由城市污水、污泥和堆肥等带来的各种有机污染成分。无机污染物主要包括锌、铜、汞、镉、铅、砷等重金属;由氮硫氧化物形成的酸雨。

现代化农业离不开农药和化肥,目前广泛使用的化学农药约有 50 多种,其中主要包括有机磷农药、有机氯农药、氨基甲酸酯、拟除虫菊酯、苯氧羧酸类、胺类等。

我国是农药生产和应用最多的国家,并且不少是剧毒、高残留、难降解的农药,尽管目前对遭受农药污染的土壤面积和程度还缺乏充分、完全的了解,但已有不少报道蔬菜、水果等农药含量超标。如六六六、DDT 等尽管早已停止使用,但在不少土壤和农产品上仍然能够检测到。

环境激素或内分泌干扰素也是土壤的污染物之一,来源广泛,由于浓度比较低,常常被人们忽视,但由于其亲脂性,而且还有生物富集的特点,其危害也十分严重。

凡没有被植物吸收利用和未被根层土壤吸附固着的氮、磷等化学肥料养分,都会在根层以下积累,或向地下水进行转移,成为潜在的土壤污染源。

无机污染物主要包括化学废料、酸碱污染物和重金属污染物三种。硝酸盐、硫酸盐、氯化物、氟化物、可溶性碳酸盐等化合物,是常见而大量的土壤无机污染物。硫酸盐土壤污染会使土壤板结,改变土壤结构;氯化物和可溶性碳酸盐污染土壤会使土壤盐渍化,降低土壤肥力;硝酸盐和氟化物污染土壤会影响水质,在一定条件下还会导致农作物含氟增高。

土壤重金属污染源主要包括：采矿选矿、冶金、机械加工制造、化工等行业的废水、废渣、废气，其中污水灌溉所导致的土壤重金属含量超标十分严重。近几年来，由于不恰当地回收利用电子设备，重金属污染在一些地区已经成为灾难。

我国的能源以煤炭为主，燃煤所排放的硫化物经过光化学反应形成硫酸酸雨，不仅造成土壤酸化、土壤肥力完全丧失，而且还会直接危害植物。重庆、贵州等地区酸雨的危害相当严重。随着汽车产业的发展，燃油所致的硝酸酸雨也将越来越严重。

2. 物理污染

物理污染指固体物质进入土壤，从而导致土壤性质改变，主要是物理性质恶化、肥力下降。物理污染物主要有残留地膜、塑料废弃物、矿山的尾矿、废石、粉煤灰、工业垃圾和城市垃圾等。我国自上世纪 80 年代引进地膜生产和覆盖栽培技术，已经成为农用塑料膜使用最多最广泛的国家，地膜覆盖栽培面积达 667 多万 hm^2，用量上百万吨，地膜覆盖已经成为不少地区农业生产极其重要的技术之一。残留地膜对土壤及周边环境的危害已经十分严重，成为"白色污染"。

3. 生物污染

生物污染指外源生物或基因进入土壤后，破坏或改变土著生物区系和群落结构，特别减少有益生物数量，增加有害生物数量，从而影响土壤生物及生物化学过程，降低土壤肥力。主要包括带有各种病菌的城市垃圾、生活废水、畜禽粪便等以各种途径引入的有害生物。动植物入侵所造成的危害已经触目惊心，特别需要警惕的是，随着分子生物学的发展和技术进步，越来越多的基因将被引入植物、动物和微生物，这些新的基因最终部分将进入土壤，它们对土著微生物的影响还很难预料。

4. 放射性污染

放射性污染指核原料开采、大气层核爆炸散落的放射性微粒对土壤造成的污染，这类污染对土壤物理和化学性质没有太大的影响，但可能对土壤生物和生长的植物及人类造成非常大的伤害。

三、土壤污染的形成

土壤污染的发生与其所处的位置和功能密切相关。土壤中污染物的来源主要有三种途径：

（1）土壤是农业生产的基础条件，为了提高农作物的产量和质量，人们普遍施用化肥和农药，这是污染物质进入土壤的首要途径。我国每年的化肥施用量超过 4 千万 t，那些未被植物吸收利用的养分都在根层以下积累或转入地下，致使大量的氮、磷等物质固着囤积，破坏了土壤结构，造成土壤板结、土质变差、根层变浅、持水保肥能力下降、生物学性质恶化,从而影响农作物的质量和产量。而且残留在土壤中的氮、磷化合物,会在地表径流或土壤风蚀的作用下向其他地方转移,扩大污染范围。

(2)土壤是垃圾、废渣和废水的重要处理场所,大量有害的无机和有机污染物质随此而进入土壤。未经处理或未达到排放标准的工业污水中含有重金属、酚、氰化物等许多有毒有害物质,会将污水中有毒有害的物质带至农田,在灌溉渠系两侧会形成污染带;工业固体废弃物和城市垃圾向土壤直接倾倒,在日晒、雨淋、水洗等的作用下污染土壤。

(3)土壤是生态系统的组成部分之一,大气圈和水圈中存在的污染物可经过多种迁移和转化途径而进入土壤,从而使土壤遭受污染。

四、土壤污染的特点

1. 隐蔽性和潜伏性

土壤污染对动物和人体的危害,往往通过农作物包括粮食、蔬菜、水果以及牧草等,即通过食物链逐级积累而发生的,人们往往深受其害而懵然不知。另外,污染物质在大气和水体中,一般都比在土壤中更容易迁移,因此土壤污染从遭受污染到产生危害效应有一个相当长的时期和逐步积累的过程,日本的"痛痛病"便是一个典型的例证。

2. 不可逆性和长期性

土壤一旦受到污染就极难恢复,重金属对土壤的污染是一个不可逆的过程,而许多有机化合物的污染也需要一个相当长的降解时间。例如,沈阳抚顺污水灌溉区域发生的石油、酚类和镉的污染,造成大面积的土壤毒化,进而致使水稻矮化、稻米异味等,经过十余年的努力才得以改变。

3. 后果严重性

土壤污染可直接导致食品品质下降,有些地区污水灌溉已经使得蔬菜的味道变差、易腐烂,甚至出现难闻的异味。土壤污染严重影响了人们的身体健康,而且给社会带来了无法估计的经济损失。三氯乙醛的污染是一个比较典型的事例,它是由施用三氯乙醛的废硫酸生产的农药,通过磷酸钙肥料所引起。其中万亩以上的污染事故在山东、河南、河北、辽宁、苏北、皖北等地曾多次发生,受害品质包括小麦、花生、玉米等十多种农作物,轻则减产、重则绝收。有些田块毁苗后重新播种多次仍然受害,损失十分惨重。

4. 难以治理

土壤污染一旦发生,仅仅依靠切断污染源的方法很难恢复,有时要靠换土、淋洗土壤等方法才能解决问题,治理污染土壤通常成本较高,治理周期较长。六六

六、DDT 在我国已经被禁用 20 多年了,但至今仍能从土壤环境中检测出来,为难以降解的有机氯农药污染土壤治理困难的典型事例。

5. 防治基础薄弱

到目前为止,我国土壤污染的面积、分布和污染程度都不甚清楚,导致防治措施缺乏针对性;相关防治法律法规不规范不健全,土壤环境标准体系也未完善;资金投入有限,土壤科学研究难以深入进行;有相当部分的干部群众和企业界对土壤污染的严重性和危害性缺乏认识,没有危机感和紧迫感。

五、土壤污染的修复技术

污染土壤修复的目的在于降低土壤中污染物的浓度、固定土壤污染物、将土壤污染物转化成毒性较低或无毒的物质、阻断土壤污染物在生态系统中的转移途径,从而减小土壤污染物对环境、人体或其他生物体的危害。

污染物的存在,造成了土壤物理、化学性质的变化、土壤生物群落的破坏等一系列的环境问题。污染物在农作物和其他植物中的积累,进而威胁高营养级生物的生存和人类的健康。鉴于土壤污染的严重危害,世界各发达国家纷纷制定了土壤修复计划。荷兰在 20 世纪 80 年代就已花费约 15 亿美元进行土壤的修复工作,德国曾投资约 60 亿美元净化土壤,美国在 90 年代计划用于土壤修复方面的投资约有几百亿甚至上千亿美元。

污染土壤修复技术根据其位置变化与否可分为原位修复技术和异位修复技术。原位修复技术指对未挖掘的土壤进行治理的过程,对土壤没有什么扰动。这是目前欧洲最广泛采用的技术。异位修复技术指对挖掘后的土壤进行处理的过程。按操作原理污染土壤修复技术可分为物理修复技术、化学修复技术、微生物修复技术和植物修复技术 4 大类。其中生物修复技术具有成本低、处理效果好、环境影响小、无二次污染等优点,被认为最有发展前景。

(一)物理修复技术

物理修复技术主要包括:土壤蒸气提取技术、固化/稳定化技术、玻璃化技术、热处理技术、电动力学修复技术、稀释和覆土等。

1. 土壤蒸气提取技术

土壤蒸气提取技术是指通过降低土壤孔隙的蒸气压,把土壤中的污染物转化为蒸气形式而加以去除的技术。该技术适用于去除不饱和土壤中高挥发性有机组分污染的土壤,如被汽油、苯和四氯乙烯等污染的土壤。

土壤蒸气提取技术主要用于处理挥发有机卤代物和非有机卤代物污染土壤的修复。运行和维护所需时间依赖于处理速度和处理量。处理的速度与单批处理的时间和单批处理量有关。通常每批污染土壤的处理需要 4~6 个月。

土壤理化性质对原位土壤蒸气提取技术的应用效果有很大的影响,主要影响因子有土壤容重、孔隙度、土壤湿度、土壤温度、土壤质地、有机质含量、空气传导率以及地下水深度等。经验表明,采取原位土壤蒸气提取技术的土壤应具有质地均一、渗透能力强、孔隙度大、湿度小、地下水位较深的特点。

2. 稳定化技术

稳定化技术是指通过物理的或化学的作用以固定土壤污染的一组技术。稳定化技术指通过化学物质与污染物之间的化学反应使污染物转化成不溶态的过程。稳定化技术不一定会改善土壤的物理性质。固定化技术和玻璃化技术通常也属于稳定化技术范畴,固化技术指向土壤添加黏结剂而引起石块固体形成的过程。玻璃化技术是指使高温熔融的污染土壤形成玻璃载体或固结成团的技术。从广义上说,玻璃化技术属于固化技术范畴。玻璃化技术既适合于原位处理,也适合于异位处理。土壤熔融后,污染物被固结于稳定的玻璃体中,不再对其他环境产生污染,但土壤也完全丧失生产力。玻璃化作用对砷、铅、硒和氯化物的固定效率比其他无机污染物低。

稳定化技术采用的黏结剂主要是水泥、石灰等,也包括一些有专利的添加剂。水泥可以和其他黏结剂(如石灰、溶解的硅酸盐、亲有机的黏粒、活性炭等)共同使用。有的学者又基于黏结剂的不同,将稳定化技术分为水泥和混合水泥稳定化技术、石灰稳定化技术和玻璃化稳定化技术3类。

稳定化技术可以被用于处理大量的无机污染物,也可适用于部分有机污染物。稳定化技术具有可以同时处理被多种污染物污染的土壤,具有设备简单、费用较低等优点。固化/稳定化技术最主要的问题在于它不破坏、不减少土壤中的污染物,而仅仅是限制污染物对环境的有效性。随着时间的推移,被固定的污染物有可能重新释放出来,对环境造成危害,因此它的长期有效性受到质疑。

3. 热处理技术

热处理技术是利用高温所产生的一些物理或化学作用,如挥发、燃烧、热解,将土壤中的有毒物质去除或破坏的过程。热处理技术最常用于处理有机污染的土壤,也适用于部分重金属污染的土壤。挥发性金属(如汞)尽管不能被破坏,但可能通过热处理技术而被去除。热处理技术包括热解吸技术和焚烧技术。

(1)热解吸技术

热解吸技术是以浓缩污染物或高温破坏污染物的方式处理土壤热解析而产生的废气中的污染物。使土壤污染物转移到蒸气相所需的温度取决于土壤类型和污染物存在的物理状态,通常为 150℃~540℃。热解吸技术适用的污染物有挥发和半挥发有机污染物、卤化或非卤化有机污染物、多环芳烃、重金属、氰化物、炸药等,不适用于多氯联苯、二噁英、呋喃、除草剂和农药、石棉、非金属、腐蚀性物质。

（2）焚烧技术

焚烧技术是指在高温条件下（800℃～2500℃）通过热氧化作用以破坏污染物的异位热处理技术。焚烧技术适用的污染物包括挥发和半挥发有机污染物、卤化和非卤化有机污染物、多环芳烃、多氯联苯、二噁英、呋喃、除草剂和农药、氰化物、炸药、石棉、腐蚀性物质等，不适用于非金属和重金属。所有土壤类型都可以采用焚烧技术处置。

（二）化学修复技术

污染土壤的化学修复技术是利用加入土壤中的化学修复剂与污染物发生一定的化学反应，使污染物被降解和毒性被去除或降低的修复技术。根据污染土壤的特征和污染物的不同，化学修复手段可以将液体、气体或活性胶体注入土壤下表层、含水土层。注入的化学物质可以是氧化剂、还原剂/沉淀剂或解析剂/增溶剂。通常情况下，根据污染物类型和土壤特征，当生物修复法在速度和广度上不能满足污染土壤修复的需要时再选择化学修复方法。目前，化学修复技术主要涵盖以下几方面的技术类型：化学淋洗技术、溶剂浸提技术、化学氧化还原修复技术、土壤改良修复技术等。

1. 化学淋洗技术

化学淋洗技术是指借助能促进土壤环境中污染物溶解或迁移作用的溶剂，通过水力压头推动清洗液，将其注入被污染土层中，然后再把包含有污染物的液体从土层中抽提出来，进行分离和污水处理的技术。溶剂浸提技术通常也被称为化学浸提技术，是一种利用溶剂将有害化学物质从污染土壤中提取出来进入有机溶剂中，而后分离溶剂和污染物的技术。

由于化学淋洗过程的主要手段在于向污染土壤注射溶剂或化学助剂，因此，提高污染土壤中污染物的溶解性和它在液相中的可迁移性是实施该技术的关键。这种溶剂或化学助剂应该是具有增溶、乳化效果，或能改变污染物化学性质的物质。化学淋洗技术适用范围较广，可用来处理有机、无机污染物。目前，化学淋洗技术主要围绕着用表面活性剂处理有机污染物，用螯合剂或酸处理重金属来修复被污染的土壤。

2. 化学氧化修复技术

化学氧化修复技术主要是通过掺进土壤中的化学氧化剂与污染物所产生的氧化反应，使污染物成为无毒物质的一项污染土壤修复技术。化学修复技术不需要将污染土壤全部挖掘出来，而只是在污染区的不同深度钻井，然后通过井中的泵将氧化剂注入土壤中，使氧化剂与污染物充分接触、发生氧化反应而被分解为无害物。

原位化学氧化修复技术的优点在于它可以原位治理污染。土壤的修复工作完成后,一般只在原污染区留下了水、二氧化碳等无害的化学反应产物。通常,原位化学氧化修复技术用来处理其他方法无效的污染土壤,比如在污染区位于地下水深处的情况下。

该技术主要用来修复被油类、有机溶剂、多环芳烃、PCP、农药以及非水溶液氯化物等污染物污染的土壤,通常这些污染物在被污染的土壤中长期存在,很难被生物所降解。

最常用的氧化剂是 H_2O_2、K_2MnO_4 和 O_3,以液体形式泵入地下污染区。

3. 电动力学修复技术

电动力学修复技术是指向土壤两侧施加直流电压形成电场梯度,土壤中的污染物在电解、电迁移、扩散、电渗透、电泳等的共同作用下使土壤溶液中的离子向电极附近富集从而被去除的技术。

电动力学技术可以处理的污染物包括重金属、放射性核素、有毒阴离子(硝酸盐、硫酸盐)、氰化物、石油烃、炸药、有机/离子混合污染物、卤代烃、非卤化污染物、多环芳烃。但最适合电动力学技术处理的污染物是金属污染物。

具有水力传导率较低、污染物水溶性较高、水中的离子化物质浓度相对较低等特征的土壤适于电动力学修复技术。黏质土在正常条件下,离子的迁移很弱,但在电场的作用下得到增强。影响原位电动力学修复过程的费用的主要因素是土壤性质、污染深度、电极和处理区设置的费用、处理时间、劳力和电费。

(三)生物修复技术

生物修复应是指综合运用现代生物技术手段,使土壤中有害污染物得以去除、土壤质量提高或改善的过程,其应既包括传统的有机污染土壤的微生物修复,也包括植物、动物和酶等修复方法。

生物修复技术的出现和发展反映了污染防治工作已从耗氧有机污染物深入到影响更为深远的有毒有害有机污染物,并且从地表水扩展到土壤、地下水和海洋。这种新兴的环境微生物技术近年来已受到环境科学界的广泛关注。

1. 植物修复技术

污染土壤植物修复技术指利用植物及其根际微生物对土壤污染物的吸收、挥发、转化、降解、固定作用而去除土壤中污染物的修复技术。

一般来说,植物对土壤中的无机污染物和有机污染物都有不同程度的吸收、挥发和降解等修复作用,有的植物甚至同时具有上述几种作用。根据修复植物在某一方面的修复功能和特点可将污染土壤植物修复技术分为植物提取修复、植物挥发修复、植物稳定修复、植物降解修复、根际圈生物降解修复。

植物提取修复为利用重金属超积累植物从污染土壤中超量吸收、积累一种或几种重金属元素,之后将植物整体(包括部分根)收获并集中处理的技术。

植物挥发修复为利用植物将土壤中的一些挥发性污染物吸收到植物体内,然后将其转化为气态物质释放到大气中,从而对污染土壤起到治理作用。

植物稳定修复为通过耐性植物根系分泌物质来积累和沉淀根际圈污染物质,使其失去生物有效性,以减少污染物质的毒害作用。

植物降解修复为利用修复植物的转化和降解作用去除土壤中有机污染物质,其修复途径包括污染物质在植物体内转化和分解及在植物根分泌物酶的作用下引起的降解。

根际圈生物降解修复为利用植物根际圈菌根真菌、专性或非专性细菌等微生物的降解作用来转化有机污染物,降低或彻底消除其生物毒性,从而达到有机污染土壤修复的目的。

植物降解一般对某些结构比较简单的有机污染物去除效率很高,但对结构复杂的污染物质则无能为力。

2. 微生物修复技术

大多数环境中都进行着天然的微生物降解和净化有毒有害有机污染物的过程。研究表明,大多数土壤含有能降解低浓度芳香化合物(如苯、甲苯、乙基苯和二甲苯)的微生物,只要地下水中含足够的溶解氧,污染物的生物降解就可以进行。但是,在自然条件下,由于溶解氧不足、营养盐缺乏和具高效降解能力的微生物生长缓慢等限制性因素,微生物自然净化速度很慢,需要采用各种方法来强化这一过程。例如,提供氧气或其他电子受体,添加氮、磷营养盐,接种经驯化培养的高效微生物等,以便能够迅速去除污染物,这就是生物修复的基本思想。

发达国家于 20 世纪 80 年代开始了这方面的研究,我国则在 90 年代才有这方面的报道。微生物对有机污染土壤的修复是以其对污染物的降解和转化为基础的,其修复包括好氧和厌氧两个过程。完全的好氧过程可使土壤中的有机污染物通过微生物的降解和转化而成为二氧化碳和水,厌氧过程的主要产物为有机酸与其他产物(甲烷或氢气)。虽然,污染土壤微生物修复的最终目的是将污染物降解为对人类或环境无害的产物,但有机污染物的降解是一个涉及许多酶和微生物种类的分步过程,一些污染物可能不能被彻底降解,只是转化成毒性和移动性较弱或更强的中间产物。

通过十余年的不断研究,微生物修复技术已应用于地下储油罐污染地、原油污染海湾、石油泄漏污染地及其废弃物堆置场、含氯溶剂、苯、菲等多种有机污染土壤的生物修复。如何提高微生物修复的功能是当前研究的热点之一,微生物修复过程是一项涉及污染物特性、微生物生态结构和环境条件的复杂系统工程。目前,虽然在利用基因工程菌构建高效降解污染物的微生物菌株方面取得了巨大成功,但人们对基因工程菌应用于环境的潜在风险性仍存在种种担心。美国、日本、欧洲等大多数国家对基因工程菌的实际应用有严格的立法控制,因而实际应用并非易事。在对微生物修复影响因子充分研究的基础上,寻求提高微生物修复效能的其他途径就显得非常迫切。

提高微生物修复作用的方法有以下几种:

① 接种微生物。土著微生物一般存在生长速度慢、代谢活性不高的缺点,在污染区域中大量接种微生物并形成生长优势,可促进微生物对污染物的降解。

② 添加外源营养物。有机污染土壤可为微生物活动提高充足的碳源,但 N、P 营养是限制微生物活性的重要因子,适当添加外源营养物可加速微生物对有机污染物的降解。

③ 添加电子受体。电子受体的种类和浓度是影响污染物降解速度和程度的重要因素之一,包括溶解氧、有机物分解的中间产物和无机酸根三大类。生物通风也是当前应用较多的土壤曝气方法之一。

④ 植物-微生物联合修复。植物的蒸腾作用为土壤提供了一个太阳能驱动的泵系统,植物可提高污染土壤的生物修复过程。有学者研究认为,种植植物后,根际中的微生物活性、生物量及三氯乙烯(TCE)的生物降解明显高于没有植物的土壤。植物-微生物联合修复技术对污染物的修复能力与植物种类具有密切关系,植物种类不同,根的形态、初级和次级代谢作用及与其他生物的生态作用等也存在很大差异。

⑤ 化学-微生物联合修复。污染物降解主要通过微生物酶的作用来进行。然而,许多微生物酶并不是胞外酶,污染物只有与微生物相接触,才能被降解。表面活性剂能提高憎水性有机污染的亲水性和生物可利用性。非离子表面活性剂(如 Triton、$X-100$、$AEO-9$ 等)、阴离子表面活性剂(如十二烷基苯磺酸钠等)、阳离子表面活性剂(如季铵盐类 CTAB 等)等表面活性剂不但可以吸附污染物,还可增加污染物与微生物的接触几率,提高微生物对污染土壤的修复效率。

⑥ 调控其他环境因子。调控土壤环境条件,使之处于微生物降解的最适状态,是提高污染土壤微生物修复工程的重要组成部分。

微生物修复技术具有费用省、环境影响小、效率高、最大限度地降低污染物浓度等优点,但其也表现出一定的局限性。如微生物不能降解所有进入环境的污染物、特定的微生物,只能降解特定类型的化学物质。微生物活性受温度和其他环境条件的影响,有些情况下,生物修复不能将污染物全部去除。

生物处理事例列举:

例一,Bxxon Valdez 号超级油轮装载的原油在 8h 内泄漏到美国阿拉斯加海岸,受影响的海岸长达 1450km,由此 Bxxon 公司和环保局随后就开始了著名的"阿拉斯加研究计划",这是到目前为止规模最大的现场生物修复工程。在工程实施过程中,对受污染的海滩有控制地添加两种亲油的微生物营养成分,然后采样分析添加营养成分的速度对促进生物降解油的效果。海滩沉积物表面和次表面的异养菌和石油降解菌的数量增加了 1～2 个数量级,石油污染物的降解速度提高了 2～3 倍,使净化过程加快了近 2 个月。同时,这个研究项目还表明,石油泄漏后不久,就能观察到生物降解作用,营养物质的加入并未引起受污染海滩附近海洋环境的富营养化。

例二,纽约长岛汽油站约有 106t 汽油因汽油泄漏而进入附近土壤和地下水中,采用双氧水作为供氧体,对该石油污染土壤进行生物修复处理。经过 21 个月的处理,估计通过生物作用去除了约为 17.6t 汽油,占总去除量的 72%。经过生物修复处理后,土壤中的汽油含量已低于检测限。

第二节　土壤修复标准的建立

一、土壤污染的防治措施

1. 发展清洁生产技术

控制和消除土壤污染源是防止污染的根本措施。控制土壤污染源,即控制进入土壤中污染物的数量和速度,使其在土体中缓慢地自然降解,以免产生土壤污染。

应大力推广清洁工艺,以减少或消除污染源,对工业"三废"及城市废弃物必须处理与回收,即进行废弃物资源化。对排放的"三废"要净化处理,控制污染物的排放数量和浓度。禁止或限制使用剧毒、高残留农药,如有机氯农药;发展高效、低毒、低残留农药,如除虫菊酯、烟碱等植物体天然成分的农药;大力开展微生物与激素农药的研究。要合理施用硝酸盐和磷酸盐等肥料,避免过多使用,造成土壤污染。

2. 发展土壤污染修复技术

目前土壤修复技术主要有固化修复、玻璃化修复、热处理修复、冲洗修复、泵出处理修复和生物修复等。各具体修复技术会在本教材的相关章节中陆续介绍。

二、土壤修复标准的建立

近年来,对于污染土壤的修复研究一直是热点领域。但是对于污染土壤修复标准的制定却远远落后于修复方法的研究,这就很难说清楚土壤修复到什么程度可以认为是清洁的。

(一)我国污染土壤修复标准的现状

一直以来我国对于土壤环境影响评价和污染土壤修复效果评价都在应用1996年3月起实施的我国土壤环境质量标准(GB 15618—1995),在我国污染土壤修复标准尚未建立起来之前,土壤环境质量标准在一定程度上可以间接作为我国农田、蔬菜地、茶园、果园、牧场、林地和自然保护区等污染土壤的修复标准。

但是随着时间的推移和科学技术的发展,该土壤环境质量标准存在的不足也越来越明显。土壤环境质量标准编写过程中,主要使用了"七五"攻关项目的有关土壤环境背景值和环境容量的重要研究成果,但那毕竟是20多年前的数据了,而这20多年恰恰是中国经济发展最快,同时也是污染最严重的时期。当前我国土壤污染的实际情况到底是怎样的,发展趋势如何,很难说清楚。这样就使土壤环境质量标准很难适用于当今的污染土壤修复效果评价。

而且,污染土壤修复标准与土壤环境质量标准两者之间存在着许多实质性差异。前者目标是使土壤环境中的污染物降低到不足以导致较大的或不可接受的生态损害和健康危害的程度,而后者的目标是保护土地资源及避免土地污染的发生。

(二)建立土壤修复标准的方法

目前,理论和技术上可行的修复技术主要有生物修复、化学修复、物理修复和综合修复等几大类,在我国有些修复技术已经进入现场应用阶段并取得了较好的治理效果。但经过修复的土地是否达到清洁标准,是否满足各种用途的土地再利用要求,还没有一个评判的标准。一个土壤修复标准方法体系的建立是由多方面因素决定的。除了修复技术水平、仪器可检出水平、环境背景水平、法规可调控清洁水平外,还应考虑以下几点:

1. 污染物的选择

污染物的选择是制定污染土壤修复标准的首要工作。污染物的选择要考虑到污染物的普遍性,不同国家、地区的土壤中普遍存在的污染物是不同的,在同一地区的不同时间土壤中存在的污染物也有可能不同。

而我国当前土壤污染物主要分为四大类:

一是镉、铅、汞、砷、铜、锌等有害重金属,它们多来自于矿产品开采冶炼、废弃物以及燃烧等;

二是农药、兽药、抗生素等污染物;

三是多氯联苯类、多环芳烃类等持久性毒害有机污染物,它们主要通过废旧电器拆卸,有机垃圾燃烧的大气沉降等进入土壤;

四是大量施用化肥引起硝酸盐等的过量积累。在制定我国污染土壤修复标准时应对这四大类污染物质有充分的体现。

2. 分析检测方法

建立污染土壤修复标准的目的是建立一种土壤清洁水平,当达到这种清洁水平后土壤环境中的污染物就不会对人体健康和生态系统构成威胁。土壤中的污染物质总的来说可以分为有机和无机两大类。各种重金属是土壤中无机污染物的主要构成部分，对人体健康和生态系统构成威胁的是由这些重金属的有效态部分造成的，因而，在评定土壤中无机污染物影响时，不能以总量的方式，应主要考虑重金属有效态的含量。

一般把重金属分为以下几种形态：可交换态（其中包括水溶态）、碳酸盐结合态、铁猛氧化物结合态、有机质结合态和残渣态。其中，可交换态和碳酸盐结合态与有效态之间有着密切的关系。但是对于有效态与总量的关系，以及各种形态在不同的外部条件及时间的变化下有怎样的转化关系仍有待进一步研究。

随着科学技术的发展，分析方法也是日新月异，对于同一种污染物质运用不同的分析方法可能得到相同的结果，运用不同型号（精确度）的同种仪器进行分析时，也有可能得到不同的结果。由于我国地区间发展的不平衡，对于一些实验方法，有些地区具备实验条件，有些地区不具备实验条件。所以在建立我国土壤修复标准时，应充分考虑到我国实验设备条件因不同部门、不同实验室和不同地区的差异，规范测试方法。同时也可以考虑参考国外其他国家的一些做法，建立分析检测规程认证制度。

3. 修复标准的分类

就目前土壤修复的技术方法来看，植物修复的周期比较长，在实际的修复工程中很难起到主导作用。而在实际土壤修复工程中常用的化学修复、物理修复的成本还比较高，所以不论是发达国家还是我国在选择目标修复土壤时都会考虑经济利益代价。要么优先考虑修复城市土地价值高的土地，要么考虑修复虽然土地价值不高但污染非常严重，对人体健康造成很大威胁的土地。

所以，我们认为我国土壤修复标准的分类方式不应局限在现有土壤环境质量标准（GB 15618—1995）的分类方法中，应充分考虑到城市土地修复后再利用的问题，尤其是在我国的一些老工业基地，由于国有企业的倒闭、外迁，城市中心遗留了大量的污染土地，对这些污染土地的修复和土地再利用急需一个适合我国特点的土壤修复标准。

国外的土壤修复标准一般都是按照土壤类型或土壤修复后再利用的目的进行分类的。他们把修复后的土地用途分为农业用地、居住（公园）用地、非居住区（工业用地、商业用地、体育用地和广场用地等），以及保护地下水为目的等。

我国的土壤修复标准根据修复后再利用的目的分为 4 类是比较适宜的：①农业用地（包括蔬菜种植和养殖用地）；②居住用地（包括花卉种植）；③非居住用地；④保护地下水。4 类标准的制定是出于我国污染土壤修复的特点，在我国被污染的土地中农业用地所占的比重最大。

土壤经过修复后的最佳目标就是恢复其农业用地的功能,而在城市土壤修复后土地的利用类型一般都为住宅、工业园区、商业区和写字楼等居住用地或非居住用地。另外对于污染特别严重的土地,首先要考虑的就是要采取适当的措施防止其对地下水的污染。这样的分类方法可以简化污染土地再利用风险评价的程序,为修复方法的选择提供更多的帮助。

4. 对地下水的保护

众所周知,当进入土壤环境中的污染物达到一定数量时,首先会通过各种迁移、淋溶过程污染地下水,甚至迁移进入作为饮用水的地表水中。我国近年来随着乡镇企业的发展和环保措施的滞后,地面污染物造成地下水污染的事故逐年增加。防止污染土壤对地下水的影响已经成为污染土壤修复的重点之一。

国外已经制定污染土壤修复标准的国家,无不把污染土壤修复后是否还会对地下水构成潜在的威胁作为制定污染土壤修复标准的重点。

5. 生态毒理学评价标准

污染土壤修复的目的是避免污染土壤对人类健康造成伤害和对周围生态环境构成威胁。所以世界各国的土壤修复标准大多建立在健康毒理学(国内亦称为卫生毒理学)和生态毒理学的基础上。美国新泽西州的《土壤修复标准》中居住区和非居住区标准就是依据人类健康风险评价建立的,假设的风险暴露途径包括:皮肤摄取、直接吸入、通过地下水影响、皮肤接触的过敏性(主要是六价铬)等。其中在皮肤摄取和直接吸入两个方面主要从毒理学层次考虑来制定标准,分别设定了致癌和非致癌两个端点,其数值取 4 个端点的最低值。

第三节　污染土壤修复效果评定方法

一、污染土壤修复效果评定的概念及内涵

污染土壤修复后,其修复效果如何,是否达到预定的工程目标或修复的标准,是否还会对土壤生态系统和人类的健康构成威胁,需要对修复后的土壤进行后效观察,通过灵敏和有效的诊断方法对污染土壤修复效果进行评定来给出明确的答复。

污染土壤修复效果评定是土壤修复环境工程必不可少的重要环节。污染土壤修复效果的评定就是结合有效的化学分析手段,通过对土壤生态系统中不同物种生物组分损伤的观察,定性或定量预测修复后土壤中污染物对土壤生态系统和人类健康产生有害影响的可能性。

污染土壤在进行修复的过程中,污染物的去除受土壤中多种生物、物理和化学因素的干扰,从而会发生许多不利于污染物被彻底清除的负效应。土壤在修复过程中其物理、化学和生物特性都会改变,目标污染物的减少并不意味着土壤在生态学意义上就是清洁的或是安全的。

Knoke 等进行的土壤清洁研究发现,清洁修复后的有机污染土壤中,目标污染物虽然明显减少,但通过毒性试验检验表明土壤的毒性反而增强。孙铁珩等在研究石油污染土壤生物修复时发现,土壤中矿物油含量明显减少,但荧蒽和其他高环多环芳烃的数量和质量又明显增加。

因此,单纯依靠化学方法进行土壤修复效果的评定,不能表征土壤的整体质量特征。为了解决这一问题,人们开始把生物分析和化学分析共同使用,把污染土壤诊断中生态毒理学诊断的一些方法,运用到污染土壤修复效果的判定中,这样可以为土壤修复效果和修复土地再用风险分析提供最可靠的结果。

二、土壤修复效果评定方法

当前,国内对于污染土壤修复效果的评定,一般是通过对土壤中目标污染物的检测值与《土壤环境质量标准》(GB 15618)进行比较来评定污染土壤的修复效果。一些发达国家对于污染土壤修复效果的评价,一般是通过对土壤中目标污染物的检测与由土地再用目的和风险评价得出的污染物在土壤中的允许浓度进行比较来确定修复效果,这样做均不能真实地反映污染土壤修复后的生态安全性。但是,一些土壤污染诊断的方法可以把土壤的健康状况与修复的效果紧密联系起来,完全可以应用于污染土壤修复效果的评定。

1. 植物毒性评定法

植物是土壤生态系统中的重要组成部分。一个平衡、稳定的土壤生态系统将会生产出健康、优良的植物;反之,一个不稳定或受到外来污染的土壤生态系统,对植物的生长可能带来不利影响。因此,利用植物的生长状况监测土壤污染,是从植物生态学角度评定污染土壤修复效果的重要方法。

(1)植物的受害症状评定法

进入土壤,植物系统的污染物超过一定浓度就会对该系统产生影响,这种影响可以直接通过植物生长的状态得到表征。植物的受害症状评定主要是通过肉眼观察植物体受污染影响后发生的形态变化。生长在污染土壤中的敏感植物受污染物的影响,会引起根、茎、叶在色泽、形状等方面的症状。锰过剩引起植株中毒,会使老叶边缘和叶尖出现许多焦枯褐色的小斑并逐渐扩大。铜、铅、锌污染会使水稻的植株高度减小、分蘖数减少、茎叶及稻谷产量降低。锌使印度芥菜的根量随处理浓度的升高而显著减少;铜、铅、镉、锌的单一及复合污染均使其叶片失绿。镉进入植物体内并积累到一定程度,会出现生长迟缓、植株矮小、退绿、生物量下降等现象。使用植物的受害症状评定污染土壤修复效果方法简单、直观。但是植物的一些受害症状只有当污染物浓度较高的时候才能表现出来,例如,当棕壤中的 Pb 的浓度为 2000mg/kg 时,对小麦的发芽率并没有影响,但这个浓度已经远远超过了 Pb 的土壤安全标准。在污染物与植物受害症状的剂量-效应关系中,根伸长抑制率是最为常用,也是最敏感的指标之一。当土壤中的铅浓度为 200mg/kg 时白菜的根伸长即受到明显抑制。而芽伸长和发芽率受到明显影响时,土壤铅浓度分别为500mg/kg 和 2700mg/kg。

(2)植物体内污染物含量评定法

经过修复后的土壤中污染物的含量可能很低,但是经过食物链的富集还是可能对人体健康构成威胁。通过分析这些在修复后土壤中生长的植物体内污染物的含量,可以判断污染土壤的修复效果。目前最常用的分析方法是:分析植物种植前后土壤中重金属含量的变化与植物吸收重金属的量的相关性,寻找相关性较好的植物作为指示植物。Shuhe Wei 等首先提出用黑麦幼苗法测定土壤中营养元素的含量,由于该法是一种十分有效、简便而且快速的生物实验技术,近十年来已经广泛应用到环境科学实验中来研究一些痕量元素的生物有效性,并通过实验找到了可以替代黑麦的最佳植物——小麦。近年来,也有学者用可食用植物中污染物的含量和生理生化反应来指示土壤中污染物的浓度。例如,Lee 等用胡萝卜吸收镉的量表征土壤受重金属镉的污染程度,Felsot 等利用各种豆科植物的变色病监测除草剂的大气沉降量,Millis 等用莴苣内镉的含量与土壤中镉含量的比值来评价土壤的镉污染情况。运用植物体内污染物含量来评定污染土壤的修复效果考虑到了修复结果对人体健康的威胁,但是植物对土壤中污染物质的吸收是一个复杂的过程,土壤的理化性质对植物吸收污染物有很大的影响,而且在修复过程中EDTA、氮磷钾及有机肥等的施用也对运用植物体内污染物含量来评定修复效果有一定的影响。

(3)藻类毒性评定法

藻类作为水生生态系统的初级生产者对生态系统的平衡和稳定起着重要作用。单细胞藻类个体小,世代时间以小时计算,因此,是一种理想的实验材料。藻类作为水生生态系统污染诊断的指标已有多年的历史。近年来,研究者发现,藻类不但适合水生生态系统污染诊断,通过适当的改进,也可用于污染土壤修复效果的评定。王颖等运用土壤酸性浸提液对斜生栅藻毒性进行了试验,结果表明:重金属的投加量与斜生栅藻增长率之间有明显的相关性,随土壤重金属投加量的增加,斜生栅藻的增长率明显降低。但是运用藻类来评定污染土壤修复效果也存在许多有待解决问题。其中首要的问题是用什么样的浸提液来浸提土壤,才能使浸提液有很好的代表性。对于重金属来说,在土壤中是以不同形态存在的,用不同的浸提方法可以得到不同形态的重金属,对于有机物来说,浸提剂的选择要充分考虑到污染物在固液两相的分配系数。另外,浸提剂的酸碱度等对藻类增长率是否有影响,都是需要考虑的问题。

2. 陆生无脊椎动物评定法

土壤修复的目的是恢复土壤作为植物和土壤动物栖息地的功能。以不同陆生无脊椎动物毒理试验评价土壤修复状况,是将那些对土壤污染具有敏感指示作用的物种作为指示动物,将它们暴露于土壤污染物中,以适当的试验系统准确地、精确地记录污染土壤对栖息动物危害与风险,从而达到对土壤修复状况(污染或清洁)的指示作用。用陆生无脊椎动物对修复后的土壤进行评定,不仅包括使用存活率的测定,也包括生长、繁殖、动物群落构成等重要参数的分析。

目前常用指示动物主要是蚯蚓和跳尾目昆虫(表 5-1),因为这两个物种的世代期都是 14d,试验毒性终点为 1~7d 后的致死率及暴露 28d 后的繁殖状况。在这种具体的试验动物中蚯蚓是应用最广泛的,因为蚯蚓的身体表面可以直接与处理的土壤接触,由此引起毒性效应,而且蚯蚓可以消化被污染的食物,直接吸收污染物质。在运用蚯蚓作为土壤污染毒理诊断的一项重要指标时,以赤子爱胜蚓的应用最广泛。Bart 等利用蚯蚓在不同土壤中分布的数量不同对土壤的污染状况进行了风险评价。Chang 等以蚯蚓的死亡率为评价指标进行了铅污染土壤修复前、后毒性评价研究,结果表明,修复后的土壤仍对蚯蚓有明显毒性效应。以蚯蚓作为受试动物来对污染土壤进行诊断是目前最常用土壤诊断方法之一,在国内外得到了广泛的应用。但是因为蚯蚓在长时间的暴露于污染物的条件下,其对污染物的抗性会增强,而且蚯蚓能够区别污染物质和污染的食物并避免与之接触。因此,蚯蚓的分布数量、死亡率和污染物质在蚯蚓体内的浓度,不能全面地反映土壤中污染物的实际浓度。在污染土壤修复效果的评定中,经过修复后的土壤的污染物浓度相对是比较低的。在低污染物浓度土壤的风险评价中,运用繁殖或行为测试这样更敏感的测试方法是会取得较好的效果。

3. 土壤微生物评定法

土壤中微生物种类繁多、数量庞大,微生物在土壤功能及重要土壤过程中直接或间接地起重要作用,包括对动植物残体的分解、养分的贮藏转化、水分入渗、气体交换、土壤结构的形成与稳定、有机物的合成及异源生物的降解等。当土壤污染后,污染物可对土壤微生物产生不同影响。因此,微生物学参数可作为评定污染土壤修复效果的指标。目前,比较有效的利用微生物对污染土壤评定的方法有:敏感细菌与耐性细菌相比较的评定法、土壤微生物商评定法和微生物代谢商评定法等。这些方法与早期的单种微生物评定法、微生物的总量评定法相比有了很大的进步。

这些方法足够灵敏,同时也比较稳定,而且对于大多数的土壤类型和在不同的土壤条件下都可准确测定。

表 5-1　修复效果评定时经常使用的土壤分解动物

土壤动物	评定项目与应用范围
蚯蚓	应用于人工土壤和污染土壤的标准存活率和繁殖测试
	应用于人工土壤的环境毒理学研究
跳尾目昆虫	应用于人工土壤繁殖和存活率的标准毒理学方法
	应用于实验室和野外的各种研究
螨类昆虫	长生活周期,应用于多种研究
等脚类昆虫	应用于多种研究,非标准的,测量营养矿物质
线虫类昆虫	应用于研究土壤空隙水,很难外推到野外情况
原生动物	应用于研究土壤空隙水,很难外推到野外情况

三、污染土壤修复效果评定的研究展望

近年来,国内外一些学者在土壤污染评价方面做了很多的工作,并取得了很多重要的成果,尤其在利用非化学分析评价方面有了很大的进展,例如,基于生化水平的一些土壤生态系统评定指标的研究和基于土壤酶系统评定指标的研究。这些指标的测定由于成本较高,应用于具体评价的还不多。在所有的评定方法中,植物评定法、陆生无脊椎动物评定法和土壤微生物评定法是最为常用的评价方法。但是,许多的评价方法还局限在对土壤污染的评价上。专门应用于污染土壤修复效果评定的方法还很少,毕竟土壤污染的评价与污染土壤修复效果的评价是不同的,在污染土壤修复效果评定的方法方面,还有许多问题有待进一步研究。

污染土壤的修复标准一般是根据土壤修复后的再用目的确立不同的标准水平,相应的评价方法也应根据敏感程度的不同而与不同的土地再用目的相对应。植物评定法由于方法简单、直观,是在对污染土壤评价中最早使用的方法之一,但是其对于低浓度污染土壤的敏感性较差。对于土地再用类型定为工商业用地等修复要求较低的土地类型时,运用植物评定法是比较合适的。当土地的再用类型定为居住用地和公园用地等时,运用土壤动物的亚致死量作为评价指标是比较合适的。在这 3 种方法中,土壤微生物评定法对土壤中污染物浓度的变化最敏感。当土地的再用类型定为农业用地时,运用土壤微生物评定和人体流行病学评定相结合的评定法是比较恰当的。

当前,污染土壤评定方法大多还局限于通过对土壤中单个污染物的残余量的

评定,但是土壤中往往含有多种污染物,造成复合污染。复合污染不是传统概念上的单因子污染的简单相加,复合污染的生态效应不仅仅只决定于化学污染物或污染元素本身的化学性质,更为重要的是与污染物的浓度水平有关,同时还受到污染物的作用对象、作用部位以及作用方式的影响。所以今后复合污染土壤修复效果的评定中,要着重通过对污染物浓度水平与污染物毒性效应的研究,以及不同污染物的浓度水平对复合污染中污染物的作用机制、分子机理和复合污染对种群和群落变化影响的研究,来对修复效果进行综合评定。另外,应结合污染土壤修复后再用目的、污染土壤修复技术发展水平、仪器检测水平和修复效果评定方法等,尽快建立起污染土壤的修复标准。

污染土壤修复标准的建立可以对污染土壤修复效果的评定方法进行细化和统一的识别,可以得到广泛的公众认可和实施,可以促进修复效果评定方法的实际应用和推广。总之,污染土壤的修复效果评定方法研究,不仅提供污染物的生态毒性效应信息,更重要的是为污染土壤修复效果的评判提供方法论,为此,需要研究者共同努力,丰富学科研究内涵,促进研究的进一步发展。

复习思考题

5.1　简述土壤污染的概念及分类

5.2　土壤污染的特点有哪些?

5.3　土壤污染的防治措施有哪些?

5.4　如何建立土壤修复标准的方法?

5.5　简述污染土壤修复效果评定的概念。

5.6　土壤修复效果评定方法有哪些?

5.7　污染土壤修复效果评定的研究展望。

第六章　土壤重金属污染与修复

第一节　土壤中的重金属

一、土壤重金属污染概念

重金属是指比重大于 5.0 的金属元素,在自然界中大约存在 45 种。一般来说,汞、镉、铅、铬、砷、锌、铜、锰、镍、钡、锡、锑、铍等都是属于重金属范畴。土壤中重金属通常包括两大类:绝对有毒有害元素和一定条件下有毒有害元素。绝对有毒有害元素是指在土壤中无论含量多少,都不会对环境、生物及人类有益,只能表现危害的各种重金属元素,如汞、镉、铅、砷等。一定条件下有毒有害元素是指 Mn、Cu、Zn 等元素,此类元素也是很多作物生长所需要的微量营养元素,当含量低于一定浓度时,其不表现出毒性和有害,只有当其在土壤中积累的浓度超过了作物需要和可忍受程度,而表现出受毒害的症状或作物生长并未受害,但产品中某种重金属含量超过标准,造成对人畜的危害时,才会表现出土壤被重金属污染的症状。

土壤中,重金属比较突出。这是因为重金属不能被微生物分解,而且能被土壤胶体所吸附,被微生物所富集。有时甚至能转化为毒性更强的物质。土壤一旦被重金属污染,就很难彻底消除。

土壤重金属污染是指由于人类活动将重金属元素带入土壤中,导致土壤重金属含量明显高于土壤背景值,并造成现存的或潜在的土壤质量退化、生态与环境恶化的现象。所以重金属污染所指的范围较广。既包括在环境污染方面对生物有显著毒性的元素,如汞、镉、铅、锌、铜、钴、镍、钡、锡、锑等,也包括从毒性角度来看的砷、铍、锂等。

二、土壤重金属污染的来源

环境中存在着各种各样的重金属污染源。采矿和冶炼是向环境中释放重金属的最主要污染源,煤和石油的燃烧也是重金属的主要释放源;随着化肥和农药的使用,可使重金属进入土壤;通过污水、污泥和垃圾向土壤环境排放重金属;近些年来,大气降尘也可以将一定量的重金属带入土壤中。所以说人类的生产和生活许多途径都会向土壤环境排放重金属(表6-1)。

表6-1　世界上每年输入土壤中的一些重金属元素(10000t/a)

来源*	As	Cd	Cr	Cu	Hg	Ni	Pb	Zn
农业和食品废物	0~6.0	0~3.0	4.5~90	3~38	0~1.5	6~45	1.5~27	12~150
厩肥	1.2~4.4	0.2~1.2	10~60	14~80	0~0.2	3~36	3.2~20	150~320
伐木与林业废物	0~3.3	0~2.2	2.2~18	3.3~52	0~2.2	2.2~23	6.6~8.2	13~65
城市垃圾	0.09~0.7	0.88~7.5	6.6~33	13~40	0~0.26	2.2~10	18~62	22~97
城市污泥	0.01~0.24	0.02~0.34	1.4~11	4.9~21	0.01~0.8	5.0~22	2.8~9.7	18~57
有机废物	0~0.25	0~0.01	0.1~0.48	0.04~0.61	—	0.17~3.2	0.02~1.6	0.13~2.1
金属加工固体废物	0.01~0.21	0~0.08	0.65~2.4	0.95~7.6	0~0.08	0.84~2.5	4.1~11	2.7~19
煤炭	6.7~37	1.5~13	149~446	93~335	0.37~4.8	56~279	45~242	112~484
肥料	0~0.02	0.03~0.25	0.03~0.38	0.05~0.58	—	0.20~0.55	0.42~0.1	0.25~1.1
泥碳	0.04~0.5	0~0.11	0.04~0.19	0.15~2.0	0~0.02	0.22~3.5	0.45~2.6	0.15~3.5
食品杂质	36~41	0.78~1.6	305~610	395~790	0.55~0.82	6.5~32	195~390	310~620
大气尘降	8.4~18	2.2~8.4	5.1~38	14~36	0.63~4.3	11~37	202~263	49~135
合计	52~112	5.6~38	484~1309	541~1367	1.6~15	106~544	479~1113	689~2054

* 来源未包括冶炼厂的尾矿和尾渣(nriagu et al.1988)

1. 大气沉降

大气对土壤中各种元素的含量具有明显的影响。大气中的重金属主要来源于工业生产(电厂、黑色冶金、石油开采和加工等)、汽车尾气排放及汽车轮胎磨损产生的大量含重金属的有害气体和粉尘等。它们主要分布在工矿的周围和公路、铁路的两侧。公路、铁路两侧土壤中的重金属污染主要是以Pb、Zn、Cd、Cr、Co、Cu的污染为主。它们来自于含铅汽油的燃烧和汽车轮胎磨损产生的含锌粉尘等。它们呈条带状分布以公路、铁路为轴向两侧重金属污染强度逐渐减弱。随着时间的推移,公路、铁路土壤重金属污染具有很强的叠加性。大气中的大多数重金属是经自然沉降和雨淋沉降进入土壤和水体的。

2. 污灌

我国北方比较干旱,缺水严重,而许多大城市都是重工业城市,耗水量大,所以农业用水更加紧张,污灌在这些地区比较普遍。污灌是指用城市下水道污水、工业废水、排污河污水以及超标的地面水等进行灌溉。在分布上,往往是靠近污染源头和城市工业区土壤污染严重,远离污染源头和城市工业区,土壤几乎不污染。近年来污水灌溉已成为农业灌溉用水的重要组成部分。中国自 20 世纪 60 年代至今污染灌溉面积迅速扩大,以北方旱地区污染灌溉最为普遍,约占全国污染灌溉面积的 90% 以上。如沈阳、西安、太原、郑州、北京、天津、兰州、石家庄和哈尔滨等均存在较为严重的因污灌引起的农田土壤和农作物的重金属污染,约占全国污灌面积的 90% 以上。南方地区的污染灌溉面积仅占 6%,其余在西北和青藏。污染灌溉导致土壤重金属 Hg、Cd、Cr、As、Cu、Zn、Pb 等含量的增加。另外,全国的污灌面积不断扩大,1993 年污水灌溉面积约达到了 $3.60 \times 10^6 \, hm^2$,受污染的地区约占总污灌面积的 45%。

污灌是解决干旱地区作物需水问题的一条可行途径。然而,污灌所导致的土壤污染特别是重金属污染必须引起足够的重视,污灌废水的质量必须严格控制在国家灌溉水质标准内。

3. 采矿和冶炼

工矿地区重金属污染主要由采矿和冶炼中的废水、废渣及降尘所造成,这在中国南方地区表现得尤为突出。对江西省西华山、下龙塘、荡坪、大吉山、盘古山 5 个钨矿,永平和德兴两个铜矿和贵溪铜冶炼厂等 8 个主要金属矿山及冶炼厂附近地区环境重金属污染状况的调查,共采集了农田、饲料和水样品共 139 份,农田中最高含镉量达 29.8mg/kg,含铜量达 2081mg/kg。镉的污染非常严重,饲料中镉含量最高达 16.1mg/kg,铜含量最高也达 863mg/kg。铜、钼含量比例严重失调,导致耕牛发生钼、镉中毒综合征的广泛流行,其他家畜也受到不同程度的伤害。

4. 施肥和农药

肥料中重金属污染问题越来越被重视。调查发现,江苏省的大型养殖场畜禽饲料、畜禽粪和商用有机肥中的铜、铅、锌和镉的含量都较高,长期使用将有可能造成严重的土壤和作物重金属污染问题。另外,由于我国进口的磷肥量较大,而像美国、加拿大和澳大利亚的磷肥中镉含量较高,所以每年带入农田的镉量也相当大。当用污泥施肥时,污泥中含有大量的有机质和氮、磷、钾等营养元素同时,污泥中也含有大量的重金属,随着大量的污泥进入农田使农田中的重金属的含量在不断增高。污泥施肥可导致土壤中 Cd、Hg、Cr、Cu、Zn、Ni、Pb 含量的增加且污泥施用越多污染就越严重。Cd、Cu、Zn 引起水稻、蔬菜的污染;Cd、Hg 可引起小麦、玉米的污染;污泥增加,青菜中的 Cd、Cu、Zn、Ni、Pb 也增加。

大量施用含有重金属的农药亦是造成土壤重金属污染的一个重要原因,如果园土壤中 Cu 的累积主要来自于长期施用含 Cu 农药的结果。

5. 工业生产

凡以重金属和含有重金属的材料为生产原料的行业,在生产过程中均可能排放重金属,如果处置不当,就会造成环境污染。由于IT产品制造业是重金属排放的源头之一,世界上一半左右的电脑、手机和数码相机产于中国,重金属排放因而备受关注。特别是与IT产品相关的电池行业和印刷电路板制造相关的电镀行业,重金属污染问题更应高度重视。印刷电路板主要涉及铜、镍、镍化合物和铬等污染,电池和电源则多涉及铅污染,由于大量印刷电路板生产企业不能稳定达标排放,已经给当地河流、土壤和近海造成了污染。

6. 含重金属废弃物堆积

含重金属废弃物种类繁多,不同种类其危害方式和污染程度都不一样。污染的范围一般以废弃堆为中心向四周扩散,重金属在土壤中的含量和形态分布特征受其垃圾中释放率的影响,且随距离的加大重金属的含量降低。由于废弃物种类不同,各重金属污染程度也不尽相同,如铬渣堆存区的Cd、Hg、Pb为重度污染,Zn为中度污染,Cr、Cu为轻度污染。

总的来说,工业化程度越高的地区污染越严重,市区高于远郊区和农村,地表高于地下,污染区污染时间越长重金属积累就越多。以大气传播媒介土壤重金属污染土壤的具有很强的叠加性,熟化程度越高重金属含量越高,重金属系指密度4.0以上约60种元素或密度在5.0以上的45种元素。砷、硒是非金属,但是它的毒性及某些性质与重金属相似,所以将砷、硒列入重金属污染物范围内。

三、土壤重金属污染特点

1. 形态多变

重金属大多数是过渡元素,它们多有变价,有较高的化学活性,能参与多种反应和过程。随环境的Eh、pH、配他体的不同,常有不同的价态、化合态和结合态。而且形态不同重金属的稳定性和毒性也不同。例如,重金属从自然转变为非自然态时,常常毒性增加;离子毒性态常大于络合态。例如,铝离子能穿过血脑屏障而进入人脑组织,会引起痴呆等严重后果,而铝的其他形态则没有这种危害。铜、铅、锌离子态的毒性都远远大于络合态。而且络合物愈稳定,其毒性也愈低。由此可知,在评价重金属进入环境后引起的危害时,不了解它们的形态就会得出错误的结论。

2. 金属有机态的毒性大于金属无机态

如甲基氯化汞的毒性大于氯化汞,二甲基镉的毒性大于氯化镉;四乙基铅、四乙基锡的毒性分别大于二氧化铅和二氧化锡。

3. 价态不同毒性不同

金属的价态不同,毒性也不同。如六价铬的毒性大于三价铬;二价汞的毒性大于一价汞;二价铜的毒性大于零价铜。

4. 金属羰基化合物常常剧毒

某些金属与 CO 直接化合成羰(tang)基化合物,如五合羰基铁、四合羰基镍等都是极毒的化合物。

5. 迁移转化形式多

重金属在环境中的迁移转化,几乎包括水体中已知的所有物理化学过程。其参与的化学反应有水合、水解、溶解、中和、沉淀、络合、解离、氧化、还原、有机化等;胶体化学过程有离子交换、表面络合、吸附、解吸、吸收、聚合、凝聚、絮凝等;生物过程有生物摄取、生物富集、生物甲基化等;物理过程有分子扩散、湍流扩散、混合、稀释、沉积、底部推移、再悬浮等。

6. 重金属的物理化学行为多具有可逆性,属于缓冲型污染物

无论是形态转化或物相转化,原则上都是可逆反应,能随环境条件的变化而转化。因此沉积的也可再溶解,氧化的也可再还原,吸附的也可再解吸,不过在特定环境条件下,它们亦具有相对的稳定性。

7. 产生毒性效应的浓度范围低

一般在 $1\sim10mg/L$,毒性较强的重金属如汞、镉等则在 $0.001\sim0.01mg/L$ 左右。汞、镉、铅、铬、砷,俗称重金属"五毒"。它们的毒性的阈值都很小(表 6-2)。但不同的生物对金属的耐毒能力是不一样的。

表 6-2 大气中有毒金属的阈值

金属	阈值(mg/m³)	金属	阈值(mg/m³)
Be	0.002	Ni	0.007~1.0
Hg	0.01~0.05	Cu	1.0
Cd	0.1	Fe	1.0
Pb	0.1~0.2	Zn	1.0
As	0.2~0.5	V	0.5

8. 微生物不仅不能降解重金属,相反某些重金属可在土壤微生物作用下转化为金属有机化合物(如甲基汞),产生更大的毒性。

同时,重金属对土壤微生物也有一定毒性,而且对土壤酶活性有抑制作用。

9. 生物摄取重金属的积累性

生物摄取重金属是积累性的,各种生物,尤其是海洋生物对重金属都有较大的富集能力。其富集系数可高达几十倍至几十万倍。因此,即使微量重金属的存在也可能成为构成污染的因素。

10. 对人体的毒害是积累性的

重金属摄入体内,一般不发生器质性损伤,而是通过化合、置换、络合、氧化还

原、协同或拮抗等化学的或生物化学的反应,影响代谢过程或酶系统。所以毒性的潜伏期较长,往往经过几年或几十年时间才显示出对健康的病变。

四、土壤中重金属的形态

土壤中的重金属元素与不同成分结合形成不同的化学形态,它与土壤类型、土壤性质、污染来源与历史、环境条件等密切相关。各种形态量的多少反映了其土壤化学性质的差异,同时也影响其植物效应。

用不同的浸提剂连续抽提,可以将土壤环境重金属赋存形态分为①水溶态(以去离子水浸提):水溶态是指土壤溶液中的重金属离子,它们可用蒸馏水提取,且可被植物根部直接吸收。由于在大多数情况下水溶态含量极微,一般在研究中不单独提取而将其合并于可交换态一组中;②交换态(如以 $MgCl_2$ 溶液为浸提剂):交换态是指被土壤胶体表面非专性吸附且能被中性盐取代的,同时也易被植物根部吸收的部分;③碳酸盐结合态(如以 NaAc – HAc 为浸提剂):碳酸盐结合态在石灰性土壤中是比较重要的一种形态,普遍使用醋酸钠-醋酸缓冲液作为提取剂;④铁锰氧化物结合态(如以 NH_2OH – HCl 为浸提剂):铁锰氧化物结合态是被土壤中氧化铁锰或黏粒矿物的专性交换位置所吸附的部分,不能用中性盐溶液交换,只能被亲合力相似或更强的金属离子置换,一般用草酸-草酸盐或盐酸羟胺作提取剂;⑤有机结合态(如以 H_2O_2 为浸提剂):有机结合态是指重金属通过化学键形式与土壤有机质结合,也属专性吸附,选用的提取剂主要有次氯酸钠、H_2O_2、焦磷酸钠等;⑥残留态(如以 $HClO_4$ – HP 消化,1∶1HCl 浸提):残留态是指结合在土壤硅铝酸盐矿物晶格中的金属离子,在正常情况下难以释放且不易被植物吸收的部分,一般用 HNO_3 – $HClO_4$ – HF 分解。

由于水溶态一般含量较低,又不易与交换态区分,常将水溶态合并到交换态之中。

上述不同赋存形态的重金属,其生理活性和毒性均有差异。其中以水溶态、交换态的活性和毒性最大;残留态的活性、毒性最小;而其他结合态的活性、毒性居中。研究资料表明,在不同的土壤环境条件下,包括土壤类型、土地利用方式(水田、旱地、果园、牧场、林地等),以及土壤的 pH 值、Eh、土壤无机和有机胶体的含量等因素的差异,都可以引起土壤中重金属元素赋存形态的变化,从而影响到作物对重金属的吸收,使受害程度产生差别。

五、影响重金属迁移的因素

(一)影响重金属迁移的因素分析

影响重金属迁移的因素很多,如金属的化学特性、生物特性、物理特性和环境条件等。

化学特性方面主要有:金属的氧化还原性质、不同形态的沉淀作用和溶解度、水解作用、金属离子在水中的缔合和离解、离子交换过程、络合物及螯合物的形成和竞争、烷基化和去烷基化作用、化学吸附和解吸作用等。

生物特性方面主要有:金属在生物系统中的富集作用、进入食物链的情况;生物半衰期的长短、微生物的氧化还原作用、生物甲基化和去甲基化作用、对生物的毒性及生物转化反应等。

物理特性方面主要有:金属及其化合物的挥发性、金属颗粒物的吸附和解吸特性、金属的不同形态在类脂性物质中的溶解性、金属透过生物膜扩散迁移的性质以及吸收特性等。

环境特性方面主要有:pH、Eh、厌氧条件和好氧条件、有机质含量、土壤对金属的结合特性、环境的胶体化学特性以及气象条件等。

(二)影响重金属迁移的主要因素及发生规律

重金属在土壤中的化学行为受土壤的物理化学性质的强烈影响。有以下一些主要规律。

1. 土壤胶体的吸附

土壤胶体吸附在很大程度上决定着土壤中重金属的分布和富集,吸附过程也是金属离子从液相转入固相的主要途径。

(1)非专性吸附

非专性吸附又称极性吸附或离子交换吸附,指重金属离子通过与土壤表面电荷之间的静电作用而被土壤吸附。土壤表面通常带有一定数量的负电荷,所以带正电荷的金属离子可以通过这种作用被土壤吸附。一般来说,阳离子交换容量较大的土壤具有较强吸附带正电荷重金属离子的能力;而对于带负电荷的重金属含氧基团,它们在土壤表面的吸附量则较小。但是,土壤表面正负电荷的多少与溶液pH有关,当pH降低时,其吸附负电荷离子的能力将增强。通常,非专性吸附的重金属离子可以被高浓度的盐交换下来。也就是说,这种作用的发生与土壤胶体微粒带电荷有关,因各种土壤胶体所带电荷的符号和数量不同,对重金属离子吸附的种类和吸附交换容量也不同,离子从溶液中转移到胶体上是离子的吸附过程,而胶体上原来吸附的离子转移到溶液中去是离子交换作用。在一定的环境条件下,这种离子交换作用处于动态平衡之中。

(2)专性吸附

重金属离子可被水合氧化物表面牢固地吸附。因为这些离子能进入氧化物的金属原子的配位壳中,与—OH和—OH$_2$配位基重新配位,并通过共价键或配位键结合在固体表面,这种结合称为专性吸附。这种吸附不一定发生在带电表面上,亦可发生在中性表面上,甚至在吸附离子带同号电荷的表面上进行。其吸附量的大小并非决定于表面电荷的多少和强弱,这是专性吸附与非专性吸附的根本区别之处。被专性吸附的重金属离子是非交换态的(如铁锰氧化物结合态),通常不被氢氧化钠或醋酸钠等中性盐所置换,只能被亲和力更强和性质相似的元素所解析或部分解析,也可在较低 pH 条件下解析。重金属离子的专性吸附与土壤溶液的 pH 密切相关,在土壤通常的 pH 值范围内,一般随 pH 的上升而增加。此外,在多种重金属离子中,以铅、铜、锌的专性吸附亲和力最强。这些金属离子在土壤溶液中的浓度,在很大程度上受专性吸附所控制。专性吸附使土壤对某些重金属离子有较大的富集能力,从而影响到它们在土壤中的移动和在植物中的积累。专性吸附对土壤溶液中重金属离子浓度的调节、控制力很强。

2. 重金属在土壤中常和腐殖质形成络合物或螯合物

其迁移性取决于化合物的溶解度。例如,除碱金属外,胡敏酸与金属形成络合物,一般是难溶性的,而富里酸与金属形成的络合物一般是易溶性的。Fe、Al、Ti 等重金属与腐殖质形成的络合物易溶于中性、弱酸性或弱碱性土壤溶液中,所以它们也常以络合物形式迁移。

腐殖质对金属离子的吸附交换和络合作用是同时存在的。一般情况是,在高浓度时,以吸附交换为主,这时金属多集中在深度 30cm 以上的表层土壤中;低浓度时,以络合作用为主,若形成的络合物是可溶性的,则有可能渗入地下水。

3. 土壤 Eh 是影响重金属转化迁移的重要因素

在 Eh 大的土壤里,金属常以高价形态存在。高价金属化合物一般比相应的低价化合物容易沉淀,故也较难迁移,危害也轻,如 Fe、Mn、Sn、Co、Pb、Hg 等;在 Eh 很小的土壤里,比如土壤处于淹水的还原条件下,Cu、Zn、Cd、Cr 等也能形成难溶化合物而固定在土壤中,就迁移困难而言,危害减轻。因为在淹水条件下,SO_4^{2-} 还原为 S^{2-},后者与上述重金属离子会形成硫化物而沉淀。

4. 土壤的 pH 显著影响重金属的迁移

一般规律是:低 pH 时吸附量较小;pH 在 5～7 左右时;吸附作用突然增强;pH 继续增加时,重金属的化学沉淀占了优势。土壤施用石灰等碱性物质后,重金属化合物可与钙、镁、铝、铁等生成沉淀。pH 大于 6 时,由于重金属阳离子可生成氢氧化物沉淀,所以迁移能力强的主要是以阴离子形式存在的重金属。

5. 生物转化也是重金属迁移的一个重要因素

金属甲基化或烷基化的结果,往往会增加该金属的挥发性,提高了金属扩散到大气圈的可能性。微生物能够改变重金属存在的氧化还原形态,随着金属氧化还原形态的改变,金属的稳定性也跟着改变。生物还能大量富集几乎所有的重金属,并通过食物链而进入人体,参与生物体内的代谢排泄过程。一般规律是,高价态金属对生物的亲和力比低价态强;重金属比其他金属更加容易为生物所富集。植物通过根系从土壤中吸收某些化学形态的重金属,并在植物体内积累,这一方面可以看做是生物对土壤重金属污染的净化;另一方面也可以看做是重金属通过土壤对作物的污染。如果这种受污染的植物残体再进入土壤,会使土壤表层进一步富集重金属。从重金属的归宿看,环境中的重金属最终都进入了土壤和水体。

六、重金属在土壤-植物体系中的迁移

(一)重金属在土壤-植物体系中的迁移

植物在生长、发育过程中所需的一切养分均来自土壤,其中重金属元素(如Cu、Zn、Mo、Fe、Mn 等)在植物体内主要作酶催化剂。但如果在土壤中存在过量的重金属,就会限制植物的正常生长、发育和繁衍,以致于改变植物的群落结构。近年来研究发现,在重金属含量较高的土壤中,有些植物呈现出较大的耐受性,从而形成耐性群落;或者一些原本不具有耐性的植物群落,由于长期生长在受污染的土壤中,而产生适应性,形成耐性生态型(或称耐性品种)。

土壤中的重金属主要是通过植物根系毛细胞的作用积累于植物茎、叶和果实部分。重金属可能停留于细胞膜外或穿过细胞膜进入细胞质。

重金属由土壤向植物体内迁移包括被动转移和主动转移两种。转移的过程与重金属的种类、价态、存在形式以及土壤和植物的种类、特性有关。

1. 植物种类

不同植物种类或同种植物的不同植株从土壤中吸收转移重金属的能力是不同的,如日本的"矿毒不知"大麦品种可以在铜污染地区生长良好,而其他麦类则不能生长;水稻、小麦在土壤铜含量很高时,由于根部积累铜过多,新根不能生长,其他根根尖变硬,吸收水和养分困难而枯死。

2. 土壤种类

土壤的酸碱性和腐殖质的含量都可能影响重金属向植物体内的转移能力。如观察在冲积土壤、腐殖质火山灰土壤中加入 Cu、Zn、Cd、Hg、Pb 等元素后其对水稻生长的影响,结果表明,Cu、Cd 造成水稻严重的生育障碍,而 Pb 几乎无影响。在冲积土壤中,其障碍大小顺序为 Cd>Zn,Cu>Hg>Pb;而在腐殖质火山灰土壤中则为 Cd>Hg>Zn>Cu>Pb,这是由于在腐殖质火山灰土壤中 Cu 与腐殖质结合而被固定,使 Cu 向水稻体内转移大大减弱,对水稻生长的影响也大大减弱。

3. 重金属形态

将含相同痕量的 $CdSO_4$、$Cd_3(PO_4)_2$、CdS 加入无镉污染的土壤中进行水稻生长试验,结果证明,对水稻生长的抑制与镉盐的溶解度有关。土壤 pH、Eh 的改变或有机物的分解都会引起难溶化合物溶解度发生变化,从而改变重金属向植物体

内转移的能力。

4. 重金属间的复合作用

重金属间的联合作用、协同与拮抗作用可以大大改变，某元素的生物活性和毒性，如 Pb、Cu、Cd 与 Zn 之间具有协同作用，可促进小麦幼苗对 Zn 的吸收和累积；Pb 与 Cu 之间有拮抗作用，随 Pb 投加量的增加 Cu 在麦苗中的累积减小。

5. 重金属在植物体内的迁移能力

将 Zn、Cd 加入水稻田中，总的趋势是随着 Zn、Cd 的加入量增加，水稻各部分的 Zn、Cd 含量增加。但对 Zn 来说，添加量在 250mg/kg 以下，糙米中 Zn 的含量几乎不变。而 Cd 的添加量大于 1mg/kg 时，糙米中 Cd 的含量就急骤增加。说明 Cd 与 Zn 在水稻体内的迁移能力不同。

(二)植物对重金属污染产生耐性的几种机制

植物对重金属污染产生耐性由植物的生态学特性、遗传学特性和重金属的物理化学性质等因素所决定，不同种类的植物对重金属污染的耐性不同；同种植物由于其分布和生长的环境各异，长期受不同环境条件的影响，在植物的生态适应过程中，可能表现为对某种重金属有明显的忍耐性。因此，人们从不同的侧面研究探讨了植物对重金属的耐受机制。

1. 植物根系通过改变根际化学性状、原生质泌溢等作用限制重金属离子跨膜吸收

已经证实，某些植物对重金属离子吸收能力的降低可以通过根际分泌螯合剂抑制重金属的跨膜吸收。如 Zn 可以诱导细胞外膜产生分子量为 60000~93000 的蛋白质，并与之键合形成络合物，使 Zn 停留于细胞膜外。还可以通过形成跨根际的氧化还原电位梯度和 pH 梯度等来抑制对重金属的吸收。

2. 重金属与植物的细胞壁结合

在调查植物体内 Zn 的分布时发现，耐性植物中 Zn 向其地上部分移动的量要比非耐性植物少得多。Zn 在细胞各组分的分布，以细胞壁中最多，占 60%。Nishizono 等人研究了蹄盖蕨属根细胞壁中重金属的分布、状态与作用，结果表明，该类植物吸收 Cu、Zu、Cd 总量的 70%~90% 位于细胞壁，大部分以离子形式存在或与细胞壁中的纤维素、木质素结合。由于金属离子被局限于细胞壁上，而不能进入细胞质影响细胞内的代谢活动，使植物对重金属表现出耐性。只有当重金属与细胞壁结合达到饱和时，多余的金属离子才进入细胞质。不同金属与细胞壁的结合能力不同，经对 Cu、Zn、Cd 的研究证明，Cu 的结合力大于 Zn 和 Cd。此外，不同植物的细胞壁对金属离子的结合能力也是不同的。所以细胞壁对金属离子的固定作用不是植物的一个普遍耐性机制。也就是说，不是所有的耐性植物都表现为将金属离子固定在细胞壁上。如 Weigel 等研究了 Cd 在豆科植物亚细胞中的分布，结果发现 70% 以上的 Cd 位于细胞质中，只有 8%~14% 的 Cd 位于细胞壁上。

Grill 也证明,被子植物吸收 Cd 后,90%存在于细胞质内,结合于细胞壁上的极少。杨居荣等研究了 Cd 和 Pb 在黄瓜和菠菜细胞各组分中的分布,发现 77%～89%的 Pb 沉积于细胞壁上,而 Cd 则有 45%～69%存在子细胞质中。

3. 酶系统的作用

一些研究发现耐性植物中有几种酶的活性在重金属含量增加时仍能维持正常水平,而非耐性植物的酶活性在重金属含量增加时明显降低。此外。在耐性植物中还发现另一些酶可以被激活,从而使耐性植物在受重金属污染时保持正常的代谢过程。如在重金属 Cu、Cd、Zn 对膀胱麦瓶草生长影响的研究中发现,耐性不同的品种体内的磷酸还原酶、葡萄糖 6-磷酶脱氢酶、异柠檬酸脱氢酶及苹果酸脱氢酶等的活性明显不同,且耐性品种中硝酸还原酶被显著激活,而不具耐性或耐性差的品种中这些酶则完全被抑制。因此可以认为耐性品种或植株中有保护酶活性的机制。

4. 形成重金属硫蛋白或植物络合素

1957 年 Margoshes 等首次由马的肾脏中提取出一种金属结合蛋白,命名为"金属硫蛋白"(简称 MT),经对其性质、结构进行分析发现,能大量合成 MT 的细胞对重金属有明显的抗性。而丧失 MT 合成能力的细胞对重金属有高度敏感性。现已证明,MT 是动物及人体最主要的重金属解毒剂。Caterlin 等首次从大豆根中分离出富含 Cd 的复合物。由于其表现分子量和其他性质与动物体内的金属硫蛋白极为相似,故称为类 MT。后来从水稻、玉米、卷心菜和烟叶等植物中分离得到了镉诱导产生的结合蛋白,其性质与动物体内的 Cd-MT 类似。1991 年何笃修等利用反相高效液相色谱法从玉米根中分离纯化得到镉结合蛋白,其半胱氨酸含量为 29.0%,每个蛋白质分子结合大约 3 个镉原子,Cd 与半胱氨酸的比值为 1:2.5,由于其性质与动物的金属硫蛋白相似,认为 Cd 在玉米中诱导产生的是植物类金属硫蛋白。

1985 年 Grill 从经过重金属诱导的蛇根木悬浮细胞中提取分离了一组重金属络合肽,其分子量、氨基酸组成、紫外吸收光谱等性质都不同于动物体内的金属硫蛋白,所以不是植物的类金属硫蛋白,而将其命名为植物络合素(简称为 PC)。其结构通式为 $(r-Glu-Cys)_n-Gly(n=3～7)$。可视为线性多聚体。它可被重金属 Cd、Cu、Hg、Pb 和 Zn 等诱导合成。未经重金属离子处理过的细胞中则不存在这种络合素。他还对重金属处理过的单子叶植物和双子叶植物中的 PC 进行过分析鉴定,结果证明,细胞吸收的 Cd 90%以 PC 形式存在。后来人们又从向日葵、山芋、马铃薯和小麦中分离得到了类似性质的镉化合物。

还有研究证明,重金属 Cd 在植物体内也可诱导产生其他的金属结合肽。有关植物中重金属结合蛋白质的问题还有许多研究工作需要进行。但无论植物体内存在的金属结合蛋白质是类金属硫蛋白,还是植物络合素或者其他的未知的金属结合肽,它们的作用都是与进入植物细胞内的重金属结合,使其以不具生物活性的无毒的螯合物形式存在,降低了金属离子的活性,从而减轻或解除其毒害作用。当重金属含量超过金属结合蛋白的最大束缚能力时,金属才以自由状态存在或与酶结合,引起细胞代谢紊乱,出现植物中毒现象。人们认为植物耐重金属污染的重要机制之一,是金属结合蛋白的解毒作用。

第二节　土壤重金属污染对环境质量的影响

土壤质量是正常或胁迫条件下土壤履行和维持并改善其生产力、生命力和环境净化能力的综合体现与量度,它包括土壤肥力质量和土壤环境质量。土壤重金属污染将会对土壤质量产生影响。

一、重金属对土壤肥力的影响

重金属在土壤中大量累积必然导致土壤性质发生变化,从而影响到土壤营养元素的供应和肥力特性。氮、磷、钾通常被称为植物生长发育必需的三要素,同时也是非常重要的肥力因子。在土壤被重金属污染的条件下,土壤有机氮的矿化、磷的吸附、钾的形态都会受到一定程度影响,这最终将影响到土壤中氮、磷、钾素的保持与供应。

(一)重金属对土壤氮素的影响

土壤中有机氮的有效性主要依赖于有机氮的矿化特征。氮的矿化是指土壤有机态氮经土壤微生物的分解形成铵或氨的过程,它受能源物质的种类和数量(主要是有机物质的化学组成和碳氮比)、水、热等条件的影响很大,因而所谓土壤矿化氮量一般均为表观矿化量。土壤氮的矿化过程受许多因素的影响,一般遵循一级动力学方程:

$$N_t = N_0(1 - e^{-kt})$$

式中:N_0——土壤氮矿化势(mgN/kg);

N_t——时间为 t(周)时土壤累计矿化氮量(mgN/kg);

k——矿化速率常数(/周)。

重金属污染会影响到土壤矿化势 N_0 和矿化速率常数 k。当土壤被重金属污染后,土壤氮素的矿化势会明显降低,其供氮能力也相应下降。不同重金属元素对土壤矿化势的影响不同。

（二）重金属污染对土壤磷素的影响

土壤对磷的吸附和解吸是反映土壤磷迁移性的主要指标，外源重金属进入土壤后，可导致土壤对磷的吸持固定作用增强，亦即土壤 P 有效性下降。不同的重金属对土壤磷吸附量的影响不同，一般多个重金属元素复合污染条件下影响的强度大于单个重金属元素。重金属污染还会影响土壤磷的形态，使土壤可溶性磷、钙结合态磷和闭蓄态磷发生变化。

（三）重金属对土壤钾行为的影响

钾是对农产品品质影响比较大的营养元素。土壤中的钾通常可分为水溶态、交换态、非交换态及闭蓄态等四种形态。重金属在土壤中的累积会占据部分土壤胶体的吸附位，自然就影响到钾在土壤中的吸附、解吸和形态分配。有研究认为，在重金属污染的条件下土壤中水溶态钾会明显上升，交换态钾则明显下降。一般重金属污染越严重，水溶态钾上升越多，交换态钾下降也越多。不同重金属对土壤钾形态的影响不同，重金属复合污染的影响大于单个重金属元素。重金属污染导致土壤对 K 的吸附能力降低而使土壤溶液 K 活度增加，加速了 K 的流失。

二、重金属的植物效应及其影响因素

进入土壤的污染重金属可以溶解于土壤溶液中，吸附于胶体的表面，闭蓄于土壤矿物之内，与土壤中其他化合物产生沉淀，这些都影响到植物的吸收与积累。土壤不同组分之间重金属的分配，即重金属形态是决定重金属对植物有效性的基础，一种离子由固相形态转移到土壤溶液中，是土壤中增加该离子对植物有效性的前提。控制土壤固-液相间平衡的因子十分复杂，而且至今尚未完全弄清楚；但研究表明在这样一个复杂体系中的平衡为其 pH、温度、有机质含量、氧化还原电位、矿物成分、矿物类型以及其他可溶性成分的浓度等所影响。

（一）重金属浓度的影响

一般说来，植物吸收重金属的浓度有随土壤中污染重金属浓度的增高而增加的趋势，在污染土壤中生产的糙米平均重金属含量亦较高。重金属浓度增加到一定数值后，可对植物的生长产生危害，生理、生化过程受阻，生长发育停滞，甚至死亡。其原因可能是由于减少了光合作用速度，引起禾苗缺水，或由于抑制了有机养分的矿化而使土壤中氮和磷等的供应降低等。

在一定范围内，植物产量与土壤重金属的污染程度有着良好的相关性（许嘉琳等，1995）。随着土壤中重金属浓度的增加，春小麦的产量明显降低。

除了对产量的影响外，植物对重金属的吸收亦随着土壤污染程度的增加而增大，例如，盆栽试验中几种作物籽粒含砷量与土壤含砷量的关系见表 6-3 所列，它表明植物对 As 的吸收随着土壤中 As 浓度的增加而增加，直至受害。砷对植物危害的症状首先表现在叶片上,受害叶片卷曲、枯萎、脱落,然后是根部的伸长受到阻碍,致使植物的生长发育受到显著抑制,甚至枯死。砷可以取代 DNA 中的磷,抑制水分从根部向地上部输送,妨碍水分特别是养分的吸收,从而使叶片凋萎以至枯死。水稻受砷毒害的可见症状表现为植株矮化、叶色浓绿、抽穗期或成熟期延迟,严重受害时地上部分发黄、根系发黑且根量稀少。大豆受轻度毒害时,长势较弱,萎缩,干物重下降;严重毒害时则绝产(表 6-3)。

表 6-3 籽粒含砷量与土壤含砷量的关系 mg/kg

添加砷浓度 (mg/kg)	草甸褐土			薄层黑土	赤红壤		砖红壤	
	水稻	冬小麦	春小麦	大豆	水稻	花生	水稻	花生
对照	0.075	0.16	0.05	0.04	0.23	0	0.007	0.04
10	0.163	0.27	0.09	0.20	0.28	0	0.049	0.05
20	0.24	0.45	0.14	0.41	0.28	0.061	0.13	0.27
30	0.35	1.12	—	0.52	0.25	0.10	0.30	—
40	0.36	1.32	0.23	0.65	0.34	0.10	0.39	1.39
60	0.48	1.68	0.23	0.77	0.35	0.14	0.49	
100	受害	受害	0.32	1.11	0.33	0.24	0.88	3.00

(夏增禄,1992)

(二)氧化还原电位、pH 和阳离子交换容量

1. 氧化还原电位

氧化还原电位(Eh)、pH 是影响淹水土壤中重金属的可动性和对植物有效性的重要因子,在控制氧化还原电位(-200,-100,0,+100,+200,+400mV)和 pH(5,6,7,8)情况下的研究结果表明,水稻对 Cd 的吸收总量随着氧化还原电位的增加和 pH 的降低而增加,许多试验均证实了这一点。不同品种,如小麦和水稻对重金属抗性的差异亦与氧化还原电位有关;不同农业管理措施,如水肥管理亦可造成氧化还原电位和 pH 的差异,从而影响植物对重金属毒害的抗性。例如,在淹水条件下,减产 25% 时的土壤添加 Cd 浓度为 320mg/kg,而在非淹水条件下同样减产幅度时的 Cd 浓度仅为 17mg/kg。表 6-4 为水稻不同生育期由于烤田处理所造成的 Eh 的变化及其对糙米重金属含量的影响,由表 6-4 可见,由于烤田处理使糙米中重金属的含量有一定程度的增加。氧化还原电位的降低,在一些土壤中有可能形成重金属的硫化物,从而使重金属的水溶性减小,因而减小了其毒害程度。

表 6-4　水稻不同生育期烤田处理土壤 Eh 的变化及其对糙米重金属含量的影响

元素	土壤含量 (mg/kg)	处理	Eh (分蘖期) (mV)	Eh (拔节期) (mV)	Eh (乳熟期) (mV)	糙米含量 (mg/kg)
Cd	3	烤田	308	293	233	0.278
	3	淹水	234	281	224	0.145
Pb	500	烤田	289	305	261	0.500
	500	淹水	255	270	255	0.225
Cr	100	烤田	264	266	274	0.230
	100	淹水	258	261	266	0.210

(许嘉琳等,1995)

2.pH 和阳离子交换容量(CEC)

土壤中重金属的活性与其所处环境的 pH 有着密切的关系,对重金属阳离子来说,pH 越低,溶解度越大,活性越大,植物吸收越多。这有可能归因于一些固相盐类溶解度的增加使得重金属的吸附减少,从而增加了土壤溶液中重金属的浓度。在相同 Pb 含量而 pH 不同的土壤中,所栽种的大豆对 Pb 的吸收表现出随着 pH升高而降低的趋势(表 6-5)。

表 6-5　pH 和 CEC 对大豆植株(地上部分)Pb 含量的影响

pH	土壤中添加 Pb 的量(mg/kg)			
	0	250	500	1000
7.9	4.0	4.6	8.9	13.4
7.0	2.8	9.8	16.9	45.4
6.0	4.9	21.5	46.6	52.9
4.5	9.4	62.3	127.8	83.9
CEC(cmol(+)/kg)				
30.3	5.0	6.1	8.6	10.9
15.9	2.9	10.9	12.7	20.2
7.9	4.9	21.5	46.6	52.9
2.3	4.2	171.7	212.0	70.3

(Miller et al. 1975)

在其他条件相似的情况下,阳离子交换容量越高,对重金属的钝化能力越强

（表6-5）。表6-5表明，随着CEC的下降，大豆植株中Pb的含量显著增加。需要注意的是，在pH 4.5和CEC 2.3的两个处理中添加1000mg/kg时反而比500mg/kg时的植株Pb含量要低，这可能是因为在低pH和CEC、高浓度Pb的处理中，大豆根已经受到Pb的伤害而使吸收受阻所致。

（三）土壤质地

一定量的重金属或类金属投入土壤后，土壤质地越黏重，它的持留性就越大。反之，土壤质地越砂，它的淋失率就越高。从土壤有效态Cd与机械组成的关系可以看出：土壤机械组成对醋酸铵可提取Cd和DTPA可提取Cd均有明显影响，即随着土壤质地的加重，两种提取液可提取Cd的量均随之减少，而小麦籽粒的吸收量也随着土壤质地的加重而降低。当投加Cd 10mg/kg时，在质地为黏质土和砂质土中，醋酸铵可提取Cd分别为7.2%和11.3%，DTPA可提取Cd为46.2%和61.2%，而麦粒吸收率为2.5%和6.3%（表6-6）。

表6-6 土壤质地对可提取态Cd、麦粒吸收Cd的影响（Cd的投加量10mg/kg）

质地	麦粒		醋酸铵提取Cd		DTPA提取Cd	
	含量（mg/kg）	吸收率（%）	含量（mg/kg）	吸收率（%）	含量（mg/kg）	吸收率（%）
黏质土	0.25	2.5	0.72	7.2	4.62	46.2
壤质土	0.38	3.8	0.86	8.6	4.79	47.9
砂质土	0.63	6.3	1.13	11.3	6.12	61.2

（许嘉琳等，1995）

（四）共存离子的影响

土壤中其他离子的存在，也影响植物对重金属的吸收。研究表明，在石灰性土壤中有Ca存在时，植物体内即使铅的浓度较高也没有明显的毒性，这可能是因为钙与铅竞争的结果，使铅被吸收在植物体中酶结构的不起毒害的位点上。磷酸盐的存在也影响植物吸收铅。当玉米幼苗生长在有足够磷酸盐的含铅培养液中时，叶中的含铅量为936mg/kg；而当培养液中缺少磷酸盐时，则含铅量高达6716mg/kg；显然，磷酸盐减少了植物叶中Pb的累积，这是由于根部的磷酸盐与铅的作用而延缓了它向叶中的迁移。

Cd、Zn共存对植物吸收Cd和Zn均有影响。野外条件下土壤和小麦含镉量的调查结果表明，土壤中锌和镉的含量变化影响着小麦对镉的吸收，当Zn/Cd比增大时，小麦吸收镉量会随之降低，土壤Zn/Cd比与小麦吸收镉之间呈负指数关系。在土壤含镉量<2mg/kg时，Zn对镉的影响大约在Zn/Cd小于1500时较为

显著,大于 1500 时其影响较小。有关共存离子的影响在交互作用的讨论中将有进一步的阐述。

三、重金属对土壤微生物和酶的影响

(一)对微生物的影响

土壤微生物量指土壤中体积小于 $5 \times 10^3 / \mu m^3$ 的生物量,但活的植物如根系等不包括在内,它是活的土壤有机质部分。一般先测得土壤微生物碳,然后根据微生物体干物质的含碳量(通常为 47%)换算为微生物量,或直接用微生物碳来表示。在未污染的土壤中,土壤微生物量与土壤有机碳含量之间往往有很密切的正相关关系,但若遭受重金属(如 Zn、Cu 等)污染,则这种关系不复存在或很差。遭受重金属污染后,可引起土壤呼吸量成倍增加,但用熏蒸提取法测定的土壤微生物量则反而显著下降。重金属污染引起的土壤微生物呼吸量的增加被认为是微生物对逆境的一种反应机制。研究表明,当葡萄糖和玉米秸秆加到污染土壤后,发现 CO_2 的释放速率为正常土壤的 1.5 倍,但土壤微生物碳和微生物氮都只有正常土壤的 60%。可见重金属污染降低了有机物质的微生物转化效率,说明微生物在逆境条件下维持其正常生命活动需要消耗更多的能量。同位素 [14]C 标记底物的试验结果表明,CO_2 释放总量/微生物碳和 [14]CO_2 释放量/[14]C-微生物碳的比值在重金属污染土壤中均比正常土壤高,从而验证了重金属污染可降低土壤微生物对能源碳利用效率的推断。

土壤微生物在土壤生态系统物质循环与养分转化过程中起着十分重要的作用。重金属进入土壤后的迁移转化均因微生物活性强度不同而变化,微生物的生态和生化活性也因土壤中重金属的毒害而受到影响。受到重金属污染的土壤,往往富集多种耐重金属的真菌和细菌。一方面微生物可通过多种方式影响重金属的活动性,使重金属在其活动相和非活动相之间转化,从而影响重金属的生物有效性;另一方面微生物能吸附和转化重金属及其化合物。但当土壤中重金属的浓度增加到一定限度时,就会抑制微生物的生长代谢作用,甚至导致微生物死亡。

重金属超过一定浓度对土壤微生物的活性和数量均有明显的影响。长期定位试验表明,当土壤中某些重金属浓度(mg/kg 土)分别为 Zn114、Cd2.9、Cu33、Ni17、Pb40、Cr80 时,可使蓝绿藻固氮活性降低 50%,其数量亦有明显的降低。重金属抑制共生固氮作用,从而也降低豆科作物的产量。但共生固氮菌对重金属的反应不及蓝细菌敏感,土壤性质、气候及其他共存金属离子的浓度都会影响单一重金属的临界浓度,例如,Mn^{2+} 在较高浓度时严重抑制微生物对铵(NH_4^+)的同化作用,而 Mg^{2+} 则能抵消 Mn^{2+} 对微生物氮代谢的影响。

土壤重金属复合污染对微生物总量和区系结构有明显的影响,当土壤中 As、Cd、Cr、Cu、Pb 和 Ni 等重金属总量达到 659mg/kg 时,土壤微生物生物量仅为对照(总量为 121.0mg/kg)的 32%,细菌和真菌生物量分别较对照下降 29% 和 45%;当总量达到 3447mg/kg 时,分别下降了 81% 和 85%。

(二)重金属对土壤酶活性的影响

土壤酶与土壤微生物密切相关,土壤中许多酶由微生物分泌,并且和微生物一起参与土壤中物质和能量的循环。土壤中酶的种类很多,常见的有脲酶、磷酸酶、多酚氧化酶、水解酶和磷酸单酯酶等,土壤中酶的活性可作为判断土壤生化过程的强度及评价土壤肥力的指标,也有用土壤酶活性作为确定土壤中重金属和其他有毒元素最大允许浓度的重要判据,特别是近年来把土壤酶活性作为衡量土壤质量变化的重要指标越来越受到重视。

研究发现,重金属胁迫会影响土壤酶活性。对土壤中 3 种酶的研究发现,与土壤碳循环有关的酶受到的胁迫较小,与土壤氮、磷、硫等循环有关的酶受重金属胁迫作用显著。在重金属复合污染的情况下(Zn、Cu、Ni、V、Cd 分别为 300、100、50、50、3mg/kg)芳基硫酸酯酶、碱性磷酸酶和脱氢酶分别只有对照的 56%~80%、46%~64% 和 54%~69%。Cu 对土壤 β-半乳糖苷酶和脱氢酶的 EC_{50} 值(指使生物数量或活性下降 50% 的污染物的浓度)分别为 78.4 和 24.8mg/kg。

重金属对土壤酶的抑制有两方面的原因,首先是污染物进入土壤对酶产生直接作用,使得酶的活性基因、酶的空间结构等受到破坏,单位土壤中酶的活性下降;其次是污染物通过抑制微生物的生长、繁殖,减少微生物体内酶的合成和分泌,最终使单位土壤中酶的活性降低。同一重金属元素对不同土壤酶的抑制作用不同,不同重金属对同一种土壤酶活性的影响也不一样。然而,重金属对土壤酶活性的抑制作用是一种暂时现象。由于脲酶活性恢复得较少较慢,所以脲酶活性有可能作为土壤重金属污染程度的一种生化指标。

对污灌区土壤盆栽模拟试验表明(张乃明,2001),土壤脲酶活性随土壤汞污染浓度增加而降低,不同污染状况下土壤脲酶活性的差异达极显著水平。

四、重金属对人类健康的影响

生长在重金属污染土壤上的作物,其可食部位的重金属含量较高,并能通过食物链经消化道进入人体;同时,受重金属污染的土壤还可经扬尘和人体暴露等途径进入人体。

过量的砷、汞、镉、铅通过食物链进入人体后将对人类健康产生极大的危害。砷、汞、铅均能引起神经系统病变。砷是人们熟知的剧毒物,As_2O_3 即砒霜对人体有很大毒性。人体砷中毒是由于三价砷的氧化物与酶蛋白质中的巯基(—SH)结合,抑制了细胞呼吸酶的活性,使细胞正常代谢发生障碍,破坏细胞分解及有关中间代谢过程,最终可造成细胞死亡。慢性砷中毒主要表现为神经衰弱、消化系统障碍等,并有致癌作用,研究表明砷污染区恶性肿瘤的发病率明显高于非污染区。汞的毒性很强,在人体中蓄积于肾、肝、脑中,毒害神经,从而出现手足麻木、神经紊乱、多汗、易怒、头痛等症状。有机汞化合物的毒性超过无机汞,"八大公害事件"之一的日本水俣病就是由无机汞转化为有机汞,经食物链进入人体而引起的。镉属于易蓄积性元素,引起慢性中毒的潜伏期可达 10~30 年之久。镉中毒除引起肾功能障碍外,长期摄入还可引起"骨痛病",如日本神通川流域由于镉污染引起的"骨痛病"是举世皆知的公害事件之一。贫血是慢性镉中毒的常见症状,此外镉还可能造成高血压、肺气肿等,并发现有致突变、致癌和致畸的作用。铅中毒除引起神经病变外,还能引起血液、造血、消化、心血管和泌尿系统病变。侵入体内的铅还能随血流进脑组织,损伤小脑和大脑皮质细胞。儿童比成人对铅更敏感,铅会影响儿童的智力和行为。

铬、铜、锌是人体必需元素,铬是人体内分泌腺组成的成分之一,三价铬协助胰岛素发挥生物作用,为糖和胆固醇代谢所必需。人体缺乏铬会导致糖、脂肪或蛋白质代谢系统的紊乱。铜、锌参与人体很多酶的合成、核酸和蛋白质的代谢过程,缺乏会引起疾病。例如,在新生乳儿中有因缺铜而引起的营养疾患,孕妇缺铜时会形成低色素细胞性贫血,导致胎儿骨骼、心血管及中枢神经系统结构异常或畸形;人体缺锌时表现为生长发育停滞、骨骼发育障碍、智力低下、肝脾肿大、皮肤粗糙、色素沉着、性成熟受到抑制等,易引起贫血、侏儒症、高血压、糖尿病等疾病。但 Cr、Cu 和 Zn 过多时也会引发疾病。例如,铬污染导致消化系统紊乱、呼吸道疾病等,能引起溃疡,在动物体内蓄积而致癌;过量的铜会引起人体溶血、肝胆损害等疾病;过量的锌进入人体也会造成疾病,表现为腹痛、呕吐、厌食、倦怠及引发一些疾病,如贫血、高血压、冠心病、动脉粥样硬化等。

五、主要重金属及其污染的危害

(一)汞

1. 环境中的汞

汞(俗称水银)是一种毒性较大的有色金属,在常温下是银白色发光的液体,且是室温下唯一的液体金属。汞的溶点低,具有较大的挥发性。汞是比较稳定的金属,在室温下不能被空气氧化,加热至沸腾才慢慢与氧作用生成氧化汞。汞在自然界以金属汞、无机汞和有机汞的形式存在,有机汞的毒性比金属汞、无机汞的毒性大。地壳中的汞 99% 以上处于分散状态,只有大约 0.02% 的汞集中于汞矿物中。地壳中的汞主要有三种存在形式:硫化物形式、游离态金属汞、以类质同象形式存在于其他矿物中的汞。含汞矿物主要有辰砂(HgS)及多晶体黑辰砂(HgS),还有硫汞锑矿(HgS·2SbS₃)及黑黝铜矿[3(CuHg)S·Sb₂S₃]等。除了汞矿物以外,一些普通矿物与脉石中也含有微量汞。

汞在世界土壤中含量的平均值是 0.1mg/kg,范围值 0.03~0.3mg/kg,我国土壤汞的背景值为 0.040mg/kg,范围值为 0.006~0.272mg/kg。贵州汞矿物周围的土壤含汞量在 9.6~155mg/kg 之间。这些含汞量高的地区大多是汞矿区。

我国土壤汞背景值区域分异总的趋势是东南部＞东北部＞西部、西北部。石灰土、水稻土的汞背景值最高,石灰土偏高是受石灰岩土风化特性的影响所造成的,而水稻土偏高主要是由于长期化肥、农药的施用、灌溉等农业生产活动带入一部分汞进入土壤中,增加了土壤汞含量。汞与土壤有机质的亲合能力较强,土壤有机质表现为对汞元素的富集,因此土壤有机质含量高的土壤,其汞背景值一般也相对较高。棕色针叶林土有机质含量高于灰色森林土,造成前者汞背景值要高于后者;褐土的有机质含量较低,其汞背景值也较低。

含汞岩石和矿物的物理化学风化是环境中汞的主要来源,此外还有大量汞通过火山爆发、间隙喷泉、地热流及采矿、冶炼和工农业生产等人为活动进入生态环境。地球大气汞丰度为 0.001~0.1μg/m³,没有明显受汞污染地区的大气系统中总汞丰度一般在 1~10ng/m³。由于汞蒸发性很强,近工矿区大气系统中含汞丰度明显增加。由于人为活动频繁,使得进入生态环境的汞有所增加,干扰汞的自然循环,给整个汞的大循环体系造成了不可逆转的影响,破坏了生态系统的动态平衡。

2. 汞在土壤中的形态及迁移转化

土壤中的汞按其化学形态可分为金属汞、无机化合态汞和有机化合态汞。土壤中金属汞的含量甚微,但很活泼。由于能以零价状态存在,汞在土壤中可以挥发,而且随着土壤温度的增加,其挥发速度加快。无机化合态汞有 $Hg(OH)_2$、$Hg(OH)_3^-$、$HgCl_2$、$HgCl_3^-$、$HgCl_4^-$、$HgSO_4$、$HgHPO_4$、HgO 和 HgS 等,其中 $Hg(OH)_3^-$、$HgCl_2$、$HgCl_3^-$、$HgCl_4^-$ 具有较高的溶解度,易随水迁移。而对于那些溶解度较低的无机态汞化合物植物难以吸收。有机化合态汞分为有机汞(如甲基汞、乙基汞等)和有机络合汞(富里酸结合态汞、胡敏酸结合态汞),植物能吸收有机汞,而被腐殖质络合的汞较难被植物吸收利用。

进入土壤的汞大部分能迅速被土壤吸附或固定,主要是被土壤中的黏土矿物和有机质强烈吸附。土壤中吸附的汞一般累积在表层,并随土壤的深度增加而递减。这与表层土中有机质多,汞与有机质结合成螯合物后不易向下层移动有关。影响土壤中汞的迁移的主要因素是土壤有机质含量、氧化还原条件、pH 等。一价汞和二价汞离子之间可发生化学转化,$2Hg^+ \rightleftharpoons Hg^{2+} + Hg^0$,通过这个反应无机汞和有机汞都可以转化为金属汞。当土壤处于还原条件时,二价汞可以被还原成零价的金属汞。而有机汞在有还原性的有机物的参与下,也能变成金属汞。如果是嫌气条件,无机汞在某些微生物的作用下,或有甲基维生素 B_{12} 那样的化合物存在下,土壤中无机汞可转变为甲基汞或乙基汞化合物,土壤汞的可给量增大。相反,在氧化条件下,汞以稳定形态存在,使土壤汞的可给量降低,迁移能力减弱。在酸性环境中,土壤系统中汞的溶解度增大,因而加速了汞在土壤中的迁移。而在偏碱性环境中,由于汞的溶解度降低,土壤中汞不易发生迁移而在原地沉积。除了上述因素外,土壤类型对汞的挥发有明显的影响,汞的损失率是砂土＞壤土＞黏土。

3. 土壤中汞的生物效应

据有关资料说明,汞矿区的土壤空气中的含汞量最高的只有 $2\mu g/m^3$,经常使用有机汞杀菌剂的农田地区大气中汞的浓度可达 $10\mu g/m^3$。而只有当空气中汞含量达 $0.1\mu g/m^3$ 以上时,汞蒸气中毒现象才明显出现。但是,需要注意的是,长期吸入极微量的汞蒸气会引起累积中毒。

所有的无机汞化合物,除硫化汞之外,都是有毒的。通过食物链进入人体的无机汞盐,主要储蓄于肝、肾和脑内。其产生毒性的根本原因是:与酶蛋白的巯基结合,抑制多种酶的活性,使细胞的代谢发生障碍。还能够引起神经功能紊乱或性机能减退。

有机汞一般比无机汞毒性更大。其中毒性较小的有苯汞、甲氧基-乙基汞;剧毒的有烷基汞等。在烷基汞中,甲基汞毒性最大,易被植物吸收,通过食物链在生物体中逐级富集,对生物和人体造成危害。

土壤中的有机汞直接通过陆生食物链或水生食物链进入人体。甲基汞在体内约有 15% 积蓄在脑内,侵入中枢神经系统,破坏脑血管组织,引起一系列中枢神经中毒症状,如手、足、唇麻木和刺痛,语言失常,听觉失灵,震颤和情绪失常等。这些均为甲基汞侵入脑内所引起的脑动脉硬化症(水俣病)患者的典型症状。此外,甲基汞还可导致流产、死产、畸胎或出现先天性痴呆儿等。

对大多数植物来讲,其体内汞背景含量为 $0.01\sim0.2mg/kg$。而在汞矿附近生长的植物,含汞量可高达 $0.5\sim3.5mg/kg$。汞是危害植物生长的元素之一,植物受汞毒害以后,表现为植物矮化、根系发育不良、植物的生长发育受到影响。受汞蒸气毒害的植物,叶子、茎、花瓣等可变成棕色或黑色,严重时还能使叶子和幼蕾脱落。不同植物对汞的吸收累积是不同的,一般来说,针叶植物吸收累积的汞大于落叶植物。蔬菜作物是根菜＞叶菜＞果菜。这种差异主要与不同植物的生理功能有关。植物的不同部位对汞的累积量也不同,其分布是根＞茎、叶＞子实。

(二)镉

1.环境中的镉

由于镉为分散元素,在岩浆作用中没有发生任何富集,因此在地壳中是以痕量元素形式出现的,其丰度甚微。一般来说,镉的地壳丰度(平均含量)为 0.2mg/kg,各种火成岩石中平均含镉量为 0.18mg/kg,很少有大于 1mg/kg 的情况。纯镉在自然界中不存在,而通常存在于锌矿、铅-锌矿和铅-铜-锌矿中,与锌伴生,其浓度通常与锌含量有关。环境中的镉主要以各种形态存在于各种矿物中,主要的含镉矿物是硫镉矿、方硫镉矿、镉氧化物和菱镉矿,各种闪锌矿中镉含量为 $500\sim18500mg/kg$。

当土壤中镉浓度很高时,可能有三种成因:①自然地球化学的运动,包括火山喷发、岩熔和元素镉的自然富集作用,它常常导致土壤镉的高背景值;②人类生产活动,包括采矿、冶炼、污灌和磷肥施用等工农业活动,它常常导致土壤发生镉的污染;③上述两种作用的复合,导致土壤中镉含量很高。自然地球化学运动使得某地区土壤中镉浓度很高(常常在 1.0mg/kg 以上)的现象一般称为土壤高背景值;人为作用导致某地区土壤镉浓度上升的现象称为污染。

镉在大气、土壤、水、上层岩石及动植物各系统中不断运动,从而构成一个完整的循环。在这个循环过程中,可以反映出镉元素地质大循环和生物小循环之间的平衡关系。其中,含镉矿物和岩石的风化是一生物土壤化学过程,在该过程中,镉主要以 Cd^{2+} 的可溶性化合物形态进入地球表面生物环境,进而形成一些络合离子,如 $CdCl^+$、$CdCl_3^-$、$CdCl_4^{2-}$、$CdOH^+$、$Cd(OH)_3^-$、$Cd(OH)_4^{2-}$ 等。此外,地壳中的镉还常常经火山爆发、岩熔、采矿和冶炼等途径进入生态环境。每年因采矿进入生态环境中的镉为 7.7×10^6kg。可见,人为活动使地壳中镉进入生态环境的速度加快了,从而干扰了自然界中镉的正常循环,给人类带来了形形色色的灾害。

2.镉在土壤中的形态及迁移转化

镉在土壤中一般以 +2 价形式存在,主要有水溶态、土壤吸附态、有机络合态和矿物态。水溶态主要为离子态 (Cd^{2+}) 或络合物形式如 Cl_4^{2-}、$Cd(NH_3)_4^{2+}$、$Cd(HS)_4^{-2}$,这部分镉极易进入植物体中,对生物体是高度有效的。吸附态镉通过静电引力吸附于黏粒、有机颗粒和水氧化物可交换负电荷点上,这部分的镉也易被生物吸收利用。有机态镉与有机成分起络合作用,形成螯合物或被有机物所束缚,主要是以腐殖酸-Cd 络合物形态存在。土壤有机质的含量和性质都会影响土壤中 Cd 的形态及含量。据陈怀满(1983)研究,未解离羧基和酚羟基可能是腐殖酸-Cd 的主要结合位,该络合物的稳定性随腐殖酸芳构化程度增加而增加。土壤中矿物态 Cd 主要有 $Cd_3(PO_4)_2$、CdS。由土壤中磷酸盐的浓度控制着土壤中镉磷酸矿物的形成及其溶解度,当土壤中 SO_4^{2-} 的浓度为 $10^{-3}mol/L$,$pe+pH<4.74$ 时能够形

成 CdS。同时与其他硫化物的存在也有关。土壤中吸附态 Cd 对植物而言是主要的有效态镉,其活度大约为 10^{-7} mol/L,在 pH 大于 7.5 时,取决于 CO_3^{2-} 浓度,其 Cd 的活度为 $CdCO_3$ 所控制。在 CO_2 的浓度为 304Pa 时,每增加 1 个 pH 单位,则 Cd^{2+} 的活度将降低 99%。

土壤镉形态受 pH、Eh、有机质、阳离子交换量等因子所制约。其中 pH 是影响土壤中 Cd 迁移和转化的重要因子。在酸性环境中,土壤中镉的溶解度增大,从而加速了镉在土壤中的迁移和转化;相反,在偏碱性环境中,由于镉的溶解度减小,土壤中的镉不易发生迁移而在原地淀积。进入土壤中的 Cd 可缓慢转化为不溶态或植物非有效态镉。

土壤中的镉主要累积于土壤表层,很少向下迁移。在沈阳张土灌区土壤中,经污灌进入土壤的镉 56.33% 累积于表层。当然,累积于土壤表层的镉由于降水的作用,可溶态部分随水流动很可能发生水平迁移,产生次生污染。

3. 土壤镉的生物效应

作为一种严重污染性元素,对于生物体和人体来说是非必需的元素,在清洁的环境中,新生婴儿体内几乎无镉,污染性镉主要通过消化道吸收进入人体。长期食用生长于受镉污染地区的大米会引起慢性中毒,从而损害人体健康。进入人体的镉,一部分与血红蛋白结合,一部分与低分子金属硫蛋白结合,然后随血液分布到内脏器官,最后主要蓄积于肾和肝中。镉对人体健康的影响表现在抑制许多酶的活性,刺激人体胃肠系统,致使食欲不振,导致人体食物摄入量(日食量)下降,使人体体重减少;影响骨的钙质代谢,使骨质软化、变形或骨折;累积于肾脏、肝脏和动脉中,导致尿蛋白症、糖尿病和水肿病;导致骨癌、直肠癌、食管癌和胃癌的诱发;使睾丸坏死,影响正常性功能;造成流产、新生儿残废和死亡;导致贫血症或高血压的发生。关于镉污染对一般动物的危害,用含 Cd 0.01mg/kg 和 0.05mg/kg 的水饲养 10cm 长的鲤鱼,分别经过 50 天和 30 天后,发现鲤鱼有脊椎变曲的情形,而养在含 Cu、Zn 和 Pb 等水中的鲤鱼就没有这种现象。进一步用 X 射线透视变形鱼脊椎骨,发现有空洞现象。而用含 Cd 的饲料喂养白鼠,它们体内钙的排泄量大于摄取量,有的甚至超过了 30%,且形成类似人类骨痛症的症状。如此即证明了镉的危害主要是由于对动物骨骼中钙的置换,造成骨骼脱钙,使得骨质变形及软化。可见,镉对于动物的生长和发育均有抑制作用。

土壤中的镉与其他元素(Zn、Pb 和 Cu 等)相比,以更低浓度对植物产生毒害作用。这种毒害作用主要与植物种类及土壤含镉量有关。一般地,水稻生长受阻时,植物组织中镉的临界浓度约为 10mg/kg。大麦镉的临界组织浓度为 14~16(15)mg/kg。谷类作物镉的毒害症状一般类似于缺 Fe 的萎黄病。除萎黄病外,植物受镉毒害还表现为枯斑、萎蔫、叶子产生红棕色斑块和茎生长受阻。

(三)铅

1. 环境中的铅

铅(Pb)是自然界常见的元素之一,是一种蓝色或银灰色的软金属。在自然界很少发现纯金属铅,多以硫化物形式存在,如 PbS、$5PbS \cdot 2Pb_2S_2$ 等,还有硫酸盐、磷酸盐、砷酸盐及少数氧化物。铅在地壳中的平均丰度为 $12.5mg/kg$。主要岩类中,火成岩及变质岩中浓度范围为 $10 \sim 20mg/kg$,磷灰岩中含量可超过 $100mg/kg$,深海沉积物中铅的含量相当高,可高达 $100 \sim 200mg/kg$。

岩石在风化成土过程中,大部分铅仍保留在土壤中,无污染土壤中的铅来自成土母质,土壤铅含量都稍高于母质母岩含量。不同母质上发育的土壤铅含量差异显著。

人类活动也可引起土壤中铅含量升高。人类活动对铅的区域性及全球性生物地球化学循环的影响比其他任何一种元素都明显得多。研究资料表明,在北极近代冰层中铅的浓度比史前期的浓度高 $10 \sim 100$ 倍,即使在南极,现代铅的沉积速度也比工业革命前高 $2 \sim 5$ 倍。特别是工业城市的土壤,铅的污染更明显。国外某些大城市土壤中铅的含量高达 $5000mg/kg$,而在一些冶炼厂、矿山附近,土壤铅含量可高达百分之几。今日世界上已很难找到土壤中铅含量免受人类活动影响的一片"净土"。为和土壤成土过程中保留在土壤中的母质原生铅以示区别,将通过尘埃沉降及各种污染途径进入土壤中的铅称之为土壤中的外源铅。土壤中的原生和外源铅均参加地球生物化学循环。

大气传输、沉降是土壤外源铅的主要传输途径。空气中的铅通过远、近程传输、沉降进入土壤。空气中的铅人为来源比自然来源要高 $1 \sim 2$ 个数量级,而汽油、废油燃烧排放在人为来源中要占一半以上。近年来,国内外对汽车废气排放对土壤铅含量的影响研究得较多。研究表明,路旁土壤中铅含量和车流量呈显著正相关,在城市高车流量地区,汽车尾气对土壤的铅污染不亚于污灌区,而前者发生在人口密集区,其危害更为严重。

金属冶炼厂的高烟囱排放高浓度的铅尘可形成区域性土壤严重污染,即使在进行了现代排放控制的冶炼厂,也可在下风向较远的地方观测到土壤铅含量升高。据报道,在离某冶炼厂中心 $2km$ 外,空气中的铅浓度仍超过国家空气质量标准允许含量的 15 倍,在距冶炼厂 $1km$ 外的土壤中铅含量达 $100 \sim 2890mg/kg$,为 $50km$ 外对照区土壤铅含量的 $2 \sim 47$ 倍。

污水灌田是外源铅进入土壤的另一主要途径。由于不合理的污水灌溉可形成大面积土壤污染,我国污灌土地面积已近百万公顷。表 6-7 表明了湖南某污灌区的土壤铅污染情况。该灌区利用矿区污水灌溉已达 20 年之久,污染严重区土壤铅含量比背景区高出 100 多倍。

表6-7　湖南某污灌区土壤铅含量(mg/kg)

区号	土壤铅含量范围	平均含量
1	1728～3674	3612
2	1263～1650	1349
3	100～862	480
4	710～1200	1025
背景区	19～28.5	23.4

2. 土壤中铅的形态及迁移转化

土壤中的无机铅多以二价态难溶性化合物存在,如 $Pb(OH)_2$、$PbCO_3$ 和 $Pb_3(PO_4)_2$,而水溶性铅含量极低。这是由于土壤阴离子 PO_4^{3-}、CO_3^{2-}、OH^- 等可与 Pb^{2+} 形成溶解度很小的正盐、复盐及碱式盐;黏土矿物对铅进行阳离子交换性吸附和直接通过共价键或配位键结合于固体表面;土壤有机质的—SH、—NH_2 基团与 Pb^{2+} 形成稳定的络合物。被化学吸附的铅很难解吸,植物不易吸收。除无机铅外,土壤中含有少量可多至 4 个 Pb—C 链的有机铅,主要来源于沉降在土壤中的未充分燃烧的汽油添加剂(铅的烷基化合物)。

成土母质在风化过程中,因富集铅的矿物(如钾长石)大多抗风化能力较强,铅不易释放出来,风化残留铅多存在于土壤细小颗粒部分。土壤中铅的形态、可提取性、溶解度、矿物平衡、吸附和解吸行为等受多种因素的影响。

由于铅在土壤中迁移能力弱,沉积在土壤中的外源铅大都停留在土壤表层,随深度增加而急剧降低,在 20cm 以下就趋于自然水平。铅在污染土壤表层的水平分布随污染方式而异。污灌区入水口处土壤铅含量最高,随水流方向含量逐渐降低。在公路两侧受汽车尾气影响的铅污染土地,沿公路两侧呈带形分布,土壤中铅含量由高而低,在离公路 200～300m 即接近自然本底水平。

3. 土壤铅的生物效应

由于职业病或偶然性的铅中毒事件不时发生,故对铅引起的急性或慢性中毒已进行广泛的研究。小剂量的铅吸收产生精神障碍,血铅＞$35\mu g/100mL$ 时,神经传输速度减慢,出现高级神经机能障碍。我国对冶炼厂、电瓶厂有铅接触史的工人调查表明,工人吸收铅后表现出记忆衰退、容易疲劳、头昏、睡眠障碍等症状;铅中毒可引起动脉高血压和肾功能不全的并发症;在铅摄入量很高时,严重中毒时,引起血管管壁抗力减低,发生动脉内膜炎、血管痉挛和小动脉硬化。铅中毒还发生绞痛,还会造成死胎、早产、畸胎。临床表现的贫血症被用作对接触铅的职业工人体检的一项监测指标。普遍认为儿童和胎儿对铅最敏感,受害最严重,铅对儿童的智力发育产生不良影响。在某冶炼厂附近,血铅在 $40～80\mu g/100mL$ 范围的儿童智商减少 4 个点到 5 个点。牙齿铅含量愈高的儿童,学习愈是心不在焉,容易冲动,天赋差。另外和一系列精神运动缺陷相联系,如左右定向、语言抽象表达能力等。这可能与小儿的代谢和排泄功能未臻完善,血脑屏障成熟较晚,中枢神经相对脆弱以及铅在儿童胃肠道较易吸收等有关。

铅对作物的影响主要表现在影响作物的产量、质量。低浓度的铅可对某些植物表现出刺激作用,而高浓度的铅除在作物可食部分产生残毒外,还表现为使幼苗萎缩、生长缓慢、产量下降甚至绝收。在利用作物生态效应研究土壤重金属最大允许含量时,一般采用产量降低 10% 或可食部分超过食品卫生标准时土壤中铅的含量作为依据。

不同作物对铅的吸收和受影响程度也不同。作物对铅的抗性的相对顺序为小麦＞水稻＞大豆。试验表明,大豆减产 10% 时,土壤铅含量为 240mg/kg,而土壤铅直到 1000mg/kg 对水稻生长和产量均无明显影响,小麦在土壤铅大于 3000mg/kg 时生长和产量仍然正常。不同土壤的铅临界值不一样,草甸棕壤大豆减产 10% 对应土壤铅为 500mg/kg,红壤性水稻土壤铅含量 700mg/kg 时水稻减产 10%,而母质为千枚岩的水稻土,水稻减产 10% 时土壤铅含量大于 1051mg/kg。

作物吸收的铅 90% 以上滞留在根部,其顺序为根＞茎、叶＞子实,呈由下向上骤减趋势,反映出铅在土壤中对植物的有效性及移动能力均低。作物对铅的吸收量与加入铅的浓度及作物种类均有关。作物对铅的吸收量大都低于 0.3%,99.7% 以上的外源铅仍残留在土壤内。蔬菜对铅的吸收累积作用很强,污灌蔬菜盆栽模拟试验表明,可食部分平均累积量的次序为白菜＞萝卜＞莴苣。叶菜类含铅量最高,土壤铅含量增加 1mg/kg 时,白菜心叶含铅增加 0.26mg/kg,比其他谷类作物高 2～3 个数量级。

(四)铬

1. 环境中的铬

自然界不存在铬的单质,通常与二氧化硅、氧化铁、氧化镁等结合。地壳中所有的岩石中均有铬的存在,其含量比 Co、Zn、Cu、Mo、Pb、Ni 和 Cd 都要高,但铬的矿物不超过 10 种,分为氧化物、氢氧化物、硫化物和硅酸盐等几大类。主要有铬铁矿 $FeCr_2O_4$、铬铅矿 $PbCrO_4$、黄钾铬石 K_2CrO_4、钙铬石 $CaCrO_4$、磷铬铜矿 $Pb_2CuCrO_4(PO_4)(OH)$、锌铬铅矿 $Pb_5Zn(CrO_4)_3SiO_4F_2$。铬酸盐矿物具有鲜明的颜色,Cr^{2+} 一般为紫色,Cr^{3+} 为绿色,Cr^{6+} 呈浅蓝色,硬度一般为 2～3,相对密度一般为 2～3,含铅铬盐则可达 5.5～6.5。

世界范围内土壤铬的背景值为 70mg/kg,含量范围为 5～1500mg/kg,我国土壤铬元素背景值为 57.3mg/kg,变幅为 17.4～118.8mg/kg。土壤中铬的含量取决于母质及生物、气候、土壤有机质含量等条件。各类成土母质是土壤铬的主要来源,因此,影响土壤中铬含量高低的主要原因是母质的不同。母岩中铬含量在火成岩中是超基性岩＞基性岩＞中性岩＞酸性岩,土壤中铬含量的分布也大致有相同的趋势。对发育在不同母质岩石上的土壤进行测定表明:蛇纹岩上发育的土壤含铬高达 3000mg/kg,橄榄岩发育的土壤含铬 300mg/kg,花岗片麻岩发育的土壤含铬 200mg/kg,石英云母片岩发育的土壤含铬 150mg/kg,花岗岩发育的土壤含铬仅 5mg/kg。

2. 铬的形态及迁移转化

铬是一种变价元素,在自然界中以不同价态出现,在通常土壤 pH 和 Eh 范围内,铬的最重要的氧化态是 $Cr(III)$ 和 $Cr(VI)$,而 $Cr(III)$ 又是最稳定的形态。水溶液中 $Cr(III)$ 的形态以 Cr^{3+}、$Cr(OH)^{2+}$、$Cr(OH)_3$ 和 $Cr(OH)_4^-$ 为主,在 pH 小于 3.6 时以 Cr^{3+} 为主,而在 pH＞11.5 时,则以 $Cr(OH)_4^-$ 为主。在微酸性至碱性范围内,$Cr(III)$ 以无定形 $Cr(OH)_3$ 沉淀态存在,而当存在 Fe^{3+} 时,则形成 $(Fe,Cr)(OH)_3$ 固溶体。$Cr(VI)$ 在水溶液中的形态主要为 $HCrO_4^-$、CrO_4^{2-} 和 $Cr_2O_7^{2-}$,在 pH＞6.5 时以 CrO_4^{2-} 为主,而在 pH＜6.5 时,则以 $HCrO_4$ 为主,在酸性条件并存在高浓度 $Cr(VI)$ 时,可形成 $Cr_2O_7^{2-}$。在 pH8～9 的碱土和氧化能力较强的新鲜土壤中,六价铬多以 CrO_4^{2-} 离子态存在。六价铬有很强的活性,其化合物可以随水自由移动,并有更大的毒性。

土壤中铬的迁移转化非常复杂,既有不同价态的相互转化,也有水-土介质中的迁移。$Cr(III)$ 进入土壤后主要有三个转化过程:$Cr(III)$ 与羟基形成氢氧化物沉淀;土壤胶体、有机质对 $Cr(III)$ 吸附、络合;$Cr(III)$ 被土壤中的氧化锰等氧化为 $Cr(IV)$。

在土壤溶液中,当 pH＞4 时,$Cr(III)$ 溶解度明显降低;pH＝5.5 时,铬开始沉淀;pH＞5.5 时,$Cr(OH)_3$ 的溶解度最低。在土壤中,大部分有机质参与铬复合物的形成,氢氧化铁和氢氧化铝也是铬的良好吸附体。土壤对 $Cr(III)$ 的吸附还与黏土矿物类型有关,蒙脱石对 $Cr(III)$ 的吸附能力最大,高岭石最小。在硅酸铝氧八面体中,由于铬与铝原子的半径非常接近(Cr 0.0065nm,Al 0.0057nm),因此,黏土矿物中 Cr^{3+} 的吸附是由 Al^{3+} 的同晶体取代造成的,在水云母类的蛭石和黑云母中也有类似现象。在好氧条件下,$Cr(III)$ 容易被氧化成 $Cr(VI)$,三价和四价锰是常见的氧化剂和电子受体,在中性和酸性溶液中 MnO_2 对 $Cr(III)$ 的氧化速度相近。在 pH6.8～8.5 时,三价铬转化为六价铬的反应为 $2Cr(OH)_2^+ + 1.5\ O_2 + H_2O \longrightarrow 2CrO_4^{2-} + 6H^+$。

不同形态的 $Cr(III)$ 在土壤中被氧化的能力是有差别的,有机络合 $Cr(III)$ 有利于被氧化。而随着 pH 的增高,$Cr(III)$ 被氧化的能力降低,$Cr(III)$ 的浓度增加,土壤中 $Cr(VI)$ 形成的数量相应减少。在一定条件下土壤中的 $Cr(VI)$ 和 $Cr(III)$ 可相互转化。Cr(Ⅵ)进入土壤后主要发生以下几个转化过程:土壤胶体吸附 Cr(Ⅵ),使之从溶液转入土壤固体表面;Cr(Ⅵ)与土壤组分反应,形成难溶物;Cr(Ⅵ)被土壤有机质还原成 Cr(Ⅵ)。Cr(Ⅵ)在土壤中的还原受土壤有机质含量、pH 等的影响。在土壤有机质等还原物质的作用下,Cr(Ⅵ)很容易被还原成 Cr(Ⅲ),且随 pH 的升高,有机质对 Cr(Ⅵ)的还原作用增强。土壤对 Cr(Ⅵ)吸附量的大小顺序是:红壤>黄棕壤>黑土>搂土。黏土矿物对 Cr(Ⅵ)的吸附能力为三水铝石>针铁矿>二氧化锰>高岭石>蒙脱石,土壤吸附量随 pH、有机质的增高而减少。阴离子对 Cr(Ⅵ)的吸附存在着竞争作用;氧化铁和氢氧化铁的存在使 Cr(Ⅵ)迁移能力减弱。

土壤与底泥中的铬可分为交换态铬、酸溶态铬和碱溶态铬,土壤中铬主要以酸溶态和残渣态铬存在。土壤中大部分铬与矿物牢固结合,因而土壤中水溶性铬含量非常低,一般难以测出;交换态铬(1mol/L NH_4Ac 提取)含量也很低,一般<0.5mg/kg,约为总铬的 0.5%。pH 对土壤中 Cr 的形态有明显的影响,pH 较低时,水溶性和交换性铬浓度显著增加。在吸附或吸附-沉淀区域内(pH<4~6)吸附的铬较易被提取出来,而在稳定沉淀区域(pH>6),Cr(Ⅲ)容易形成稳定沉淀态,难以被 H_2O 和 NH_4Ac 所提取,所以在高 pH 的条件下,残渣态铬量也有所增加。

3. 铬对人体及生态环境的影响

人体缺乏铬会抑制胰岛素的活性,可引起粥状动脉硬化,影响胰岛素正常的生理功能,使糖和脂肪的代谢受阻,扰乱蛋白质的代谢,造成角膜损伤、血糖过多和糖尿病、心血管病等。据研究,人体对铬的适当摄取量为 0.06~0.26mg/d。西方许多国家糖尿病患者甚多,动脉硬化病也较亚、非、拉地区为多,其主要原因就是铬缺乏。

铬的毒性主要是 Cr(Ⅵ)引起的,主要表现在引起呼吸道疾病、肠胃道病和皮肤损伤等,此外 Cr(Ⅵ)有致癌作用。Cr(Ⅲ)对鱼的毒性表现为当鱼受到 Cr(Ⅲ)刺激时,分泌出大量黏液与 Cr(Ⅲ)黏合,从而减少这些离子通过皮肤的扩散,腮部分泌的黏液与 Cr(Ⅲ)混凝,危害腮组织,从而干扰呼吸功能,使鱼窒息而死。

过量铬会抑制作物生长,高浓度的铬不仅本身对植物产生危害,而且会干扰植物对其他必需元素的吸收和运输。Cr(Ⅵ)能干扰植物中的铁代谢,产生失绿病。铬对植物的危害主要发生在根部,其直观症状是根部功能受抑制,生长变慢和叶卷曲、褪色。不同作物铬的耐受能力是不同的,对高浓度 Cr(Ⅲ)耐受能力较强的有水稻、大麦、玉米、大豆、燕麦;对高浓度 Cr(Ⅵ)耐受性强的有水稻、大麦。但低浓度的铬能刺激作物生长,如在土壤中加 5mg/kg 的铬可提高葡萄的产量,施用醋酸铬对胡萝卜、大麦、扁豆、黄瓜、小麦的生长都有益。

铬对土壤生化代谢有影响:抑制土壤纤维素的分解,当 Cr(Ⅵ)浓度为 5mg/kg 时,将抑制分解率的 36%;当浓度大于 40mg/kg 时,纤维素分解在短时间内将全部受到抑制;Cr(Ⅵ)明显地抑制土壤的呼吸作用,呼吸峰随 Cr(Ⅵ)含量增高而降低,Cr(Ⅵ)大于 100mg/kg 时,短时间内将不出现明显的呼吸峰。Cr(Ⅵ)能抑制土壤中磷酸酯酶和腺酶的活性,从而影响氮、磷的转化;当 Cr(Ⅵ)为 40mg/kg 时,硝化作用几乎全部受到抑制。

(五)砷

1. 环境中的砷

砷的熔点为 817℃,相对密度为 5.78,是一种准金属,其理化性质和环境行为与重金属多有相似之处,故讨论重金属时往往包括砷。砷是变价元素,自然界中可以 0 价(As)、−3 价(如 AsH_3)、+3 价(如 As_2O_3)和+5 价(如 Na_3AsO_4)存在,以后两种居多。但在一般土壤环境中砷往往以+3 和+5 两种价态为主存在。地壳中各种岩石矿物砷是土壤砷的主要天然来源。含砷矿物可分为三大类:硫化物,如 AsS(雄黄)、As_2S_2(雌黄),此外还有硫砷铁矿(FeAsS),即毒砂,是含砷量最高、分布最广泛的砷矿;氧化物及含氧酸根形式砷矿物,如 As_2O_3(砒霜,即白砷矿)、$Fe_2AsO_4(OH)_3 \cdot 5H_2O$(毒铁石)、$Ca_4(AsO_4)_2 \cdot H_2O$(毒石)、$Ca_6(AsO_4)_3 \cdot F_2OH$(砷灰石)、$BiAsO_4$(砷铋)、$Zn_3(AsO_4)_2$(砷锌矿);金属砷化物,如 SbBiAs(砷锑铋矿)、$NiFeAs_2$(砷铁镍矿)、$(CuAg)_4As_3$(砷铜银矿)等。

人类活动,尤其是工农业生产中含砷废弃物的排放和砷化物的应用,是土壤砷的另一重要来源。其一,含砷矿石的开采和冶炼将大量砷引入环境,矿石焙烧或冶炼中,含砷蒸汽在空气中氧化成 As_2O_3,可凝结成固体颗粒,在空气中散布,最终进入土壤和水体。其二,含砷原料的应用。由于砷化物大量用于多种工业部门,如冶金工业中作为添加剂,制革工业中作为脱毛剂,木材工业中作为木材防腐剂,玻璃工业中用砷化物脱色,颜料工业中用砷化物生产巴黎绿等。这些工业企业在生产中将排放大量的砷,进入土壤,污染环境。其三,含砷农药的使用。含砷农药在施用过程中,砷可能直接或间接大量进入土壤之中,是各种人为活动中,促使砷进入土壤最重要、最直接的途径。据美国调查,未施过含砷农药的土壤含砷量极少超过 10mg/kg,而重复施用含砷农药的土壤,砷含量可高达 2000mg/kg 以上。其四,煤的燃烧。由于煤的含砷量一般较高,燃煤可向大气中排放大量的砷,如烟雾闻名的伦敦,其大气中的砷为 $0.04 \sim 0.14\mu g/m^3$,布拉格上空为 $0.56\mu g/m^3$,在炼钢厂周围上空为 $1.4\mu g/m^3$,热电站附近大气砷浓度甚至高达 $20\mu g/m^3$,大气中的砷相当部分最终将进入土壤之中。

地壳中含砷量为 $1.5 \sim 2mg/kg$。世界土壤中砷含量在 $0.1 \sim 40mg/kg$,平均含量为 6mg/kg,我国土壤砷元素环境背景值为 9.6mg/kg,其含量范围为 2.5~

33.5mg/kg,其中最高含量达 626mg/kg。我国土壤砷背景值区域分布总的趋势是东部、东南部低于西部,这种分布特点与我国区域性的生物、气候因素有关。土壤高背景值除发生在自然的原生环境外,在大量使用含砷农药的国家和地区,土壤砷含量异常亦较为广泛。人为施入土壤的砷,往往比自然条件下土壤原来含有的砷高数倍、数十倍,甚至高数百倍。

砷从岩石圈经风化作用而释放到自然界,绝大部分将首先进入土壤之中,参与各种过程,再转移到生物、大气和水等圈层,部分砷最终进入海洋,沉积固结成岩石,并进行从岩石—土壤—岩石的地质大循环。当前砷循环中,风化作用与沉积作用之间大体是处于平衡状态。砷在地质大循环基础上进行的土壤—植物—动物—土壤间的循环,是砷的生物学小循环,实质是砷的生物土壤化学过程。生物对砷的富集作用极为显著。一般砷主要分布在土壤剖面中的 A 层,且往往与腐殖质的含量成正相关。生物的富集作用也发生在海洋和沉积物中。海水中砷的含量范围在 $0.05\sim5\mu g/m^3$,海洋植物中砷的含量范围为 $1\sim12mg/kg$,海洋动物中砷的含量通常在 $0.1\sim50mg/kg$ 之间,而沉积物中生物富集作用表现最为突出的当推煤。生物在砷的迁移和转化过程中也有重要作用。在一些转化过程中,如亚砷酸盐氧化成砷酸盐,有机体的存在能起催化作用,促进转化过程的发生。而在另一些变化中,如甲基化作用,只有在有机体存在时才可以发生。由于生物对砷的蓄积、迁移和转化过程发挥了积极作用,使分散在地壳中的砷通过含砷矿物、岩石的风化,逐渐转移、富集到地壳表层的土壤之中,促进砷参与土壤的物理、化学和生物学过程,使无机砷与有机砷得以相互联结,土壤成为无机砷与有机砷相互转化的纽带,推动了砷的生物学循环。

2. 土壤中砷的形态和迁移转化

土壤中砷的形态可分为水溶态、离子吸附或结合态、有机结合态和气态。一般土壤中水溶性砷极少。不同土类吸附态砷的含量差别很大,个别土类吸附态砷还占有相当高的比例,主要由于土壤吸附态砷深受 pH 与 Eh 变化的影响。当土壤 Eh 降低,pH 升高,砷的可溶性显著增大。离子吸附或结合态是被土壤吸附并与铁、铝、钙等离子结合成复杂的难溶性的砷化物,这部分砷为非水溶性,其中以固定态砷为主,而交换态砷较少。用磷酸盐、柠檬酸盐及各种浸出剂浸提吸附于土壤中的砷,发现被吸附的砷中,约有 1/3 处于交换态,其余的则为固定态,即为铁铝氧化物或钙化物的复合物。在我国土壤类型中,一般在钙质土壤中与钙结合的砷占优势,在酸性土中与铁铝结合的砷占优势。铁型砷(Fe‐As)的含量比铝型砷(Al‐As)含量高,其中氢氧化铁对砷的吸附力为氢氧化铝的两倍以上。砷在土壤中的运动与磷相似,特别是在酸性土壤中,吸附固定的砷和磷都强烈地转化为铁和铝的结合态。但磷的吸附量比砷大,磷置换砷的能力较强,磷对铝的亲和力也比砷大。

因此，一般土壤中磷比砷更易被土壤吸附，磷的吸附由于土壤胶体的铁和铝引起，而砷主要由于铁吸附。

在一般的 pH 和 Eh 范围内，砷主要以 As^{3+} 和 As^{5+} 存在。水溶性砷多为 AsO_4^{3-}、$HAsO_4^{2-}$、AsO_3^{3-} 和 $H_2AsO_4^-$ 等阴离子形式，其含量常低于 $1mg/kg$，只占总砷含量的 $5\%\sim10\%$。在旱地土壤或干土中以砷酸为主，而在水淹没状态下，随着 Eh 的降低，亚砷酸盐增加。据研究，在氧化体系中（pH<8），则以亚砷酸盐（$HAsO_2$）占优势，砷酸在水中的溶解速度和溶解度均比亚砷酸大，更易被土壤吸附。当砷酸与亚砷酸共存时，亚砷酸多存在于土壤溶液中，而土壤中的砷由于在氧化状态下多变为砷酸，被土壤固定，使其在土壤固相中增加。水田加氧化铁能显著减少溶液中的砷，其原因一方面是由于砷和氧化铁结合为难溶态，另一方面则由于使亚砷酸氧化为砷酸而被土壤吸附。在水稻栽培试验中，Eh 在 $50mV$ 以下时，砷的毒害表现显著。因此认为一般水田土壤在 $100mV$ 左右就有亚砷酸的可能性。除土壤 Eh 变化以外，土壤中砷酸和亚砷酸的相互转化还与微生物的活动有关。

在大多数土壤中，砷主要以无机态存在，但在某些森林土壤中，无机砷仅占总砷的 $30\%\sim40\%$，说明有相当多的砷是有机结合态的，许多土壤可能存在甲基砷。据研究发现，砷酸盐是最主要的含砷成分，但大多数土壤样品含有二甲基次砷酸盐（水稻土有 $4\sim69\mu g/m^3$，旱地或果园土有 $2\sim7\mu g/m^3$）和一甲基砷酸盐（水稻土有 $5\sim88\mu g/m^3$，旱地或果园土壤在 $7\mu g/m^3$ 以下）。

土壤中的砷移动性较差，土壤黏粒含量愈高，砷的移动速度愈低，据研究，二甲基砷酸钠通过供试土壤表层移动的速度，在壤质砂土中最快，在细砂壤土中最慢。

3. 土壤砷的生物效应

砷主要通过食物和饮用水进入人体和动物。高浓度 As^{3+} 可使中枢神经系统和末梢神经系统功能紊乱，形成多发性神经炎，其症状是肢体感觉异常，有麻木、刺激痛、灼痛、压痛感，进而表现为肌无力、行走困难、运动失调。As^{3+} 还可使血管中枢及外围小血管麻痹，急性中毒还可使血管扩张、血压下降、腹腔内脏充血、水肿，可使心脏扩张，引起充血性心衰，并致畸、致突变或致癌。As^{2+} 还可以与 Se^{4+} 一样取代蛋白质中的硫，从而引起体内硫代谢障碍，使含有大量硫的角质素分解或死亡，其症状是掌跖部皮肤增厚、角化过度、皮肤代谢障碍、毛发脱落。砷的生化作用及其毒性主要由于砷与酶蛋白质中的巯基（—SH）、蛋白质中胱氨酸、半胱氨酸含硫的氨基（—NH）有很强的亲和力，其中，As^{3+} 的亲和力最大，而 As^{5+} 较小，所以 As^{3+} 的毒性也最大。

砷是植物强烈吸收累积的元素。砷对植物的毒害主要是阻碍植物体内水分和养分的输送，其症状是：最初叶子卷起或枯萎，然后是阻碍根部发展，显著地抑制生长,进一步是破坏根及叶的组织,植物枯死。砷害症状不仅仅决定于砷的数量,而且随不同植物而异。多年生植物中,桃树砷害症状是茎叶边缘或叶脉间呈褐色,以至红色斑点,不久斑点部分枯死,叶缘呈锯齿状出现空穴,最后落叶;橘树砷害是叶脉生黄化病;苹果若从树皮发生急性砷害,树皮或木质部变色,叶子产生斑点。水稻砷害症状是抑制茎叶分蘖,植株矮化,叶色浓绿,根系发育不良,根呈褐色,抽穗迟、不成熟;小麦的砷害症状类似于水稻,但比水稻的抗砷性要大得多。扁豆症状是叶边缘组织坏疽、根软弱、带红色,砷浓度高时,粗根呈暗红色,组织破坏。一般来说,As^{3+} 的易迁移性、活性和毒性都远高于 As^{5+}。

适量砷可以促进植物生长,据盆栽试验,施砷 $5\sim10mg/kg$ 时水稻生长良好,有人施用适量的 $Ca_3(AsO_4)_2$,使小麦、玉米、棉花、大豆增产,施用 $Pb_3(AsO_4)_2$ 可降低果实酸度,起到优化品种的作用,适量砷还可刺激马铃薯、豌豆和萝卜的生长。

(六) 铜和锌

1. 环境中铜和锌

土壤铜污染源主要是铜冶炼厂和铜矿开采以及镀铜工业的"三废"排放。此外,过量施用铜肥和含铜农药,也是造成土壤铜污染的重要污染来源。当土壤含铜量,特别是可给态的铜超过一定限量($100\sim200mg/kg$)时,即可引起土壤铜污染,致使作物生长发育受到严重影响,并可通过食物链输入人体,产生危害。

土壤锌污染源主要是铅锌冶炼厂、铅锌矿开采以及电镀(镀锌)工业的"三废"排放。例如,铅锌冶炼厂的废水中,锌的浓度约为 $60\sim170mg/kg$。长期引用含锌废水污染的水源灌溉农田或施用含锌污泥,可引起土壤的锌污染,历史上曾发生过由含锌的工业废物或污泥引起的锌的毒害事故。

2. 土壤中铜和锌的形态及迁移转化

土壤中可给态铜都是以 2 价状态出现,或者以简单的 Cu^{2+} 离子,或者呈 $Cu(OH)^+$ 络离子形式存在。但是土壤溶液中的铜 99% 以上可能都是和有机化合物络合的。铜和其他金属元素比较,具有较强的形成络合物的倾向,形成的螯合物具有较强的稳定性。现在一般认为,土壤中主要难溶性锌是锌和无定形二氧化硅起作用而产生的硅酸盐,并由这种硅酸盐控制着土壤溶液中锌的浓度。

土壤中可给态锌与铜相似,主要以简单的 Zn^{2+} 离子和 $Zn(OH)^+$ 络离子形式存在。但是,与铜不同的是,土壤溶液中的锌主要是无机离子。土壤溶液中的 Zn^{2+} 在碱性条件下则形成氢氧化锌沉淀。但氢氧化锌不稳定,易分解为氧化锌,并形成碳酸锌和硅酸锌。在还原环境中则可产生 ZnS。此外,土壤中还可能形成 $Zn-FeSiO_4$。

3. 土壤铜和锌的生物效应

铜和锌都是作物生长发育的必需营养元素,也是人体糖代谢过程中必需的微量元素。成人每日需要 2g 铜,人体中有 30 种以上的酶和蛋白质中含有铜,其中主要存在于肌肉中,组成铜蛋白,促进血红蛋白的生成和细胞的成熟,铜能促进骨折愈合和增长身高。锌是许多蛋白质、核酸合成酶的构成成分,至少有几种酶的活性与锌有关。锌在人体内的含量达 1.4～2.3g,正常人血浆中锌在 1200μg/kg 左右,正常发育儿童头发中的锌应在 60～120mg/kg 范围,过少,可引起一系列病症,锌有助于男孩发育和帮助骨骼生长。

但铜和锌过量时又都是有害的,铜过量 100mg,就会刺激消化系统,引起腹痛、呕吐,长期过量可促使肝硬化。值得注意的是,铜的需要量和中毒量非常接近。所以直接补充铜剂是非常危险的。锌过量时会引起发育不良、新陈代谢失调、腹泻等症状。一般说,锌的毒性较铜为弱。

不同的作物对铜的忍耐能力差别很大,在同一土壤中,有些作物已产生铜的毒害,但另一些作物仍能正常生长。如水稻是对铜较敏感的作物,很容易出现黄化症状,根系发育受阻,植物萎缩而枯死。此黄化症状和缺铁性缺绿症相似,并且叶面喷铁可以治疗。这说明,铜与铁之间确有显著的拮抗作用。柑橘类果树受铜害时,也出现缺绿症,但麦类则较少出现缺绿症,而常常发生萎缩症。铜对植物产生毒害的原因,除了对其他营养元素的离子有拮抗作用之外,更主要在于它和酶的作用基结合,使酶失活,以及和细胞膜物质结合,破坏膜的结构与功能。

土壤中适量的可给态锌,可以提高作物产量。但锌过多时,对作物有毒害作用,可严重影响作物的生长发育。植物锌中毒时,叶片往往失绿,进而产生赤褐色斑点,严重时可枯死。造成植株中毒的土壤可给态锌一般在 100mg/kg 以上。

4. 铜和锌的防治

防治铜毒害的主要措施是向土壤大量施用绿肥等有机肥料;或施用石灰降低土壤酸度;或二者并用;也可以施用铁剂,或叶面喷铁剂,均可减轻铜对作物的毒害。

对于锌过多的土壤,可以采取以下措施来防止作物锌中毒:①施用石灰调节土壤 pH 在 5.5～7.0 范围内,使锌形成氢氧化锌沉淀;②使土壤呈还原状态,形成 ZnS 沉淀;③施用含锌量很低的磷肥,使之形成难溶性的磷酸和锌的复合物。

(七)锰

1. 环境中的锰

土壤锰的污染源主要是锰矿开采以及选矿和冶炼过程中排放的"三废"。例如,我国湘中某锰矿区,由于长期引用来自锰矿电解锰厂和矿井排出的含锰量较高的废水灌溉农田,造成了严重的锰污染,土壤含锰量最高的达 14100mg/kg(一般土壤的平均含锰量为 850mg/kg)。此外,不恰当地施用锰肥,也可能造成锰的污染。

2. 锰的形态及迁移转化

土壤溶液中的锰系以 Mn^{2+} 离子(占 1%～15%)和有机质络合的 2 价锰(占 85%～99%)存在。我国南方砖红壤和红壤中锰有富集现象,而石灰性土壤中,锰的活性很低。土壤中锰的形态可分为可给态的 2 价锰化合物和不易为作物吸收的高价锰的氧化物。高价锰的氧化物包括最稳定的 MnO_2、不活跃的 Mn_3O_4 和 3 价的 $Mn_2O_3 \cdot nH_2O$。3 价锰的氧化物是易还原性锰,因此,可以看做是可移动的,对作物是有效的。土壤中锰的氧化物依一定条件而相互转化。影响转化的土壤条件主要是 pH 值、Eh 值及有机质的多少。在强酸性土壤中 MnO_2 减少,而 2 价锰明显增加,当 pH>8 时,Mn^{2+} 被氧化成 MnO_2。当土壤 Eh 下降,处于还原条件下(pH 为 7 时,Eh<0.42V),高价锰还原为低价锰,增加了锰的有效性(在锰的氧化物相互转化过程中,土壤微生物的参与,也是极其重要的条件)。因此,土壤中锰的毒害,最可能在酸性土壤或含有机质高而 Eh 低的土壤中发现。

有人认为,在 Fe、Mn 存在条件下,有机质在氧化过程中起连锁反应。在连锁反应中,大气中的氧氧化了 Fe 和 Mn,这些被氧化了的铁和锰又转而促进有机物质中 C、N、S 的氧化。当有机质被氧化的同时,Fe 和 Mn 被还原;但在通气良好的条件下,它们又很快地被大气中的氧重新氧化。这一现象循环不止。因此,即使只有少量铁和锰存在,即可以引起大量有机物的氧化。

3. 锰的生物效应

锰是植物以及人体正常生长发育必需的微量元素之一。锰对光合作用,以及作物体内的氧化还原过程有重要作用,而且能活化作物体内许多酶系统。在人体内,锰是构成转氨酶和肽酶的成分,又能激活某些酶。但是,锰过多,对植物及人体都是有害的。人体内摄入过多的锰,可导致运动失调以及神经质、易激动、不安等神经系统损害,特别是在同时又低硒的条件下,可显著增加心肌坏死的可能性。土壤中含锰过高,可导致作物出现缺铁症。这是因为锰(Mn^{2+})可以作为一种氧化剂使体内的 Fe^{2+} 氧化为 Fe^{3+},或抑制 Fe^{3+} 还原为 Fe^{2+},因而降低了铁的生理活性,影响作物体内铁所参与的氧化还原作用的进行。此外,土壤中锰过多可引起铁沉淀,降低有效铁的含量。铁和锰在自然环境氧化还原作用中除自身积极地进行氧化还原反应外,对其他物质氧化还原作用的进行起着一种催化剂的作用。如土壤和底泥中的有机质只有当大气中的氧能够扩散到这些物质中,而同时又有 Fe、Mn 存在的情况下,才能被微生物迅速将其氧化为最后产物。

一般认为在植物干物质中存在 1000mg/kg 锰时,有可能发生毒害作用。但各种植物之间差异很大,同时还与土壤环境条件有关。植物受锰毒害时,一般表现为根部变褐,叶上产生褐色斑点,叶缘白化或变成紫色,幼叶卷曲等。由于锰过多会阻碍钼和铁的吸收,故往往会使植物发生缺钼症或缺铁症。

(八)镍

1. 环境中的镍

土壤含镍一般为 20～50mg/kg，有时达 100mg/kg。土壤溶液中的镍浓度大致为 0.005～0.5mg/L。造成土壤环境镍污染的人为来源主要是含镍矿的冶炼以及工业和城市废物。

镍的碳酸盐、磷酸盐、硫酸盐以及卤化物在土壤溶液中易于溶解，因此它们不能在土壤固相中形成。当土壤 pH 大于 9 时，镍的氧化物及其水合物才是稳定的。而 $NiFe_2O_4$ 溶解度较小，最有可能在土壤固相中形成。相对于 $NiFe_2O_4$ 来说，$NiAl_2O_4$ 和 $NiSiO_4$ 在土壤固相中是亚稳态的。当土壤 pH 和 Eh 较低时，土壤中有 NiS 生成并调控着土壤溶液中镍的量。当土壤 pH>8 时，$Ni(OH)^+$ 和 Ni^{2+} 是土壤溶液中镍的主要赋存形态。在酸性土壤中镍主要以 Ni^{2+}、$NiSO_4$ 和 $NiHPO_4$ 等形式存在于土壤溶液中。

2. 镍的形态及生物效应

交换态镍是土壤镍较易活动的部分，并随土壤 pH 值的升高其占总量的百分率下降。碳酸盐结合态镍可溶于弱酸，随土壤 pH 值的减少对作物的可给性增加。铁锰氧化物结合态的镍被土壤束缚得很紧，但是在一定环境条件下，特别是在土壤 Eh 值较低时，可转化为作物可利用的部分。

镍是脲酶的组成成分，可能是某些作物的必需元素，镍又是温血动物必需的微量元素。但镍也是主要的环境污染物，对动植物以及人体具有毒性，尤其是对海生动物。现已证实镍及其某些络合物具有致癌作用和许多代谢症状。

一般作物体内镍的含量在 0.1～1.0mg/kg（干重）之间，灵敏性作物镍的毒害水平为 10mg/kg，其他作物大于 50mg/kg。Ni^{2+} 易被大多数植物吸收，并能与钙、镁、铁、锌等阳离子产生竞争作用，土壤和植物内含有大量的镍能导致植物体铁和锌缺乏，产生失绿病。有关学者认为镍对作物的毒害症状与缺锰症状极为相似，叶片边缘失绿并产生灰斑病。此外，镍过量时，燕麦和马铃薯等高等植物叶脉发白，呈变性黄化病，而油菜发生特异性枯斑病症状，地上部分发生褐色斑点或斑纹。镍过剩还可抑制作物根系的生长，其症状是整个根呈珊瑚状。

3. 镍的防治措施

防治土壤镍过剩的主要措施有：①增施石灰调节适宜的土壤 pH 值；②适当配合铁、镁肥的施用，以提高植物对镍毒害（失绿、组织坏死）的抗性；③增施有机肥料以提高土壤环境容量。

(九)钼

1. 环境中的钼

钼是植物必需的微量营养元素。植物组织中的钼，就浓度而言，较植物所需要的其他任何元素约低一个数量级,然而含钼的酶则为微生物固氮和高等植物利用硝酸盐所必需。土壤含钼 $0.5\sim5mg/kg$,而在某些受污染的土壤中其浓度可高达 $200mg/kg$。土壤中钼的最大允许浓度为 $5mg/kg$,植物缺钼多发生在排水良好的酸性土壤上。含钼量很高的植物一般仅在排水不良的土壤上出现。

植物对钼仅有少量的需要,过量会引起食草动物中毒。植物体内钼的含量依植物种类、部位、气候状况、成熟度和土壤性质而有相当大的变化,变化的范围以干重计,从 $<0.1mg/kg$ 到 $>200mg/kg$,但是大多数在 $1\sim10mg/kg$ 之间。

2. 钼的形态及生物效应

土壤中水化氧化铁和氧化铝对钼酸根阴离子的吸附和沉淀是形成不可给态钼的主要原因。土壤中其他不可给态钼是被结晶的次生矿物包被的钼和阴离子交换量高的胶体所牢固吸附的钼。钼酸铁、钼酸铝和交换性钼的溶解度随土壤 pH 提高而提高。因此,钼不同于其他重金属,在高 pH 值下对植物的可给性较大,施用碳酸钙可用于防治其他重金属污染,但却能增加植物对钼的吸收。

在通气良好的土壤中,钼的溶解度实际上被钼酸根与高铁离子间的反应所控制。这些反应包括吸附、交换和形成结晶的矿物,并且与土壤 pH 值有关。在受铅污染的土壤中,钼可与铅形成很稳定的钼酸铅,且其溶解度随土壤 pH 的提高而迅速提高。

牛羊等放牧家畜的钼中毒多发生在过湿的草地上,在这样的草地上土壤黏重,排水不良,而且含有高水平的有机质。

排水不良的土壤中钼的溶解度的提高很可能是土壤氧化还原电位降低的结果。在这种条件下发生高铁还原成亚铁的反应,钼酸高铁的化合物或螯合物的溶解也会增多。在同一 pH 值下,钼酸亚铁的溶解度比钼酸高铁大。排水不良的土壤的另一特点是深层渗漏水所溶解的钼不会发生损失。亚表土排水受不透水的底土层或高的永久水位的限制,任何可溶解的钼必然停留在根区直到被作物携走为止。在排水良好的土壤上,即使是在碱性土壤上,使用含钼较多的灌溉水也不会产生牧草含钼过多的危险。而在排水不良的土壤上,使用同样的灌溉水则可能使植物过量地吸取钼。

许多研究者指出,施用碱性物质如石灰和碱性渣可增大牧草和蔬菜的吸钼量,而施用生理酸性肥料则减少植物对铝的吸收。有人推测,硫酸根与钼之间以及硝酸根与铜之间存在着竞争。

向土壤中施入钼可降低作物的含氮量。生长在缺钼土壤上的作物,用硫酸铵处理时没有出现缺钼症状,而用硝酸钾处理时则表现出极严重的缺钼症状。施用磷肥可提高植物对钼的吸收量。施入土壤的磷酸根可促使钼从吸持阴离子的络合物中释放出来,从而使钼对植物有较大的可给性。当磷呈 $H_2PO_4^-$ 形态存在时,这种效应更加明显。增施镁肥也可提高植物体内的含钼量。

第三节　土壤重金属污染的控制与修复

一、土壤重金属污染源的控制措施

切断重金属污染源是削减、消除重金属污染的有效措施。尽可能避免工矿企业重金属污染物的任意排放,尽量避免重金属输入土壤环境。这是防止土壤环境遭受重金属污染的最根本性的也是最重要的原则。

(一)控制含有重金属的有害气体和粉尘的超标排放

土壤环境是一个开放的生态系统,与大气环境紧密相连,排入大气的污染物通过降水、降尘最终会进入土壤环境,许多重金属就是通过工业排放的有害气体和粉尘,以及燃煤和汽车尾气进入土壤环境的。

工业企业应按照《环境保护法》的规定,对"散发有害气体、粉尘的单位,要积极采取密闭的生产设备和生产工艺,并要装通风、吸尘和净化回收设备",大力推广先进的无污染和少污染的生产工艺和生产设备,使有害气体和粉尘不进入大气,并严格执行工业行业大气有害物质的排放标准。

(二)严格执行污灌水质标准和控制污水超标排放

一切灌溉用水必须符合标准才能用于农田灌溉,这是污水灌溉的前提,是防止土壤环境遭受重金属污染的极其重要的管理措施。我国于1985年颁布了《农田灌溉水质标准》。在执行该标准时,应控制一定的灌溉量,并注意防止渗漏。

工业废水和生活污水的排放必须执行国家相应的污水排放标准,对含有重金属的工业废水应在厂内或车间内就地进行处理。减少重金属对水体和土壤环境的污染。

(三)控制污泥、垃圾等固体废弃物的排放和使用

防止土壤环境的重金属污染,还必须严格控制农田施用污泥中的重金属含量和施用量,严格执行城市垃圾农田施用污染物的控制标准。

(四)发展清洁工艺

发展清洁工艺,加强"三废"治理,是削减、控制和消除重金属污染源的最有效措施。所谓清洁工艺就是不断地、全面地采用环境保护的战略以降低生产过程和生产产品对人类和环境危害。清洁工艺技术包括节约原料、能量,消除有毒原料,减少所有排放物的数量和毒性。清洁工艺的战略主要是在从原料到产品最终处理的全过程中减少"三废"的排放量,以减轻对环境的影响。例如,发展闭路循环,禁

止或减少某些重金属的使用等。至于"三废"的治理,特别是废气、废渣和污泥中重金属的回收、综合利用和防止对土壤环境的二次污染,虽然已取得初步成效,但是,其难度是相当大的,有许多理论与技术问题需要今后进一步深入研究。

清洁生产是对一种产品、一个工艺或一家企业的环境污染控制,绿色化学是其中一种重要技术手段。工业生态学则是对自然界生态系统的一种模仿,试图按生态系统中的能流、物流原则来组织工业区,或把一个工业区看作一个"生态系统"。从环境污染控制到污染预防与绿色化学、工业生态学、生态工业园一体化战略相结合,这是环境污染控制污染源的有效措施。

实际上,无论现代的何种方法,都不能将重金属从环境中彻底消除。这一点与有机污染物截然不同。重金属在自然界净化循环中,只能从一种形态转化为另一种形态,从甲地迁移到乙地,从浓度高的变成浓度低的,等等。由于重金属在土壤和生物体内会积累富集,即使某种污染源的浓度较低,但排放量很大或长时间地源源不断排放,其对环境的危害性仍然是危险的。目前人们对重金属污染的控制,只满足于控制浓度的"排放标准",这显然是很不全面的。归根到底,对于重金属污染,首要的是对污染源采取对策;其次要对排出的重金属进行总量控制,而不只是控制排放浓度;再次是研究和开发重金属的回收再利用技术,这一点不仅对消除污染是有效的,而且对充分利用也是提倡的。

二、土壤重金属污染修复技术

目前,治理土壤重金属污染的途径主要有两种:①改变重金属在土壤中的存在形态,使其固定,降低其在环境中的迁移性和生物可利用性;②从土壤中去除重金属。围绕这两种治理途径,已相应地提出各自的物理、化学和生物的治理方法。

(一)化学性调控

了解重金属的特性及其在土壤中的活动,对于研究某些能使作物减少吸收重金属的方法来说,是极为重要的。在污染程度轻而不宜于采取换土、客土措施的情况下,可考虑利用土壤中污染物质的特性(难溶、吸附固定),施用改良剂来防治土壤污染。在土壤受重金属(如镉、铜、锌等)污染的情况下,施用石灰性物质提高土壤 pH 可使重金属形成氢氧化物沉淀,施用促进还原的有机物质可使重金属形成硫化物沉淀,施用磷酸盐类物质可使重金属形成难溶性磷酸盐,利用离子拮抗作用可减少植物对重金属的吸收,所有这些措施都可考虑采用。

1. 施用改良剂

调节土壤 pH 和施用石灰。施用石灰会改变土壤固相中吸收性阳离子的组成;氢在相当大的程度上为钙取代。与此同时,环境被中和,土壤溶液中存在的大多数重金属形成氢氧化物胶体。土壤对阳离子的吸收能力有所增大,土壤环境被中和或呈近中性反应。这将增强细菌区系的生命活动,使微生物的数量明显增多,其中有些微生物可吸收重金属构成为其细胞组成,同时还增强生物对重金属的吸收过程。如果吸收过程的强度大于土壤有机质的矿化过程,则可发现重金属的活性降低。但是如果重金属的释放过程为微生物细胞对重金属的吸收所平衡,则重金属的活性也可能不发生变化。施用石灰可使土壤富集钙,钙可促进土壤胶体的凝聚,增强土壤团聚性,改善土壤结构,间接影响氧化还原电位,加速氧化过程。土壤溶液中钙浓度的显著提高可为碱土金属离子之间产生拮抗作用创造条件。

固化方法就是加入土壤固化剂来改变土壤的理化性质,并通过重金属的吸附或沉淀作用来降低其生物有效性。污染土壤中的毒害重金属被固定后,不仅可减少向土壤深层和地下水迁移,而且有可能重建植被。固化方法的关键在于成功地选择一种经济而有效的固化剂。固化剂的种类很多,常用的主要有卜特蓝水泥、硅酸盐、高炉渣、石灰、磷灰石、窑灰、飘尘、沥青、沸石、磷肥、海绿石、含铁氧化物材料、堆肥和钢渣等。

另外,Cd^{2+} 与 CO_3^{2-} 离子结合生成难溶的 $CdCO_3$,且随着 pH 值的增高 $CdCO_3$ 含量增加,在 pH 值大于 5.5 时,黏土矿物和氧化物与重金属生成络合、螯合物,性质稳定,表明石灰是一种良好的改良剂。

土壤环境中重金属之间具有拮抗作用,如重金属与 Sn、As、Zn、Cu 等元素具有拮抗性,因此可向某一种金属元素轻度污染土壤中施入少量的对人体没有危害或有益的与该金属有拮抗性的另一重金属元素,减少植物对该重金属的吸收以及土壤中重金属的有效态。

2. 调节土壤 Eh 值

土壤 Eh 值在很大程度上控制着水田土壤中重金属的行为。而土壤 Eh 与土壤水分状况有密切关系,因而,可以通过调节土壤水分来控制土壤中重金属的行为。据有关资料说明,生长在氧化条件下(不淹水)的水稻,含镉量比生长在还原条件下(淹水)的高得多。我国有关学者对水稻抽穗一周后不同土壤 Eh 条件下的糙米含镉量进行了测定,氧化还原电位为 416mV 时,糙米含镉量为 168mV 时的 12.5 倍。在湿润和淹水条件下种植水稻,湿润条件下根的含镉量为淹水条件下的两倍,茎叶为 5 倍,糙米为 6 倍。

还原性有机物质分解生成有机酸,如胡敏酸、富里酸、氨基酸,或者糖类及含氮、硫杂环化合物等,也能通过其活性基团与重金属元素 Zn、Mn、Cu、Fe 等络合或螯合,从而影响重金属的有效性。

通过控制土壤水分,调节土壤氧化还原状况,可达到降低土壤重金属危害的作用。

(二)土壤重金属污染的工程治理措施

土壤重金属污染的主要工程治理措施为客土法与换土法、水洗法、电动力学法、热解吸法等。

1. 客土法与换土法

客土法是在被污染的土壤上覆盖非污染土壤；换土法是部分或全部挖除污染土壤而换上非污染土壤。

实践证明，这是治理农田重金属严重污染的切实有效的方法。在一般情况下，换土厚度愈大，降低作物中重金属含量的效果愈显著。但是，此法必须注意以下两点：一是用作客土的非污染土壤的 pH 等性质最好与原污染土壤相一致，以免由于环境因素的改变而引起污染土壤中重金属活性的增大。例如，如果使用了酸性客土，可引起整个土壤酸度增大，使下层土壤中重金属活性增大，结果是适得其反。因此，为了安全起见，原则上要使换土的厚度大于耕作层的厚度；其二是，应妥善处理被挖出的污染土壤，使其不致引起次生污染。在有些情况下也可不挖除污染土壤，而将其深翻至耕层以下，这对于防止作物受害也有一定效果，但效果不如换土法。客土法和换土法的不足之处是需花费大量的人力与财力，因此，只适用于小面积严重污染土壤的治理。

2. 水洗法

水洗法是采用清水灌溉稀释或洗去重金属离子，使重金属离子迁移至较深土层中，以减少表土中重金属离子的浓度；或者将含重金属离子的水排出田外。但采用此法也应遵守防止次生污染的原则，要将毒水排入一定的贮水池或特制的净化装置中，进行净化处理，切忌直接排入江河或鱼塘中，此法也只适用于小面积严重污染土壤的治理。

3. 电动力学方法

在土壤中插入一些电极，把低强度直流电导入土壤以清除污染物。把电流接通后，阳极附近的酸就会向土壤毛细管孔移动，并把污染物释放在毛细孔的液体中，大量的水以电渗透方式开始在土中流动，这样，土壤毛细管孔中的液体就可以移至阳极附近，并在此被吸收到土壤表层而得以去除。研究表明，电流能打破所有的金属—土壤键，当电压固定时，去除效率与通电时间成正比。但对于渗透性较高、传导性较差的土壤，电动力学方法所能起的作用较弱，此法不适于对砂性土壤重金属污染治理。

电动修复技术具有经济效益高、后处理方便、二次污染少等一系列优点，在修复污染土壤方面有着良好的应用前景，在实验条件下已经取得了很大的发展，但对大规模污染土壤的就地修复技术仍不够完善。

4. 热解吸法

对于挥发性的重金属，如汞，采取加热的方法能将汞从土壤中解吸出来，然后再回收利用。此种汞去除与回收技术包括以下几个方面的程序：

（1）将被污染的土壤和废弃物从现场挖掘后进行破碎。

（2）往土壤中加具特定性质的添加剂，此添加剂既能有利于汞化合物的分解，又能吸收处理过程中产生的有害气体。

（3）在不断对小体积土壤以低速通入气流的同时，加热土壤，且加热分两个阶段。第一阶段为低温阶段（87.78℃～100℃），主要去除土壤中的水分和其他易挥发的物质；第二阶段温度较高（537.78℃～648.89℃），主要是从干燥的土壤中分解汞化合物并汽化汞，然后收集汞并凝结成纯度为99%的汞金属。

（4）对低温阶段排出的气体通过气体净化系统，用活性炭吸收各种残余的汞类蒸气和其他气体，然后将水蒸气排入大气。

（5）对在高热阶段产生的气体通过第四步程序净化后再排入大气，为了保证工作环境的安全，程序操作系统采用双层空间，双层空间中存在负压，以防止事故发生时汞蒸气向大气中散发。

该法的不足之处在于土壤有机质和结构水遭到破坏，驱赶土壤水分需要消耗大量的能量，并易造成二次污染。

5. 淋溶法

运用试剂和土壤中的重金属作用，形成溶解性的重金属离子或金属-试剂络合物，最后从提取液中回收重金属，并循环利用提取液。采用表面活性剂作为重金属的去除试剂是在近年来开始研究的新技术。

虽然表面活性剂能去除重金属，但由于其自身容易给环境带来影响，所以应采用易降解和无毒性的表面活性剂，如生物表面活性剂。生物表面活性剂能被生物降解，在污染土壤中能自发产生再络合去除重金属。

6. 玻璃化技术

该技术是把重金属重污染区土壤置于高温高压条件下，使其形成玻璃态物质，重金属固定于其中，达到消除重金属污染的目的。玻璃化技术相对比较复杂，实地应用中会出现难以达到统一熔化以及地下水的渗透等问题。此外，熔化过程需要消耗大量的电能，这使得玻璃化技术成本很高，限制了它的应用。不过，如果不考虑它的上述缺点，玻璃化技术对某些特殊废物如放射性废物是非常适用的，因为在通常条件下玻璃非常稳定，一般的试剂难以破坏它的结构。总之，该技术工程量大、费用昂贵，但能从根本上消除重金属污染，并且见效快，因此常用于重金属重污染区修复。

（三）土壤重金属污染的生物修复

生物修复是利用各种天然生物过程而发展起来的一种现场处理各种环境污染的技术，具有处理费用低、对环境影响小、效率高等优点。有机污染物的生物修复研究较为广泛、深入，包括多氯联苯、多环芳烃、石油、表面活性剂、杀虫剂等。重金属污染的特点是：不能被降解而从环境中彻底消除，只能从一种形态转化为另一种形态，从高浓度变为低浓度，能在生物体内积累富集。所以重金属的生物修复有两种途径：

（1）通过在污染土壤上种植木本植物、经济作物以及生长的野生植物，利用其对重金属的吸收、积累和耐性除去重金属。

（2）利用生物化学、生物有效性和生物活性原则，把重金属转化为较低毒性产物；或利用重金属与微生物的亲合性进行吸附及生物学活性最佳的机会，降低重金属的毒性和迁移能力。

生物修复技术主要包括植物修复技术和微生物修复技术，其修复效果好、投资省、费用低、易于管理与操作、不产生二次污染，因而日益受到人们的重视，成为重金属污染土壤修复研究的热点。

1. 植物修复技术

植物修复技术是以植物忍耐和超量积累某种或某些重金属元素的理论为基础，利用植物及其共存微生物体系清除污染环境中的重金属。广义含义包括利用植物修复重金属污染的土壤、利用植物净化空气，利用植物清除放射性核素和利用植物及其根际微生物共存体系净化土壤中有机污染物四个方面。狭义的植物修复技术主要指利用植物清洁污染土壤中重金属，它由三部分组成：①植物萃取技术；②根际过滤技术；③植物固化技术。

（1）植物固定

植物固定是利用耐重金属植物或超积累植物降低土壤中重金属的移动性，从而减少重金属被淋滤到地下水或通过空气扩散进一步污染环境的可能性。植物在植物固定中主要有两种功能：首先，保护污染土壤不受侵蚀，减少土壤渗漏来防止金属污染物的淋失。其次，通过金属在根部积累和沉淀或根表吸收来加强土壤中污染物的固定。

此外，植物还可以通过改变根际环境（如 pH 和 Eh 值）来改变污染物的化学形态，从而达到降低或消除金属污染物化学和生物毒性作用。

植物固定并没有清除土壤中的重金属，只是暂时将其固定，使其对环境中生物不产生毒害作用，并没有彻底解决环境中的重金属污染问题。因此，它适合于土壤质地黏重、有机质含量高的污染土壤的修复。

（2）植物萃取

植物萃取又叫植物提取技术，是植物修复的主要途径。它是利用重金属超积累植物从土壤中吸取一种或几种重金属，并将其转移、贮存到植物地上部分，通过收割地上部分物质并集中处理，使土壤中重金属含量降低到可接受水平的一种方法。

常用的植物包括各种野生的超积累植物及某些高产的农作物,如芸薹属植物(印度芥菜等)、油菜、杨树、芝麻等。目前主要用于去除污染土壤中的重金属,如铅、镉等。植物萃取技术的关键是要求所用植物具有生物量大、生长快和抗病虫害能力强的特点,并具备对多种重金属较强的富集能力。

(3)植物挥发

植物挥发是利用植物的吸收、积累和挥发而减少土壤中一些挥发性污染物,即植物将污染物吸收到体内后将其转化为气态物质,释放到大气中,达到修复重金属污染土壤目的的过程。

研究表明,将来源于细菌中的汞抗性基因转入植物,可以使其具有在通常生物中毒的汞浓度条件下生长的能力,而且还能将土壤中吸取的汞还原成挥发性的单质汞。水稻、花椰菜、卷心菜、胡萝卜和一些水生植物,具有较强的吸收和挥发土壤和水中硒的能力,将毒性较强的无机硒转变为基本无毒的二甲基硒。海藻能吸收并挥发砷。植物挥发技术不需收获和处理含污染物的植物体,不失为一种有潜力的植物修复技术,但这种方法将污染物转移到大气中,对人类和生物具有一定的风险。

(4)根系过滤

根际过滤技术,又称植物过滤技术,它是指利用耐重金属植物或超累积植物庞大的根系过滤、吸收、沉淀、富集污水中的重金属元素后,将植物收获进行妥善处理,达到修复水体重金属污染的目的。水生植物、半水生植物和陆生植物均可作为根际过滤植物。植物幼苗根系表面积与体积的比值较大,生长迅速,吸附有毒离子的能力强,其清除重金属的效果较明显。

总之,植物修复技术的关键是寻找合适的超积累植物或耐重金属植物。今后,关于植物修复技术的研究重点应放在以下几个方面:寻找、筛选、引种、培育超积累植物;加强植物修复技术的实践性环节;分子生物学和基因工程技术的应用;加强对超积累植物的机理以及其回收的处理研究等。

(5)植物修复的局限性

① 要针对不同污染状况的土壤选用不同的生态型植物。重金属污染严重的土壤应选用超积累植物;而污染较轻的土壤应栽种耐重金属植物。

② 对土壤肥力、气候、水分、盐度、酸碱度、排水与灌溉系统等自然和人为条件有一定的要求。

③ 一种植物往往只是吸收一种或两种重金属元素,对土壤中其他浓度较高的重金属则表现出某些中毒症状,从而限制了植物修复技术在多种重金属污染土壤治理方面的应用前景。

④ 用于清理重金属污染土壤的超积累植物通常矮小、生物量低、生长缓慢、生

长周期长。因而修复效率低,不易于机械化作业。

⑤ 用于清洁重金属的植物器官往往会通过腐烂、落叶等途径使重金属污染物重返土壤。因此,必须在植物落叶前收割并处理植物器官。

(6)植物修复技术的影响因素

为了提高植物修复污染土壤的效率,在设计植物修复技术方案时必须事先考虑下面因素:

① 首先要了解受金属污染的土壤所处的地理、气候和海拔条件,以便选择适合生长在该条件下的耐重金属植物和超积累植物种类进行污染土壤的植物修复;

② 将整个需要治理的污染土壤纳入土地使用和规划管理方案中进行总体设计与考虑;

③ 对土壤的酸碱度进行调查;

④ 对土壤的盐度进行调查;

⑤ 了解要治理土壤的含水量及水分供给状况;

⑥ 掌握拟治理土壤的营养供给情况,以便拟定合适的施肥方案;

⑦ 调查重金属污染土壤的污染状况,了解重金属的化学形态及植物可利用性,以便从土壤化学的角度采取相应措施增加植物对重金属的吸收量。

除此之外,植物遭受自然灾害的复原能力、植物病虫害、良好的灌溉与排水系统等也是需要考虑的因素。

2. 微生物修复技术

微生物在被污染土壤环境去毒方面具有独特作用。近年来这一方法已被用于进行土壤生物改造或土壤生物改良,提高微生物降解活性就地净化污染土壤。微生物修复土壤的基本原理依据为有利于污染物毒性降低和生物可利用性增加以及微生物活性增加 3 个原则。修复技术包括:添加营养、接种外源降解菌、生物通气、土地处理、堆肥式处理、生物堆层和泥浆技术。

(1)微生物对重金属的吸附、积累

生物吸附发生的物理化学过程包括络合、配位、离子交换、一般吸附以及无机微沉淀过程。吸附作用一是取决于生物吸附剂本身的特性;另一方面取决于金属自身对生物体的亲合性。

(2)微生物对重金属的转化

基于生物化学原则,微生物可对重金属进行生物转化,最明显例子是某些金属的甲基化和脱甲基化,其结果往往会增加该金属的挥发,改变其毒性。甲基汞的毒性大于 Hg^{2+},三甲基砷盐的毒性大于亚砷酸盐,有机锡毒性大于无机锡,但甲基硒的毒性比无机硒化合物要低。

(3)生物修复技术的优点和局限性

生物修复技术与传统的物理、化学技术相比具有技术和经济上的双重优势,主要体现在以下几个方面:①实施简便、使用范围广。在清除土壤中重金属污染物的同时,可清除污染土壤周围的大气、水体中的污染物。②原位修复,从而减小了对土壤性质的破坏和对周围生态环境的干扰。③成本大大低于传统方法。④植物本身对环境的净化和美化作用,更易被社会所接受。⑤植物修复过程也是土壤有机质含量和土壤肥力增加的过程,被修复过的土壤适合多种农作物的生长。

生物修复技术在实施中仍然存在不少问题。首先,生物修复技术对土壤肥力、气候、水分、盐度、酸碱度、排水、通气等自然和人为条件有一定的要求;其次,一种植物、微生物往往只作用于一种或两种重金属元素,对土壤中其他浓度较高的重金属则表现出某些中毒症状,从而限制了植物修复技术在多种重金属污染土壤修复方面的应用前景;再次,用于清理重金属污染土壤的超积累植物通常个体矮小、生物量低、生长缓慢、修复时间太长,因而不易机械化作业,同时只局限在根系能延伸的范围内;第四,用于清洁重金属的植物器官往往会通过腐烂、落叶等途径使重金属重返土壤。最后,异地引种对生物多样性的威胁,也是一个不容忽视的问题。

复习思考题

6.1 叙述土壤重金属污染概念及土壤重金属污染的来源。

6.2 土壤重金属污染有哪些特点。

6.3 影响重金属迁移的因素有哪些?

6.4 土壤重金属污染对环境质量的影响怎样?

6.5 主要重金属及其污染的危害怎样?

6.6 土壤重金属污染源的控制措施有哪些?

6.7 土壤重金属污染修复技术手段有哪些?

第七章 土壤有机物污染及修复

随着工业发展步伐的加快及工业产品的使用量的增加,土壤中有机物类污染物的数量及种类与日俱增,对环境造成了非常严重的影响。土壤有机物类污染物包括人工合成的有机农药、酚类物质、氰化物、石油、多环芳烃、洗涤剂,以及有害微生物、病毒等。这些有机污染物分别通过大气沉降、降雨、污水灌溉、固废堆放、人工施用等方式进入土壤,在土壤中发生吸附、转化和降解等反应,不断地在土壤中富集,又通过生物链传递最终导致人类中毒。

本章讨论土壤农药污染及修复、土壤石油污染及修复、土壤有毒有机物污染。

第一节 土壤农药污染及修复

农药是各种杀虫剂、杀菌剂、杀螨剂、除草剂和植物生长调节剂等农用化学制剂的总称。广义地说,除化肥以外,凡是可以用来提高和保护农业、林业、畜牧业、渔业生产及环境卫生的化学药品,都叫做农药。现今的农业生产已离不开农药的使用,它已成为植物免受病、虫、草害的有效保护手段之一。有人估计,如果没有农药,全世界因病、虫、草害造成的粮食损失可达50%左右。使用了农药可挽回损失约15%。

农药是一种特殊的化学品,它既能防治农、林病虫害,也会对人畜产生危害。因此,农药的使用,一方面造福于人类,另一方面也给人类赖以生存的环境带来严重危害。农药施入田间后,真正对作物进行保护的数量仅占施用量的10%~30%,而20%~30%进入大气和水体,50%~60%残留于土壤。也就是说,使用农药的80%左右直接进入环境,成为环境有机污染物,影响农产品质量安全。中国每年不同程度遭受农药污染的农田面积已达900万hm²以上。农药是一种最典型的有机污染物。据报道,在整个地球表面的全部生物圈中,几乎都有DDT残留物,就是在从未喷洒过DDT的南极地区也有它的残留物,甚至在常年不化的冰水中也检测出DDT的存在。这说明DDT不仅是河流、海洋本身可以携带,有一部分还可以由气流携带,再随雨水等落入土地和海洋进行再循环,从而对人体产生影响。

一、农药类型

按照不同的分类方法可将农药分为多种类型,按农药的物理状态可分为粉末状、可溶性液体和挥发性液体农药等;按其作用方式可分为胃毒、触杀和熏蒸等,按照化学成分可分为有机氯、有机磷、重金属、氨基甲酸酯类等;按照用途可分为杀虫剂、杀螨剂、杀菌剂、除草剂、植物生长调节剂、杀线虫剂和杀鼠剂 7 种。以下即根据用途分类法对农药加以介绍。

(一)杀虫剂

杀虫剂是用来防治各种害虫的药剂,有的还可兼有杀螨作用,如敌敌畏、乐果、甲胺磷、杀虫脒、杀灭菊酯等农药。它们主要通过胃毒、触杀、熏蒸和内吸四种方式起到杀死害虫的作用。杀虫剂按其作用方式可分为胃毒剂、触杀剂、熏蒸剂和内吸性杀虫剂等四类。按杀虫剂的结构分类,主要有氯代烃类、磷酸酯类、氨基甲酸酯类和拟除虫菊酯类等。但是,几乎所有杀虫剂会严重地改变生态系统,大部分对人体有害,其他的会被集中在食物链中。

(二)杀螨剂

杀螨剂是专门防治螨类(即红蜘蛛)的药剂,如三氯杀螨砜、三氯杀螨醇和克螨特等农药。杀螨剂有一定的选择性,对不同发育阶段的螨防治效果不一样,有的对卵和幼蜱或幼螨的触杀作用较好,但对成螨的效果较差。

(三)杀菌剂

农用杀菌剂是指对病原菌起抑菌或杀菌作用,能防治农作物病害的药剂,如波尔多液、代森锌、多菌灵、粉锈宁、克瘟灵等农药。主要起抑制病菌生长,保护农作物不受侵害和渗进作物体内消灭入侵病菌的作用。大多数杀菌剂主要是起保护作用,预防病害的发生和传播。杀菌剂按其作用效果,可分为保护性杀菌剂、治疗性杀菌剂和铲除性杀菌剂。杀菌剂又可按它渗入植物体内和传导到其他部位的性能,分为内吸性和非内吸性杀菌剂。

(四)植物生长调节剂

人工合成的对植物的生长发育有调节作用的化学物质称为植物生长调节剂。这类农药具有与植物激素相类似的效应,可以促进或抑制植物的生长、发育,以满足生长的需要。主要分为三类:植物生长素类、细胞分裂素类和赤霉素类。30 多年来人工合成的植物生长调节剂越来越多,但由于应用技术比较复杂,其发展不如杀虫剂、杀菌剂、除草剂迅速,应用规模也较小。但从农业现代化的需要来看,植物生长调节剂有很大的发展潜力,在 20 世纪 80 年代已有加速发展的趋势。

(五)杀线虫剂

杀线虫剂适用于防治蔬菜、草莓、烟草、果树、林木上的各种线虫。目前的杀线虫剂几乎全部是土壤处理剂,多数兼有杀菌、杀土壤害虫的作用,有的还有除草作用。按化学结构分为四类,卤代烃类、二硫代氨基甲酸脂类、硫氰脂类和有机磷类。按作用方式分为挥发性和非挥发性两类,前者起熏蒸作用,后者起触杀作用。杀线虫剂一般应具有较好的亲脂性和环境稳定性,能在土壤中以液态或气态扩散,从线虫表皮透入起毒杀作用。多数杀线虫剂对人畜有较高毒性,有些品种对作物有药害,故应特别注意安全使用。

(六)杀鼠剂

狭义的杀鼠剂仅指具有毒杀作用的化学药剂,广义的杀鼠剂还包括能熏杀鼠类的熏蒸剂、防止鼠类损坏物品的驱鼠剂、使鼠类失去繁殖能力的不育剂、能提高其他化学药剂灭鼠效率的增效剂等。杀鼠剂按作用方式分为胃毒剂和熏蒸剂。按来源分为无机杀鼠剂、有机杀鼠剂和天然植物杀鼠剂。按作用特点分为急性杀鼠剂(单剂量杀鼠剂)及慢性抗凝血剂(多剂量抗凝血剂)。杀鼠剂进入鼠体后可在一定部位干扰或破坏体内正常的生理生化反应:作用于细胞酶时,可影响细胞代谢,使细胞窒息死亡,从而引起中枢神经系统、心脏、肝脏、肾脏的损坏而致死(如磷化锌等);作用于血液系统时,可破坏血液中的凝血酶源,使凝血时间显著延长,或者损伤毛细血管,增加管壁的渗透性,引起内脏和皮下出血,导致内脏大出血而致死(如抗凝血杀鼠剂)。

二、农药污染的危害

为了防治植物病虫害,全球每年有 460 多万 t 化学农药被喷洒到自然环境中。据美国康奈尔大学介绍,全世界每年使用的 400 余万 t 农药,实际发挥效能的仅 1%,其余 99% 都散逸于土壤、空气及水体之中。环境中的农药在气象条件及生物作用下,在各环境要素间循环,造成农药在环境中重新分布,使其污染范围极大扩散,致使全球大气、水体(地表水、地下水)、土壤和生物体内都含有农药及其残留。据美国环保局报告,美国许多公用和农村家用水井里至少含有国家追查的 127 种农药中的一种。印第安纳大学对从赤道到高纬度寒冷地区 90 个地点采集的树皮进行分析,都检出 DDT、林丹、艾氏剂等农药残留。曾被视为"环境净土"的地球两极,由于大气环流、海洋洋流及生物富集等综合作用,在格陵兰冰层、南极企鹅体内,均已检测出 DDT 等农药残留。有机氯农药已被欧共体禁用 30 年,而德国一所大学对法兰克福、慕尼黑等城市的 262 名儿童进行检查,其中 17 名新生儿体内脂肪中含有聚氯联苯,含量高达 1.6mg/kg 脂肪。1975 年美国研究机构从各州任意挑选出 150 所医院,采集乳汁样品 1436 份,经检测大多数都含有狄氏剂、环氧七氯等。我国是世界农药生产和使用大国,且以使用杀虫剂为主,致使不少地区土壤、水体、粮食、蔬菜、水果中农药的残留量大大超过国家安全标准,对环境、生物及人体健康构成了严重威胁。1983 年我国哈尔滨市医疗部门对 70 名 30 岁以下的哺乳期妇女调查,发现她们的乳汁中都含有六六六和 DDT。

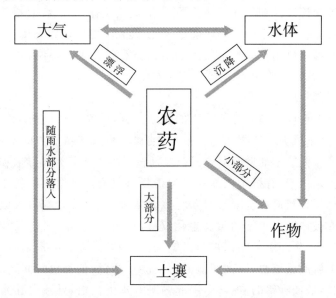

（一）农药对人体健康的危害

农药主要由三条途径进入人体内:一是偶然大量接触,如误食;二是长期接触一定量的农药,如农药厂的工人、周围居民和使用农药的农民;三是日常生活接触环境和食品、化妆品中的残留农药。后者是大量人群遭受农药污染的主要原因。环境中大量的残留农药可通过食物链经生物富集作用,最终进入人体。

农药对人体的危害主要表现为三种形式:急性中毒、慢性危害和"三致"危害。

1. 急性中毒

农药经口、呼吸道或皮肤接触而大量进入人体内,在短时间内表现出的急性病理反应为急性中毒。急性中毒往往导致神经麻痹乃至死亡,甚至造成大面积死亡,成为最明显的农药危害。据世界卫生组织和联合国环境署报告,全世界每年有300 多万人农药中毒,其中 20 万人死亡。美国每年发生 6.7 万起农药中毒事故,在发展中国家情况更为严重。我国每年农药中毒事故达 50 万人次,死亡约 10 万多人。1995 年 9 月 24 日中央电视台报导,广西宾阳县一所学校的学生因食用喷洒过剧毒农药的白菜,造成 540 人集体农药中毒。

2. 慢性危害

长期接触或食用含有农药残留的食品,可使农药在体内不断蓄积,对人体健康构成潜在威胁,即慢性中毒。农药慢性危害虽不能直接危及人体生命,但可降低人体免疫力,可影响神经系统,破坏肝脏功能,造成生理障碍,影响生殖系统,产生畸形怪胎,导致癌症。从而影响人体健康,致使各种疾病的患病率及死亡率上升。三类主要农药的潜在危害：①有机磷类农药：作为神经毒物，会引起神经功能紊乱、震颤、精神错乱、语言失常等表现；②拟除虫菊酯类农药：一般毒性较大，有蓄集性，中毒表现症状为神经系统症状和皮肤刺激症状；③六六六、滴滴涕等有机氯农药：有机氯农药随食物途径进入人体后，主要蓄积于脂肪中，其次为肝、肾、脾、脑中，通过人乳传给胎儿引发下一代病变。

美国科学家已研究表明，DDT 能干扰人体内激素的平衡，影响男性生育力。在加拿大的因内特，由于食用杀虫剂污染的鱼类及猎物，致使儿童和婴儿表现出免疫缺陷症，他们的耳膜炎和脑膜炎发病率是美国儿童的 30 倍。

3. 致癌、致畸、致突变

国际癌症研究机构根据动物实验确认，18 种广泛使用的农药具有明显的致癌性，还有 16 种显示潜在的致癌危险性。据估计，美国与农药有关的癌症患者数约占全国癌症患者总数的 10％。越战期间，美军在越南喷洒了大量植物脱叶剂，致使不少接触过脱叶剂的美军士兵和越南平民得了癌症、遗传缺陷及其他疾病。据最近报道，越南因此已出现了 5 万名畸形儿童。1989～1990 年，匈牙利西南部仅有 456 人的林雅村，在生下的 15 名活婴中，竟有 11 名为先天性畸形，占 73.3％，其主要原因就是孕妇在妊娠期吃了经敌百虫处理过的鱼。

目前我国尽管颁布了 5 批农药安全使用标准，也规定 10 类农药禁止在农业上使用，但在利益驱使下形同虚设，滥用农药的情况甚至愈演愈烈。其中二溴氯丙烷可引发男性不育，对动物有致癌、致突变作用；三环锡、特普丹对动物有致畸作用；二溴乙烷可使人、畜致畸、致突变；杀虫脒对人有潜在的致癌威胁，对动物有致癌作用。

(二)农药对其他生物的影响

大量使用农药，在杀死害虫的同时，也会杀死其他食害虫的益鸟、益兽，使食害虫的益鸟、益兽大大减少，从而破坏了生态平衡。加之经常使用农药，使害虫产生了抗药性，导致用药次数和用药量的增加，加大了对环境的污染和对生态的破坏，由此形成滥用农药的恶性循环。还有一个鲜为人知的事实是，使用农药不仅不能从根本上除掉害虫，反而会加速害虫的进化，加强它们的抗药性，甚至会产生无法用农药消灭的害虫。

随排水或雨水进入水体的农药，毒害水中生物的繁殖和生长，使淡水渔业水域和海洋近岸水域的水质受到损坏，影响鱼卵胚胎发育，使孵化后的鱼苗生长缓慢或死亡，在成鱼体内积累，使之不能食用和导致繁殖衰退。随着用药量的不断增加，渔业水质不断恶化，渔业污染事故时有发生，渔业生产受到严重威胁，往往造成渔业大幅度减产，直接造成经济损失。

1. 农药对土壤微生物和土壤动物的影响

农药对微生物的影响主要包括影响微生物数量、微生物的呼吸作用及土壤酶活性等。微生物对农药的反应大体可分成 3 类,即可忽略、可忍受与可持久反应。有些种类的微生物对农药非常敏感,其主要代谢过程易受农药干扰;有些农药则作用于动植物和微生物共同的生化过程,因而构成对非靶生物的重大威胁;有些除草剂还能通过抑制真菌的维管束形成而对真菌产生影响。

所谓土壤动物是指经常或暂时栖息在包括大型植物残体在内的土壤环境中,并在那里进行某些活动的类群。主要包括蚯蚓、线蚓、线虫、甲壳类、多足类、软体动物、昆虫及其幼虫、螨类、蜘蛛当中的某些类群。土壤动物身体微小,通常不引人注意,然而它们的数量惊人、生物量巨大,它们在土壤的形成与发展及生态系统的物质循环中起着极其重要的作用。污染物对土壤动物的影响目前主要限于蚯蚓,因为蚯蚓在土壤中存在数量大,范围广,对蚯蚓的生态监测与毒理研究既可反映土壤污染状况,又能鉴定鉴别各种有害物质的毒性。从群落结构、污染物指示种类、剂量反应和毒性机理方面较为系统的研究表明,随着土壤污染程度增加,蚯蚓分布的种类与数量明显减少,主要原因可能是蚯蚓属大型土壤动物,摄食量大,使有害物质在蚯蚓体内大量富集后产生毒害效应。一些对污染物敏感的种类由于抵抗力差不能维持生存和繁衍而消失。蚯蚓是鸟类和小型兽类的食物来源之一,可通过食物链传递,进一步对鸟类和兽类产生危害影响。

2. 农药对其他生物的影响

农药在使用过程中,必然杀伤大量非靶标生物,致使害虫天敌及其他有益动物死亡。环境中大量的农药还可使生物产生急性中毒,造成生物群体迅速死亡。鸟类是农药的最大受害者之一,据研究,经呋喃丹、3911、丰索磷等处理过的种子对鸟类杀伤力特大。美国曾经报导,在每公顷喷洒 0.8kg 对硫磷的一块麦田里,一次便发现杀死 1200 只加拿大鹅,而在另一块使用呋喃丹的菜地里杀死了 1400 只鸭。美国因农药污染每年鸟类死亡多达 6700 多万只,仅呋喃丹一项每年就杀死 100 万~200 万只,平均每公顷 0.25~8.9 只。埃及某农场的稻田内因大量使用对溴磷农药,一年便导致 1300 头大型役用家畜中毒死亡。据报道,美国大约有 20% 的蜂群损失是由农药直接造成的。我国江苏省大丰县用飞机喷洒 DDT 粉剂,施药 10 小时后,当地蜜蜂被杀死 90%。蜜蜂的大量死亡,不仅直接降低蜂蜜产量,还使作物传粉率降低,影响作物产量和质量。据估计,全球每年因农药影响昆虫授粉而引起的农业损失达 400 亿美元之多。除草剂对农作物及其他植物的危害也是相当严重的:美国得克萨斯州西南部用飞机喷洒除莠剂防治麦田杂草,由于药物漂移,使邻近棉田棉株大量死亡,损失达 2 亿美元;在艾奥瓦州施用除草剂,由于土壤中农药残留造成大面积大豆死亡,损失达 3000 万美元。

3. 农药对其他生物的慢性危害

低剂量的农药对生物产生慢性危害,影响其生存和发展。一方面农药可驱使生物改变原来的栖息场所,影响固有的生活规律,使其生命活动受到影响。另一方面,生物长期生活在含有农药的环境中,通过取食、呼吸等生命活动而使农药在体内不断积累,最终造成危害,主要表现在免疫力、生殖力、抗逆力等降低。农药的生物富集是农药对生物间接危害的最严重形式,植物中的农药可经过食物链逐级传递并不断蓄积,对人和动物构成潜在威胁,并影响生态系统。农药生物富集在水生生物中尤为明显,如绿藻能把环境中 1ppm 的 DDT 富集到 220 倍,水蚤则能把0.5ppm DDT 富集到 10 万倍。美国明湖用 DDT 防治蚊虫,湖水中含 DDT0.02ppm,湖内绿藻含 DDT 5.3ppm,为水中的 265 倍,最后在食肉性鱼体中含量高达 1700ppm,富集到 85000 倍。

(三)农药对生态平衡的破坏

农田环境中有多种害虫和天敌,在自然环境条件下,它们相互制约,处于相对平衡状态。农药的大量使用,良莠不分地杀死大量害虫天敌,严重破坏了农田生态平衡,并导致害虫抗药性增强。我国产生抗药性的害虫已遍及粮、棉、果、茶等作物。在冀、鲁、豫棉区,棉铃虫对溴氰菊酯的抗药性可达 100～1000 倍,棉蚜的抗药性高达 3200 倍以上,害虫抗药性的不断提高成为害虫暴发成灾的内因。半个多世纪以来,全世界杀虫剂使用量增加了近 10 倍,而害虫造成的谷物产量损失却居高不下。害虫的猖獗为害迫使农民不断加大用药量和用药次数,严重污染了生态环境,使自然生态平衡遭到破坏。

(四)农药与环境

有些农药带有挥发性,在喷撒时可随风飘散,落在叶面上可随蒸腾气流逸向大气,在土壤表层时也可蒸发到大气中,春季大风扬起裸露农田的浮土也带着残留的农药形成大气颗粒物,飘浮在空中。例如,北京地区大气中就检测出挥发性的有机污染物 70 种;半挥发性的有机污染物 60 种,其中农药 25 种之多,包括艾氏剂、狄氏剂、滴滴涕、氯丹、硫丹、多氯联苯等。其他南方农业地区,因气温高,问题更为严重。

三、去除土壤中残留农药的技术措施

农药是土壤的主要有机污染物,全国每年使用的农药量达 50 万～60 万 t,使用农药的土地面积在 2.8 亿 hm² 以上,农田平均施用农药 13.9kg/hm²。喷施于作物体上的农药,除部分被植物吸收或逸入大气外,约有 1/2 左右散落于农田,又与直接施用于田间的农药构成农田土壤中农药的基本来源。进入土壤的农药,受各种化学、物理、生物作用,开始发生迁移、转化及降解,存在于土壤还未能被降解的农药称为残留农药。残留农药对病虫和杂草无效,但可以通过农作物从土壤中吸收,在植物根、茎、叶、果实和种子中积累,最后通过食物、饲料途径危害人体和牲畜的健康。

解决农药残留问题的本质是在土体中将其进行充分降解、转化,使分子结构中的 C—C 键和 C—H 键发生断裂,药效消失,减少危害。农药在土壤中的消失机制一般与农药的气化作用(物质从液态转化为气态的过程,有蒸发和蒸腾两种形式)、地下渗透、氧化水解和土壤微生物的作用有关。温度、光照、降雨量、土壤酸碱度及有机质含量、植被情况、微生物等环境因素也在不同程度上影响着农药的降解速度,影响农药残留。不同类型的农药在土壤中残留时间不同,一般来说,有机氯农药残留 5~8 年;除草剂类残留 1 年左右。农药在土壤中残留时间越长,对土壤污染越严重,通过食物链对人类的影响也越大。

农药在土壤中的降解包括光化学降解、化学降解和微生物降解。其中光化学降解的前提是土壤表面必须接受足够的太阳辐射能和紫外线光谱等能流才可引起农药的化学分解作用。化学降解包括水解和氧化。而农药残留降解最主要的方式是微生物降解。土壤中的微生物能够通过各种生物化学作用参与分解土壤中的有机农药。主要生物化学作用有:脱氯作用、氧化还原作用、脱烷基作用、水解作用、环裂解作用等。

农药残留土壤的去除途径包括物理法、化学法、物理化学法及生物法。物理修复技术包括客土法、换土法、加热法、电修复法和加压法等。化学修复技术主要是通过化学添加剂清除和降低土壤中的农药的方法。包括溶剂抽取修复技术、电化学修复技术、微波分解技术、光化学降解技术、化学淋洗修复技术、化学氧化修复技术以及化学还原与还原脱氯修复技术等。针对化学修复农药残留污染土壤,化学添加剂通过改变土壤的结构及农药的吸附、吸收、迁移、淋溶、挥发、扩散和降解,改变农药在土壤中的残留累积。表面活性剂、天然生物表面活性剂、有机溶剂等都是常用的污染土壤的清洗剂。生物修复是指在一定的条件下,利用土壤中的各种微生物、植物和其他生物吸收、降解、转化和去除土壤环境中的有毒有害污染物,使污染物的浓度降低到可接受的水平,或将其转化为无毒无害的物质,恢复受污染生态系统的正常功能。是一种更加环保、无害的绿色修复方法。采用物理修复和化学修复虽然可以产生一定的实效,但存在修复技术工程量大、费用高、易造成二次污染等缺点,不适于大面积应用。生物修复法近几年发展非常迅速,同传统的物理和化学方法相比,生物修复法具有成本低、效果好、不产生二次污染、可以削弱乃至消除环境污染物的毒性等优点,适于大面积土壤的修复,因而逐渐被人们所重视和广泛接受。本书着重介绍生物修复技术。

生物修复包括植物修复技术、动物修复技术、微生物修复技术、联合修复技术。

（一）植物修复技术

植物修复是利用植物在生长过程中,吸收、降解、钝化有机污染物的一种原位处理污染物的方法,是一种经济有效非破坏型的修复技术,具有工程量小、费用低、易操作、有一定经济效益与生态效益及美学效果等优点,因此,利用植物修复有机农药污染土壤具有重要的研究与应用前景。

植物修复主要包括3种机制:①植物直接吸收降解:植物可以从土壤中直接吸收农药,将其分解,并在植物组织中转化并积累非植物毒性的代谢物;或通过代谢矿化作用使其转化成为二氧化碳和水;或通过植物的挥发作用达到去除土壤中农药的目的。②植物释放酶到土壤中促进土壤中农药的降解:植物释放到土壤中的酶促使土壤中的农药发生生物化学反应而被降解。③植物根际-微生物的联合代谢作用:例如,植物可以多种方式协助微生物转化氯代有机化合物,其根际在微生物降解中起着重要的作用并可以加速许多农药以及三氯乙烯的降解(Anderson,1993)。研究证明(Sandman 等,1984)许多植物根际区的农药降解速度快,降解率与根际区微生物数量的增加呈正相关,而且发现多种微生物联合的群落比单一种的群落对化合物的降解有更广泛的适应范围(但并非所有植物对化学物质都有降解能力,两者之间的关系有很强的选择性)。

研究发现,在农药污染的植物修复中农药的理化性质对修复效率影响显著,农药植物修复的适用性还依赖于环境因子如土壤 pH、有机质含量、水分条件、黏土含量与类型、气温风速等。环境条件的改变会影响农药的生物利用率,同时耕作制度也可以提高植物修复效果,其修复效率还受植物的种类、农药浓度、农药性质、降解时间、土壤理化性质等因素影响。

(二)动物修复技术

土壤动物是土壤生态系统中的主要生物类群之一,占据着不同的生态位,对土壤生态系统的形成和稳定起着重要的作用。据从数量上估计,每平方米土壤中,无脊椎动物(如蚯蚓、蜈蚣及各种土壤昆虫)有几十到几百个,小的无脊椎动物可达几万至几十万个。谢文明等(2005)在土壤中添加有机氯培养蚯蚓,发现蚯蚓对所加的有机氯农药的生物富集因子为 1.4～3.8,对六六六和 DDT 的富集作用明显。

(三)微生物修复技术

农药残留的微生物降解在国外开展已有几十年的历史,国内从 20 世纪 80 年代初也开展这方面的工作,并取得了相当大的进展。微生物修复技术主要是利用微生物的多样性及其代谢多变性,筛选出高效的针对性强的降解性微生物进行人工接种来强化污染物的降解。它包括自然和人为控制条件下的污染物降解或无害化的过程。人为修复工程一般采用有降解能力的外源微生物,用工程化手段来加速生物修复的进程,这种在受控条件下进行的生物修复又称强化生物修复。工程化的生物修复一般采用生物刺激技术(如提供电子受体、供体氧以及营养物等)和生物强化技术(向污染环境投入外源微生物、酶、其他生长基质或氮、磷无机盐)来加强修复的速率。生物强化技术又可分为土著微生物强化法和投菌法。降解农药的微生物包括部分细菌、真菌、放线菌和藻类等。细菌由于其生化上的多种适应能力和容易诱发突变菌株，从而在农药降解中占主要地位，主要包括假单胞菌、芽孢杆菌属、黄杆菌属、产碱菌属等；真菌通常包括曲霉属、青霉属、根霉属、木霉属、镰刀菌属、交链菌属、头孢菌属、毛霉属、胶霉属、链孢霉属等；放线菌通常包括诺卡氏菌属、放线菌属、小单孢菌属、高温放线菌属等。

微生物修复农药污染的途径主要包括酶促作用和非酶促作用。

1. 酶促作用

所谓酶促反应是指微生物以胞内酶或分泌的胞外酶直接作用于农药，经过一系列生理生化反应，最终将农药完全降解或分解成分子量较小的无毒或毒性较小的化合物的过程。酶促反应是微生物降解农药的主要形式，微生物本身含降解农药的酶系基因，或本身虽无该酶系基因，但是经诱导或环境存在选择压时，基因发生重组或改变产生了新的降解酶系。一般农药的微生物降解可分为三个阶段：①初级生物降解，有机污染物在微生物的作用下，结构发生部分变化，改变了原污染分子的完整性；②环境容许的生物降解，微生物除去农药的毒性；③最终生物降解，通过生物降解，农药完全被降解为二氧化碳、水和其他化合物，并被微生物同化。

2. 非酶促作用

非酶促作用指的是微生物通过代谢改变农药的环境离子浓度、pH 等物理、化学性质，从而间接促使降解农药的过程。包括以下几个方面：①脱卤作用，是某些脂肪酸生物降解的起始反应；②脱氢作用：从作用发生在某些有烃基连接在 N、O 或 S 原子上的农药(如三氮苯类和甲苯胺类)；③胺及酯的水解，如磷酸酯类杀虫剂，酰胺类如苯胺除草剂等，有些微生物可水解这些化合物中的酰胺和酯键；④还原作用，由微生物引起的还原作用，主要有硝基还原为氨基，通过微生物的硫醇类化合物将醌还原成酚类；⑤环裂解：芳香环可以被许多土壤细菌和真菌降解，环首先被单氧酶羟基化，然后被双氧酶裂解成黏康酸或黏康半醛类；⑥氧化作用：多数微生物可以合成氧化酶，使分子氧进入农药分子，特别是进入带有芳香环的有机分子中去；⑦缩合或共轭形成：缩合包括将有毒分子或其一部分，与另一有机化合物结合，从而使农药或其衍生物失去活性。

利用微生物来消除农药造成的污染有广泛的前景，但由于降解菌株生长大都非常缓慢，限制了实际作用。国内已有使用微生物制剂降解农田中农药残留的报导。随着科学技术的日新月异，生物技术的飞速发展以及基因工程手段的应用，利用微生物降解农药将具有美好的前景，构建多功能高效降解菌株将为低成本地利用微生物消除农药污染提供可能。

(四)联合修复技术

应用两种或两种以上的方法，可更好地降解土壤中的农药。包括植物根际-微生物联合代谢和动物-微生物联合代谢等。例如,蚯蚓等无脊椎动物通过产生蚓粪使微生物和底物充分混合,蚯蚓分泌的黏液和对土壤的松动作用,改善了微生物生存的物理化学环境,大大增加了微生物的活性及其对农药的降解速度。

第二节　土壤石油污染及修复

一、石油污染概念

石油污染是指在石油的开采、炼制、贮运、使用的过程中,原油或石油制品进入水体、滩涂、土壤造成的污染。石油对土壤的污染不仅造成土壤盐碱化、毒化,导致土壤破坏和废毁,而且其有毒物能通过农作物尤其是地下水进入食物链系统,最终直接危害人类。石油对土壤的污染多集中在 20cm 左右的表层。石油类物质进入土壤,可引起土壤理化性质的变化,如堵塞土壤孔隙,改变土壤有机质的组成和结构,引起土壤有机质的碳氮比(C/N)和碳磷比(C/P)的变化;引起土壤微生物群落、微生物区系的变化。石油污染物中芳香类物质对人及动物的毒性较大,尤其是以多环和三环为代表的芳烃。多环芳烃类物质可通过呼吸、皮肤接触、饮食摄入方式进入人或动物体内,影响肝、肾等器官的正常功能,甚至引起癌变。石油中的苯、甲苯、酚类等物质,如果经较长时间较高浓度接触,会引起恶心、头疼、眩晕等症状。低分子烃比高分子烃对植物的危害强,主要是因为它能穿透到植物的组织内部,破坏正常的生理机能。高分子烃可能因分子较大而穿透能力差,但高分子烃易在植物表面形成一层薄膜,阻塞植物气孔,影响植物的蒸腾和呼吸作用。一些石油烃类进入动物体内后,甚至对哺乳类动物及人类有致癌、致畸、致突变的危害。

石油工业的每一个环节都可能产生石油类污染物并污染土壤环境,其中钻井、采油、输送、发生事故及排放是产生污染的主要环节。油田钻井时会产生含有石油类污染物的钻井废水和含油泥浆。在采油期,正常采油作业会排出采油废水,洗井时会排出洗井废水,原油的脱水处理会产生废水,采油期间设备大检修还会产生含油废水。此外,还有事故污染,其中包括自然因素和人为因素两种情况:自然事故包括井喷和设备故障及采用车辆运输时,由交通事故造成的原油泄漏;人为事故指各种由人为因素造成的采油设备及输油管线破坏,人为交通事故引起原油输运车辆的翻车等污染事故。

综上所述,土壤石油污染的隐蔽性大、潜伏期长、涉及面广、治理困难、危害日益凸现,已成为不容忽视的环境问题。

二、石油在土壤中的转化途径

土壤是人类环境的重要组成部分,是固-液-气-生物构成的多介质复杂体系。石油污染物进入土壤后,可能经历以下几个过程(李永霞,2011):挥发和随土壤颗粒进入大气,迁移,吸附/解吸附,生物、非生物降解或通过食物链在生物体的富集。

(一)石油在土壤中的挥发

挥发是指污染物以分子扩散形式从土壤中逸入大气中的现象,是土壤中石油污染物迁移转化的一个重要途径。石油污染物进入土壤后,熔点高、难挥发的高分子烃吸附到土壤中,而低分子烃则以液相和气相存在,挥发性高并不断逸散到大气中。逸散在大气中的部分石油类污染物可由空气携带漂移,漂移过程中易于吸附在大气的粉尘上,随着粉尘的降落而进入远离污染源的地表土壤,使污染物发生长距离的迁移。土壤中石油污染物的挥发过程存在两步一级动力学:由于泄漏的石油烃被土壤颗粒吸附需要一段时间,开始时存在着大量的自由态石油烃,因而挥发速率较快;随后石油烃逐渐由自由态变为吸附态,挥发速率趋于平衡。土壤中石油类污染物的挥发主要发生在地表,对于土壤深层的污染物,需要先从深层迁移至地表,然后挥发至大气,而石油类污染物在土壤中的迁移速率较慢,控制着整个挥发过程。挥发行为除了受石油本身的种类、性质和含量影响外,还与污染土壤的质地、级配、含水率、有机质含量、温度及风俗等环境因素有关。挥发作用仅使低分子烃类污染物浓度降低,从而改变土壤中石油污染物的组成,但环境危害性仍然存在。

(二)石油在土壤中的迁移

一般情况下,石油在土壤中的迁移能力很弱,使石油污染区的表层土聚集许多原油在土壤中。在土壤表层的石油通常以水溶态和无水液流态进行迁移,其中水溶态迁移能力相对较强。迁移方式主要包括淋溶和径流两种:在土壤表层的石油(除一部分会通过挥发进行自净外)一部分会随径流泥沙一起进入地表径流,在径流中,由于水流的剪切作用,土壤团粒结构被破坏,分布在土壤颗粒空隙中的石油类污染物释放出来。由于其疏水性,释放出来的石油类污染物很快浮于水面上,并且相互结合形成大的团块,随着水流迁移至地表水体中;一部分污染强度较大且小分子烃类含量较高的石油,则可以随渗透作用迁移进入地下水含水层中,在靠近地下水位上的毛细带内进行相当明显的横向迁移扩展,同时还沿地下水水流方向横向迁移。在下渗过程中,极细的分散油粒不断以扩散、沉淀、截留等方式与土壤颗粒接触,由于石油类物质的疏水性,这些接触的发生往往造成土壤颗粒对油粒的吸附。影响土壤中石油类污染物迁移的因素主要包括石油本身的结构性质、土壤结构、性质、含水量、孔隙度及温度等。

（三）石油在土壤中的吸附/解吸附

吸附/解吸附是控制石油污染物在土壤中环境归宿的化学过程，不仅影响到土壤中石油污染物的微生物可利用性，也影响了其向大气、地下水与地表水的迁移转化。吸附过程中土壤表面与石油污染物的作用能量一是来自其作用范围内紧靠固体表面的化学力，二是来自作用距离较远的静电和范德华引力。石油类污染物在固体表面的吸附主要是物理吸附，但也有少量的化学吸附起作用。在湿度较大的情况下，石油类物质会倾向于吸附在有机质上，有机质含量是影响平衡吸附量的一个重要因素，土壤中有机质的含量与吸附能力呈正相关。而在干态和亚饱和态土壤上，由于土壤矿物占土壤干重的绝大部分，所以无机矿物引发的石油类物质吸附超过了同时发生在有机质上的吸附，成为了很强的吸附剂。影响石油类物质在土壤中吸附的因素很多，主要包括石油自身的分子结构和理化性质，土壤组成、结构和性质，土壤粒径、土壤有机质含量、土壤 pH、土壤温度等。一般认为，有机污染物在水体中的溶解度越小，越有利于在土壤中的吸附。

（四）石油在土壤中的降解

石油类物质的降解作用主要包括生物降解作用、光解作用和机械降解作用等。而生物降解又分为植物富集和微生物降解。

1. 植物富集

石油污染物在土壤中的存在，致使土壤作物在新陈代谢中吸收、储存或降解其中的某些组分，进一步通过食物链在动物和人体中富集。石油污染物可以通过植物根系直接从土壤水溶液中被吸收，再随蒸腾拉力沿木质部向茎叶迁移，随后积累在植物体内的有机体组分中，也可以通过植物地上部分吸收空气中的气态烃而向根部转移。在田间玉米和盆栽大豆试验中，随着土壤中石油浓度的增加，玉米、大豆中总烃、总芳烃、总酚含量亦相应的增多，呈明显的正相关性。目前，有关植物对石油污染物富集作用的文献报道较多的是酚、氰、苯并芘等。

2. 微生物降解

石油烃类进入环境后，各种微生物将参与其生物降解过程，这是一个非常缓慢的过程。微生物将石油类污染物作为有机碳和能量的来源，将其吸收转化成为微生物体内的有机成分或增殖成新的微生物，其余部分被氧化分解成简单的有机或无机物质，如甲烷、二氧化碳和水等。降解菌以细菌为主，其次是真菌，不同降解菌对不同烃类的降解能力不同，多数降解菌一般只能降解一种或几种烃类。由于生物稳定性的差别，石油类物质的各组分可被生物降解的程度相差很大。其中，中长链的正烷烃能被大多数降解菌所利用，而短链烷烃和芳香烃只能被少数菌降解。对土壤中微生物降解影响最显著的因素为石油污染物的化学组成和环境因素。环境因素包括土壤微生物种类和数量、土壤中的营养元素、土壤中的供氧量、土壤温度、土壤湿度及土壤 pH 等都会影响微生物对石油的降解。

3. 光解

土壤中的石油类物质可以发生光解反应而被降解，主要发生两种类型的光解反应：①直接光降解：指石油类物质直接吸收太阳光能进行转化；②非直接光解或光敏化降解：即先由土壤中存在的某种中间介质吸收太阳光，然后或者经过电子转移过程将能量传递给污染物，或者转化形成具有反应活性的光氧化剂，这些光氧化剂再与污染物进行其他反应，从而使石油污染物浓度或毒性降低。在土层中的石油类物质，只有最表层的一小部分可以受光照而发生降解，其余大部分则滞留在土层中，不易光解。

三、石油污染的修复技术

(一)物理修复技术

物理修复技术是指以物理手段为主体的移除、覆盖、稀释和热挥发等污染治理技术。土壤石油污染的物理修复技术主要包括焚烧法、电修复法、隔离法、换土法等。

1. 焚烧法

焚烧法是利用石油类物质易燃烧的特点，在温度为 850℃～1200℃ 的条件下焚烧污染的土壤，使石油类物质通过燃烧的方式变为气体而脱离土壤本体，进而去除石油类污染物，达到修复土壤的目的。该方法只适用于石油烃类严重污染及小面积土壤的治理，进入焚烧炉的污染土壤需要进行干化处理，并将其粉碎成直径不大于 25mm 的土壤颗粒，而且常需要加入燃料油辅助燃烧，燃烧过程中可能产生有毒物质从而引起二次污染，因此需要增加洗涤和过滤装置处理燃烧尾气。焚烧法处理成本过高，只适用于小面积石油烃类严重污染土壤的治理。

2. 电修复法

电修复法也称热熔玻璃法，是一种热处理方法。通过向污染土壤两端施加低压直流电压形成电场梯度，利用溶剂电渗和溶质电泳将污染物定向迁移到某一电极附近的富集室（一般为阴极室），从而使土壤得以修复的一种方法。当土壤被重金属和石油类物质复合污染时，石油烃类被分解，而重金属则转化成玻璃态的惰性物质，大大降低了其污染性。该法适用于小范围浅层土壤污染处理。具有处理时间短、处理效果好的特点，但费用较高且容易产生二次污染。

3. 隔离法

隔离法是采用黏土或其他人工合成的惰性材料，将石油污染的土壤与周围环境隔离开来，防止了污染物向周围环境（地下水、土壤）的迁移。由于石油烃类物质对隔离系统不会产生影响，所以隔离法适合于任何石油烃污染土壤的控制。与其他方法相比,隔离法运行费用较低,但对于毒性期长的石油烃类,只是暂时地防止了石油烃类物质的迁移,不能作为永久的治理方法,存在二次污染的风险。

4. 换土法

换土法又可分为翻土、换土和客土三种方法。其去除机理是利用土壤的环境容量降低污染物浓度水平。翻土法就是深翻土壤,将表层的污染土壤翻至下层,使聚积在表层的污染物分散到较深的层次,达到稀释的目的。该法适用于土层较厚的土壤,且要配合增加施肥量,以弥补根层养分的减少。换土法是用新鲜的未污染的土壤全部或部分替换被污染的土壤,达到稀释污染物目的的一种方法。该法费用较高,适用于受污染面积较小的污染土壤的治理或事故后进行的简单处理,而且换出的土壤应妥善处理,以防止二次污染。客土法就是在污染的土壤上加入大量的干净土壤与原有的土壤混匀,使污染物浓度降低到临界危害浓度以下;或将客土覆盖在表层以减少污染物与植物根系的接触,从而达到减轻危害的目的。

(二)化学修复技术

化学修复技术是利用污染物与改良剂之间的化学反应从而对土壤中的污染物进行固定、氧化、分离、提取等,来降低土壤中污染物含量,以减轻污染物对生态和环境的危害的一类环境化学技术。化学修复的机制主要包括沉淀、吸附、氧化-还原、催化氧化、质子传递、脱氯、聚合、水解和 pH 调节等。土壤石油污染的化学修复技术主要包括洗涤法、化学氧化法、萃取法等。

1. 洗涤法

洗涤法是将污染土壤粉碎,混入足够的水和洗涤剂,得到土壤、水和洗涤剂相互作用的浆液,进而从水相中将部分污染物从土壤中分离出来的一种方法。该法主要是利用洗涤液的憎水性和增溶作用对挥发性有机物的石油污染土壤进行修复,其效果较好。洗涤剂是包含化学冲洗助剂的溶液,具有增溶、乳化效果,或改变污染物的化学性质。提高污染土壤中污染物的溶解性和它在液相中的可迁移性,是实施该技术的关键。土壤洗涤法包括清洗和淋洗两种。土壤清洗是利用表面活性剂和水混合而成的洗涤液浸泡被挖掘的污染土壤,使污染物转移到液相,并将处理后的土壤进行回填。土壤淋洗是利用淋洗剂使污染物转移到液相,并对液相处理后外排或回用。两者共同的特点是将污染物从固相转移到液相,且容易造成二次污染,不同之处在于后者不需要开挖受污染的土壤和回填处理后土壤,但对土壤的渗透性有较高要求。开展修复工作时,既可以在原位进行修复,也可进行异位修复。

2. 化学氧化法

化学氧化法是向石油烃类污染的土壤中喷洒或注入化学氧化剂,利用其氧化性使石油组分被降解或转化为低毒、低移动性产物,进而被去除,达到净化目的的方法。化学氧化法适合于土壤和地下水同时被石油烃类污染的治理,首先将抽出的地下水经曝气塔将大部分挥发性物质清除,然后向水中加入氧化剂,再回灌于土壤中,使氧化剂与土壤及地下水充分接触氧化,达到去除污染物的目的。常用的化学氧化剂有过氧化氢、高锰酸钾、臭氧、二氧化氯等。其中二氧化氯价格低廉、氧化能力强且兼具灭藻作用、副产品无毒、对石油烃类物质有较高的清除效率,因此常被作为首选的氧化剂。化学氧化法与其他方法相比,不会对环境造成二次污染,对石油烃类物质清除效率较高,适用于石油污染的突发事件处理,而且反应产生的热量能够使土壤中的一些污染物和反应产物挥发或变成气态溢出地表,这样可以通过地表的气体收集系统进行集中处理。技术缺点是加入氧化剂后可能生成有毒副产物,使土壤生物量减少或影响重金属存在形态,而且其操作比较复杂,又要较高的技术水平。因此,该技术的推广还需要进一步的完善。

3. 萃取法

萃取法是依据相似兼容原理,使用有机溶剂对石油污染土壤中的石油进行萃取,然后对有机相中的石油进行分离回收,实现废物的资源化。首先将污染土壤置于装有临界流的容器中,利用二氧化碳、丙烷、丁烷或者酒精,在临界压力和临界温度下形成流体,使污染物移动到容器上部,随后泵入第二个容器。在第二个容器中,温度和压力下降,浓缩的有机污染物被回收处理,临界流再次回收利用。该方法适用于石油污染含量较高的土壤,处理后的石油污染物含量可低于 5%,但其技术工艺复杂,对于大面积石油污染含量较低的土壤,其处理成本投入太高,可能会引起二次污染

(三)生物修复技术

早在 20 世纪 70 年代,为了解决输油管线和储油罐发生故障漏油和溢油时土壤被石油污染的问题,美国埃索研究工程公司就开始寻找清洁的生物解决方法,并且其实验室研究找到一种有效的细菌播种法,开了生物修复石油污染土壤的先河。20 世纪 80 年代以来,污染土壤的生物修复技术越来越引起人们的关注,生物修复技术也取得了很大进步,正在逐渐成熟。

治理石油烃类污染土壤的生物修复技术主要有三类:一类是微生物修复技术,根据是否取土操作又分为两大类,即原位生物修复和异位生物修复;二是植物修复法;三是动物修复法。

1. 微生物修复技术

微生物修复技术是利用天然存在或特别培养的微生物,在可调控的环境条件下将有毒污染物转化为无毒污染物的处理技术。降解过程可以通过改变土壤理化条件(温度、湿度、pH 值、通气及营养添加等)来完成,也可接种经特殊驯化与构建的工程微生物提高降解速率。根据是否取土操作分为两大类,即原位微生物生物

修复和异位微生物修复。

1）原位微生物修复技术

原位微生物修复是指在不经搅动、挖出的情况下，通过向污染土壤中补充氧气和营养物或接种微生物对污染物就地进行处理，以达到去除效果的生物修复工艺。这类修复一般多采用土著微生物进行处理，有时也加入经过驯化和培养的微生物，以加速修复的过程。原位微生物修复工艺需要不断地向污染土壤补充氧气，添加营养物质，以增强微生物的降解能力，同时抽提污染的空气，经过处理之后再次通入污染土壤。从土壤中抽提出来的土壤溶液经过处理之后可以与营养物质混合后通过沟渠或营养灌回流使用。

原位微生物修复的特点是工艺路线和处理过程相对简单，不需要复杂的设备，处理费用相对较低；由于被处理的土壤不需搬运，对周围环境影响和生态风险较小。

原位微生物修复技术由污染现场的详细调查、处理能力研究、切断污染源、修复技术的设计与实施、修复效果的监测与评估等 5 个基本环节组成。石油的原位微生物修复包括投菌法、生物培养法、生物通气法等。

① 投菌法

直接向遭受污染的土壤接入外源的污染降解菌，同时提供这些微生物生长所需要的营养，包括常量和微量的营养元素。它可以采用外来微生物，可以是从自然界中定向筛选的微生物，也可以是基因工程菌（GEMs）。把从土壤中分离出来的对烃类有很强分解能力的降解菌制成干菌剂或利用遗传工程方法使微生物的遗传基因发生变异，得到降解能力强的变异菌种，在需要时向污染土壤接种，接种所受影响因素很多，例如，对烃类的适应性要强，遗传稳定性要好，休眠后仍有活力，使用时能快速增殖并对土著菌种有一定竞争力等。Mohn 等（2001）对北极原油污染土壤现场接种抗寒微生物混合菌种进行生物修复处理，1 年后，土壤中油浓度降到初处理浓度的 1/20。

② 地耕处理法

地耕处理法是指通过在受污染土壤上进行耕耙、施肥、灌溉等活动，为微生物代谢提供一个良好环境，保证生物降解发生，从而使受污染土壤得到修复的一种方法。此种方法需要监测土壤水分和补充无机营养物 N、P、K，耕作机械定期使废物与营养物质和空气充分接触，使 30～40cm 的处理带保持好氧状态，最适于处理石油工业废物。美国环保局于 1989 年在阿拉斯加威廉王子湾海滩实施的原油污染生物清洁项目采用的就是此种方法。地耕处理法主要适用于土壤渗滤性较差、土层较浅、污染物又较易降解的污染土壤，这种方法处理成本较低，但易造成污染物的转移。

③ 生物培养法

定期向污染土壤中加入营养物质、O_2 和 H_2O_2，H_2O_2 作为微生物氧化的电子受体，以满足污染环境中已经存在的降解菌的需要，提高土著微生物的代谢活性，将污染物彻底地矿化为 CO_2 和 H_2O。有学者向石油污染的土壤连续注入 NO_3^-、O_2 和 H_2O_2 等电子受体，经过 2 天后便可采集到大量的土壤菌株样品，其中大都为烃降解细菌。

目前，在大多数的生物修复工程中实际应用的都是土著菌，其原因一方面是由于土著菌降解污染物的潜力巨大，另一方面也是因为接种菌在环境中难以保持较高的活性，以及工程菌的应用受到较严格的限制。研究表明，通过提高受污染土壤中土著微生物的活力比采用外源微生物的方法更可取，因为土著微生物已经适应了污染物的存在，外源微生物不能有效地与土著微生物竞争，只有在现存微生物不能降解污染物时，才考虑引入外源微生物。

④ 生物通气法

生物通气法是一种强迫氧化生物降解的方法，即在受污染土壤中强制通入空气，将易挥发的有机物一起抽出，然后用排入气体处理装置进行后续处理或直接排入大气中。这项技术通常用在轻质石油类污染的土壤。因为与其他石油组分相比，轻质石油更易被降解。在石油污染的土壤上打至少两口井，安装鼓风机和抽真空机，将空气强排入土壤中，然后抽出，土壤中挥发性的有毒有机物也随之去除。在通入空气时，加入适量氮气，以提高处理效果，但氮不宜过多，否则可能阻止生物降解。美国犹他州针对被航空发动机油污染的土壤，采用污染区打竖井及竖井抽风的原位生物降解，经过 13 个月后土壤中油平均含量由 410mg/kg 降至 38mg/kg。生物通气法生物修复系统的主要制约因素是土壤结构，具有多孔结构的土壤污染可以采用生物通气法来处理，不合适的土壤结构会使 O_2 和营养元素在到达污染区域之前就被消耗，而且在地下水位低于 3m 的地区不适宜使用。这是因为在对通风井抽真空的过程中会引起地下水上涌，从而影响空气进入污染区域。

原位微生物修复操作简单，通常允许污染区的商业运转照常进行，而且适合遭受大面积污染的土壤，成本较低、效果较好。但所需时间较长，需 6 个月至数年不等，而且较难严格控制，受土壤的渗透性、烃污染物的种类及浓度、土壤温度、土壤营养水平、接种的微生物种群和清除所需要达到的标准等的影响。

2）异位生物修复

异位生物修复是将受污染的土壤、沉积物移动到另外的位置，采用生物和工程手段进行处理，使污染物降解，恢复污染土壤原有的功能。主要包括现场处理法、预制床法、堆制处理法、生物反应器法、堆肥化处理法和厌氧生物处理法。

① 预制床法

预制床法是在不泄露的平台上铺上砂石,把污染的土壤以 15～30cm 的厚度平铺到预制床上,加入营养物质和水,必要时可加入一些表面活性剂,定期翻动土壤,补充氧气,以满足土壤中微生物生长的需要。处理过程中流出的渗滤液,回灌于该土层上,以便彻底清除污染物。预制床的设计可以使污染物的迁移量减至最小,因为它具有滤液收集和控制排放系统。预制床的底面为渗透性低的物质,如高密度的聚乙烯或黏土。Ellis 等(1991)用具有滤液收集和水循环系统的预制床对斯德哥尔摩中部防腐油生产区的土壤进行治理,土壤中多环芳烃的浓度从 1024.4mg/kg 降至 324.1mg/kg,降低了 68%。中科院沈阳应用生态研究所研究发现当稀油、稠油、特稠油和高凝油污染土壤中总石油烃含量(TPH)为 25.8%～77.2%g/kg 时,经过 84 天的运行,TPH 去除率达 60%。

② 堆制处理法

堆制处理法是将挖出的石油污染土壤与改良剂混合后,堆置于设置有渗出水收集系统与通气系统的处理区内,并控制土壤水分、温度、营养盐、含氧量与 pH 值,以促进生物降解。堆制法是生物修复技术中的一种新型替代技术。

姜昌亮等(2001)采用堆制处理法,对辽河油田 4 种不同类型的石油污染土壤进行了生物处理示范研究,结果表明实用规模的长料堆制处理工程对油田稀油、稠油和高凝油石油污染土壤的处理效果很理想。该处理工程自然通风可满足运行要求,因此可大大节省能源投资,对大规模污染土壤处理来说,该技术是一种简单易行、便于推广的污染土壤清洁技术。张文娟等(1999)用实验模拟方法,研究堆制处理过程对污染土壤中的多环芳烃降解,结果表明,堆制对 6 种难降解的多环芳烃都有不同程度的降解作用,多环芳烃的降解随着苯环数的增加而降低。当多环芳烃的初始浓度提高约 50 倍时,除蒽外,其他多环芳烃的降解随着污染浓度的提高而降低。Balba 等(1998)在科威特 Burgan 油田采用长条形堆腐方法处理石油污染土壤,在连续处理 10 个月后,土壤中的石油污染物基本被降解。

③ 生物反应器法

生物反应器法是将污染土壤置于一专门的反应器中处理,让土壤在反应器中与水相混合成泥浆,在运转过程中再添加必要的营养物,鼓入空气,使微生物和底物充分接触,从而完成代谢的过程。该方法适用于修复表土污染。生物反应器一般建在现场或特定的处理区。通常为卧鼓型和升降机型,有间隙式和连续式两种。生物反应器处理的过程为先挖出土壤与水混合为泥浆,然后转入反应器。为了提高降解速率,常在反应器先前处理的土壤中分离出已被驯化的微生物,并将其加入到准备处理的土壤中。徐向阳等(2001)利用土壤泥浆反应器模拟研究在厌氧条件下投入颗粒污泥来修复被芳香烃污染土壤的结果表明,当污染土壤中的五氯酚

(PCP)浓度为 30mg/kg 时,其土壤泥浆中土著性厌氧微生物对 PCP 具有一定的还原脱氯降解活性,28d 平均 PCP 的降解速率为 0.258mg/kg。美国东南部的一家木材厂,曾使用反应器处理杂酚油污染土壤,安装了四个半间歇式生物泥浆反应器,并接种细菌,每周可处理 100t 受污染土壤,使菲和蒽混合物的含量从 $3×10^5$ mg/kg 降低到 65mg/kg,苯并芘从 1100mg/kg 降低到检测线以下(3mg/kg),五氯酚的含量从 $1.3×10^4$ mg/kg 降低到 40mg/kg。荷兰的一家公司利用回转式生物反应器,对含油量为 1000~6000mg/kg 的石油污染土壤在温度 22℃条件下处理 17 天后,土壤含油量降至 50~250mg/kg。生物反应器可使土壤与微生物及其他添加物如营养盐、表面活性剂等彻底混合,能很好地控制降解条件,处理速度快,效果好,因此,目前人们对生物反应器的研究越来越多,但由于其费用较高,因此生物反应器在农田污染土壤中的应用还处于试验阶段。

④ 厌氧生物修复法

大量研究证明,厌氧处理法对某些污染物如三硝基甲苯、PCB(多氯联苯)等的降解比好氧处理更为有效。现已有诸如厌氧生物反应器之类的厌氧生物修复技术。但厌氧处理对工艺条件要求较为严格,而且可能在处理过程中产生毒性较大、更难降解的中间代谢产物,故在修复土壤污染中的应用比较少。

生物修复技术可最大限度降低污染物浓度、费用少、环境影响小、不会形成二次污染或导致污染物的转移遗留问题、操作简便,被越来越多的人所接受和采纳。

2. 植物修复法

植物修复技术兴起于 20 世纪 50 年代,它是一种利用某些可以忍耐和超富集某种或某些化学元素的植物及其共存微生物体系清除污染物的环境污染治理技术。根据修复作用、过程和机理的不同,植物修复可分为植物提取、植物降解和植物稳定化、植物挥发等。

① 植物提取

植物提取是指利用植物耐受并积累土壤中的污染物,将他们输送并贮存在植物体的地上或根部,待收获后进行处理的技术。收获后可以进行处理的方式包括物理或化学处理、热处理和微生物处理。石油污染物被吸收后,在植物体内会有多种去向:大多数在植物的生长代谢过程中通过木质化作用转化成对植物无害的物质(不一定对人畜无害),储存在新的植物组织中;也可通过挥发、代谢或矿化作用转化为 CO_2 和 H_2O,或转化为无毒性的中间代谢产物,贮存在植物细胞中;还有一部分通过植物蒸腾作用挥发到大气中。

② 植物降解

植物降解是指利用植物及其根际微生物将有机类污染物降解,转化为无机物或无毒物质,以减少其对生物与环境的危害的一种技术。它的成功与否主要取决于石油污染物的生物利用性。植物降解主要包括根部释放的酶对石油污染物的降解作用和根际微生物群落对其的降解作用两种方式。植物在生长发育过程中会产生许多酶,如去硝化酶和去卤代酶等,这些酶可以降解不同的有机物,而且植物死亡后,酶释放到环境中还可以继续发挥分解作用。植物根际使土壤环境发生变化,起到了改善和调节作用,从而有利于污染物的降解。植物脱落物中含有糖、醇、蛋白质和有机酸等,植物细根的迅速分解也向土壤中补充了有机碳,为根际微生物的生长发育提供了养料,促进了它们的生长代谢,加强了它们矿化有机污染物的速率。1996 年 Reilley 等研究了多环芳烃(PAHs)的降解,发现植物的分泌物使其根际微生物的密度增加,从而增加了土壤中 PAHs 的降解率;Anderson 等(1993)的研究表明,植物以多种方式帮助微生物转化,而根际在其中起着重要作用,它可以加速许多农药以及三氯乙烯和石油烃的降解。宋玉芳(2001)等选择苜蓿草和水稻作为供试材料,通过盆栽实验,进行了土壤中石油和多环芳烃的生物修复研究。结果发现,增加肥料投入对生长苜蓿草土壤中的矿物油的降解有促进作用,但对生长水稻土中矿物油的降解无明显作用;同时发现有机肥施用量与苜蓿草根际土著真菌、细菌数量呈明显的正相关关系。这说明植物根际可使土壤环境发生变化,起到改善和调节作用,有利于污染物的降解。

③ 植物稳定化

植物稳定化是指植物在同土壤的共同作用下,将污染物固定,以减少其对生物与环境的危害。该技术适用于质地黏重和有机质含量高的土壤。植物通过改变土壤的水流量使残存的游离污染物与根结合,防止污染物的进一步扩散,进而增加对污染物的多价螯合作用。目前,这项技术已经应用在矿区污染的修复中,而在城市和工业区中采用的不多。

④ 植物挥发

植物挥发是指利用植物将土壤中的污染物吸收到体内后将其转化为气态物质释放到大气中的处理技术。而用于植物修复的最理想的植物应具有以下几个特性:a. 即使在污染物浓度较低时也有较高的积累速率;b. 能在体内积累高浓度的污染物;c. 能同时积累多种污染物;d. 生长快,生物量大;e. 具有抗虫抗病能力,适应环境能力强;f. 尽量避免选取可食用植物,而多选取非食用的树木、花草等。

作为一种新兴、高效、绿色、廉价的生物修复途径,植物修复技术已得到广泛认可和应用。具有修复范围广、安全、成本低、减少场地破坏、被修复土壤有机质含量和土壤肥力增加、对环境的改变小等优点而受到普遍重视。据美国实践,种植管理的费用在每公顷 200~1000 美元之间。即每年每立方米的处理费为 0.02~1.00 美元,比物理化学处理的费用低几个数量级。但是,该方法也有其局限性,即易受土壤石油污染物特性和土壤类型的限制,受气候的影响,所需时间较长,要求植株具有较高的生物量,对石油污染物的耐受性要高,受根系分布的限制。

3. 动物修复法

动物修复技术指通过土壤动物群的直接(吸收、转化和分解)或间接作用(改善土壤理化性质,提高土壤肥力,促进植物和微生物的生长)而修复土壤污染的过程。动物修复技术包括两方面内容:①将生长在污染土壤上的植物体、粮食等饲喂动物,通过研究动物的生化变异来研究土壤污染状况;②直接将土壤动物,如蚯蚓、线虫类饲养在污染土壤中进行有关研究。

第三节　土壤有毒有机物污染

随着科技的进步,人类生产出越来越多的有机化合物,一方面满足了人类生产生活的需要,另一方面大量有毒有机污染物进入土壤环境,改变了土壤正常的结构和功能,减弱了土壤正常的生产能力,而且有毒有机污染物会通过食物链进入人体,对人体健康构成潜在威胁。土壤有机污染已成为全球性环境问题,美国国家环保局(EPA)超基金污染场地的除污清单上列出的前 100 种污染物中有 88 种为有机污染物。

一、土壤有毒有机物污染概念

有毒有机污染物主要是指具有生物毒性的有机污染物质,它们不仅对生物和人类具有明显的毒性,能引起急、慢性中毒,有些有毒物质还能导致癌症、畸胎和细胞遗传基因突变,即"三致"作用。有毒有机污染物主要包括有机氯农药、多氯联苯、多环芳烃、高分子聚合物(塑料、人造纤维、合成橡胶)、染料等类有机化合物。大多数有毒有机污染物都是人工合成有机物,它们分子大,结构稳定,在自然环境中很难被微生物降解,残留时间长,有蓄积性,毒性大,进入土壤后,积累在植物和动物组织里,甚至进入生物生殖细胞,破坏或者改变决定未来的遗传物质。如导致组织发生坏死和变态反应,破坏细胞正常的信息传递,引起细胞死亡或突变,导致组织出现肿瘤。对人类健康负面影响的证据已经越来越多,近年来的隐睾症、尿道下裂、子宫内膜异位、两性人、发育不全甚至癌症的发病率明显上升、女孩青春期的提前都被认为与这些物质有关。因此有毒有机污染物对生态环境存在长期潜在的危害,是备受关注的一类污染物,有人还将其比喻为威胁人类生存的"定时炸弹"。

持久性有机污染物(POPs)是近年来日益引起人们的关注的一类有机污染物。持久性有机污染物是指通过各种环境介质(大气、水、生物体等)能够长距离迁移并长期存在于环境,具有长期残留性、生物蓄积性、半挥发性和高毒性,对人类健康和环境具有严重危害的天然或人工合成的有机污染物质。根据国际公约,持久性有机污染物分为杀虫剂、工业化学品和生产中的副产品三类。①杀虫剂:包括艾氏剂、氯丹、滴滴涕、狄氏剂、异狄氏剂、七氯、六氯代苯、灭蚁灵、毒杀芬。②工业化学品:包括多氯联苯(PCBs)和六氯苯(HCB)。PCBs常用作电器设备如变压器、电容器、充液高压电缆和荧光照明整流以及油漆和塑料中,是一种热交流介质;HCB是化工生产的中间体。③生产中的副产品:如二噁英和呋喃,来源于城市垃圾、医院废弃物、木材及废家具的焚烧、不完全燃烧与热解,以及汽车尾气等;如含氯化合物的使用,包括氯酚、PCBs、氯代苯醚类农药和菌螨酚;如氯碱工业;如纸浆漂白;如食品污染。国际对POPs的控制措施包括:禁止和限制生产、使用、进出口、人为源排放,管理好含有POPs废弃物和存货。

土壤中挥发性有机化合物(VOCs)(如苯系物难于生物降解,但可对土壤与生物体健康造成严重影响,直接导致白血病的发生),作为一类特殊的污染物,因具有隐蔽性、挥发性、毒害性、累积性和多样性等污染特性,被列为环境中潜在危险性大、应优先控制的毒害性污染物。许多发达国家已明文规定,对受VOCs污染的土壤必须进行妥善处置,以保证生物和环境的安全。例如,对环境危害极大的有机氯农药,其特点是毒性大,化学性质稳定,几乎不降解,残留时间长,且易溶于脂肪,积累性甚高,在水生生物体内富集,其浓度可达水中的数十万倍,不仅影响水生生物的繁衍,且通过食物链危害人体健康。这类农药国外早已禁用,我国从1983年开始也已停止生产和限制使用。另如多氯联苯(PCB),多氯联苯是联苯分子中一部分或全部氢被氯取代后所形成的各种异构体混合物的总称。PCB有剧毒,脂溶性强,易被生物吸收,且具有化学性质很稳定,不易燃烧,强酸、强碱、氧化剂都难以将其分解,耐热性高,绝缘性好,蒸气压低,难挥发等特性。PCB在天然水和生物体内都很难降解,是一种很稳定的环境污染物。例如,酚类化合物,酚类化合物又分为挥发与不挥发酚两大类。由于挥发酚的毒性和对环境的影响远较不挥发酚大,故通常多测定挥发酚含量用来衡量酚类化合物的影响。浓度很低的酚类化合物就能使水具酚味,并直接有害于鱼类和鱼类饵料生物,造成鱼类逃逸、鱼肉带酚味,甚至引起鱼类死亡,因此,生活饮用水和渔业用水对酚的含量控制较严。酚类化合物主要来自煤和木材的干馏,炼油厂、化工厂、牲畜饲料场、生活污水、农药等有机物的水解、化学氧化和生物降解。

二、土壤有毒有机污染物在土壤中的吸附和挥发

有机污染物在土壤中主要以挥发态、自由态、溶解态和固态4种形态存在,而且绝大多数有机污染物都属于挥发性有机污染物。这些有机污染物通过挥发、淋溶和由浓度梯度产生扩散等在土壤中迁移或逸入空气、水体中,或被生物吸收迁出

土体之外,进而对大气、水体、生态系统和人类的生命造成极大的危害。

(一)土壤有毒有机污染物在土壤中的吸附

吸附是化合物(吸附质)从气相或液相向固体表面凝集的一种物理化学过程。当化合物和固体表面之间的吸附势能大于化合物本身分子之间的内聚能时,就会发生吸附现象,被吸附在土壤颗粒表面,这时污染物的移动性和毒性发生变化。在某种意义上讲,土壤的吸附作用就是土壤对有毒物质的净化和解毒作用。但这种作用是不稳定的,也是有限的。

1. 吸附方式

有毒有机污染物的吸附包括物理吸附、静电吸附和离子交换吸附等吸附过程。

(1)物理吸附是指被吸附的吸附质与吸附剂之间通过分子间的作用力所发生的吸附,这种分子间的作用力即所谓的范德华力。因此,物理吸附又称范德华吸附,它是一种可逆过程。当固体表面分子与气体或液体分子间的引力大于气体或液体内部分子间的引力时,气体或液体的分子就被吸附在固体表面上。从分子运动观点来看,这些吸附在固体表面的分子由于分子运动,也会从固体表面脱离而进入气体(或液体)中去,其本身不发生任何化学变化。随着温度的升高,气体(或液体)分子的动能增加,分子就不易滞留在固体表面上,而越来越多地逸入气体或液体中去,即所谓"脱附"。这种吸附-脱附的可逆现象在物理吸附中均存在。物理吸附的特征是吸附物质不发生任何化学反应,吸附过程进行得极快,参与吸附的各相间的平衡瞬时即可达到。

(2)静电吸附则是指当一个带有静电的物体靠近另一个不带静电的物体时,由于静电感应,没有静电的物体内部靠近带静电物体的一边会产生与带电物体所携带电荷相反极性的电荷(另一侧产生相同数量的同极性电荷),由于异性电荷互相吸引,就会表现出"静电吸附"现象。

(3)离子交换吸附是指吸附质的离子由于静电引力的作用聚集在吸附剂表面的带电点上,并置换出原来固定在这些带电点上的其他离子。有机污染物分子暂时交换到离子交换剂上,然后用合适的洗脱剂或再生剂将其交换下来,使有机污染物分子从原溶液中得到分离、浓缩或提纯。可以根据不同的要求选择不同的吸附剂。

2. 吸附机理

就土壤本身而言,对有机污染物的吸附实际上是由土壤中的矿物组分和土壤有机质两部分共同作用的结果。近年来的研究表明,与土壤有机质相比,土壤中矿物组分对有机污染物的吸附是次要的,而且这种吸附多是以物理吸附为主,在动力学上符合线性等温吸附模式,而且土壤有机质与矿物成分相比通常对有机化合物具有最大的热力学的亲合力。因此,土壤吸附有机污染物机理的研究主要是从土壤中有机质的角度进行的。

(1)线性分配模型

早期的研究发现,土壤中有机碳的含量直接决定着土壤吸附杀虫剂的能力,并从机理上进行了解释,它假定土壤有机质的作用相当于有机萃取剂,有机污染物在土壤有机质与水之间的分配就相当于化合物在水-憎水性有机溶剂之间的分配。此分配模型假定土壤有机质在组成和分子结构上都是均匀的,认为固相溶解作用的吸附与在液体中的溶解相似。认为吸附的浓度是与一个分配系数高达接近于其水溶解度的溶液浓度成正相关的,同时提出当复合的溶质存在时,吸附是非竞争的。分配模型的实质就是:在固体内所有的细微的位点都具有同样的势能,因此第一个分子的吸附和最后的一个分子的吸附热力学上是同样有利的。能使像有机质这样的异质材料达到上述论点正确的唯一方式,是它的内部结构有足够的流动性(表明大分子是充分移动的),且其每个位置存在的时间很短,并且渗透剂对固态吸附剂性质的影响不大。如果这些条件得到满足,渗透剂将随着填充量的递增而仍能保持在一个平均的、不变的化学环境,正如同在普通液体中一样吸附将呈线性和非竞争的。但对于有机高分子固体而言,这种条件很难得到满足。该线性吸附过程具有以下性质:①吸附等温线应该是线性的,对给定的疏水性有机化合物其吸着系数(K_{oc})应只有一个;②吸附速率很快;③吸附是完全可逆的,在吸附与解吸之间没有滞后效应;④在不同疏水性有机化合物之间,没有竞争吸附现象发生。

(2)非线性分配模型

实际上的吸附并非总是线性的,20 世纪 80 年代后,人们发现了大量非线性吸附现象:①有机污染物从土壤中的解吸速率明显低于吸附速率,有滞后现象。②吸附速率随时间的增加逐渐减慢,吸附平衡时间可能需要数月。③对一种非极性有机污染物,用不同的土壤进行吸附实验时,所得到的土壤/沉积物 K_{oc} 值不同,而且实验所得到的 K_{oc} 值比经验式预测的普遍偏高。④就所研究的土壤-有机污染物体系而言,其吸附等温线常常是非线性的,且遵循 Freundlich 吸附方程。⑤同化学吸附相比,土壤对非极性有机污染物的吸附焓一是要小得多,二是不但有放热的,而且还有吸热的。对给定的非极性有机化合物,用不同的吸附剂做实验时,得到的吸附焓是不同的。⑥不同物理化学性质的非极性有机污染物与土壤作用是存在竞争吸附。这些都是线性分配模型所无法解释的。因此,有的学者从分配原理出发提出了非线性分配模型。学者认为在吸附过程中同时存在着非线性、慢速率、不同溶质间的竞争吸附以及吸附和解吸时的滞后现象,认为其主要原因是:有机质的不均匀性对吸附会产生不同影响,这种不均匀性表现在有机质的组成和结构不同;同时,土壤和沉积物中一些无机矿物也参与了吸附;而近年的研究则认为在土壤有机质中还存在一些表面积较大的"黑炭"物质,如烟灰、焦炭等,对疏水性有机物表现较强的吸附亲和性,液相中存在的这些悬浮物会改变疏水性有机化合物在土壤中的分配系数,从而导致了非线性吸附行为的产生。

(3)双模式吸附模型

Pignatello 等(1996)和 Xing 等(1997)指出双模式吸附模型可将土壤有机质分为溶解相(或有机质的橡胶制区域)和孔隙填充相(或有机质的刚性区域)两个部分。这两部分都会影响吸附过程,但机理却完全不同:有机物在溶解相上的吸附是一个分配过程,具有较大的扩散系数,吸附与解吸附速率很快,表现为线性和非竞争性。在这个区域内主要是有机物分子与胡敏酸和富里酸发生反应,它在此相中具有较大的扩散系数,吸附与解吸附的速率都很快,不会发生滞后现象;而有机物在孔隙填充相中的吸附则遵循 Langmuir 吸附等温模型,分配作用和孔的填充同时发生,有机污染物在此相中的扩散比溶解相中的扩散一般要慢得多,影响吸附到达平衡的时间,造成慢吸附,存在滞后现象,从而构成了慢吸附,表现为非线性。可以肯定土壤有机质是引起疏水性有机物非线性吸附过程的主要组分。梁重山等(2006)也证实土壤中不可提取态有机质(胡敏素和一些特殊含碳物质等)有较强的吸附能力,并由此导致吸附过程的非线性。双模式吸附模型不仅适用于非极性有机化合物,同时也适用于极性有机化合物。

(4)多端元反应模型

1992 年,Weber 等提出多端元反应模型。该模型最大的特点在于不再将土壤或土壤中的有机质看做是组成和结构上都均一的物质。相反,他们认为无论从宏观还是微观角度土壤(包括有机质)和沉积物都是高度不均一的吸附剂。在此基础上,他们引入了"硬碳"(缩合态土壤有机质)和"软碳"(无定型土壤有机质)两个概念,而且认为有机化合物与硬碳之间倾向于非线性吸附,而与软碳之间则倾向于线性分配,而非线性部分与表面反应有关。土壤对有机污染物的吸附是由一系列线性的和非线性的吸附反应组合而成,如果每一微观的吸附都是线性的,总的吸附也应该是线性的,如果其中一项或几项吸附是非线性的,则整个吸附等温线为非线性。线性部分的吸附服从分配机理,而非线性部分则与表面反应有关。对于多端元反应模型来讲,竞争吸附完全是由土壤有机质本身的不均一性引起的。

(5)三端元反应模型

随后 Weber 和 Huang(1996)又提出土壤吸附有机污染物的三端元模式。该模式将土壤中吸附有机污染物的组分分成无机矿物表面、硬碳和软碳,认为无机矿物表面和软碳对有机污染物的吸附以相分配为主,是一个可逆过程,而硬碳对有机污染物吸附则表现为非线性的,吸附速率与无机矿物和软碳相比明显缓慢,需要更长的时间达到平衡,并难以解吸附,反过来,有机化合物从硬碳上解析下来也比较困难,因此,在吸附与解吸附之间会存在明显的滞后现象。三端元反应模型不仅适用于平衡体系,同时也适用于非平衡体系,因此它能比较成功地对两阶段吸附现象进行解释。

(二)土壤有毒有机污染物在土壤中的挥发

有机污染物在土壤中的挥发作用是指该物质以分子扩散形式从土壤中逸入大气中的现象。土壤有机污染物中大多数都属于挥发性有机污染物(VOCs),并且以气相的形态存在土壤孔隙中,具有较高的挥发性。

在有水气共存的土壤中,即土壤非饱和带中,有机污染物随水运移时,水中的有机污染物会与气体发生物质交换。水气两相间的物质交换平衡可用亨利定律来表示:

$$C_a = H \cdot C_w \tag{7-1}$$

式中:C_a——气体中的污染物浓度($mg \cdot m^{-3}$);

C_w——水中的污染物浓度($mg \cdot m^{-3}$);

H——亨利系数,不同物质的 H 值可在文献中查到。

有机物从土壤中的挥发速率与本身的理化性质如蒸汽压、水溶解度有关外,还与土壤的含水量、土壤对有机物的吸附作用有关。如农药的挥发主要决定于农药本身的溶解度和蒸汽压,以及土壤的温度、湿度和土壤的质地和结构等性质。农药在土壤溶液中的扩散速度很慢,而蒸气扩散速度比它要大一万倍。

三、土壤有毒有机污染物在土壤中的移动性

土壤有毒有机污染物具有长期残留性、生物富集性、半挥发性和高毒性,它们可随水气挥发、空气流动在空气中传播;还可以通过在土壤固相表面或有机质中吸附/解吸附;随地表径流污染地表水;随淋溶作用迁移进入地下水;或被生物或非生物降解及作物吸收等方式在土壤中移动,使土壤和沉积底泥成了它们的蓄积库,同时它们能够在生物脂肪中累积,并可在食物链中经生物富集、浓缩而传递,特别是在它们的迁移、转化过程中,生物富集作用可能使其浓度水平提高数倍或上百倍,对人类及整个生态系统造成潜在的危害。挥发和吸附在前面已经进行了介绍,这里只对其他迁移方式进行论述。

(一)土壤有毒有机污染物在土壤中的降解

土壤有毒有机污染物在土壤中的降解主要包括生物降解、水解和光解。生物降解中以微生物降解贡献最大。

1. 生物降解

不同类型的有机污染物被微生物降解的程度通常都会有很大差别,降解条件的差异对降解速率也会产生较大影响。如多氯联苯(PCBs),PCBs 是一类稳定化合物,一般不易被生物降解转化,尤其是高氯取代的异构体。但在优势菌种和其他环境适宜条件下,PCBs的生物降解不但可以发生,而且速率也会大幅度提高。另如多环芳烃(PAHs),由于PAHs水溶性低,辛醇-水分配系数高,因此,PAHs在土壤中有较高的稳定性,其苯环数与其生物可降解性明显呈负相关关系。再如多氯代二噁英(PCDDs/PCDFs),PCDDs/PCDFs是高度抗微生物降解有机污染物,可以在土壤中保留15个月以上;仅有5%的微生物菌种能降解PCDDs/PCDFs,而且降解的半衰期与细菌类型有关。这主要是由于PCDDs/PCDFs具有相对稳定的芳香环,在环境中具有稳定性、亲脂性、热稳定性,同时耐酸、碱、氧化剂和还原剂,且抵抗能力随分子中卤素含量增加而增强,因而土壤和城市污泥中的PCDDs/PCDFs,不管是在有氧条件还是缺氧条件下几乎不发生化学降解,生物代谢也很缓慢,主要是光降解。

2. 光解

有机污染物在土壤表面的光解指吸附于土壤表面的污染物分子在光的作用下,将光能直接或间接转移到分子键,使分子变为激发态而裂解或转化的现象,是有机污染物在土壤环境中消失的重要途径。

光解主要包括光氧化、光还原、光水解、分子重排和光异构化等类型。①光氧化,光氧化是农药光解的最重要、最常见的途径之一。在氧气充足的环境中,一旦有光照,农药就容易发生光氧化反应,生成一些氧化中间产物。例如,乙拌磷、倍硫磷、丁叉威和灭虫威等,农药分子中的硫醚键光氧化后生成亚砜和砜。②光还原,光还原是指农药在光化学反应中还原脱氯或脱羟基或脱硝基,同时得到多种分解产物的过程。例如,氟乐灵能脱羟基、硝基而被还原并产生苯并咪唑衍生物。③光水解,光水解是指在有紫外光和水或者水汽存在时带有酯键或醚键的农药发生的光水解反应。例如,哌草丹除草剂光照后硫醚键位会发生裂解生成光水解产物。④分子重排,农药分子光解后会产生自由基,从而发生分子重排。⑤光异构化,一些有机磷农药光照下会发生异构化现象,形成对光更加稳定的异构体。

研究表明光诱导转化对一些有机污染物从土壤中的消失起到了显著作用。土壤溶液中存在的腐殖酸、富啡酸等土壤溶解性有机质(DOM)是天然的光敏剂,作为光吸收物质的DOM,在某些情况下能提高土壤溶液中有机物的光解反应速率。如在太阳光照射下,腐殖酸使丁草胺的光解速度加快,表现为光敏化降解效应,其原因主要是丁草胺溶液中加入腐殖酸后,整个体系对光的吸收强度增大,同时由于太阳光照射可使腐殖酸在水中产生含氧自由基,导致光氧化过程易于发生,从而加速了丁草胺的光解。

光解的影响因素包括土壤组分与性质、土壤水分含量、共存物质的淬灭和敏化作用、光辐射强度、污染物在土壤表层中的分布深度和污染物的吸收光谱特性等。

3. 水解

有机污染物进入土壤后易被土壤吸附,发生水解反应。水解是化合物与水分子之间发生相互作用的过程,由于土壤体系含有水分,因而水解是有机污染物在土壤中的重要转化途径。其在土壤中的水解情况与在水体中有很大区别。一般情况下,水解会导致产物的毒性降低,形成的水解产物较母体更易于生物降解。通常情况下,水解作用随温度增加而加快,而 pH 与溶液中其他离子的存在对水解反应速率的影响具有双重性。

(二)动物、植物对土壤中有机污染物的吸收

动植物可以通过吸收和累积有机污染物而将土壤中的有机污染物进行迁移。

进入土壤的有机污染物可以通过植物根系吸收进入植物体内,如 DDT、阿特拉津氯苯类、多氯联苯类、氨基甲酸酯类、多环芳烃类等,挥发性污染物还可以通过呼吸作用进入植物体。影响植物吸收的因素包括植物种类、污染物的理化性质、土壤组成与理化性质、温度、湿度和共存污染物等。

动物作为食物链与食物网的重要组成部分,在土壤污染物转移中扮演着十分重要的角色。有机污染物从接触动物体到最终被固定或排出,一般要经过一系列吸收、分布和积累、转化、固定或排泄过程。有机污染物经由与集体接触部位进入动物体液,再由体液分散到全身各组织,在组织细胞内发生生物化学反应引起化学结构和性质的变化,最后有机污染物及其代谢衍生物可以通过同化作用被组织固定,也可以通过一定的排泄途径排出体外,完成污染物在动物体内的迁移和转化过程。

(三)土壤有毒有机污染物在土壤中的径流与淋溶

从总体上看,有机污染物在土壤中的迁移包括横向的地表径流和纵向的淋溶过程两个方面。如农药,农药的水迁移主要包括直接溶于水和被吸附于土壤固体颗粒表面上随水分移动,而进行机械迁移两种方式。农药在土壤中水迁移能力可用淋溶指数进行比较。这个指数只是个相对值,规定最难迁移的 DDT 的挥发指数和淋溶指数为 1.0,以此为基数与其他农药相比,指数越大,迁移能力越强(此处不再赘述)。

可以看出,在土壤环境中,一系列机制控制着污染物的运移:①地下水流决定了污染物的运动方向和速率;②扩散使污染物产生纵向和横向的迁移;③污染物与土壤颗粒中有机质及矿物质之间的吸附/解吸附,污染物在土壤包气带中的水气界面处的物质交换使污染物的运移受到阻滞作用;④由于具有挥发性,污染物还随气体迁移和扩散;⑤土壤中的生物与化学作用使污染物降解,生成无害物质或其他有害物质。要预测污染物的运移和其归宿,必须对土壤-水-空气这一复杂的系统以及污染物在其中的诸多迁移机制有充分理解。

四、土壤有毒有机污染物对生物的影响与农产品质量安全影响

(一)有机污染物对生物的影响

1. 有机污染物对微生物的影响

(1)对微生物数量的影响

一般认为,杀虫剂对土壤微生物种群数量影响很小,这也许是由于它们对微生物具有选择性,只能抑制某些敏感种,而其他种则取代敏感种,维持整体代谢活性不变。若以每年 $5.60 \sim 22.4 \mathrm{kg \cdot hm^{-2}}$ 的剂量往一种沙质沃土中投加艾氏剂、狄氏剂、氯丹、DDT 和毒杀芬,土壤中的细菌数量和真菌数量均不发生变化,也不影响微生物分解植物残体的能力。高剂量林丹(0.5%)或毒杀芬(0.05%~0.5%)在一段时间内对土壤中的细菌有刺激作用。在 56 天培养期间,DDT 和狄氏剂均使细菌数量降低,而真菌数量则有所增加。

(2)对呼吸作用的影响

呼吸作用的大小通常与土壤微生物的总量有关,呼吸作用越强,微生物数量越大;呼吸强度是评价污染物对土壤微生物生态效应的重要指标之一。除草剂对呼吸作用的影响与浓度有关。例如,$2.0 \mu \mathrm{g \cdot g^{-1}}$ 西玛津对呼吸强度无任何影响,而 $10 \mu \mathrm{g \cdot g^{-1}}$ 西玛津能促进呼吸作用。一般,正常使用除草剂不会影响土壤呼吸作用。杀虫剂对呼吸作用的影响也很小。

(3)对土壤酶活性的影响

土壤微生物活性与土壤酶的活性相关,土壤酶也逐渐被广泛应用于污染物对土壤微生物影响的研究。研究发现,吡氟氯禾灵、灭草环和 2-氯-6(2-甲氧基呋喃)-4-(三氯甲基)吡啶等 3 种农药对脱氢酶、磷酸酶、脲酶和固氮酶的影响,发现仅脱氢酶活性显著增强。脲酶抑制剂氢醌对多酚氧化酶、脱氢酶、蛋白酶、磷酸酶和蔗糖酶活性的影响,结论是氢醌能暂时促进或抑制这 5 种酶的活性,但培养结束时(88 天)抑制和促进作用均消失。

2. 对土壤动物的影响

土壤动物长期生活在土壤环境中,它们一方面积极同化各种有用物质以建造其自身,另一方面又将其排泄物归还到环境中,从而不断地改造环境。土壤动物和环境间存在着密不可分的关系。土壤动物活动范围小、迁移能力弱,它们与环境间具有相对稳定的关系,土壤动物的组成、数量、生物量及其分布基本上反映了其生存环境的质量状况。土壤具有一定的自净能力,即大部分有机污染物进入土壤后逐步由种类繁多、数量巨大的土壤微生物、土壤动物分解转化,达到生物降解的目的。

3. 对植物生长的影响

三氯乙醛常随污水灌溉进入农田,天津市曾发生因此约有 $4 \times 10^3 \mathrm{hm^2}$ 小麦受

害、$1.3 \times 10^3 hm^2$ 绝收的严重事故。含三氯乙醛废酸磷肥的施用,曾导致数十万公顷多种农作物,特别是旱地禾本科作物遭受不同程度的危害。阿特拉津是一种均三氮苯类灭生性除草剂,主要通过植物的根系吸收,对大部分一年生双子叶杂草具有很好的防治作用。作用机理是抑制杂草的光合作用和蒸腾作用,使植物叶片失绿、干枯、死亡。乙草胺属酰胺类除草剂,生物活性较高,通过抑制植物的幼芽或根的生长,使幼芽严重矮化而最终死亡。甲磺隆是磺酰脲类化合物,生物活性极高的超高效广谱除草剂,通过植物根和茎叶的吸收,在植物体内迅速传导、扩展,主要在生长分裂旺盛的分生组织中发挥除草作用。通过抑制乙酰乳酸合成酶,阻断一些氨基酸的合成,导致细胞分裂和植物生长受抑制。

（二）有机污染物与农产品质量安全

农产品是人类生存的基本需要,农产品的安全问题正日益受到人们的关注。目前,针对农产品质量安全还没有公认的定义。有些学者认为农产品质量安全主要指可食（食用）农产品安全,包括农产品中因含有可能损害或威胁人体健康的有毒、有害物质或导致消费者染病或产生危及消费者及其后代健康的隐患。目前农产品质量安全涉及的内容主要包括生物污染、环境污染物污染、农药及其他农用化学品的残留污染、兽用药物残留污染、食品添加剂和饲料添加剂污染、包装材料污染。

土壤中的有机污染物通过向植物根部移动并被吸收、运输,致使污染物在植物体的根、茎、叶、花和果实等部位大量积累,造成农产品的污染,继而又通过食物链的传递使动物和人类的健康受到威胁。例如,有机氯农药可通过土壤-植物系统残留于肉、蛋、奶、植物油中,通过人的膳食进入人体后,参加人体内各种生理过程,使人体产生致命的病变,破坏酶系统,阻碍器官的正常运行,从而导致神经系统功能失调,引起致癌、致畸、致突变的"三致"问题。

土壤有机物污染在土壤中降解速度很慢,污染到一定程度后,即使切断污染源,其土壤也很难复原,进而继续对农产品质量安全产生影响。

五、土壤有毒有机物污染的控制技术

土壤有毒有机污染物来源主要包括:生活污水排放、生活垃圾处理处置、工业污染源排放、农业污染物排放等。工业污染被认为是最大的有机污染源,不仅包括现代工业生产时产生的废物,也包括有机的工业原料和有机产品的泄漏。有机物生产的种类越多、产量越大,形成的有机污染物越多,给环境带来的威胁越大。

土壤有毒有机物污染的控制主要从三方面着手:首先是要从污染物产生源头进行控制,可以通过使用清洁生产工艺等措施减少有毒有机物污染物向土壤的排放。其次,要制定土壤有机物的控制标准,并且严格执行。目前很多国家都制定了相关土壤有机物的控制标准。制定土壤有机物的控制标准时第一步要调查有机物污染土壤现状,确定标准所须涵盖的项目,对于每一种可能释放到土壤环境中的毒性有机物都需制订标准值。第二步要依据污染土壤所处自然环境特性(即考虑土壤的地方性差异)和利用目的,以及污染物物理、化学和毒理性质,模拟污染场景,确定人体暴露途径和可接受剂量,制订环境基准值,包括作物吸收、迁移至地下水和直接暴露途径。第三步,在保证人体健康的同时,综合考虑实际污染状况、经济水平和处置技术等因素确定污染控制标准。再次,要利用各种先进的修复技术修复有毒有机物污染的土壤。本部分着重介绍有毒有机物污染的土壤修复技术。

(一)物理修复方法

土壤有毒有机物污染物理修复方法主要包括挖掘填埋法、通风去污法、热脱附法、电动力学技术等。挖掘填埋法、电动力学技术在本章均有介绍,此处不再赘述。

1. 通风去污法

(1)土壤气相抽提法(Soil Vapor Extraction,SVE)

基于在处理时间及成本、适用条件、处理过程危害性等方面的综合考虑,土壤气体抽排技术是目前经济而高效的处理方法。土壤气相抽提法是向污染区域通入新鲜空气,将挥发性有机物(VOCs)从土壤中解吸至空气流并引至地面上处理的原位技术。该法适用于渗透性好且均质的非饱和带污染土壤的修复,对汽油等轻质、易挥发石油产品污染土壤的修复效果较好。土壤气抽出的原理在于当液体污染物泄露后,它将在土地中产生横向和纵向的迁移,最后存留在地下水界面之上的土壤颗粒和毛细管之间。殷甫祥等(2010)研究发现分子结构简单、分子量小、沸点低、挥发性强的VOCs更容易脱附并去除。这是因为土壤颗粒和有机质对芳香化合物这类憎水有机物具有吸附作用,并且随着苯环支链上碳原子数增加,分子量增大,沸点也增高,挥发性减弱,土壤颗粒对VOCs吸附的范德华力、静电引力、氢键等综合作用相应增强,更容易被土壤吸附而难以脱附。通风流量、含水率等是影响去除率的重要因素。目前,这方面的研究主要集中在数学模型开发、实验室规模或中试规模技术方面。

(2)空气喷射技术(Air Sparging,AS)

空气喷射技术是与土壤气相抽提技术互补的一种技术。目的是去除在水位以下的地下水中溶解的有机化学物质,通过将新鲜空气喷射进饱和土壤中,由于浮力的作用,空气逐步向原始水位上升,从而达到去除化学物质的目的。与传统的抽提技术相比,空气喷射技术不需要抽出大量的地下水进行处理,降低了动力、消耗及处理成本;向地下水中提供氧气,为有机物有氧生物降解创造了条件,快速降低地下水中污染物的浓度;修复时间缩短和成本降低。该技术主要用于挥发性有机物污染的饱和土壤。

2. 热脱附法

热脱附法是指通过加热将土壤中污染物变成气体从土壤表面或孔隙中去除的

方法。目前热处理包括水蒸气蒸馏法、高频电流加热法、微波增强的热净化法等，其中微波增强的热净化作用是最近兴起的一种热解吸法。因为微波辐射能穿透土壤加热水和有机污染物使其变成蒸汽从土壤中排出，所以非常有效，此法适用于清除挥发和半挥发性成分并且对极性化合物特别有效。

(二)化学修复方法

1. 化学降解

化学降解是使土壤中的有机化合物分解或转化为其他无毒或低毒性物质而得以去除的方法。化学降解虽然可以降低土壤污染物的毒性或含量，但是可能形成毒性更大的副产物。例如，对于卤代有机化合物而言，通常加入还原剂，如铁使土壤中的有机化合物进行脱氯反应，但并不能使其完全矿化脱氯，还原产物仍需进一步处理。化学降解主要包括化学修复技术、光催化修复技术、电化学修复技术、微波分解及放射性辐射分解修复技术等。

(1)光催化氧化技术是一项新兴的深度氧化处理技术。该技术能有效地破坏许多结构稳定的生物难降解的有机污染物，与传统的处理技术相比具有高效、污染物降解完全等优点，因而日益受到重视。目前该方法主要用于水污染的防治，用于土壤污染的治理主要集中在农药的降解研究上。

(2)电化学修复是指使用低直流电流穿过污染的土壤，通过电化学分解和电动力学迁移的复合作用使污染物从土壤中去除的过程，这一技术与表面活性剂的配合使用对于去除土壤中不混溶性非极性有机污染物有良好的效果。与其他修复方法相比，电修复方法处理速度快、成本低，特别适合于处理黏土中的水溶性污染物，但对于非水溶性污染物，则可先通过化学反应将其转化为水溶性化合物，然后再进行脱除。

(3)微波加热处理在环境工程中的应用相对较多，其中包括对污染土壤的处理。利用微波能量不仅能使反应时间大为减少，在某些情况下还能促进一些具体反应在短短几分钟之内完成。因此，人们想到在一密封系统内利用微波迅速升至高温，将土壤中的多氯联苯之类的氯代有机芳烃分解的土壤去污方法。

(4)氧化修复技术不但可以对这些污染物起到降解脱毒的效果，而且反应产生的热量能够使土壤中的一些污染物和反应产物挥发或变成气态溢出地表，这样可以通过地表的气体收集系统进行集中处理。技术缺点是加入氧化剂后可能生成有毒副产物，使土壤生物量减少或影响重金属存在形态。

2. 土壤淋洗技术

土壤淋洗技术是先用水或含有某些能够促进土壤环境中污染物溶解或迁移的化合物(或冲洗助剂)的水溶液注入被污染的土壤中，然后再将这些含有污染物的水溶液从土壤中抽提出来并进一步处理的过程。由于大多数有机化合物的沉积物水分配系数较大,所以表面活性剂是常用的污染土壤清洗剂,但由于其难降解且易造成二次污染,人们最近又转向使用生物表面活性剂,它们通常清洗土壤有机物效果较好,且更易被生物降解。

3. 化学栅

化学栅是将即能透水又具有吸附或沉淀污染物的固体化学材料置于废弃物或污染堆积物或土壤次表层的蓄水层,使污染物留在固体材料内,从而控制污染物扩散、净化污染源的一种方法。根据化学材料的理化性质,可将化学栅分为沉淀栅、吸附栅以及有沉淀作用又有吸附作用的混合栅。去除有机污染物的吸附栅材料大多为活性炭、泥炭、树脂、有机表面活性剂和高分子合成材料等。根据不同的污染类型,可分别采用不同的化学栅:单纯有机污染物采用吸附栅,重金属和有机污染物复合污染采用联合栅。

(三)生物修复法

生物修复是利用生物的生命代谢活动来减少环境中有毒有害物质的浓度或使其完全无害化,使污染的土壤环境部分或完全恢复到原初的状态。该方法有着物理、化学吸附方法无可比拟的优越性:处理费用低,处理成本只相当于物理、化学的二分之一到三分之一;处理效果好,对环境的影响低,不会造成二次污染,不破坏植物所需的土壤环境;处理操作简单,可以就地进行处理。生物修复包括原位修复、异位修复和原位-异位联合修复。

在土壤污染胁迫下部分微生物通过自然突变形成新的变种,并由基因调控产生诱导酶,在新的微生物酶作用下产生了与环境相适应的代谢功能,从而具备了对新污染物的降解能力,所以说土壤微生物是污染土壤生物降解的主体。目前所利用的微生物有土著微生物、外来微生物和基因工程菌3种类型。在表层土壤中,由于氧气充足,常常发生有机化合物的好氧生物降解。而在一定深度的土壤中,往往处于缺氧状态,在这种情况下有机化合物发生厌氧脱氯反应。对于有机化合物而言,厌氧降解虽能使其还原脱氯,但不能使其彻底矿化,有时降解产物比原母体毒性更大,由于厌氧降解可使多氯代有机化合物转化为低氯代有机化合物,而好氧降解对于低氯代有机化合物的降解特别有效,因此先进行厌氧脱氯,然后进行好氧处理氯代有机化合物的两段生物法得到了发展。

本部分内容在第二节已有论述,故重复部分不再赘述。

(四)植物修复法

有机污染土壤植物修复是利用植物的生长、吸收、转化、转移污染物而修复土壤,是一种经济有效非破坏型的修复技术。研究发现,不同有机污染物在植物体内的分布和迁移不同,TNT容易在植物根部富集,而三氯乙酸也可被根和叶吸收,且会在根和叶之间发生双向迁移。Kruger 等(1997)研究发现,在用植物修复多种农药污染的土壤时,植物 Kochia 可明显地吸收多年沉积的阿特拉津,降低土壤中阿特拉津的生物有效性,且阿特拉津的降解不受污染土壤中其他农药如杀虫剂异丙甲草胺、氯乐灵存在的影响。杂交杨树可有效吸收三氯乙烯(TCE),并且可把它降解成三氯乙醇氯代酮,最后降解成二氧化碳(Gorton 等,1998)。植物修复比较成功的是杨树、柳树和紫花苜蓿等杨柳科的植物,尤其是杨树属,已证实通过吸收有机物至根部可大量去除有机污染物。紫花苜蓿为多年生植物,生存力强,遗传学上容易解码,可以灵活地进行基因改良,经过基因改良的紫花苜蓿可以耐受高浓度的原油污染而不死亡,随着时间的推移可以逐渐恢复生长能力。

本部分内容在第二节已有论述,故重复部分不再赘述。

(五)联合修复

1. 植物-微生物联合修复

植物的生活周期对其周围发生的物理、化学、生物过程都会产生影响。在植物生长时,其根系提供了微生物旺盛生长的场所;反过来,微生物的旺盛生长,增强了对有机污染物的降解,也使植物有了优化生长的空间,这样的植物-微生物联合体系能促进有机污染物的降解、矿化。其基本原理为植物根区的菌根真菌与植物形成共生作用,并有着独特的酶途径,用以降解不能被细菌单独转化的有机物;植物根区分泌物刺激了细菌的转化作用,还可为微生物提供生存场所,使根区的耗氧转化作用能够正常进行。植物根际-微生物系统的相互促进作用将是提高污染土壤植物修复能力的一个活跃领域。

Gaskin 等(1997)的研究表明,宿主植物松树(Pinuspon derosa)与外部根际菌群(Hebeloma crustuliniforme)共存时,对于土壤中的阿特拉津,其修复效率可比单独的植物修复高 3 倍。而牧地雀麦草引入接种菌群是通过改变根际菌群结构来提高除草剂 2-氯代苯甲酸的代谢,而野黑麦引入接种菌群选择性地加强 2-氯代苯甲酸的代谢,却并不影响根际菌群结构。作为植物-真菌的共生体,菌根在这方面的作用非常明显。国内学者的研究都选择宿主植物紫花苜蓿(Medicagosativa L.),同时单接种或双接种苜蓿根瘤菌(Rhizobiummeliloti)和其他类型的菌或霉,分别在田间和盆栽试验的条件下,研究植物-微生物联合作用对 PCBs 污染土壤的修复效应。结果表明,所有种植植物的处理,根际土壤 PCBs 的去除率均高于对照,其中紫花苜蓿并接种根瘤菌的处理,土壤 PCBs 的去除率最高。

2. 动物-微生物联合修复

动物-微生物联合修复一方面借助于动物的运动达到在土壤中扩散,调节土壤微生物生态,从而加强对土壤中 PCBs 降解的目的;另一方面,通过动物的运动改善了土壤的通气状况和理化性质。此外,动物排泄物可能会给微生物带来丰富的营养,增强微生物的活性,从而促进有机污染物的降解。

复习思考题

7.1 叙述农药的类型及危害。

7.2 去除土壤中残留农药的技术措施有哪些?

7.3 石油污染的修复技术措施有哪些?

7.4 什么是土壤有毒有机物污染?

7.5 土壤有毒有机污染物对生物有什么影响?

7.6 土壤有毒有机污染物对农产品质量安全有什么影响?

7.7 土壤有毒有机物污染的控制技术措施有哪些?

第八章　土壤复合污染与修复

近些年来,由于矿产资源的过度开发、生活污水的大量排放以及各种各样难降解污染物的出现,土壤受到了极为严重的污染,其通过与人类的直接接触,与水、大气的交换以及通过土壤-植物系统(Soil-plant system)等直接或间接地对人类的健康产生了极大的威胁,也引起了各方面的广泛关注。

第一节　土壤复合污染概述

早期关于土壤污染物的研究大多仅考虑单一污染物水平的环境行为,而实际上土壤中的污染多具伴生性和综合性。为准确评价环境质量、实施公正环境执法以及有效控制环境污染,复合污染研究逐渐成为环境科学发展的重要方向之一。国内外学者相继开展了重金属-重金属和有机物-有机物复合方面的研究。近年来,由于农药、化肥的大量使用,乡镇企业的崛起以及大尺度生态环境条件恶化等因素所造成的土壤污染表现出机理上的复杂性、形式的多样性和范围上的扩大化,污染物之间的复杂的交互作用是重要的表现之一。在所表现出来的污染类型中,重金属、有毒有机污染物所形成的复合污染逐渐成为普遍的环境污染现象之一。对土壤中重金属、有毒有机污染物复合污染研究也成了土壤学、环境学等学科的科学前沿与重要研究课题。随着研究方法和技术手段的进步,以前研究中探讨不深的分子机理以及新的交互类型、表征和修复研究也取得了较大进展。

一、土壤复合污染的内涵及概念的提出

Bliss(1939)在"毒物联合使用时的毒性(Toxicity of Poisons Applied Jointly)"一文中最早提到"拮抗作用、独立作用、加和作用和协同作用"这些术语。这是有关化学毒物之间交互作用的最早思想,是复合污染概念的最初表述,为日后复合污染概念的明确提出奠定了理论基础。

20世纪中叶,Trocome(1950)曾报道了重金属之间相互作用对植物营养吸收影响的研究,在这之后一直到80年代,有关研究逐渐开展。研究初期,人们把复合

污染(Combined pollution)称之为交互效应(Interactive effect)。

1982 年,任继凯最早使用了"复合污染"一词。1985 年,Macnical 在污染生态效应的研究中,使用了"联合毒性效应"(Joint toxic effect)和"复合毒性效应"(Combined toxic effect)的概念和术语。

1989 年以来,周启星从重金属 Cd-Zn 和 Cd-As 复合污染的研究着手,在我国系统地开展了土壤–植物系统复合污染的研究,对复合污染的特点、指标体系、生态学效应及有关研究方法进行了探讨,同时对复合污染的概念和类型进行了较为系统的分类并给出了较为准确的定义。随后,人们对复合污染开始了有针对性的研究。在周启星(1989~1992)研究工作的基础上,何勇田和熊先哲对复合污染的概念进行了论述,指出复合污染是指两种或两种以上不同性质的污染物或几种来源不同的污染物在同一环境中同时存在所形成的环境污染现象。

1995 年,周启星对复合污染这一概念进行了扩展,对复合污染的基本内涵进行了补充和完善。他认为:复合污染在概念上,并不等同于"污染物+污染物",复合污染应该同时具有以下 3 个基本条件:①一种以上的化学污染物同时或先后进入同一环境介质或生态系统同一分室;②化学污染物之间、化学污染物与生物体之间发生交互作用;③经历化学的和物理化学的过程、生理生化过程、生物体发生中毒过程或解毒适应过程等 3 个阶段。

目前,对土壤复合污染仍有多种定义,但其核心内容都是指两种或两种以上的污染物在同一个土体内产生作用。由于污染物的不同,其产生污染的作用方式及机理也不尽相同。

二、复合污染的作用方式、机理及影响污染物交互作用的因子

1. 复合污染的作用方式

土壤复合污染的作用方式主要有协同、加和、独立及拮抗四种,其定义如下:

(1)协同作用(Synergistic Effect)

协同作用指两种或两种以上化学污染物同时或数分钟内先后与机体接触,其对机体产生的生物学作用强度远远超过它们单独与机体接触时所产生的生物学作用的总和。

(2)加合作用(Additive Effect)

加合作用指多种化学污染物所产生的生物学强度等于其中各化学污染物分别产生的作用强度的总和。

(3)独立作用(Independent Effect)

独立作用指多种化学污染物各自对机体产生毒性作用的机理不同,互不影响。

(4)拮抗作用(Antagonistic Effect)

拮抗作用指两种或两种以上的化学污染物同时或数分钟先后输入机体,其中

一种化学污染物可干扰另一化学污染物原有的生物学作用,使其减弱,或两种化学污染物相互干扰,使混合物的生物作用或毒性作用的强度低于两种化学污染物任何一种单独输入机体的强度。

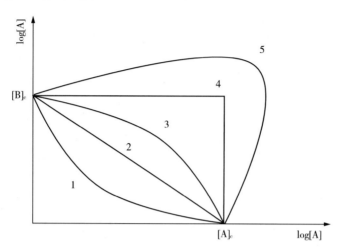

图 8-1　两共存元素复合毒性效应形式示意图

1—协同作用;2—加合作用 $\log[A \times B]$;3—加合作用 $\log[A+B]$;4—独立作用;5—拮抗作用。图中 $[A]_c$、$[B]_c$ 分别为 A、B 两元素毒性临界值;各曲线与 $\log[A]$、$\log[B]$ 轴所包围面积为 A、B 共存时的作物正常产量区。

2. 复合污染的作用机理

污染物的不同以及污染种类搭配的不同,其产生污染的机理也不同,主要存在以下 6 种。

(1)竞争结合位点

物理化学性质相近的各种污染物由于作用方式和途径相似,所以在生态介质、代谢系统及细胞表面结合位点的竞争必然会影响这些污染物共存时的相互作用。通常情况下,对吸附位点的竞争会导致一种污染物从结合位点上取代另一种处于竞争弱势的污染物。这种竞争的结果在很大程度上取决于参与竞争的各污染物的种类、浓度比和吸附特性。

(2)影响酶的活性

污染物通过改变与代谢污染物有关的酶的活性,影响污染物在生物体内的扩散、转化和代谢方式,从而可以影响污染物在生物体内的行为和毒性。酶活性的改变对复合污染物的代谢影响是直接而重要的,其中研究最多的是金属结合蛋白、混合功能氧化酶系和过氧化保护酶系。

(3)干扰正常生理过程

复合污染通过干扰生物体的正常生理活动和改变有关生理生化过程而发生相

互作用,如氨基酸、可溶性蛋白的变化。污染物间的相互作用还会影响生物体对特定化合物的转移、转化、代谢等生理过程。

(4)改变细胞结构与功能

复合污染可以引起各种将生物体或有关内含物与外界环境隔离开的生物学屏障在结构和功能上的扰动,从而改变其透性及主动、被动转运能力。如发现有些金属离子可以改变细胞膜的渗透性,对植物根系造成显著的损伤,Stewart 等发现 Cu 可改变原生质膜中可溶性部分的渗滤性,从而造成细胞膜的损伤,使得膜体变得很脆弱,重金属更易进入。

(5)螯合(络合)作用及沉淀作用

螯合(络合)作用可改变污染物形态分布和其生物有效性,从而直接影响其毒性。自然环境中存在的许多有机无机络合剂,如腐殖酸、胡敏酸、氨基酸及活性官能团等,将影响污染物在环境系统与生物系统中的物理化学行为,从而对其交互作用产生影响。

(6)干扰生物大分子的结构与功能

有毒化学物质通过抑制生物大分子的合成与代谢,干扰基因的扩增和表达,对DNA 造成损伤或使之断裂并影响其修复,与 DNA 生成化学加合物等途径对生物体形成毒性也是复合污染的重要机理。

3. 影响复合污染物交互作用的因子

(1)生物因子

复合污染物的生理生态效应受生物种类、作用部位、生物营养状况以及生物年龄和性别等因素的影响。Prokipcak 研究 Ni、Cu 与 O_3 对番茄和大豆的相互作用时发现,Ni、Cu 与 O_3 的交互作用受作物种类、受作用部位、暴露时间以及金属离子和臭氧浓度等的影响。Braek 等(1976)的研究表明,Cu 和 Zn 对双鞭甲藻的前沟藻属、四鞭藻属和硅藻的海链藻属有明显的协同作用,而对硅藻的褐指藻属的效应则表明它们相互拮抗。

(2)污染物因子

污染物因子包括污染物种类、污染物化学结构与性质、处理方式、污染物浓度、污染物之间浓度比等。Carlson 等(1977)发现 Pb 和 Cd 对植物生长的影响随浓度而变化,低浓度时为加和作用,高浓度时为协同作用;而 Pietilainen(1975)的研究则表明 Pb 和 Cd 的交互作用关系与两者的浓度比有关,当 Pb/Cd>1 时,它们对浮游植物初级生产力的影响为拮抗作用;当 Pb/Cd<1,则为协同作用。Mukherjee(1987)对 Cd 和 Se 相互作用的研究亦有类似结论。Sambasiva(1985)研究西维因和稻丰散对鱼的毒性时发现两种污染物的复合毒性随浓度比而变化,3∶1 时呈显著的协同效应,1∶1 时为中等程度的协同效应,1∶3 时产生中等程度的拮抗效应。

污染物化学结构与性质影响污染物在环境与生物体内的迁移,从而影响对生物的毒性效应,Cd^{2+}和Zn^{2+}离子半径、螯合性能相似,因而它们对核酸代谢有相似的影响方式,但后者是植物必需元素,故二者在剂量效应上有所不同;Pb^{2+}、Hg^{2+}同Cd^{2+}、Zn^{2+}相比,离子特征、螯合性能有较大差异,因而对核酸代谢的影响差异也大。Stratton(1979)研究 Hg、Cd 和 Ni 对蓝绿藻的复合污染,发现其复合效应取决于金属元素加入的顺序、金属离子浓度、测试指标的选择 3 方面的因素。

(3)环境因子

环境因子主要包括温度、湿度、光照、pH、有机物含量、土壤条件(包括 pH、CEC、Eh 等)。Rabsch 等(1980)、Thomas 等(1980)、Gipps 和 Coller(1980,1982)的研究都表明,许多环境参数如 pH、温度、营养物质浓度、螯合剂及生物的生理条件都会影响浮游生物的毒性。John 等(1972)发现植物组织中 Cd 含量和土壤中可提取 Zn、Fe、Mn、Al、土壤 pH、有机质含量、可提取 Cd 含量显著相关。Babich(1983)研究 Ni 和 Cd 对微生物的影响,发现 pH 酸性加强了重金属的协同作用,pH 酸性也能促进 Ni 和 Cu 对单细胞绿藻的协同效应。Czuba(1986)研究 2,4-D 与 MeHg 对植物培养的影响时发现,在光照条件下,2,4-D 对 MeHg 有协同作用;而在无光条件下,2,4-D 对 MeHg 毒性有拮抗作用。

第二节　土壤复合污染的类型及效应

复合污染的研究虽然已进行了不少工作,但目前为止,国内外尚未有针对复合污染的明确分类;而土壤复合污染表征主要是通过一些参数来表达其化学和生物效应等,由于复合污染体系复杂且产生的效应指标众多,所以在事实上很难建立非常统一的表征方法,甚至对于同样污染体系和环境其效应指标也可能不尽一致。

一、土壤复合污染的分类

一般来说,根据污染物的来源及类型可以有两种分类系统。

1. 按照污染物来源分类

(1)同源复合污染

它是由处于同一环境介质(大气、水体或土壤)中的多种污染物所形成的复合污染。根据所处的环境介质的不同可进一步分为大气复合污染型、水体复合污染型和土壤复合污染型。同源复合污染类型是目前复合污染研究的重点。

(2)异源复合污染

由不同环境介质来源的同一污染物或不同污染物所形成的复合污染现象。它可进一步分为大气-土壤复合型、大气-水体复合型、土壤-水体复合型、大气-土壤-水体复合型。

2. 按照污染物类型分类

(1)土壤无机-无机复合污染

土壤中无机-无机复合污染以重金属复合污染为主(表8-1),同时它可以是两元素,也可是三元素和多元素共存。这些污染现象广泛地存在于土壤-植物系统中,下面主要根据其污染物组成进行分类介绍。

表8-1 土壤-植物系统中几种常见的重金属复合污染

相互作用的类型 (Interaction type)	重金属组合 (Heavy metal combination)	对象或介质 (Target or medium)
拮抗作用 (Antagonism)	Zn/As	大豆根(Soybean root)
	Zn/Cd	玉米籽实(Maize seed)
	Zn/Cd	酸性沙土(Acetic sandy soil)
	Cu/Cd	辣椒(Hot peper)
	Hg/Cd	土壤蚯蚓(Earthworm)
	Ag/Hg	苜蓿(Alfalfa)
	Pb/Cd	冬瓜(Chinese watermelon)
协同作用 (Synergism)	Pb/Zn	小白菜根系(Cabbage root system)
	Cu/Pb/Zn	水稻(Rice)
	Cd/Zn	大豆籽实(Seed of soybean)
	Cd/Pb/Cu/Zn/As	土壤(Soil)
	Cu/Zn	土壤溶液(Soil solution)
	As/Pb	大豆(Soybean)
加和作用 (Addition)	V/As/Mo/Se/Zn	土壤原生动物(Protozoa)
	Cu/Cd	土壤菌根(Soil vaccine)
	Cd/As	苜蓿(Alfalfa)

1)Cd-Pb 土壤中铅镉共存时将会由于对土壤吸附点位的竞争,常产生交互作用,并且导致镉更容易在土壤-植物系统中发生迁移。采用根际试验研究了红壤、黄棕壤种植水稻和小麦后根际中镉的形态转化状况,发现铅镉共存使根际、非根际交换态镉都有所增加,且随着铅浓度的增大而增加;而有机结合态则相反,铅镉共存较单元素存在时,有机结合态镉的降低十分显著。王新等的结果也表明:Cd、Pb

复合污染使水稻株高比对照下降了 5～7cm,水稻减产 20%,两元素交互作用影响了水稻的正常生长发育;不同处理中重金属在水稻籽实的分配比例依次为两元素＞单元素;Pb 元素的存在促进了水稻对 Cd 元素的吸收,而 Cd 元素却抑制了水稻对 Pb 元素的吸收。

2)Cd-Zn　较 Cd-Pb 的土壤复合污染不同,Cd-Zn 土壤复合污染将随作物种类、Zn/Cd 比例变化其效应将发生改变。朱波等研究了紫色土 Zn、Cd 复合污染对莴笋、番茄、甘蓝、小麦等的作物效应。Zn、Cd 复合污染对 Zn 表现为加和作用,低浓度 Cd 促进 Zn 吸收,加重 Zn 对养分吸收的抑制;而复合效应对 Cd 表现为竞争作用,高浓度 Zn 抑制 Cd 吸收,减轻 Cd 对养分吸收的抑制,缓解 Cd 毒性,向土壤添加 500mg Zn/kg 为供试盆栽条件下拮抗效应的临界值。而周启星等的结果则恰恰相反:镉锌同时存在时,镉有抑制水稻籽实累积 Zn 的效果,锌的存在将增加糙米对镉的吸收,而且随锌添加浓度的增加而增加。水稻产量与水稻糙米中 Zn/Cd 比值的对数值之间的线性相关程度高。并由此推导出衡量土壤-水稻系统 Zn-Cd 复合污染发生及其严重程度的简化数学模型。

小麦盆栽试验发现,当外源 Cd 为 10mg/kg 时,Zn 的加入减少了 Cd 在小麦籽粒中的累积;当外源 Cd 为 100mg/kg 时,Zn 的加入促进了 Cd 在小麦籽粒中的累积,说明随着 Zn/Cd 比值的变化其效应是不同的。采用 Tessier 法测试土壤中重金属形态,发现在复合污染时,在同水平 Cd、Zn 污染条件下,外源 Zn 或 Cd 含量的增加使土壤中有效态 Cd 或 Zn 的含量提高,而小麦籽粒中 Cd 含量增加,Zn 含量降低。施入猪厩肥降低了土壤中有效态 Cd,提高了土壤中有效态 Zn。可是小麦籽粒中 Zn、Cd 含量并没有完全随土壤中有效态 Zn、Cd 含量变化而变化。在 Zn/Cd 为 100～1000 的处理中,施用猪厩肥反而降低了小麦籽粒中 Zn 含量;除 Zn/Cd 为 10～100 的处理中小麦籽粒中 Cd 含量有所下降外,其余处理中,施用猪厩肥小麦籽粒中 Cd 含量均有所增加。说明土壤中有效态的应用具有一定的局限性。

3)Cu-Zn　Mesquita 等在一个石灰质土壤上研究了锌和铜之间的交互作用。铜较锌有较大的吸附量,但是它们仅有小部分以可交换态形式被吸附。铜对锌吸附的影响较锌对铜吸附的影响要大。

4)As-Pb-Zn　谢正苗等研究了土壤-水稻体系中铅、锌、砷含量与水稻分蘖的关系,发现土壤中铅、锌、砷的单元素和多元素对水稻分蘖的影响有较大差别。

5)Cd-Cu-Zn　重金属铜、锌和镉的复合污染对紫花苜蓿植株体内的铜、锌含量存在明显的抑制作用。土壤重金属的有效态离子冲量是表征重金属污染潮土-紫花苜蓿重金属含量的好方法。

6)Cd-Pb-Cr　游植麟通过盆栽实验研究小白菜对 Cd、Cr、Pb 复合污染环境下吸收 Cd、Cr、Pb 及对产量的影响,发现小白菜吸收 Cd、Pb 与其土壤含量有很好的相关性,而与 Cr 含量无关;小白菜组织中 Cd 量与 Cr 量呈极显著正相关而与 Pb 无关。复合污染条件下镉量是引起小白菜减产的主要因素。

7)Cd-Pb-Zn 镉-锌-铅复合污染显著降低了菠菜的产量,菠菜含镉量与土壤中锌和镉的含量之间比值呈负指数相关。Zn/Cd 增大极显著地降低菠菜中含镉量。这说明土壤中锌含量的增加降低了菠菜对镉的吸收量。夏增禄研究了 Cd、Pb、Zn 复合污染对小麦的影响认为,Pb 促进了 Cd 的吸收可能是由于 Pb 占据 Cd 的吸附位而提高了土壤中 Cd 的生物有效性,或取代根中吸附的 Cd,促进根中滞留 Cd 的活性,使其进一步向茎叶转移。通过探讨重金属复合污染土壤的植物吸收重金属量与土壤酶活性的关系,为进一步研究利用土壤酶活性评价土壤重金属复合污染的可行性提供科学依据。李博文等通过野外调查和模拟试验几乎得到同样的研究结果,发现脲酶活性与 Zn 的添加量和吸收量分别呈极显著的负相关,碱性磷酸酶活性与 Cd 的添加量、吸收量分别达到了极显著负相关,过氧化氢酶活性与 Pb 的添加量和吸收量呈极显著正相关,转化酶活性仅与 Cd 的添加量达到了显著负相关,前 3 种酶活性可作为评价土壤重金属复合污染的一项综合生化指标。采用回归正交设计方案,研究了潮褐土中 Cd、Zn、Pb 复合污染对 4 种土壤酶活性的影响。重金属对土壤酶活性的抑制效应依次为 Cd>Zn>Pb;同时复合污染对脲酶表现出协同抑制负效应的特征;对过氧化氢酶表现出一定的屏蔽作用;对转化酶和碱性磷酸酶活性影响则主要随着 Cd 浓度的增加而显著降低。离子冲量与土壤脲酶活性之间呈显著负相关。另外,采用盆栽试验的方法研究了潮褐土中 Cd、Zn、Pb 复合污染对油菜的影响。Cd、Zn 协同使油菜产量降低,而 Pb 却使油菜产量有所增加,其对产量的影响依次为 Zn>Cd>Pb。Cd、Zn、Pb 在油菜体内的积累除了受到本元素添加浓度的显著影响外,同时还受到共存元素的影响。共存元素影响较为复杂,其中土壤 Zn 含量的增加显著地降低了油菜可食部分对 Cd 的吸收。

8)Cu-Pb-Zn 马海燕等调查了杭州市郊菜园土壤锌、铜、铅污染状况,结果发现锌、铜、铅复合污染土壤样品占全部样品的 65%,且三者有很高的相关性,说明该复合污染类型非常普遍。采用 4 水平 3 因子正交试验设计,通过盆栽试验研究了铜、铅、锌及其复合污染的红壤性水稻土对水稻生长、产量、品质的综合影响。当土壤受铜、铅、锌单一污染时,3 种元素对水稻的危害作用依次为锌>铜>铅;当土壤中铜、铅、锌都存在时,3 种元素之间具有协同危害作用,其危害作用依次为铜-铅>铅-锌>铜-锌。

9)As-Cu-Ni-Pb 吉林省砂壤冲积型水稻土中 Cu、Ni、Pb 和 As 复合污染对水稻生长效应的影响研究的结果表明:As 对水稻的毒害作用最大。对产量而言,4 种元素之间表现为协同作用,均使水稻减产,毒性顺序为 As、Cu>Pb>Ni。各元素在水稻各器官中的含量,Cu 表现为根、茎≈糙米;Ni、As、Pb 则表现为根、茎、叶

>糙米。经过一个生长期,4种元素在水稻体内的迁移能力总体为As>Cu>Ni>Pb。水稻对某一元素的吸收,不仅受该元素性质的制约,也受到其他共存元素的影响。水稻含Cu量主要受As影响,含Ni和Pb量主要受Cu影响,含As量主要受Ni的影响。

10)Cd-Cu-Pb-Zn 采用正交实验研究了土壤Cd、Cu、Pb和Zn复合污染对重金属存在形态和土壤表面性质的影响以及这些影响与重金属复合污染之间的量化关系。不同土壤表现出不同的变化规律。红壤中锌和镉主要以可交换态存在,铅和铜主要以弱专性吸附态和氧化物结合态存在;棕壤中锌和镉也主要以可交换态存在,但铅和铜主要以水溶态、弱专性吸附态和氧化物结合态同时存在。复合污染条件下各金属元素的水溶态含量与离子冲量之间可以通过线性方程进行拟合,并表现出很高的相关性。与原土相比,在该条件下红壤的表面电荷没有发生明显变化,主要因为这些重金属在红壤上主要以可交换态和沉淀形式存在。宋玉芳等研究了土壤重金属单一或复合污染情况下对白菜和小麦种子发芽与根伸长抑制的生态毒性效应,复合污染产生明显的协同效应,其结果使白菜根伸长的抑制效应阈值明显降低。

11)As-Cd-Cu-Pb-Zn As、Cd、Cu、Pb和Zn复合污染对大豆幼苗生长的影响研究发现,各元素在根中的积累顺序为As>Pb>Cu>Cd>Zn,茎叶中为Cd>Cu>Zn>As>Pb,其交互作用类型决定于元素的投加浓度及其与共存元素的比例;而对其生长发育,As和Cu是主要的毒害元素,并指出相对离子强度是复合污染综合效应指示与控制的又一有效指标。吴燕玉等研究了土壤砷的复合污染及其防治,其对苜蓿的毒性表现为Pb-Cd-Cu-Zn-As>Ca-As>Fe-As>Na-As,Ca-As、Cd-As。复合污染诱使苜蓿吸收更多的Cu和Pb。在中国科学院"八五"重大项目(06—20—06)支持下,选择江西鹰潭红壤生态试验站、辽宁沈阳生态试验站、河北石家庄栾城农业生态试验站、新疆阜康荒漠生态试验站,吴燕玉等研究As、Cd、Cu、Pb和Zn复合污染对土壤-植物系统的生态效应,供试污染物浓度以接近国内外土壤环境质量标准值作为高剂量处理。结果表明,该5种元素间可产生加和与协同作用,对生态系统造成危害。低剂量时,即可使土壤微生物活性受到抑制,高剂量时可使农作物减产10%,在酸性土壤上减产达50%以上,对苜蓿及树木也同样引起减产。5种元素间的交互作用可提高作物对Cd、Pb和Zn吸收系数,籽实超出粮食卫生标准的超标率在低剂量处理时Cd为16.6%～42.85%,高剂量时达16.6%～71.42%。苜蓿茎叶中Cd、Pb含量超出饲料卫生标准,树叶中含量也有所增加,在中、酸性土壤上尤甚。田间迁移动态实验研究表明,在1995～1997年表土中重金属元素含量缓慢下降,输出量最大支出项目为从表层向下迁移量可比作物地上部分带去量高出几十至数百倍。在按土壤环境质量标准浓度投入污染物后,作物地上部分带走量 Cd、Cu、Zn 仅为投入量的 $10^{-3} \sim 10^{-4}$,Pb、As 为 $10^{-4} \sim 10^{-5}$,渗漏水带走量为 $10^{-2} \sim 10^{-4}$,从表层向下淋失迁移量为 $10^{-1} \sim 10^{-2}$,成为重要输出项,可比作物带走量高出 $1 \sim 2$ 个数量级。

12)Cd-Cu-Ni-Pb-Zn Cd、Cu、Ni、Pb 和 Zn 等多元素复合污染对水稻幼苗生长的影响结果表明,Cu 对株高和干物重的影响最为明显,Zn 次之,Ni 最小。植株中某一元素含量主要取决于该元素在土壤中的添加量及其共存元素所产生的影响。研究了离子冲量在污染总量控制中的应用。植株中重金属的含量与土壤中添加元素量之间有很好的相关,而稻谷产量与稻草和糙米中重金属的离子冲量具有很高的相关活性。

13)Cu-Mn-Mo-Ni-V Fargasova 等研究了上述 5 种金属存在时对 Sinapis-alba 吸收重金属的影响。Ni、Mn 和 Cu 抑制了植物对 V 的吸收,Cu 抑制了植物对 Ni、Mo 和 Mn 的吸收,但没有任何一种金属对植物吸收 Cu 有抑制作用。

(2)重金属-有机污染物复合污染

有机污染物-重金属土壤复合污染是一种普遍的污染形式,其交互作用主要包括 3 种形式:第一,有机污染物-重金属在土壤中吸附行为的交互作用;第二,有机污染物-重金属在土壤中化学作用过程的交互作用;第三,有机污染物-重金属在土壤中生物过程的交互作用。

表 8-2 土壤-植物系统中常见的重金属-有机污染物复合污染类型

重金属-有机污染物复合的类型 (Combined type of heavy metals and organic contaminants)	产生的途径或源 (Producing approach or source)
有机农药与重金属 (Organic pesticide and heavy metal)	农药厂污水排放,农药使用,城市污泥农业利用
有机染料与重金属 (Organic dye and heavy metal)	染料合成污水排放,印染废水排放,家庭装修废水等
苯、酚类物质与重金属 (Benzene,hydroxybenzene and heavy metal)	污泥,石油生产和处理污水,有机肥生产
石油烃与重金属 (Petroleum hydrocarbon and heavy metal)	石油生产、应用或泄漏,农业机具清洗或泄漏
多环芳烃与重金属 (PAH and heavy metal)	石油降解物堆积,有机肥料生产,大气沉降,城市污水
有机螯合剂与重金属 (Organic chelate and heavy metal)	土壤处理、污水灌溉、污泥的农田处理
有机洗涤剂与重金属 (Organic abluent and heavy metal)	化工厂污水,医院污水和生活污水排放与灌溉

（续表）

重金属-有机污染物复合的类型 (Combined type of heavy metals and organic contaminants)	产生的途径或源 (Producing approach or source)
有害微生物与重金属 (Maleficent microorganism and heavy metal)	医用污水排放与灌溉

1）Cu-Zn-菲-多效唑　龚平等以土壤脱氢酶、呼吸强度和微生物生物量作为生态毒理指标,通过正交实验,在室内培养条件下考察了4种不同性质的有机与无机污染物(Cd、Zn、菲和多效唑)复合污染的土壤微生物生态效应。复合投加这4种污染物能使土壤微生物活性受到不同程度的抑制,且抑制率随时间的推移而下降;3种微生物生态毒理指标之间存在着很好的相关性,但脱氢酶活性在三者中最敏感;影响土壤微生物活性的主要因子依次为菲＞Cd＞Zn＞Zn＋菲＞Zn＋多效唑;实验表明,Zn与菲的交互作用为抗拮作用,但Zn与多效唑的复合效应机制仍不明确。

2）Cr(VI)-苯酚类污染物　研究了对甲氧基苯酚在红壤胶体上的吸附以及平衡介质酸度对其吸附过程的影响。随着溶液酸度的增加,分子形态的对甲氧基苯酚含量渐渐增加,其在土壤上的吸附量相应增加。纯水体系中,六价铬与对甲氧基苯酚在pH值高于4.7以上没有化学反应发生;可是,在红壤胶体的存在下,则可明显观察到六价铬与对甲氧基苯酚的氧化还原反应发生,甚至pH可以高于7.0。同时,其反应动力学可以通过表面催化反应模型来进行拟合,但反应速率常数较之在金属表面氧化物表面要小。运用GC-MS对对甲氧基苯酚氧化产物进行结构分析确定为苯醌。Zhou研究了Cr(VI)和苯酚在农业土壤中复合污染与土壤质量的关系。

3）Cr(VI)-苯胺类污染物　当六价铬和对氯苯胺在土壤胶体中共存时,在一定的酸度范围内将可以观察到六价铬对对氯苯胺的氧化作用,土壤胶体可以作为六价铬与对氯苯胺的催化反应活性中心。对于不同类型的土壤胶体,其发生交互作用的pH不同,对于青黑土、黄棕壤和砖红壤胶体,其发生反应的最高pH分别为4.0、4.5和5.0,说明红壤胶体较黄棕壤和青黑土胶体具有较强的催化活性,这与它们所包含的铁、铝氧化物量是一致的。

4）Cd-小分子有机污染物　添加柠檬酸、EDTA等可明显影响镉在红壤、黄棕壤和青黑土3种土壤中的吸附,同时土壤性质对该吸附过程有影响。硝酸钠对被吸附的镉的解吸占总吸附镉的百分比较之不存在有机物时明显降低,而非离子交换态镉的百分含量则相应增加。有机污染物邻苯二胺、邻苯二酚以及氨基己酸的存在对镉的吸附/解吸具有非常明显的影响,特别是在酸性介质中。在酸性条件下,这些有机污染物能够与镉形成带正电荷的镉的络合物,并进一步与土壤发生离子交换从而普遍增加了镉在青黑土上的吸附。有机污染物/镉体系较之纯镉体系，交换态镉的含量明显减少，而非交换态镉的含量明显增加，反映了有机污染物与镉发生了显著的交互作用。镉在有机污染物/镉体系中的解吸率与总吸附量的倒数呈明显的正相关，即镉的解吸率随总吸附量的增加而减少。

5)Cu-有机农药　选择两种黏土矿物 Ca-蒙脱石和高岭石作为吸附体，研究 Cu^{2+} 的吸附-解吸行为，以及农药对 Cu^{2+} 吸附-解吸的影响。结果表明，Cu^{2+} 在比表面积、阳离子交换容量（CEC）大的 Ca-蒙脱石上吸附量较高；而在比表面积、CEC 小的高岭石上吸附量较低。蒙脱石对 Cu^{2+} 的吸附主要是静电吸附，吸附的 Cu^{2+} 较易解吸；高岭石主要通过专性吸附机制而吸附 Cu^{2+}，吸附的 Cu^{2+} 较难解吸。农药对 Cu^{2+} 在黏土矿物上吸附-解吸的影响显著。农药增加了 Cu^{2+} 在 Ca-蒙脱石上的吸附，农药作为桥而连接 Ca-蒙脱石和 Cu^{2+}，农药的浓度越高，Cu^{2+} 的吸附量越大，解吸量越低。农药对 Cu^{2+} 在高岭石上吸附的影响，则是低 pH 值增加 Cu^{2+} 吸附，高 pH 值时降低 Cu^{2+} 吸附，解吸率的变化相反。Morillo 等研究了铜与草甘膦在不同矿物和土壤中的交互作用过程。在不控制酸度的情况下，草甘膦的加入降低了土壤对铜的吸附，这主要是因为它降低了平衡溶液的 pH。但在同样 pH 条件下，草甘膦的加入则增加了土壤对铜的吸附，因为被吸附在土壤上的草甘膦与铜发生络合反应。同时，由于同样原因，铜离子的加入也增加了土壤对草甘膦的吸附量。Undabeytia 等则用傅立叶红外光谱对草甘膦与铜络合物的形成机理进行了研究。

6)Cu-邻苯二胺　铜在红壤和青黑土中的吸附和解吸过程以及有机污染物邻苯二胺对铜在两种土壤中吸附和解吸行为影响的研究结果表明，青黑土较红壤对铜具有更高的吸附量；同时，被吸附的铜离子从土壤中的解吸百分数也是青黑土大于红壤，吸附在青黑土中的铜较红壤更易被 1mol/L MgCl$_2$ 所置换。在 3.5＜pH＜7.5 范围内，土壤对铜的吸附量均随溶液 pH 的升高而升高，呈现 S 形。邻苯二胺增加了红壤对铜的吸附量，同时也增加了它的解吸百分数。而邻苯二胺虽未改变青黑土对铜的吸附量，但却显著改变了铜的解吸百分数，文中对其交互作用过程及其机理进行了推测。通过温室盆栽试验研究了铜在邻苯二胺存在条件下对水稻生长的影响。在没有邻苯二胺存在时，随着所添加外源铜浓度的增加，水稻的生物量呈降低的趋势（在 99％置信水平下显著负相关）。添加邻苯二胺后，铜对水稻的毒害明显减轻，而且减轻程度随着邻苯二胺浓度的增加愈加明显。当铜浓度为 50mg/kg 时，添加 1.0mmol/kg 的邻苯二胺，水稻的生物量是对照的 1.4 倍，而添加 2.0mmol/kg 的邻苯二胺时，水稻的生物量约是对照的两倍。从水稻地上部铜含量的分析发现，邻苯二胺的加入也同时降低了植株体中铜的浓度，随着邻苯二胺浓度的增加，植株体中的铜含量逐渐降低，呈明显的负相关。而且植株体中的重金属含量与土壤中的外源铜的含量可用线性方程来描述。同时,在铜浓度比较低的情况下,邻苯二胺的加入并没有显著影响土壤中各形态铜的含量的变化,但铜浓度比较高时,邻苯二胺却显著降低了土壤中交换态和碳酸盐结合态铜的含量,同时增加了土壤中铁锰氧化物结合态铜和有机结合态铜的含量。另外,从土壤中铜的 4 种不同形态与水稻地上部中的铜含量进行相关分析发现,在相同外源铜水平条件下,水稻中的铜含量与土壤中的交换态铜和碳酸盐结合态铜呈正相关,与铁锰氧化物结合态和有机结合态铜则呈负相关。

(3)有机-有机复合污染

有机污染物与有机污染物之间的相互作用,也是土壤-植物系统中复合污染常见的形式。近年来,随着工业企业的崛起和农业污染的加剧,土壤中一些有毒有机污染物不仅含量在持续上升,其数量也在不断增加。这些有毒有机污染物有相当一部分是难以降解的人工合成化学品,它们在土壤中经常发生相互作用,其毒性效应也随着污染物的浓度、形态以及老化时间等的变化而变化。表 8-3 概述了几种典型有机污染物之间的相互作用类型和生物学效应。

表 8-3　土壤-植物系统及其相关介质中几种典型有机化学品之间构成的复合污染

有机化学品 (Organic chemicals)	相互作用的类型 (Interactive type)	生物学效应 (Biological effect)
MC(3-甲基胆蒽)与偶氮染料 (3-Methylcholanthrene and azo-dye)	抑制(与剂量有关) (Inhibition)	MC 对偶氮类染料所致的肝癌有抑制作用
乙硫氨酸与偶氮染料 (Ethylmercapto aminoacid and azo-dye)	拮抗作用 (Antagonism)	降低由偶氮染料引起的肝癌发病率
乙醇与氯仿 (Ethanol and chloroform)	加和作用 (Addition)	乙醇能够加强氯仿对肝肾的毒害作用
偶氮染料与 7,12-二甲基苯蒽(DMAB) (Azo-dye and 7,12-dimethyl benzanthrone)	拮抗作用 (Antagonism)	对 DMAB 引起的乳腺癌和肾坏死有拮抗作用
DDT 与对硫磷 (DDT and parathion)	拮抗作用 (Antagonism)	DDT 影响对硫磷在生物体内的积累,两者呈拮抗作用
对硫磷与利眠宁、利血平 (Parathion and rimaning,reserpine)	协同作用 (Synergism)	增强急性毒作用
对硫磷与艾氏剂 (Parathion and aldrin)	拮抗作用 (Antagonism)	降低脑中胆碱酯酶活性

（续表）

有机化学品 （Organic chemicals）	相互作用的类型 （Interactive type）	生物学效应 （Biological effect）
乐果与阿托品 （Dimetate and atropine）	拮抗作用 （Antagonism）	毒性减弱
西维因与甲基对硫磷 （Sevin and methylparathion）	协同作用 （Synergism）	对肝脏产生营养不良或坏死
甲基对磷硫与敌百虫 （Monuron and atrazine）	协同作用 （Synergism）	使毒性增强
灭草隆与阿特拉津 （Sumithion and methylparathion）	协同作用 （Synergism）	增强生物学毒性
十一烷、葵烷、四烷与苯并比（BaP） （Undecane，penfane，butane and BaP）	加和作用 （Addition）	促癌作用
十六烷与 BaP （Hexadecane and BaP）	抑制作用 （Inhibition）	对 BaP 的致癌作用有轻微的抑制效应
丁基羟基苯甲醚（BHA）与 BaP （Butyhydroxyl anisole and BaP）	拮抗作用 （Antagonism）	对由 BaP 引起的胃癌有拮抗作用
毒杀芬与 BaP 对由 BaP （Camphechlor and BaP）	拮抗作用 （Antagonism）	引起的肺癌有降低效应
西维因与 BaP （Sevin and BaP）	协同作用 （Synergism）	增加肺癌的发病率
涕灭威与十二烷基苯磺酸钠（SDBS） （Aldicarb and sodium dodecane benzene sulfonate）	拮抗作用 （Antagonism）	SDBS 能促进涕灭威降解、加速其解毒

（据周启星（1995），有补充和改动）

　　有机污染物在土壤环境中的毒性效应往往是非单一性的行为，如各种杀虫剂、除草剂、石油烃、多环芳烃、多氯联苯、有机染料等之间的相互作用，由于能够形成毒性更大的降解产物或中间体，因此要比无机污染物之间的相互作用更为复杂，其结果也更难以预测。在我国，土壤-植物系统的有机污染物所构成的复合污染，主要以有机农药之间构成的复合污染为主，不仅出现的概率高，面积也大。近年来，有研究表明，在我国东部沿海地区，还发现了有机染料的复合污染。

二、土壤复合污染的表征

土壤复合污染表征主要是通过一些参数来表达其化学和生物效应等。由于复合污染体系复杂,而产生的效应指标众多,所以事实上很难建立非常统一的表征方法,甚至对于同样污染体系和环境其效应指标也可能不尽一致。

1. 锌当量

20 世纪 70 年代就提出了"锌当量(ZE)"的定义,它是根据不同的污染物所产生的环境效应是不同的,而不是仅从其总量的多少来进行判断和分析。根据其作用强度进行加权,并将土壤中 Zn、Cu 和 Ni 的有效态含量对植物的毒性比定为 1 : 2 : 8,其效应可以表达为

$$ZE = C_{Zn} + 2C_{Cu} + 8C_{Ni}(其中 C 为浓度)$$

该方法具有明显的局限性,首先它认为重金属之间的交互作用是一种协同效应,而实际情况明显不是这样;另外,它仅考虑了 Zn、Cu 和 Ni 3 种元素,缺少其他数据。

2. 离子冲量

Romero 等采用离子冲量来与植物吸收之间进行相关分析,得到较好结果。其表达式为

$$I = \sum C_i^{1/n}$$

郑春荣等分析了复合污染体系中水稻产量与土壤重金属全量和有效态、植株和糙米中重金属离子冲量之间的关系,发现以植株与糙米中重金属离子冲量关系最好,土壤全量的离子产量相关最差。Zhou 等发现,Cu、Cd、Pb、Zn 复合污染条件下土壤中离子交换态含量与离子冲量之间具有很好的相关性,可以用于土壤重金属有效态的预测。

3. 内梅罗污染指数法

该方法可用于复合污染的评价,其表达式为

$$P_N = \{(P_{i(max)}^2 + [\text{mean}(P_i)]^2)\}^{1/2}$$

$P_{i(max)}^2$ 为最大单项污染指数,而 $\text{mean}(P_i)$ 为所有单项污染指数的平均值。该评价方法常常被用于区域环境调查的污染水平评价。

4. 污染综合指数法

近年来,Chen H. M. 等再一次完善了重金属复合污染的表征方式,提出了污染综合指数的表征方法,即污染综合指数:

$$CPI = X \cdot (1 + RPE) + Y \cdot DDMB/Z \cdot DDSB$$

当 $Y=0$,CPI$=0$ 为背景条件;当 $Y>0$,$X=0$,CPI$=0\sim1$ 为未污染;当 $X>1$,CPI>1 时为污染,其数值表明相对污染程度的大小。这些描述方法为我们今后科学地表征土壤重金属污染提供了定量描述的手段,为比较重金属污染土壤之间的差异性奠定了基础(见第三章第二节)。

第三节　土壤复合污染的联合修复

由前两节可知,土壤复合污染具有影响波及面广、污染强度大、治理难度高的特点。尽管如此,目前的研究仍然主要集中在对单一污染物或同类污染物(如多种重金属或多种有机污染物等)上,而且研究主要以在实验室和温室进行异位修复的方法为主,鲜有土壤复合污染原位修复的报道。

从修复技术来看,多种修复技术共用,或者以一种修复技术为主,辅以其他手段来共同恢复土壤健康得到了越来越多的重视。用于土壤污染治理的方法主要有物理修复、化学修复和生物修复。生物修复以其成本低、应用方法简便、无二次染等优点而深得人们的青睐。在生物修复中,植物与微生物的联合修复展现出了良好的发展前景。

一、物理与化学联合修复

物理和化学修复是利用污染物的物理、化学特性,通过分离、固定以及改变存在状态等方式,将污染物从土壤中去除。这两种方法具有周期短、操作简单、适用范围广等优点。但传统的物理、化学修复也存在着修复费用高昂、易产生二次污染、破坏土壤及微生物结构等缺点,制约了此方法从实验室向大规模应用的转化。

近年来,研究者们通过对一些物理和化学修复方法的组合,有效地克服了某些修复方法存在的问题,在提高修复的效率、降低修复成本方面,取得了一定的进展,也为今后物理和化学修复的发展提供了新的思路。Dadkha 等人先用亚临界的热水作为介质,将 PAHs 从土壤中提取出来,然后用氧气、过氧化氢来处理含有污染物的水。通常状况下,由于极性较强,水对很多有机物的溶解度不高,但随着温度的升高,其极性降低,在亚临界状态已经成为 PAHs 的良好溶剂。用这种方法,土壤中 $99.1\%\sim99.9\%$ 的 PAHs 都被提取到水中,而经过氧化在水中残留的不超过 10%。此方法用水作为溶剂,具有成本低、对环境友好等优点。Flores 等报道了一种化学氧化与超声波联合修复甲苯和二甲苯污染土壤的技术。使用 Fenton 型催化剂和 H_2O_2,可以将有机物完全氧化成 CO 和 CO_2,整个反应过程在室温下进行,而且实施时间短。许多研究发现,氧化过程发生在有机物溶解在溶剂以后,而有机物的溶解是整个修复过程的限速步骤,使用超声波一方面可以显著加快这一过程,另一方面对氧化过程中的 OH 的形成起着重要的作用。

二、物理、化学与生物联合修复

所谓生物修复,就是利用微生物、植物和动物将土壤中的污染物转化、吸附或富集的生物工程技术系统。生物修复具有成本低、不破坏土壤环境、污染物降解效率高、不产生二次污染、可原地处理、操作简单等优点。随着对土壤修复的要求的提高,生物修复越来越引起人们的重视。但生物修复也有其短期内难以克服的缺点:如生物修复周期长,往往需要几个月甚至几年的时间才能完成;用微生物进行原位修复,其结果可能会与实验室模拟有很大的差别;非土著微生物对生物多样性会产生威胁,等等。

目前,物理、化学与生物的联合修复的研究很少,且方法主要集中在以一种修复技术为主、其他的作为辅助来进一步完善修复过程上,如用微生物降解物理修复中的污染物或者用某些化学物质加快生物降解过程等。

石油中含有多种有机物质,如何治理石油污染也是一个世界性的难题。Goi 等最近报道了用化学氧化剂和微生物共同降解土壤中石油污染的方法。用化学氧化剂预处理过的土壤再用微生物降解,其降解效率明显比单独使用其中任何一种高。同时作者还指出,在联合修复过程中,控制氧化剂在合适的范围之内,才能保证较高的降解效率;另外,土壤的结构及其他理化性质对于降解的效果也有影响。Schippers 通过向 Sphingomonas yanoikuyae 中加入来源于 Candida bombicola ATCC 22 214 的生物脂类表面活性剂,促进菲由晶体状态向溶解状态转化。荧光光谱检测发现,整个修复过程的限速步骤是菲的溶解过程而不是 S. yanoikuyae 对溶液中菲的吸收。因此,表面活性剂能够加速 S. yanoikuyae 的生物修复。

另外一个有价值的方向是研究不同的物理、化学修复手段对土壤中土著微生物的影响。外部环境的变化会引起土壤中微生物的群落结构、代谢等一系列的变化,掌握了它的变化规律,一方面可以针对不同的土壤特征选择行之有效的修复手段,另一方面也为将来在更复杂的情况下进行多种手段的联合修复打下基础。

动电技术是通过插入土壤的两个电极之间加入低压直流电场,使带有不同电荷的污染物向不同电极方向移动,进而将溶解于土壤溶液的污染物吸附去除的方法,此方法具有低能耗、易于控制等优点。经研究证明,此方法对铬、镉、铜、锌、汞等金属以及 PCB、TCE、苯酚、甲苯等有机物有比较好的去除效果。然而,动电修复对土壤微生物的影响却知之甚少。Lear 等在研究不同土壤在动电修复时微生物群落变化的时候,得出了相似的结论。动电修复对微生物的呼吸、对碳源的利用、可培养细菌和真菌和数量以及土壤的理化性质上都有显著影响,但所有的变化都是在电场和污染物共同作用的情况下产生的,还无法辨别出动电修复对微生物的影响。

三、植物与微生物联合修复

生物技术应用到土壤修复中,大大地提高了修复过程的安全性,降低了成本。目前,用于修复的生物主要是植物和微生物,另外还有少量的原生动物。植物作用于污染物主要有吸收、降解、转化以及挥发等几种方法。据报道,已经发现了超过400种的超富集植物,主要集中在对 Cu、Pb、Zn 等金属的治理上。微生物修复的机理包括细胞代谢、表面生物大分子吸收转运、生物吸附(利用活细胞、无生命的生物量、多肽或生物多聚体作为生物吸附剂)、空泡吞饮、沉淀和氧化还原反应等。土壤微生物是土壤中的活性胶体,它们比表面大、带电荷、代谢活动旺盛。受污染的土壤中,往往富集多种具有高耐受性的真菌和细菌,这些微生物可通过多种作用方式影响土壤污染物的毒性。然而,植物和微生物修复也都存在不足,比如植物修复缓慢,对高浓度污染的耐受性低,微生物的修复易受到土著微生物的干扰等。而植物与微生物的联合修复,特别是植物根系与根际微生物的联合作用,已经在实验室和小规模的修复中取得了良好的效果。根际是受植物根系影响的根-土界面的一个微区,一方面,植物根部的表皮细胞脱落、酶和营养物质的释放,为微生物提供了更好的生长环境,增加了微生物的活动和生物量。另一方面,根际微生物群落能够增强植物对营养物质的吸收,提高植物对病原的抵抗能力,合成生长因子以及降解腐败物质等,这些对维持土壤肥力和植物的生长都是必不可少的。这种修复体系的作用主要表现在以下几个方面:

1. 与植物共生去除土壤中的污染物

某些根际微生物在土壤中独立生长的速度很慢,但是与植物共生后则快速生长。并且一个单个微生物个体侵染植物后,可以迅速形成一个可以固定氮的结节,每个结节大约含有 108 个细菌。在重金属胁迫下,不同生物体都会产生金属硫蛋白-这是一类富含半胱氨酸、低分子量的蛋白,并可结合 Cd、Zn、Hg、Cu 和 Ag 等重金属。Sriprang 等报道了将金属硫蛋白四聚体基因导入细菌 Mesorhizobium hua-kuiisubsp rengei B3 中,并与植物 Astragalus sinicus 共生后,使植物对土壤中 Cd^{2+} 的吸收量增加 1.7～2.0 倍。

2. 改变污染物的性质

通过释放螯合剂、酸类物质和氧化还原作用,根际微生物不仅会影响土壤中重金属的流动性,还可以增加植物的利用度。Abou-Shanab 等报道了从被 Ni 污染的土壤中分离到 9 株根际微生物,其中 Rhizobium galegae A Y 509213、Microbacterium oxydans A Y 509219、Clavibacter xyli A Y509236、Acidovorax avenae A Y512827、Microbacterium arabinogalactanolyticum A Y 509225、M. oxydans A Y509222、M. arabinogalactanolyticum A Y 509226 和 M. oxydans A Y 509221 可以增强植物 Alyssum murale 在低浓度和高浓度污染的土壤中的 Ni 的吸收,而 Microbacterium oxydans A Y 509223 只能增加低浓度 Ni 污染土壤的植物修复效果。微生物的氧化作用能使重金属元素的活性降低,进而增加植物对重金属的吸收作用。一种荧光假单细胞菌(Pseudomonas fluorescen L B 300)能在含有高达 270mg/L Cr^{3+} 的介质中生长,原因是它能还原 Cr^{6+},在降低 Cr^{6+} 毒性的同时,也增加了植物对重金属的吸收能力。

3. 微生物促进植物生长,维持土壤肥力

土壤微生物几乎参与土壤中一切生物及生物化学反应,在土壤功能及土壤过程中直接或间接地起重要作用,包括对动物植物残体的分解、养分的储存转化及污染物的降解等。因此,土壤微生物尤其是根际微生物的结构和功能,对维持超积累植物的生长、保持其吸附活力是必需的。微生物通过固氮和对元素的矿化,既增加了土壤的肥力,也促进了植物的生长。如硅酸盐细菌可以将土壤中云母、长石、磷灰石等含钾、磷的矿物转化为有效钾,提高土壤中有效元素的水平。根际促生细菌和共生菌产生的植物激素类物质具有促进植物生长的作用,如某些根际促生细菌(Plant growth-promoting rhizobacteria PGPR)能产生吲哚-3-乙酸(IAA),而 IAA 通过与植物质膜上的质子泵结合使之活化,改变细胞内环境,导致细胞壁糖溶解和可塑性增加来增大细胞体积和促进 RNA、蛋白质合成、增加细胞体积和质量以达到促生作用。此外,许多细菌都可以产生细胞分裂素、乙烯、维生素类等物质,对植物的生长具有不同程度的促进作用。因此平衡植物根际微生物的微生态系统是保证土壤生物修复正常进行的重要环节。

第四节 土壤复合污染及联合修复展望

当前,尽管复合污染研究取得了很大进展,但仍存在着很多尚未解决的问题,复合污染研究在很多方面还有待加强。①进一步拓宽复合污染研究:目前复合污染研究主要停留在研究无机污染物(重金属)的交互作用和两种有机物共存时的联合毒性方面。研究对象很多只有两种,对三种以上的研究方法尚未成熟。因而加强对无机复合污染和有机复合污染的研究及增加复合污染研究对象的种类和数量对复合污染研究的发展有重要意义。②深化复合污染机理的研究。很多复合污染研究的结果带有猜想性,总的来说并不统一。应利用分子生物学的各种技术手段和人工模拟方法,进一步揭示复合污染物的致毒途径及其机理。③在复合污染研究中要引入更多的研究方法。目前的复合污染多以急性毒性实验为主,长效应实验(如基因突变和遗传等)和蓄积实验较少,很多生物测试技术未得到充分应用。在复合污染研究中应加强新技术的运用。④加强复合污染研究成果的应用,复合污染比单一效应更接近环境实际情况。应充分利用拮抗等作用改进污染处理方法。

而就土壤复合污染修复技术而言,想要通过单一的方法达到这样的目的面临着很大的困难,物理、化学、生物等多种技术的综合利用将会成为未来的发展趋势,近来发展起来的化学生物联合修复以及植物微生物联合修复就是典型的代表。就现有的技术来看,还存在着以下几方面的问题:①研究主要集中在实验室或小规模的模拟试验上,在复杂条件下的大规模实际应用的效果还需要进一步验证,另外,如何加快科学研究向应用甚至商业化的转化也是亟待解决的难题。②较少见各种修复手段对土壤中土著微生物的影响以及修复生物对生物多样性带来的威胁方面的研究,修复风险是现实存在的,对风险进行评估并将其控制在一定的范围之内,也是未来修复必须要考虑的问题。③不同的修复手段在修复周期、成本及副作用等方面存在着差异,需要将现有的技术进行有效的整合或者发展出新的更为有效的修复手段。

复习思考题

8.1 解释土壤复合污染的内涵。
8.2 土壤复合污染的类型有哪些?
8.3 土壤复合污染的联合修复技术主要有哪些?

第九章　土壤中碳、氮、磷物质循环及环境效应

碳、氮、磷等是参与土壤物质循环的主要元素,土壤中物质的迁移转化、挥发沉淀等都与这些元素有关。它们不仅影响土壤的基本理化性状,协调植物生长所必需的水、气、热、肥等有效供给,还在土壤子系统与其他环境子系统质能交换的过程中发挥着巨大的作用,并进一步影响土壤的环境功能与环境质量。

第一节　土壤中的碳循环

碳在土壤中主要以有机质的形态存在,在富含碳酸盐矿物的土壤中,无机碳的含量也占据了相当大的一部分。土壤有机碳是构成土壤有机质的主体部分,在土壤有机质含量的测定中,则直接以有机碳的含量乘以一个校正系数来代替,二者的表述没有实质性的区别。土壤有机碳的活性差别很大,受土壤有机质分子结构、元素组成、形成的时间,以及与无机矿物结合状况的影响较大。有机碳在土壤中停留的时间差别很大,长者可达几百年至数千年,短者仅仅几个月便可分解完全。由于土壤有机碳直接参与生物地球化学的碳循环,在循环过程中充当"碳储存库"的作用,停留的时间越长,对减缓大气中二氧化碳浓度上升意义越重要。即使是动态的碳循环,维持土壤有机碳在较高的水平,即保持土壤"碳储存库"的总量在较大的水平下,对降低大气二氧化碳浓度也有巨大贡献。据估计,全球陆地土壤碳库总量约为 $1300\sim2000Gt(1Gt=10^{15}g)$,是全球大气碳库的两倍多,并且还有上升的空间。因此,探讨土壤碳循环对全球环境具有重要的意义。

一、土壤有机碳的形态与活性

(一)土壤有机碳的形态

土壤碳的赋存形态与其在土壤中的稳定性有很大关系,它们既影响到土壤子系统与其他子系统之间的物质转移,调节物质和能量交换,又与大气环境温室效应有直接的联系。此外,探讨土壤碳的形态对理解土壤组成结构也有重要意义。

1. 土壤有机碳的固体形态

通常,土壤有机碳的固体形态是以游离态或结合态的颗粒密度大小来区分的,

分为以有机质为主的粗颗粒和以有机质-土壤矿物结合态为主的细颗粒两类。由于密度有差别,二者的区分是以一定比重的重液来完成的,利用重液将二者分为轻组有机碳(有机质粗颗粒)和重组有机碳(有机质与土壤矿物紧密结合的细颗粒)。水热等环境对二者在土壤中的含量有直接影响,热带地区,雨水充沛,生物量高,进入土壤中的有机残落物量大,提供的有机物质总量丰富;土壤微生物的活动也更加活跃,一方面能将有机物质分解,形成最终的简单无机物质,另一方面合成土壤腐殖质的量也会相应增加,导致土壤中轻组有机碳比例上升。调查结果显示,热带土壤中残落粗有机质和颗粒状的有机质占土壤有机质总量的20%～30%,而温带土壤中所占总有机质的比例低得多。

将土壤中固体有机碳分为轻组和重组两种形态对于理解土壤碳库的“汇”与“源”具有支持作用。一般认为轻组有机碳游离程度高,与无机矿物结合得少,在土壤中容易分解,稳定性差;重组有机碳是有机质与无机黏粒紧密结合的产物,土壤化学中亦称有机-无机复合体,该复合体密度大,因受土壤矿物的保护难以被土壤微生物分解,所以稳定性好。外源的残落物进入土壤后,受微生物的作用大部分分解为二氧化碳、水、无机氮磷等简单无机物;一部分分解为颗粒状的轻组有机碳,这部分有机碳稳定性差,有可能继续分解,在构成土壤有机碳的过程中只是一个“匆匆的过客”。尽管如此,轻组有机碳对提高土壤碳库总量、改善土壤结构、提高土壤肥力等方面具有巨大作用。还有一部分残落物经微生物的分解、再合成,并与土壤黏粒矿物复合,形成重组有机碳,由于重组有机碳性质不活泼,是土壤中稳定的碳库。如果将一定区域土壤中有机碳作为一个整体来考察,外源有机物质进入土壤中最后形成轻组有机碳和重组有机碳的总量超过了二者分解的总量,则土壤有机碳含量就会升高,土壤有机碳库对其他环境子系统而言就是“碳汇”,对缓解大气温室效应具有支持作用;否则土壤有机碳库就是“碳源”,提高了大气中二氧化碳的浓度。基于此,一般认为,提高土壤中有机碳的总量,使土壤碳库变成“汇”而非“源”,不论在土壤学领域或在环境学领域,都具有积极的意义。

2. 土壤有机碳的生物形态

土壤有机碳的生物形态是指土壤微生物体包含的碳,一般不包括动物体及土壤中的植物活体,这一点从微生物碳的研究方面可以得到证实。研究微生物碳要选用新鲜的土壤,去除植物根茎叶、土壤新生体、土壤动物等后,在可抽真空的干燥器中用氯仿熏蒸处理,新鲜的微生物残体立即用硫酸钾分散提取,然后用总有机碳的测定方法测定。目前土壤微生物碳的研究是一个很活跃的领域,受到环境科学、农学、生态学等多个领域研究者的关注,主要是微生物碳本身就是一个活动的碳库,同时微生物碳含量的高低又是对土壤中有机质含量的丰缺、土壤温度、湿度、土壤污染状况等条件的综合反映,当其中的任一条件改变,必然会影响到微生物种群与数量的变化,进而影响了土壤微生物碳总量的改变。调查结果显示,土壤微生物碳总量(以C计)一般为 $0.1\sim0.4kg/m^2$,占土壤有机碳的 $0.5\%\sim4.6\%$,地区差异性比较明显。北方黑土地区土壤耕作层中微生物碳量为 $130\sim240mg/kg$,红壤区微生物碳总量在 $130\sim240mg/kg$ 之间,而水稻田介于 $91\sim917mg/kg$ 之间。有研究者建议,土壤碳的生物有效性指标可用土壤微生物碳总量与土壤有机碳量的比值来衡量。

3. 土壤有机碳的溶解态

溶解性土壤有机碳(DOC)是指能溶解于水中的有机质所包含碳,它是土壤水中的重要物质,移动性很大。当发生地表径流时,DOC很容易随着水分的流动而转移进入水体中,由于DOC中可能还含有氮、磷等元素,进入水体后不仅增大水体中总有机碳(TOC)含量,而且增加氮、磷等元素的含量,对水体富营养化有直接的促进作用。陆地生态系统中土壤DOC的总量大小有很大差异,受农作物生长发育期、季节变化等影响显著。由此可见,DOC可能有一部分来自作物根系分泌物以及土壤有机物的分解产物,因为作物不同的生长发育时期根系分泌有机物的能力不同,季节变化明显影响土壤微生物的活性,进而影响到对有机质的分解能力。显然,土壤水分含量对DOC的产生起决定性作用,干燥的土壤环境,很难形成DOC。此外,研究发现DOC的含量还与土壤溶解铝的浓度以及单核铝和多核铝的比值高度相关,络合、螯合机制是否在此过程中发挥作用有待进一步证实。关于土壤DOC的表征,样品的提取是关键,通过适宜的提取剂将DOC全部转移到一定体积的溶液中,采用水体中TOC的测定方法很容易分析测定。

(二)土壤有机碳的活性

土壤碳的活性是指土壤碳转移能力的强弱、微生物分解的难易、农作物可利用其中营养成分的多寡等。一般认为,土壤活性有机碳是指在土壤中移动性较大、稳定性较差、容易矿化的那部分有机碳素。从外界环境来讲,它们受植物、微生物、土壤条件等影响强烈;从自身来说,与有机碳的结构、形态、土体中所处的空间位置等有关。基于此,易溶于水的有机物质、微生物体包含的有机物、轻组有机碳等部分或全部属于土壤活性有机碳。而土壤中含量很大的重组有机碳(也称土壤无机-有机复合体)不属于土壤活性有机碳的范畴。理解这些概念的内涵和外延对探讨研究土壤有机碳的环境效应很有帮助。

在研究土壤有机碳领域中还有两个重要的指标,即有机质的氧化稳定性和氧化移动度,前者是指难氧化有机质与易氧化有机质的比值,后者用易氧化有机碳与残余碳的比值来度量。显然二者有相关性,但有机质氧化的难易标准用什么来衡量,这对比值的结果及活性有机碳变化的趋势有直接的影响。化学分析的方法速度快,适合处理大量的土壤样品,但用何种强度的氧化剂来氧化土壤总有机碳所得到的结果才与土壤易氧化有机质的概念很好地吻合？这需要大量的实验验证。最后，研究者趋向于认为 1/3mmol/L 的高锰酸钾可以氧化的这一部分有机碳与易氧化有机质相关性好，在定量测定中比较方便，用此测定结果与残余有机碳（质）的比值作为土壤碳的氧化移动度的标准，为土壤有机碳移动性的研究提供了很好的量化平台。

二、土壤有机碳的合成与分解

如果将土壤有机碳库作为一个整体来看，那么这个碳库始终处于动态变化之中，也就是外界的有机物质不断输入土壤中，经过多级分解、合成等过程，产生新的土壤有机碳；同时土壤有机碳也不断地分解，使原有的有机碳含量逐渐降低。如果将有机碳的合成当成输入过程，有机碳的分解当成输出过程，则输入大于输出时，土壤有机碳的含量就会增加，反之则降低，土壤有机碳一直处于不断合成、不断分解的状态，周而复始，不停地循环。

（一）土壤有机碳的合成

土壤有机碳合成的物质基础主体部分是通过各种途径输入土壤中动物残体、植物根茎叶、有机肥料等，这些有机物质需要经过微生物分解之后才有可能形成土壤有机碳的一部分。输入的有机物生物学稳定性差别很大，一般认为与 C/N 比和 C/P 比有关，C/N 比和 C/P 比值越低，越容易分解，这主要是因为输入有机物中 N、P 含量提高，决定着物质的种类和结构。蛋白质类、磷脂类、生物碱类等 N、P 含量较高，微生物分解时不仅能提供能量，也能提供碳源和氮磷源，较易分解；而复杂的有机物如木质素、果胶、蜡质等，N、P 含量很低，缩合度又很高，较难被微生物分解，因此稳定性较好，分解的速度很慢。输入土壤中的各种有机物质，经微生物分解后，碳素大部分以 CO_2 的形式释放到土壤中，小部分进入微生物体内，构成微生物碳，另一小部分通过不同的途径，聚合成土壤有机碳；氮素、磷素分解成简单的无机物，超过微生物需要的部分释放到土壤中，为植物生长提供养分，还有一些聚合成土壤有机质的组成单元。

土壤微生物所占的比例很小，但在物质循环中却扮演着重要的角色，很大程度上决定着有机物质转化的速率。从土壤有机碳或有机质测定的角度看，它们属于土壤有机质的范畴。但当这些微生物的生命周期结束后，与输入土壤中的其他有机物质没有本质的区别，还必须经过其他微生物的再分解、合成等过程。推测起来，再转化形成土壤有机碳机理与输入土壤中的类似有机物应该相似。

总之，输入土壤中不同有机物质仅有一小部分形成了土壤有机碳或土壤有机质，包括简单有机碳、轻组有机碳和重组有机碳。形成的机制目前还不太清楚，但从结果来看，如果外源有机物质输入的量较大，对比发现确实增加了土壤有机碳的含量,尤其是重组有机碳的总量。土壤有机碳的结构,虽然可以通过现代仪器表征的结果推测出来,但由于分子量大小不同、复杂程度很大,不能代表全部有机碳的结构。

(二)土壤有机碳的分解

不同形态的有机碳稳定性不同,在土壤中停留的时间差别很大。据推测,稳定性最强的有机-无机复合体在土壤中能停留 3000 年以上,但新生成的腐殖质在 10 年甚至更短的时间便可分解完全,新生成的轻组有机碳分解的速度更快。有机碳的分解既与本身结构和结合状态有关,也受环境条件的影响,即内因外因同时起作用。从内因来讲,有机碳分子缩合程度高、分子量大、游离程度低、C/N 比高的物质分解较难;相反,有机碳分子量小、水溶性大、游离程度高、C/N 比低的物质很容易分解。土壤中复杂的腐殖质稳定性较好,分解速度缓慢,但富里酸、胡敏酸比胡敏素容易分解得多,除了分子量有差距外,主要是因为胡敏素与无机黏粒紧紧地结合,受到无机矿物的保护,微生物难以利用。从外因上来说,微生物是土壤有机碳分解的主要执行者,化学降解、光化学降解等对土壤有机碳而言只占很少一部分。因此,凡能改变微生物活性的外界因素均对土壤有机碳的分解产生促进或抑制作用。

(三)影响土壤有机碳合成与分解的因素

土壤有机碳的合成与转化受多种因素影响,但总体而言,输入土壤中的有机物质的结构和化学组成、土壤水分条件、土壤温度、质地、孔隙度、酸碱度等影响较大,人们也比较关注。

1. 输入土壤中有机物质的结构和组成

有机物质不同,在土壤中分解转化的速率也各异。一般而言,幼嫩的植株和木质素含量低的植物残体分解的速度较快,木质素、纤维素等含量高、聚合度高的植物残体分解速度较慢。事实表明,进入土壤中幼嫩的植物叶片、果蔬废弃物等在条件适宜时很快就被土壤微生物分解,主要是其中的木质素含量低;相反,以木质素、纤维素为主的木本植物的茎秆、小麦茎秆等在相同的条件下需要几个月才能分解。对同一类型的植物残体而言,稻草茎秆分解的研究结果表明 CO_2 的释放量与碳水化合物的含量、稻草的 C/N 比及木质素的含量有关,可用下述公式定量表征:

$$CO_2 \text{ 的释放量} = \text{碳水化合物}\% / (\text{稻草 C/N 比} \times \text{木质素}\%)$$

其中的碳水化合物包含了水溶性糖、纤维素和半纤维素。

进入土壤中植物残体类型不同,物质的组成结构各异,差别更大。我国学者林心熊等在研究苏南地区 13 种植物残体分解速率与化学成分之间的关系中得出的结果证实,植物残体分解后的残留碳量与木质素百分含量关系密切,C/N 比及水溶性物质含量影响似乎较小,土壤环境中的氮素可能参与了微生物分解代谢过程。

黄耀等研究了四种有机物料分解速率与组成机构的相关性,他们将分解的湿热条件控制在一定值,结果发现 CO_2 的释放量不同,总体趋势是小麦、水稻秸秆的释放量大于根的释放量。依此认为,植物残体分解转化时 C/N 比是一个重要的影响因素,但不是唯一的因素,其他组分还起着协调的作用。

2. 土壤水分

土壤微生物是有机氮分解的主体,一般农作物生长的最佳含水量是田间持水量的 50%～70%,此时土壤水吸力在 0.5～2 范围内。作物生长的最佳含水量通常认为也是微生物分解能力最强的条件,随着土壤含水量的降低,CO_2 的释放量逐渐降低,当土壤水分含量占田间持水量的 5%～10% 时,水分严重缺乏,微生物活动缓慢,CO_2 产生量很小;水分含量增加时,CO_2 产生量也趋向于减少,主要是土壤供氧量不足,无法满足微生物分解的需求。从供氧量角度考虑,同一土壤在水田条件下有机碳的分解速率低于旱田条件。

3. 土壤温度

土壤微生物活动最适宜的温度在 25℃～35℃ 之间,温度过高或过低都会不同程度地抑制微生物的活性,分离纯化后的土壤微生物扩增要求的温度条件一般都在这个范围内。土壤在水田条件下土壤有机质分解的速率似乎与环境温度有关,随着年均温度的增加而增加,随季节的改变而变化。这种条件下,水分供应充足,温度在微生物分解过程中起决定作用。但对于旱地土壤,温度和降雨共同决定着微生物分解的强度。

土壤有机质为微生物分解提供营养源,从这个角度来考虑,有机物质输入土壤的初期,营养供应充足,此时营养物不是微生物分解的限制性因素,相反水热条件为主要的限制性因素。随着有机物质的不断分解,营养源不断减少,物质供应成为微生物活动的限制性因素,因此随着培养时间的延长,温度对有机物质分解速率的影响越来越小,土壤培养试验的结果也与该结论吻合。

4. 土壤质地和孔隙度

土壤质地由砂土逐渐过渡到黏土,土壤孔隙度则由大逐渐变小,在有机质、土壤母质相同的条件下,二者几乎是从不同角度说明同一个问题,即土壤的砂粒、粉砂粒、黏粒含量的变化状况。土壤黏粒含量达到 30% 时,土质很黏,孔隙度很小。由于黏粒能够与分解新生成的腐殖质或分解产物结合形成有机-无机复合体,有机物受到无机矿物的保护,难以较快分解。黏粒含量高,土壤空隙度小,土壤通气透水性也较差,抑制了微生物的活性。所以质地黏、孔隙度小的土壤有机物分解缓慢。

5. 土壤酸碱度

土壤的 pH 值影响了微生物的生长和种族的繁衍,在强酸性土壤中,细菌和放线菌的活性受到了抑制,仅有真菌不受影响。而细菌是土壤有机物的重要分解者,所以强酸性土壤中的有机质分解速率会大大降低。强碱条件下,微生物均具有极高的活性,此时土壤有机质的溶解、分散、水解等作用增强,增大了与微生物"接触"的机会,提高了微生物的分解效率。

通常,定量描述土壤有机碳转化的指标有两个,一是土壤碳的更新周期,二是半衰期或平均驻留期。前者是衡量土壤碳活动性的时间标尺,后者是土壤碳活性强弱的指标。一般来说,易分解有机质的更新周期为 10~15 年,难分解有机质的更新周期可达 1000 年甚至更长。农业土壤植物起源的有机质平均半期为 19年,而轻组有机质半衰期小于 10 年。

三、土壤有机碳的损失

土壤有机碳的损失途径主要包括迁移、流失、分解矿化。土壤有机碳的迁移、流失主要包括土壤有机碳的扩散、对流和土壤侵蚀导致的土壤有机碳的损失;土壤有机碳的分解矿化主要是土壤有机碳的降解,包括物理、化学和生物降解,其中主要是生物降解。从目前有机碳损失研究论文数量来看,涉及土壤有机碳矿化方面的文献占优势。

(一)土壤有机碳的迁移、流失

对耕作土壤而言,有机碳主要富集在表层 0~20cm 的土层中,容易遭受水蚀和风蚀,导致土壤侵蚀对土壤有机碳变化的影响显著。E De Jong 等研究表明,全球损失土壤有机碳的 50% 是由于人为活动直接或间接导致的,这种活动加快了水蚀、风蚀、冻融侵蚀的速度,共同促进了土壤有机碳的流失进程。在没有人类活动干预的土壤,不仅不破坏土壤及其母质,有时反而对土壤起到更新作用。

1. 土壤有机碳的扩散

有机碳在土壤中的扩散过程比较复杂,主要包括 3 个方面:①生物作用,通过土壤中动物的输送作用和微生物的流通作用而导致有机碳的迁移;②化学作用,即土壤中有机碳的吸附、交换、降解;③物理作用,一部分可溶性有机碳随溶液迁移。因为表层土的微生物作用很强而且相对疏松,扩散率相对高一些,随着土层深度的增加,扩散率降低。B J Brien 等在研究土壤中有机碳的迁移时,用放射性碳同位素测试技术,得出扩散方程模型,该模型仅考虑到有机碳的扩散作用。法国的 A Elzein 等进一步考虑对流的作用,建立了对流、扩散、吸附方程模型。模型中引入扩散系数,体现了微生物和物理扩散综合作用。

2. 土壤有机碳的风蚀

土壤风蚀是指松散的土壤物质被风吹起、搬运和堆积的过程以及地表物质受到被风吹起的颗粒的磨蚀等,是风蚀过程的全部结果。风力侵蚀有巨大的卷挟起沙、搬移输运和空间再分配能力,可引起大规模的土壤有机碳的空间重分布和 CO_2 释放。风力侵蚀将带走土壤表层富含有机质的表土、破坏地表,一方面直接地减少土壤有机碳的含量,Pinental 等研究表明,风蚀物质中土壤有机碳的含量是其表层土壤的 113～510 倍;另一方面又破坏土壤结构、加速土壤有机碳的分解、减小肥力。Slater 和 Carleton 研究表明,风蚀引起土壤有机碳的衰减是氧化损失的 18 倍。Su 等研究沙化草地表明,开垦 3 年后,加速的土壤风蚀使 0～15cm 耕作层有机碳含量下降了 38%。风蚀沙化首先是表层土壤中黏粉粒和极细沙组分被选择性地移出系统,土壤向粗粒化演变。对科尔沁沙地的研究表明,与黏粉粒结合的有机碳含量分别是与中粗沙和极细沙结合的有机碳含量的 6.7 倍和 4.1 倍;其次,由于风蚀影响土壤反射率进而改变了土壤湿度和温度条件,从而增加残余土壤有机碳的就地矿化速率;同时风蚀沙化降低了土壤持水性能、根系深度以及植物的水分和养分利用效率,土壤生产力下降,相应地归还土壤的有机物质降低,颗粒有机碳的形成量减少。

3. 土壤有机碳的水蚀

土壤水蚀是指土壤及其母质在水力作用下,发生的各种破坏、分离、搬运和沉积的现象。在我国,土壤水蚀分布范围涵盖了中东部大部分地区,其中黄土丘陵区的土壤侵蚀模数平均为 15000t/(km² • a),相当于每年流失掉表土 1.2cm 的厚度。土壤中的有机碳以粗有机质、细颗粒状有机质和与土壤矿物质的结合态存在,土壤受到侵蚀时粗颗粒易被破坏,导致土壤有机碳的释放。水力侵蚀首先在径流的作用下将可溶性的有机碳、比重较轻的植物残体、凋落物冲刷流失,其次将表土中的土壤颗粒剥蚀、搬运,造成富含有机碳的表层土壤大量流失,从而直接减少土壤中碳储量。表层土壤大量流失进一步导致表土与亚表土混合,表土与亚表土混合促进了细土壤颗粒(粉粒和黏粒)向下移动,低土壤有机碳含量的亚表层混合导致团聚体质量变差,渗透性减慢,增大地表径流,形成恶性循环。

4. 土壤侵蚀对土壤有机碳分解矿化的影响

目前对土壤侵蚀过程中碳的分解转化还了解不多。Beyer 等报道,在侵蚀迁移和沉积过程中,侵蚀土壤中有 70%～80% 的有机质将被矿化,而 Jacinthe 等认为,仅 20% 左右的迁移有机质被矿化。林地、耕地及河流沉积物中的有机碳、易矿化碳研究结果显示,河流沉积物中的有机碳质量分数比森林土壤中的有机碳高 50% 左右。中国黄土丘陵地区,土壤侵蚀造成了有机碳在泥沙中的富集,且富集比大于 1,泥沙中有机碳含量与侵蚀强度呈递减的对数关系。

(二)土壤有机碳的分解矿化

土壤有机碳分解是指有机碳在土壤微生物(包括部分动物)、土壤酶的参与下分解和转化的过程。土壤有机碳分解释放 CO_2 的过程被称为碳矿化,它反映了土壤有机碳从有机物变成无机物 CO_2 的过程。目前,土壤有机碳矿化的研究多是为了确定不同土地利用方式或者大幅度区域的碳汇、减缓土壤温室气体排放、支持区域土壤碳平衡的研究以及研究碳循环及响应环境变化的机理。国内学者对土壤有机碳矿化的研究主要集中于土地利用类型变化的影响,温度、水分、海拔的影响,施肥及碳、氮输入的响应以及红壤中有机碳矿化与土壤湿度关系的影响研究。

四、土壤有机碳对大气环境的影响

土壤有机碳在不同的条件下通过各种分解矿化作用,一部分以气体的形式释放大气中,影响了全球气候变化,其中,CO_2 和 CH_4 是温室气体的主要贡献者。

(一)土壤有机碳与土壤 CO_2 的释放

土壤向大气中释放的 CO_2 是土壤有机碳分解矿化的产物,而土壤有机碳是土壤微生物呼吸的底物,含量的高低直接影响着土壤中微生物酶反应的速率。此外,植物根部呼吸、土壤微生物呼吸以及土壤动物的呼吸作用也释放 CO_2,最终进入大气环境中。这些过程产生的 CO_2 都可以认为是土壤有机碳直接或间接产生的,其总量占陆地生态系统与大气间碳交换总量的 $2/3$,甚至超过了化石燃料燃烧向大气中的排放量。

大气中 CO_2 浓度的升高加剧了温室效应,可能导致全球气候变暖。全球气温升高反过来又会刺激呼吸作用,导致更多的 CO_2 释放到大气中,形成恶性循环。如果全球温度平均升高 $2℃$,土壤呼吸将释放出额外的超过 $10Gt/a$ 的碳,甚至超过了目前人类活动释放的碳量。额外的碳释放量将进一步增大大气中 CO_2 的浓度,大气中 CO_2 的浓度的增加又进一步强化了气候变暖的趋势。

减缓土壤的呼吸作用,最简单的措施就是减少土壤耕作,从减少土壤呼吸的角度来考虑,采用免耕技术是一个很好的方法。当土壤受到耕作的扰动时,分解作用的诸多条件被人为改变,其中通气性的改善是一个重要因素,引起土壤呼吸速率加快,消耗了更多的土壤有机碳,致使土壤有机质含量下降,土壤肥力也会随之下降。同时,耕作也破坏了土壤团聚体的结构,使稳定吸附于无机胶体表面的有机质曝露出来,从而也不同程度地加快了土壤有机碳被分解的速度。随着世界人口总量的不断增加,客观上需要更多的粮食总量,作物产量的提高是一个重要的途径,但适当增加土地的农用面积似乎更重要。更多的未开垦的土地被农业利用,额外增加的农业土壤耕作导致有机碳的流失成了未来大气 CO_2 浓度升高的一个重要原因。

从农业利用方面来考虑,采用完全的免耕技术是不可能的,因此耕作带来的土壤扰动现象不可避免,但人为增加土壤有机碳的含量还是比较容易实现的。将外源有机质输入土壤环境中,增加土壤有机质的输入量,除大部分分解成无机物之外,还有一部分转化成土壤有机质,对提高土壤有机碳的含量具有重要意义。秸秆还田是一个可行的方法，如果农耕农种时间允许，应积极推广秸秆还田技术，提高土壤有机质的含量，对提高土壤肥力、改善土壤结构，以及减少陆地生态系统向大气中 CO_2 的释放都具有积极的意义。此外，适度的耕作结合有效的施肥、合理的作物轮作、科学的管理也能不同程度提高土壤有机碳的含量，使农业土壤由目前的碳源变成碳汇。

(二)土壤有机碳与土壤 CH_4 的释放

CH_4 是温室气体贡献者之一，在大气中的含量远低于 CO_2 的含量，但其温室效应比 CO_2 约大 200 倍，所引起的环境效应不可忽略。大气中 CH_4 的来源很大一部分是来自于土壤生态系统，CH_4 在土壤中的形成与产生必须具备两个条件：一是厌氧环境，二是充足的碳源。

长期淹水土壤的氧化还原电位值（Eh 值）比较低，一般低于 $200mV$，接近厌氧环境，为 CH_4 的形成提供了条件。陆地生态系统中，湿地及水稻田的 Eh 值一般比较低，有机质在此场所容易产生 CH_4，并释放到大气中，是潜在的 CH_4 释放源。厌氧环境下，各种有机物质通过微生物食物链转化成 CH_4 的前体物，不同的 CH_4 的前体物在细菌的作用下脱下 CH_4，释放到土壤环境，如淹水土壤中没有其他作用或反应截留甲烷，则它们进一步释放到大气中。厌氧条件下 CH_4 的产生过程有两条途径，其一是在专性矿质化学营养产甲烷菌的参与下，以 H_2 或有机分子作为供氢体还原 CO_2，或直接利用甲酸和 CO 形成甲烷。可能的反应式如下：

$$CO_2 + 4H_2 \longrightarrow CH_4 + 2H_2O$$

$$4HCOOH \longrightarrow CH_4 + 3CO_2 + 2H_2O$$

$$4CO + 2H_2O \longrightarrow CH_4 + 3CO_2$$

其二是在甲基营养产甲烷菌的参与下，通过对甲基化合物的脱甲基作用，形成甲烷。在有机物厌氧分解的过程中，乙酸是主要的产物，甲基化合物也是以乙酸为主，乙酸的脱甲基（或脱羧）反应如下：

$$CH_3COOH \longrightarrow CH_4 + CO_2$$

甲烷形成的主要途径是在甲基营养产甲烷菌的作用下，以乙酸脱羧为主，占 70% 左右。这种途径产生甲烷包括两个步骤，即复杂的有机物等分解为简单的有机物步骤和简单的有机物生成甲烷前体物如乙酸、H_2、CO_2、甲酸等步骤。淹水土壤生态系统是大气甲烷的主要来源，湿地和水稻田是产生甲烷的主要场所。

在淹水土壤生态系统中，有机物为 CH_4 的生产提供物质来源。有机质含量的高低直接影响了 CH_4 的释放量，已有的研究结果表明，在相同淹水条件下，土壤 CH_4 的释放量与有机质的含量呈正相关，有机质的种类、结构、N、P 等的含量是重要的影响因素。

天然湿地生态系统具有很强的净化功能,能够缓冲、净化、分解进入该系统中大量的有机、无机污染物质,被称为地球的"肾脏",保护天然湿地生态系统无疑意义重大。该系统产生甲烷是其不利因素的一个方面,对整体功能而言这种不利的影响几乎可以忽略,人类几乎无法调解、缓和该系统中甲烷的释放。人工湿地(水稻田)生态系统受人类的影响较大,了解甲烷释放规律及影响因素,在一定程度上能够有选择地进行调控。

在调查稻田 CH_4 释放规律的过程中,科学家做了大量的工作,但结果很不理想。根据试验结果,仅仅估算了全球稻田生态系统 CH_4 排放量约为 28.2Tg/a,中国为 7.67Tg/a,占全球稻田生态系统 CH_4 排放量的 27.2%。考虑到我国水稻的产量和栽培面积,这一排放值不算太高。

从土壤方面来看,稻田 CH_4 释放的影响因素很多,归纳起来包括土壤理化性质、土壤温度、施肥、水分管理等几个主要方面。

1. 土壤理化性质对 CH_4 释放的影响

淹水土壤中有机质进行着复杂的分解反应,微生物是分解反应的积极参与者,决定着简单无机物 CH_4 的产生方向。土壤的理化性质影响了微生物的种类及活性,并进一步控制了 CH_4 的排放总量。

(1)土壤类型

不同类型稻田 CH_4 排放量差异很大,一般为泥炭土>冲积土>火山灰土,泥炭土稻田 CH_4 的排放量最大,比火山灰土大 40 倍。主要由于不同类型土壤中有机碳的含量、无机颗粒物的组成和空间结构、水溶性无机成分的含量、酸碱度、Eh 值等不同,综合影响了 CH_4 的排放。

(2)土壤 pH 值

一般而言,中性土壤有利于 CH_4 的产生,主要是有利于产甲烷菌的活动。在淹水条件下,由于 Fe^{3+} 的还原、CO_2 的累积等,大部分酸性土壤和石灰性土壤的 pH 值都有向中性变化的趋势,导致产甲烷菌活性增加,产生更多的 CH_4。但土壤微生物大多具有极强的适应环境能力,在酸性或碱性土壤中生长的微生物最佳生长所需的 pH 值往往也随着土壤的酸碱度变化而变化,因此 pH 值并不是稻田 CH_4 排放量的主要影响因素。但酸性硫酸盐土壤可能是一个例外,极强的酸性及大量存在的硫酸盐抑制了产甲烷菌的活性,致使 CH_4 难以产生,这类稻田土壤中 CH_4 的排放量往往较低。

(3)土壤 Eh 值

土壤的 Eh 值一定程度上反映了土壤的通气状况,通气状况良好,土壤的氧化还原电位值较高,可变价态氧化物处于高价状态。当 Eh 值约大于 400mV 时,与甲烷生成有关的细菌活性受到抑制而大大降低,甲烷的产生量随之下降。当土壤悬液的 Eh 值从 $-200\mathrm{mV}$ 下降到 $-300\mathrm{mV}$ 时甲烷的产生量将增加 10 倍。当土壤 Eh 值在 $-150\mathrm{mV}$ 至 $-230\mathrm{mV}$ 范围内,甲烷的排放通量随土壤 Eh 值的降低呈指数增加,在土壤 Eh 值处于低水平状态下,Eh 值与甲烷的排放通量呈显著相关。土壤长期淹水 Eh 值处于较低水平,所以长期淹水的稻田土壤有利于甲烷的产生。

虽然甲烷的产生必须在严格厌氧的条件下才能产生,但当 Eh 值下降到 $-100\sim-150\mathrm{mV}$ 时,甲烷便可形成。田间试验实际研究结果表明 Eh 值与甲烷排放通量之间通常没有显著的相关性,原因可能是生成甲烷的其他必要条件满足的不一致,比如,长期淹水的稻田,Eh 值已经下降到满足甲烷生成的需要,但这时 Eh 值已经不是关键限制性因子,而土壤有机物基质的供应水平、温度等有可能成为主要的影响因素。实际上,土壤的 Eh 值在 $200\mathrm{mV}$ 以下水稻生长良好,当 Eh 值下降到 $-100\mathrm{mV}$ 甚至更低时,水稻根系还原性增强,生长受阻。

(4)土壤质地和渗漏率

土壤质地与土壤的通气状况有关,对甲烷的排放量有一定的影响。研究者定向研究了砂质、壤质、黏质水稻田与甲烷排放的相关性,结果表明黏质水稻田甲烷的排放最少,与之前的论断出现了矛盾。这种现象可能是重质地土壤氧化还原缓冲容量较大,当土壤由排水良好状态到淹水状态时,土壤 Eh 值下降的速率较慢,达到甲烷产生所需土壤 Eh 值的时间较长,所以甲烷的排放总量较少。

渗漏率对水稻田甲烷的排放量也有一定的影响,土壤水向下渗透时带入一定量的氧气,提高了土壤 Eh 值,减少了甲烷的排放。同时渗漏水有可能还带走一定量的溶解和闭蓄于溶液中的甲烷,一定程度上减少了甲烷的排放量。在相同环境条件下,土壤甲烷排放量随渗漏率提高有下降的趋势。

2. 土壤温度对 CH_4 释放的影响

土壤温度对有机质的分解、产生甲烷的微生物群落,以及甲烷的传输都有影响。大多数产甲烷菌在温度 30℃ 以上时最活跃,温度降低,产甲烷菌的活性受到不同程度的限制,但也有某些极端的例子,据报道某些产甲烷菌在 30℃ 时也可产生甲烷。正常情况下,温度每升高 1℃,甲烷的排放量增加 1.5～2.0 倍,最佳温度为 34.5℃ 左右,高于此值时,甲烷的排放通量急剧下降。

3. 施肥对 CH_4 释放的影响

施用无机肥对甲烷排放的影响很少有报道,但施用有机肥有一定的影响。施入土壤的有机肥为土壤产甲烷菌提供了物质基础,同时有机肥的快速分解又能降低水稻土的 Eh 值,为甲烷的产生创超了适宜条件。但有机肥的品种、施用量及施用时间的差异还是会对甲烷排放产生不同的影响。在相同条件下,未经腐熟的有机肥促进甲烷的排放,但沼渣肥并不能增加稻田甲烷的排放量,原因是沼渣肥在池内已经发酵,为产甲烷菌提供潜在的食物量较少,无法提高微生物的活性。秸秆还田也能提高甲烷的排放量,还田后表面覆土能降低甲烷排放。有机肥施用量越多为微生物分解提供的基质越多,为产甲烷菌的繁衍提供了物质基础,但并不是越多越好,还要考虑到施入土壤后对土壤结构、空间等的影响。有机肥施入土壤后立即淹水,能够促进有机物的分解,降低土壤 Eh 值,有利于甲烷的产生和排放。

4. 水分管理对 CH_4 释放的影响

由于稻田土壤表面形成一定厚度的淹水层,限制了大气中的氧气向土层传输,形成了水稻田土壤接近厌氧的环境条件,为甲烷的产生提供了最基本的条件。虽然水层中也能溶解一部分氧气并不断向土层中扩散,但这种"大气-水层-土壤"扩散的模式远没有"大气-土壤"扩散模式有效,再加之土壤层中植物根系、微生物等呼吸作用,使土壤的 Eh 值很低,长期淹水土壤的 Eh 值更低。在此环境下,甲烷的产生极为容易,产生的量远大于相同条件下旱田或干湿交替的水稻田。研究结果显示,同一土壤旱作条件下甲烷的释放量比长期淹水状态下可减少 $8\%\sim44\%$。可见水分管理对土壤甲烷的释放具有重要的影响,水稻田根据作物不同生理阶段对水分的需求,定期灌水、排水,能有效减少土壤向大气中排放总量;干湿交替、翻耕、松土等农业管理措施能最大限度地使土壤与空气接触,提高 Eh 值,减少 CH_4 的产生与释放,但这些措施反而促进了 CO_2 的释放。

第二节　土壤中的氮循环与环境效应

氮是植物生长必需的大量营养元素之一,在化学肥料中占有最重要的地位,对作物高产栽培意义重大。我国人口多、耕地少,只有提高单位面积农作物产量才能满足自给自足的需求。国家统计局的统计结果显示我国粮食的总产量由 2004 年的 46947 万 t 增加到 2011 年的 57121 万 t,其间耕地面积不但没有增加还有减少的现象,增产的原因除了有良种的贡献因素外,肥料的贡献率更大,氮肥的施用量最大。由于农田中施入了大量的氮肥,而氮肥的当季利用率仅能达到 $30\%\sim50\%$ 的水平,大量的氮素流失,不仅浪费了资源,而且影响了水体和大气环境质量。因此了解不同形态的氮素在土壤中的移动、转化规律,充分利用现有的资源,使氮素流向对人类有益的方向,对人类和环境都有重要意义。

一、土壤中氮的含量与形态

(一)土壤中氮的含量

氮是构成一切生命体的重要元素,是农业生产中最重要的养分限制因子,作物对氮的需要量最大,土壤供氮不足是导致农产品产量下降和品质降低的主要原因。土壤氮素含量受土壤类型、水热条件、有机质含量、土壤质地、耕作措施及化学氮肥施用等多种因素影响。我国土壤除少数类型(东北黑土、中部棕壤、高山土壤、草甸土和沼泽土等)外,大部分土壤全氮量都低于0.2%,有些甚至不足0.1%。土壤氮素含量与腐殖质含量之间呈现正相关关系,在土壤肥力评价中是一个重要的指标。

土壤养分调查结果显示,全国耕作土壤全氮含量平均为0.105%左右,低于非耕地的0.143%,并且差异性显著,变动范围在0.04%~0.38%之间。反映了耕作方式、利用类型及施肥等人为因素影响了土壤全氮及腐殖质的含量水平。而未浸蚀的自然土壤全氮量呈现区域性变化,受自然因素如植被、土壤质地、地形地貌、气候等影响较大。

(二)土壤中氮的形态

自然土壤中,氮素主要存在于有机质中,占总量的90%以上。耕作土壤中,由于氮肥的施用量很大,在一定的时期内,无机态的氮素可能超过10%甚至更高。按种类来划分,土壤氮分为有机态氮和无机态氮,它们主要存在于表层土中,为植物生长提供直接或潜在的氮素养分。

1. 无机态氮

土壤无机态氮包括铵态氮(NH_4^+)、硝态氮(NO_3^-)、亚硝态氮(NO_2^-)、氧化氮(NO)、氧化亚氮(N_2O)、分子态氮(N_2)等。在正常情况下,氧化氮、氧化亚氮、分子态氮是以气体的形式存在于土壤空气中,并且氧化氮和氧化亚氮含量极低。气体形态的氮对土壤氮素营养没有贡献,但可能会影响土壤氮素平衡。亚硝态氮是土壤反硝化过程的中间产物,在土壤中稳定性差、含量低,土壤中与肥力有关的氮素形态主要是铵态氮和硝态氮,二者的含量决定了土壤中无机氮的含量水平,一般所言的无机氮就是指铵态氮和硝态氮,它们主要来自于有机物的分解及施肥,通常占土壤全氮的2%~5%。刚施肥后土壤中的无机氮短时间内可能会超过10%,但随着时间的延长含量迅速下降。

2. 有机态氮

土壤有机氮是土壤全氮的主体部分,一般高于90%,随土壤而异。土壤有机态氮包括简单有机物所含的氮、分解半分解有机物中的氮、土壤腐殖质中含有的氮等。除了少量水溶性简单有机物中的氮可以被植物直接吸收利用外,大部分的有机氮需经过微生物分解转化为无机氮之后才能利用,转化成无机氮的难易程度还受土壤有机质中的C/N比、C/P比的制约。关于土壤有机氮的结构目前了解得还不是太多,虽然主体部分腐殖质结构能够采用现代仪器方法表征出来,但给出的结果很难具有代表性;简单有机物中包含一部分的氮,如游离氨基酸、氨基糖、生物碱、脂类、维生素等是土壤中潜在的含氮有机物,这种结果只是推测,事实上这些简单的有机质在土壤中含量是如此之低，以至于用灵敏度很高的现代仪器分析方法都无法检测出来。所以与土壤全氮含量水平在常量范围内的结果比较起来，简单有机物中所含的氮几乎可以忽略。只有少数情况下例外，如大量简单有机物泄露的土壤中，或部分作物籽粒散落到土壤中短时间内被微生物快速分解等。

土壤有机氮的检测目前还是采用经典的方法来完成，一般是采用开氏法消煮后再用加碱蒸馏、滴定计算出全氮的含量，然后全氮量减去铵态氮的含量即为有机态氮的含量。这种测定方法有一个前提，即认为土壤中以硝基或硝酸盐形式存在的量很低，在一般耕作土壤中假设是成立的，但如果以硝基或硝酸盐存在的量很高则不可忽略。

(三)土壤中氮的来源

氮广泛分布于大气、生物、土壤等环境子系统中，以不同的形态出现。大气中氮的含量占总体积的 78%，由于性质稳定，高等植物不能直接吸收、同化，必须经过生物固定转化为有机氮化合物，或者通过反应形成铵态氮或硝态氮后，植物才能吸收利用。有固氮作用的微生物有三类，即非共生(自生)、共生和联合固氮菌。它们能够直接将大气中分子状态的 N_2 转化为有机氮，最终被植物吸收利用。通过化学反应生产铵态氮或硝态氮是现代氮肥业的基础，利用大气中氮合成大量的优质氮肥，服务于农业生产。这些有机氮部分归还到土壤中，构成土壤有机氮。由此看来，生物、土壤等环境子系统中的氮素几乎直接或间接来自于大气圈，无疑，大气圈可以看成生物和土壤子系统的原始"氮库"。

土壤中氮的来源主要来自于微生物的固定、施肥、高等植物吸收利用后返还、灌溉、降雨等途径。具体包括：①自生、共生和联合固氮菌的固定作用。自生固氮菌能够将大气中的 N_2 转化为有机氮，但固氮能力不强，好气性自生固氮菌在温带土壤中固氮能力只有 $7.5\sim45kg/(km^2 \cdot a)$，在热带森林地为 $75\sim225kg/(km^2 \cdot a)$，草地约为 $45\sim150kg/(km^2 \cdot a)$；嫌气性自生固氮菌能力更差，甚至不及好气性的一半，但它们对稻田土壤氮素的补给具有重要意义。共生固氮菌常与豆科作物共生，固氮能力比自生固氮菌大得多，常常作为绿肥的豆科植物如苜蓿、三叶草、紫云英等根瘤共生固氮为 $90\sim300kg/(km^2 \cdot a)$。联合固氮菌类是指某些固氮微生物与植物根系有密切关系，有一定的专一性，二者联合能够固氮，增加土壤氮素的含量。②施用有机肥和化学肥料。有机肥原始来源于植物，通过不同途径的转化形成有机肥，施入土壤后增加土壤的含氮量，既改善了土壤的结构又增加了土壤肥力；化学肥料来自工业合成，合成的化肥施入农田，提高土壤氮水平，目前是农业土壤中氮素的主要来源。③降雨及灌溉。大气层发生的自然雷电现象，很容易使 N_2 与 O_2 结合，形成氮氧化合物(NO_x)；通过各种途径散发到空气中的氮氧化合物、氨气等，通过降水的溶解作用，最后随雨水带入土壤。全球由大气降水进入土壤中的氮,估计为 $2\sim22kg/(km^2\cdot a)$,对作物需求而言意义不大,但它是大气氮进入土壤的一个途径。地表水中溶解的氮以硝态氮和铵态氮为主,还有少量的有机态氮化合物,随农业灌溉用水进入土壤,其数量与水体中的含量有关,因地区、季节和降雨量而异。

二、土壤中氮的迁移转化

土壤中的氮素形态和含量不是一成不变的,随着时间和条件的改变一直处于变化中,很难达成永久的"平衡状态"。含氮有机物在一定条件下能够分解转变其结构形态,铵态氮和硝态氮等在微生物的参与下可以转化成其他形态的无机氮,植物能够从土壤中吸收大量溶于水的无机态氮及简单有机态氮化合物。因此土壤氮的迁移转化备受关注。

(一)土壤氮的植物吸收

硝态氮和铵态氮是植物吸收氮素的主要形态,受土壤 Eh 值的影响,旱田土壤中二者浓度均相对较高,而水稻田则以铵态氮为主。主动吸收是植物根系吸收的主要形式,质流与扩散是硝态氮和铵态氮由土体向根系运移的主要方式。

1. 硝态氮

由于土壤黏粒多带有负电荷,硝态氮很难被土壤固体表面静电吸附,主要存在于土壤溶液中。对植物吸收而言,硝态氮和铵态氮一样是很好的氮源。土壤溶液中的硝态氮通过质流和扩散的方式到达植物根系后,主要通过主动吸收进入根系。土壤溶液中的伴随离子会影响根系对铵态氮的吸收,一般阳离子养分具有协同作用,阴离子有拮抗作用,但磷的存在会促进铵态氮的吸收。根系吸收硝态氮单一养分将会使根际周围的 pH 值升高,主要是由于根系吸收周围硝态氮量的减少以及进入根内部发生转化等因素,改变了根际周围溶液的反应,致使根际周围出现了过剩的 OH^- 离子。因此人们认为 $NaNO_3$ 是生理性碱性肥料,因为植物根系吸收阴离子 NO_3^- 多而阳离子 Na^+ 少;但 KNO_3 是中性肥料,因为 NO_3^- 和 K^+ 基本上等量被吸收。

2. 铵态氮

铵态氮是另一种重要的氮源,肥料行业生产的氮肥以铵态氮为主,在施肥上铵态氮应用更普遍。铵态氮施入土壤后,大部分被土壤黏粒交换吸附,溶液中含量较低,交换吸附态及水溶的铵态氮属于速效氮,能直接为植物生长提供养分。环境条件固定时二者很快就能达成平衡,当溶液中 NH_4^+ 的浓度升高或降低均会改变吸附平衡,在新的条件下再达成平衡。当土壤处于强氧化状态,Eh 值超过 $400mV$ 甚至更高时,一部分的铵态氮将被氧化成硝态氮,二者同时被植物吸收,所以蔬菜种植中若施入大量的铵态氮肥可能会导致体内硝酸盐和亚硝酸盐超标。根系吸收铵态氮单一养分将会使根际周围的 pH 值降低,NH_4Cl 和 $(NH_4)_2SO_4$ 是典型的生理性酸性肥料。植物吸收铵态氮后,脱去质子产生 NH_3,直接参与植物体内物质的合成与代谢。而硝态氮被植物吸收后,必须转化成 NH_3 后才能参与代谢,此过程需要消耗一部分能量。因此人们认为在植物利用中铵态氮比硝态氮更为节能。

(二)土壤氮的转化

氮在土壤中以多种形态存在,包括有机态、生物态、无机态等形式。在不同环境条件下,几种形态之间能够相互转化,条件改变,转化的主要方向也随之变化。土壤中各种形态的转化往往是同时发生的,只不过在不同条件下主要转化方向各异。

1. 无机氮的生物固定

进入土壤中的铵态氮和硝态氮被微生物吸收并转化成有机氮的过程,称为无机氮的生物固定。在环境土壤学中,无机氮的生物固定专指被微生物固定转化的那一部分氮素,不包括高等植物吸收转化成有机物的氮素,与微生物碳的概念类似。土壤中大多数微生物的功能是分解土壤中的有机质,当土壤有机质中氮的含量很高时,微生物在分解的过程中吸收的无机氮较少,如蛋白质的分解;当有机质中氮含量很低时,吸收的无机氮则比较多,如纤维素的分解等。也就是说微生物对无机氮的固定受土壤待分解有机质的 C/N 比的影响很大,一般土壤有机质 C/N 比低于 20～30 时,微生物不能固定土壤中的无机氮;C/N 比高于 20～30 时,才能发生固定作用。禾本科植物秸秆的 C/N 比甚至高于 80,所以微生物分解时需要补充足量的无机氮,从物质上才能满足需求。

2. 有机氮的矿化

有机氮的矿化是指土壤中原有有机物或外源有机物中所包含的有机氮被微生物分解转化成无机氮的过程,因为有机质中氮主要以负三价的形态存在,转化成的无机氮通常为氨或铵,所以这一过程又称氨化过程。有机氮的矿化在氮循环中意义重大,施入土壤中的有机肥、落入土壤的作物根茎叶、农作物秸秆还田等带入土壤的外源物质,均需通过矿化作用完成氮循环。有机氮的矿化和无机氮的生物固定是土壤中同时进行而方向相反的两个过程,前者是对所有的有机氮都有分解作用,而后者的无机氮仅仅流向微生物体内。转化能力的强弱受多种因素影响,其中土壤有机物中 C/N 比值是一个不可忽略的因素。

3. 氨的硝化作用

硝化作用是微生物在通气良好的条件下将氨或铵氧化为硝态氮或亚硝态氮的过程,自养和异养微生物均可参与此过程。自养微生物是氨硝化作用的主要执行者,异养微生物仅仅在实验室内能完成硝化作用,在土壤环境中所起的作用认为是微不足道的。化能自养硝化菌利用土壤中无机的 CO_2、H_2CO_3 等作为碳源,在

NH_4^+ 的参与下进行反应,将 NH_4^+ 氧化为 NO_3^-,并释放能量,反应式如下:

$$NH_4^+ + 2O_2 \longrightarrow NO_3^- + 2H^+ + H_2O$$

实际上硝化作用分两步执行,第一步由亚硝酸细菌参与将 NH_4^+ 氧化为 NO_2^-,中间过渡产物为羟胺(NH_2OH),总反应为

$$NH_3 + OH^- + 2O_2 \longrightarrow NO_2^- + 2H^+ + H_2O$$

第二步由硝酸细菌参与将 NO_2^- 氧化为 NO_3^-,反应式为

$$NO_2^- + H_2O \longrightarrow NO_3^- + 2H^+$$

$$2H^+ + 1/2O_2 \longrightarrow H_2O$$

硝化作用受多种因素影响,能够影响硝化细菌活性的土壤因素和环境因素都能制约硝化反应的进程,如土壤湿度、温度、有机质含量、通气性、酸碱度等。在排水良好的中性或酸性土壤中,NO_2^- 氧化成 NO_3^- 的速率常大于 NH_4^+ 转变为 NO_2^- 的速率,不会造成土壤的累积;当排水不良时,形成 NO_2^- 的速率大于 NO_2^- 氧化成 NO_3^- 的速率,导致土壤硝酸盐的积累。湿度的大小影响土壤的通气性,从而限制硝化细菌的活性,土壤水分含量为田间持水量的 $50\% \sim 60\%$ 时,硝化作用最为旺盛。硝化作用最适温度为 $30℃ \sim 35℃$,当温度低于 $5℃$ 或高于 $40℃$ 时,硝化作用受到强烈抑制。在硝化作用旺盛的土壤中,由于 NH_4^+ 有一部分转化成 NO_3^-,增加了氮的移动性,应关注暴雨导致的旱地土壤氮的流失。

4. 反硝化作用

反硝化作用在土壤中时常发生,包括生物的和化学的反硝化作用,其中生物反硝化作用占主要地位。

(1)生物反硝化作用

在厌氧条件下,兼性好氧的异养微生物利用同一个呼吸电子传递系统,以 NO_3^- 作为电子受体,将受体逐步氧化成 N_2 的硝酸盐异化过程,此过程称为生物反硝化作用。逐步反应步骤可用下式表示:

$$2NO_3^- \longrightarrow 2N^-O_2 \longrightarrow 2NO \longrightarrow N_2O \longrightarrow N_2$$

生物反硝化作用是在反硝化细菌参与下进行的,土壤中已知的反硝化微生物共有 24 个属,大多是异养型细菌,少数是自养型微生物。微生物催化反硝化反应是通过本身分泌的酶来实现的,与其他生物催化的酶促反应类似,需要酶和底物的参与,并需要适宜的温度和酸碱度。因此,土壤有效氮的含量、有机质含量作为底物会影响到 NO_3^- 的供应量,土壤通气性、湿度能影响反硝化微生物的活性,土壤温度、酸碱度等既影响酶的活性,也影响微生物的活性。

(2)化学反硝化作用

化学反硝化作用是 NO_3^- 或 NO_2^- 被化学还原剂还原为 N_2 或氮氧化物的过程。多数旱地土壤中,被 NO_2^- 氧化成 NO_3^- 的速率比 NH_4^+ 氧化成 NO_2^- 的速率大,NO_2^- 在土壤中难以存在,但当农田内大量施用尿素时,导致局部土壤暂时呈强碱性,NO_2^- 常大量累积,NO_2^- 稳定性差,易通过化学反应生成 N_2 或氮氧化物而损失。化学反硝化作用反应方式可能有四种:NO_2^- 与胡敏酸或富里酸反应生成 N_2 和 N_2O;NO_2^- 与氨基酸反应生成 N_2;NO_2^- 与 NH_3 反应生成亚硝酸铵,再进行复分解反应生成 N_2;NO_2^- 通过化学歧化作用,转变为 NO_3^- 和 NO。

干燥的土壤环境对 NO_2^- 转化为 N_2 极为有利,并促进 NO 和 NO_2 向大气中扩散。化学反硝化生成的含氮气体中大部分为 NO,N_2O 极少,远少于硝化过程或生物反硝化过程产生的量。

5. 铵的矿物固定与释放

铵的矿物固定主要发生在 $2:1$ 型的次生硅酸盐矿物中,该矿物易发生吸水膨胀,处于交换吸附态的 NH_4^+ 容易扩散到层状硅酸盐的层间,占据硅氧四面体底部六边形空间。当硅酸盐矿物失水后,NH_4^+ 被层间对应的六边形空隙固定,固定的结果类似与水云母类的伊利石对间层 K^+ 的固定。从 NH_4^+ 的养分有效性角度来考虑,交换吸附态的 NH_4^+ 属于速效氮,当被硅酸盐矿物固定后则转化为缓效氮。铵被矿物晶层固定后是可变的,当土壤水分充足,矿物吸水膨胀后,被固定的间层 NH_4^+ 也能扩散出来,转变成交换吸附态或水溶态的铵,此过程为矿物固定态 NH_4^+ 的释放。

三、土壤中氮的损失

农业土壤中氮素不足的补充主要通过施肥来实现,以维持高产稳产的目标。然而我国目前的氮肥利用率仅为 $30\%\sim50\%$,其余部分或者被土壤黏粒固定,或者随地表径流流入水体,或者以气体的形式释放到大气中,导致化肥资源浪费、水体环境污染。了解土壤氮素流失的途径,最大限度减少土壤氮的损失,对农业及环境都具有重要意义。

(一)淋洗损失

土壤速效氮以铵态氮和硝态氮为主,能够很快被土壤中生长的农作物根系吸收,它们的水溶性都很强。由于同晶置换的结果,土壤黏粒表面带负电荷者居多,很难吸附带负电荷的硝态氮,因此硝态氮很容易随水流失,通过地表径流带入地表水中,随渗漏水或淋溶带入地下水或下层土壤中。铵态氮带有正电荷,容易被土壤黏粒表面吸附固定,但土壤吸附铵态氮是一个可逆过程,遵循质量作用定律,当铵态氮在土壤溶液和土壤颗粒表面达成吸附平衡时,土壤溶液中还含有一定数量的铵离子,降暴雨时随地表径流依然能够进入地表水中。所以地表径流损失的不仅是硝态氮,还包括铵态氮。农业缓控释肥料的开发,目的是降低土壤溶液中水溶态氮的含量,使随降雨流失氮的量降低到最小水平。值得指出的是,地表径流除能带走硝态氮、铵态氮外,还能携带其他水溶性的离子;若发生水土流失,与土壤黏粒结合养分离子如铵态氮、磷等也同时进入水体环境,最后汇集到江河、湖泊,浓度达到一定时引起水体富营养化。

（二）挥发损失

挥发损失是土壤氮损失的另一个主要途径。在一定酸碱度存在条件下,极性大、水溶性强的氮素形态不容易挥发,损失率低;土壤酸碱度或氧化还原电位改变,氮素的形态发生变化,或生成新的物质,则氮的挥发性质可能会发生变化。

1. 氨挥发

在酸性土壤中,铵态氮(铵离子)不容易挥发,若酸度降低,土壤由酸性转化到弱碱性乃至碱性,土壤溶液中的 OH^- 离子浓度呈指数形式增大,则会发生如下反应:

$$NH_4^+ + OH^- \longrightarrow NH_3 \cdot H_2O \longrightarrow NH_3 \uparrow + H_2O$$

由于铵离子发生了反应,形成新的挥发度大的氨,致使原来不易挥发的铵态氮损失增大。施入土壤中的铵态氮挥发损失主要发生在石灰性土壤中,在酸性和中性土壤中挥发损失的量较少。

2. 反硝化挥发

在土壤氧化还原电位（Eh 值）很低的条件下,土壤氧气含量极低,硝态氮(NO_3^-)在反硝化细菌的作用下还原为 NO、N_2O 及 N_2 的形式,产生新的物质,氮的形态发生改变,导致氮的损失。在淹水土壤环境中容易发生反硝化作用,此时土壤中氧的浓度已经低于 $4 \times 10^{-6} mol \cdot L^{-1}$,这种氮损失往往发生在稻田土壤中。但也有例外,有些土壤 Eh 值并不是很低,排水环境并不恶劣,因含有大量易分解的有机质,使土壤产生了局部的嫌气环境,往往也能发生强烈的反硝化作用,导致硝态氮的挥发损失。通过反硝化损失的土壤硝态氮取决于土壤中硝酸盐的含量、易分解有机物的含量、土壤通气状况、水分含量、温度及酸碱度等多种因素的综合。

（三）土壤氮损失对环境的影响

土壤中施入大量的氮肥,造成氮肥利用率低下,增大氮肥损失量,容易导致环境污染,并有降低农产品品质的趋势。

1. 对水环境的影响

土壤氮的损失容易对水环境造成不良影响,体现于对地下水的污染和地表水的污染。

淋溶是导致地下水污染的主要途径,一般情况下,土壤氮素淋溶损失的形态为硝态氮,它是地下水的重要污染物。云南滇池周边地区农田土壤硝酸盐迁移、积累特征的定量研究结果表明,该区域内农田氮肥施用量大、排水中氮污染负荷高以及灌水频繁是造成硝酸盐污染地下水的主要原因。由于土壤矿物黏粒不能吸附硝态氮,NO_3^- 能够沿着土壤剖面垂直向下迁移,到达土壤深层,使土壤下层的硝态氮含量高于上层,并进一步污染地下水。

地表径流是导致地表水污染的主要途径。当农田中施用大量的氮肥后,土壤中水溶态氮的含量会显著增加,发生地表径流时,水溶态氮直接流向江河湖泊。若水体为封闭性的区域,氮的输入量超过了一定的浓度,如果其他营养条件也具备,就有可能发生水体富营养化,导致水质恶化。

2. 对大气环境的影响

土壤通过各种作用释放含氮的气态氧化物主要是 NO、N_2O 及 NO_2,其中 NO 和 NO_2 合称氮氧化物。一般认为,N_2O 是一种温室气体,对大气臭氧层有破坏作用,因此其产生的机理、释放通量以及影响因素等备受人们关注。氮氧化物不是温室气体,但参与了大气中一系列的化学反应并影响了其他温室气体的浓度,且对臭氧层也有破坏作用。据估计,全球 N_2O 排放总量为 $14Tg/a$(以 N 计),自然土壤和施肥土壤中氮的排放总量分别为 $6Tg/a$ 和 $1.5Tg/a$,占全球排放总量的 43% 和 11%,因此土壤 N_2O 的排放量不可忽略,有效控制土壤 N_2O 形成和释放对改善大气环境本身就是一个贡献。

3. 对农产品品质的影响

粮食作物生长的周期长,可食用成分以有机物积累在籽粒中,很难出现硝酸盐、亚硝酸盐累积现象。蔬菜作物中二者的积累是突出的问题,土壤供氮量增加是导致蔬菜累积的主要原因。一般认为蔬菜旱田作物,生长的速度快、周期短,栽培中短期内要施用大量的氮肥。旱作条件下,尽管施入的铵态氮肥,将会有少量发生硝化作用,形成硝态氮和亚硝态氮。蔬菜生长的周期短,硝态氮和亚硝态氮容易在叶片内累积,超标现象值得关注。我国蔬菜中硝酸盐的安全标准参照 GB 19338—2003 的规定,茄果类、瓜类、豆类≤440mg/kg(鲜重),根菜类≤2500mg/kg,叶菜类≤3000mg/kg。

第三节　土壤中的磷循环与环境效应

磷是植物必需的营养元素之一,是生物圈的重要生命元素。早期的农业生产中磷肥施用量较少,致使某些区域磷素成为作物生长的限制性因子,目前这种现状有所改变。土壤中可被植物吸收利用的磷素基本上来源于地球表层矿物分解释放,成土过程中磷的生物富集也是来源于矿物的分解。近年来,人们已经发现连年高产农作物栽培导致土壤有效磷缺乏,大量施用磷肥,在一定程度上为农业丰产带来效益。但磷肥的长期大量施用,提高了土壤有效磷的含量,改变了磷素迁移转化的途径,同时也增加了土壤磷素向水体环境释放的风险。了解土壤磷的循环转化状况、磷肥施用对水体、土壤生态环境以及对农产品质量的影响,已成为环境土壤学重要研究方向之一。有关农田磷素流失的环境风险及评价的相关内容包括:农田土壤磷的流失与水体富营养化;土-水界面磷的行为特征及其对农田磷流失的影响;农田中的磷素向地表水迁移途径、过程及输入水体磷量的估算;农田磷流失风险的评价指标体系及磷肥安全限量;不同区域农田磷环境安全临界指标及相应的依据等。

一、土壤中磷的含量与形态

1. 土壤磷的含量

自然土壤中磷的含量与土壤母质类型关系最为密切,风化程度和临时状况也影响着磷的含量。地壳中磷的平均含量约为 0.12%,而大多数耕作土壤的含磷量远低于磷的平均含量。从全球范围来看,土壤全磷量大约在 0.2~5.0g/kg 之间,平均为 0.5g/kg。我国土壤全磷量在 0.2~1.1g/kg 之间,有明显的地域分布规律,从南向北逐渐增加,砖红壤全磷量最低,广东省某些硅质砖红壤的全磷量甚至小于 0.004;东北地区土壤和黄土母质发育的土壤全磷量一般较高,更有甚者,东北黑土全磷量竟高达 0.17%。土壤全磷量一般随着风化程度的加深而减少,受水热的影响比较明显。耕作土壤长期受人为因素的影响,有效磷含量差异很大。农业发达、化学磷肥施用悠久的广东、浙江、云南等省份土壤有效磷的含量较高;干旱地区农业相对落后,化肥施用量少,土壤有效磷的含量相对较低。一般而言,种植高产粮食作物,土壤速效磷含量达到 30mg/kg 就能满足需求。近年来,由于磷肥生产工艺的改进、新型磷矿不断被发现,磷肥的产量显著增加。尤其是含磷量高的复合肥研发、生产与宣传等,导致农民种植所有农作物均施用大量的复合肥,磷肥的施用量远超过了作物的需要量,土壤有效磷的含量急剧增加。据调查某些郊区土壤中速效磷的含量已经超过了 300mg/kg,除浪费资源外,对水环境也产生了巨大的压力。

2. 土壤磷的形态

磷既是组成生物的生命元素,又是构成无机矿物的主要成分之一,所以从形态上来划分,土壤磷包括有机磷和无机磷两大类。

(1)有机态磷

土壤有机态的磷占全磷的比重大约为 15%~80%,我国土壤磷调查的结果显示有机态磷占全磷的 20%~50%,但森林和草原植被下的土壤可占 50%~80%,并且与土壤有机质的含量有较好的线性关系(红壤和旱地除外)。线性关系的斜率

在 $0.008\sim0.014$（x 轴是土壤有机碳％，y 为有机磷 P_2O_5％），大致为土壤有机碳含量每增加 1％时，相应有机态磷增加 0.01％，这一比例和早期获得的矿质土壤有机质中 C：N：P＝110：9：1 相似。但土壤有机碳的 C/P 比值变化较大，没有C/N 比稳定，主要因为磷不像氮那样是土壤腐殖酸和富里酸的结构元素。例如，根据美国、加拿大、巴西、新西兰和印度等国 131 个标本的统计，其有机态 C/P 比在78～231 之间。不过通常估计土壤有机态磷是土壤有机含量的 1％～3％（土壤有机 C 含量为 0.6％～1.8％）。侵蚀严重的红壤表土层有机质含量不到 1％，因而有机磷含量小于全磷量的 10％。而东北地区的黑土有机质含量比较高，达 3％～5％，有机磷含量甚至达到全磷量的 2/3。在森林或草原植被下发育的土壤，有机磷可占土壤全磷量的一半以上，高的甚至可达 90％。目前有机磷化合物中大部分为未知，已知的土壤中有机磷化合物及其在有机磷中的相对含量为

① 植素类：是植物果实种子中磷的一种储存形态，在土壤中约占有机磷总量的 2％～50％，植物体内含量更高。

② 磷脂类：约占土壤有机磷的 1％～5％，主要为磷酸甘油酯、卵磷脂和脑磷脂，普遍存在于动物、植物及微生物组织中，一般为甘油的衍生物。

③ 核酸及其衍生物类：约占土壤有机磷的 0.1％～2.5％，它们能在土壤中迅速降解或重新组合，由核蛋白分解时产生，能与土壤无机黏粒结合形成有机无机复合体。

（2）无机态磷

虽然有机态磷在有些土壤中含量较高，实际上在大部分土壤中，无机磷含量占有主导地位，它是构成土壤矿物的一部分，约占土壤全磷量的 50％～90％。土壤中无机磷化合物中几乎全部为正磷酸盐，除了少量的水溶态外，绝大部分以吸附态和固体矿物态存在于土壤中。在土壤磷素的分级中，根据无机磷在不同化学提取剂中的溶解性差异，将无机磷分为数组。在众多分组方法中，以张守敬和杰克逊及其相关的修正方法应用较为有代表性，该法将无机磷分成 4 组：

① 磷酸铝类化合物（Al-P）：能被氟化物（0.5mol/L NH_4F）溶剂提取出来，包括磷铝石、富铝矿物（如三水铝石、水铝英石等）等结合的磷酸根。

② 磷铝铁类化合物（Fe-P）：能被氢氧化钠（0.1mol/L NaOH）溶剂提取，包括粉红磷铁矿及吸附于水合氧化铁等富铁矿物表面的非闭蓄态磷。

③ 磷酸钙（镁）类化合物（Ca-P）：主要指各种酸溶性（0.25mol/L H_2SO_4）的磷酸钙（镁）盐。包括磷灰石类、磷酸二钙、磷酸八钙等磷化合物。

④ 闭蓄态磷（O-P）：或称还原溶性磷，包括被水合氧化铁胶膜包被着的各种磷酸盐，它可用 0.3mol/L 柠檬酸钠和连二亚硫酸钠混合溶液浸提出来。连二亚硫酸钠能将包被在磷外的氧化铁胶膜还原为亚铁，而柠檬酸钠的配位反应使薄膜破

坏,被包被的磷容易释放出来。

土壤中的难溶性无机磷大部分被铁、铝和钙元素束缚,一般来说,在酸性土壤中,磷与 Fe^{3+}、Al^{3+} 形成难溶性化合物;中性土壤中磷与 Ca^{2+} 和 Mg^{2+} 形成易溶性的化合物;碱性土壤中与 Ca^{2+} 形成难溶性化合物。土壤中难溶性磷和易溶性磷之间存在着缓慢的平衡,一种形态含量的改变或者土壤环境条件发生改变,这种缓慢的平衡将被打破,在新的条件下重新建立新平衡。由于大多数可溶性磷酸盐离子为固相所吸附,所以这两部分之间没有明显的界线。在一定条件下,被吸附的可溶性磷酸盐离子能迅速与土壤中的离子发生交换反应。土壤中的有机磷与微生物磷以及土壤溶液磷和无机磷总是处在一种动态循环中。

土壤中无机磷的形态一直是人们注意的关键问题之一,因为如果人们确切地知道土壤中各种磷的化学形态,就有可能根据磷化合物的化学性质推断其在固液相之间的分配,并进一步判断其环境行为。然而,目前鉴定土壤中天然存在的含磷矿物的形态在技术上尚存在较大的困难,尽管目前鉴定矿物形态和含量的方法在学术界得到了认可,但确实存在较多的不足之处,无法判断化合物的确切组成。因此,有关磷的形态问题仍需要进一步深入研究、探讨。

二、土壤中磷的转化与固定

土壤磷的转化步骤与过程十分复杂,既有化学机制,也包括生物学机制。如有机磷的矿化分解和无机磷的生物固定等需要微生物参与,有效磷的固定和难溶性磷的释放一般认为是一个纯土壤化学的过程。

(一)有机磷的矿化和无机磷的生物固定

有机磷的矿化和生物固定是两个方向相反的过程,前者使有机态磷转化为无机态磷,后者使无机态磷转化有机态磷。

1. 有机态磷的矿化

土壤中的有机磷除一部分被作物直接吸收利用外,大部分需经微生物的作用进行矿化转化为无机磷后,才能被作物吸收利用。土壤中有机磷的结构很难被直接鉴定出来,但根据磷的性质推测,应该是以正磷酸为基础,三个羟基发生酯化反应与其他有机物结合,形成不同种类和数量的磷酸酯化合物。

土壤中有机磷的矿化,主要是土壤中的微生物及其分泌的相关酶作用的结果,其分解速率与有机氮的矿化速率一样,决定于土壤温度、湿度、通气性、pH、无机磷和其他营养元素、耕作技术及根分泌物等因素。温度在 $30℃\sim40℃$ 之间,有机磷的矿化速度随温度增加而增加,矿化最适温度为 $35℃$,$30℃$ 以下不仅对有机磷的矿化有抑制作用,反而发生磷的净固定。干湿交替可以促进有机磷的矿化,淹水可以加速六磷酸肌醇的矿化,氧压低,通气差时,矿化速率变小。磷酸肌醇在酸性条件下易与活性铁、铝形成难溶性的化合物,降低其水解作用;同时,核蛋白的水解亦需一定数量的 Ca^{2+},故酸性土壤施用石灰后,可以调节 pH 和 Ca/Mg 比,从而促进有机磷的矿化;施用无机磷对有机磷的矿化亦有一定的促进作用。有机质中磷的含量,是决定磷是否产生纯生物固定和纯矿化的重要因素,其临界指标为 0.2%,大于 0.3% 时则发生纯矿化,小于 0.2% 时则发生纯生物固定。同时有机磷的矿化速率还受到 C/P 比和 N/P 比的影响,当 C/P 比或 N/P 比大时,则发生纯生物固定,反之则发生纯矿化。同样供硫过多时,也会发生磷的纯生物固定。土壤耕作能降低磷酸肌醇的含量,因此,多耕的土壤中有机磷的含量比少耕或免耕的土壤少。植物根系分泌的、易同化的有机物能增加强曲霉、青霉、毛霉、根霉、芽孢杆菌和假单胞菌属等微生物的活性,使之产生更多的磷酸酶,加速有机磷的矿化,特别是菌根植物根系的磷酸酶具有较大的活性。可见土壤有机磷的分解是一个生物作用的过程,分解矿化的速度受土壤微生物活性的影响,环境条件适宜微生物生长时,土壤有机磷分解矿化速度就加快。

　　2. 无机磷的生物固定

　　土壤中无机磷的生物固定作用,即使在有机磷矿化过程中也能发生,因分解有机磷的微生物本身也需要有磷才能生长和繁殖。当土壤中有机磷含量不足或 C/P 比值大时,就会出现微生物与作物竞争磷的现象,发生磷的生物固定。

　　(二)土壤中磷的固定和释放

　　土壤对磷的固定和释放是磷的重要性质,磷的固定是水溶性磷从液相转入固相;磷的释放是固定作用的逆向作用,是从固相转入液相的过程。

　　1. 土壤中磷的固定

　　土壤中磷的固定机理主要是磷化合物的沉淀作用和吸附作用。一般磷的浓度较高,土壤中有大量可溶态阳离子存在和土壤 pH 较高或较低时,沉淀作用是主要的。相反,在土壤磷浓度较低时,土壤溶液中阳离子浓度也较低的情况下,吸附作用是主要的。

　　(1)土壤中磷的沉淀和溶解

　　土壤中的磷和其他阳离子形成固体而沉淀,在不同的土壤中,由不同的体系所控制。在石灰性土壤和中性土壤中,由钙镁体系控制,土壤溶液中磷酸离子以 HPO_4^{2-} 为主要形态,它与土壤胶体上交换性 Ca^{2+} 经化学作用产生 Ca-P 化合物。如水溶性一钙,在石灰性土壤中最初形成磷酸二钙,磷酸二钙继续作用,逐渐形成溶解度很小的磷酸八钙,最后又慢慢地转化为稳定的磷酸十钙。随着这一转化过程的继续进行,生成物的溶度积常数相继增大,溶解度变小,生成物在土壤中趋于稳定,磷的有效性降低。

　　在酸性土壤中,由铁铝体系控制。酸性土壤中的磷酸离子主要以 H_2PO_4 与活性铁、铝或交换性铁、铝以及赤铁矿、针铁矿等化合物作用,形成一系列溶解度较低的 Fe(Al)-P 化合物,如磷酸铁铝、盐基性磷酸铁铝等。

根据热力学的理论,磷和土壤反应的最终产物在碱性土壤和石灰性土壤中,是羟基和氟基磷灰石,而在中性和酸性土壤中是磷铝石和粉红磷铁矿。当一个土壤不断进行风化时,土壤 pH 降低,这时磷酸钙就会向无定型和结晶的磷酸铝盐转变,而磷酸铝盐则进一步向磷酸铁盐转化。因此土壤中各种磷肥和土壤的最初反应产物都将按着热力学的规律向着更加稳定的状态转化,直至变为最终产物。

(2)土壤磷的吸附作用

由于土壤固相性质不同,吸附固定过程又可分为专性吸附和非专性吸附。在酸性条件下,土壤中的铁铝氧化物,能从介质中获得质子而使本身带正电荷,由于静电引力吸附阴离子,这是非专性吸附。

$$M(金属)—OH+H^+ \longrightarrow M(金属)—[OH_2]^+$$

$$M(金属)—[OH_2]^+ + H_2 \cdot PO_4^- \longrightarrow M(金属)—[OH_2]^+ \cdot H_2 \cdot PO_4^-$$

除上述自由正电荷引起的吸附固定外,磷酸根离子置代土壤胶体(黏土矿物或铁铝氧化物)表面金属原子配位壳中的—OH 或—OH_2 配位基,同时发生电子转移并共享电子对,而被吸附在胶体表面上即为专性吸附。专性吸附不管黏粒带正电荷还是带负电荷,均能发生,其吸附过程较缓慢。随着时间的推移,由单键吸附逐渐过渡到双键吸附,从而出现磷的"老化",最后形成晶体状态,使磷的活性降低。在石灰性土壤中,也会发生这种专性吸附。当土壤溶液中磷酸离子的局部浓度超过一定限度时,经化学力作用,便在 $CaCO_3$ 形成无定形的磷酸钙。随着 $CaCO_3$ 表面不断渗出 Ca^{2+},无定形磷酸钙便逐渐转化为结晶形,经过较长时间后,结晶形磷酸盐逐步形成磷酸八钙或磷酸十钙。

2. 土壤磷的释放

土壤磷的解吸作用是磷释放作用的重要机理之一,它是磷从土壤固相向液相转移的过程。土壤磷或磷肥的沉淀物与土壤溶液共存时,土壤溶液中的磷因作物吸收而降低,破坏了原有的平衡,使反应向磷溶解的方向进行。在土壤中的其他阴离子的浓度大于磷酸根离子时,可通过竞争吸附作用,导致吸附态磷的解吸,吸附态磷沿浓度梯度向外扩散进入土壤溶液。

3. 土壤中磷的循环

自然土壤中的磷素除少部分来自干湿沉降外,大多数来自土壤母质。磷是构成土壤矿物质的一部分或者紧密与土壤黏粒结合,土壤溶液中游离态的磷酸根含量很低,随地表径流流失的量很少,进入水体中大量的磷往往是随水土流失同步进行的。磷循环主要在土壤、植物和微生物中进行,其过程为植物吸收土壤中的有效磷、动植物残体中的磷返回土壤再循环；土壤有机磷（生物残体中的磷）矿化；土壤固态磷的微生物转化；土壤黏粒和铁铝氧化物对无机磷的吸附解析、溶解沉淀等。耕作土壤中的磷循环如图 9-1 所示。

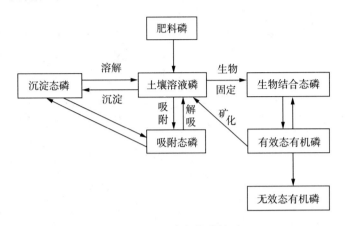

图 9-1　土壤中的磷循环

三、土壤中磷的损失与水体富营养化

富营养化是当今世界水污染治理的难题之一，而磷是大多数淡水水体中藻类生长的主要限制因子。磷在控制水体富营养化中首先是它的浓度，一般认为，水体中磷的浓度达到 0.02mg/L 时即可能产生富营养化。但同时还要看 N/P 比值如何。当 N/P 比大于 4～5 时，其限制因素是磷，富营养化取决于磷的浓度增加。如果 N/P 比小于 4～5，则限制因素可能是氮，在这种情况下，磷浓度的升降就对富营养化影响较少。

（一）水体中磷的来源

水体中的 P 主要来自天然和人为两方面，天然来源包括降水、地表土壤的侵蚀和淋溶；人为来源包括城市排放的含 P 生活污水，农业施用的化肥和牲畜粪便经过雨水冲刷和渗透而最终进入水体的 P。按照污染物进入水体的方式可分为点源污染（通过沟渠管道集中排放的污染源）和非点源污染（进入水体的污染物由广大的流域面积上或从一个城市区域汇集而来）。据估计全世界每年大约有 $3 \times 10^6 \sim 4 \times 10^6$ t P_2O_5 从土壤迁移到水体中。

在一些地区，以农田排磷为主的非点源磷污染往往是水体中磷的最主要来源，非点源污染所占的负荷越来越大，非点源磷对水体富营养化的贡献也愈显突出，这在发达国家表现得更为明显。如在基本实现了对工业和城镇污水等点源污染有效治理的欧美等国，非点源营养物质已成为水环境的最大污染源。而来自农田土壤的氮、磷在非点源污染中占有最大份额，水体中的总磷与流域内农业施用磷肥的比例呈正相关关系。丹麦内陆湖泊的总磷含量在 20 世纪 80 年代有所降低,但这并没有使水质明显改善,因为其他来源的磷(主要是农田土壤磷的流失)仍足以使许多湖泊中磷浓度超过 0.02mg/L,其中农业非点源磷占河流中磷来源的一半以上,一般以农业用地为主的流域内非点源磷年生产量(0.29kg/hm²)相当于自然流域(0.07kg/hm²)的 4 倍。据统计,在欧洲一些国家的地表水体中,农业排磷所占的污染负荷约为 24%～71%。对于陆地进入水源的磷量有人做了估计,不同国家或地区由地表进入水体磷的总量见表 9-1 所列。

表 9-1 不同国家或地区由地表进入水体磷的总量(×10⁴t P)

国家或地区	磷量	国家或地区	磷量	国家或地区	磷量
北 美	20	中 国	40～60	南 非	20～30
欧 洲	30	拉 美	50～80	东南亚	40～70
前苏联	100～180	北非中东	20～30		

(陈怀满等,环境土壤学)

联合国粮农组织估计中国农田磷进入水体的量为 19.5kg/hm²,印度为 10.9kg/hm²,美国为 2.2kg/hm²。即我国从农田进入水体的磷量比美国高 8 倍,比印度高 80%。按上述估计,则我国全国耕地(按 $1×10$hm² 计)每年向水体输送的磷量为 $195×10^4$t P_2O_5。

我国在太湖地区和武汉东湖流域的试验表明,农田的平均磷流失量分别为 776g/(hm²·a)和 611g/(hm²·a)。太湖地区的研究结果表明,在农田磷总流失量中,渗漏占 31%,旱地地表磷流失量比水田高出 4 倍。

(二)磷进入水体的途径

磷可以通过地表径流、土壤侵蚀及渗漏淋溶等途径进入水体。但由于土壤,特别是下层土壤对磷有足够大的吸持能力,使实际进入地下水的磷很少,甚至施用大量磷肥、厩肥和城市污泥时,也不大会造成污染问题,大部分磷都被保持在耕层中。英国洛桑试验站的试验表明,施磷 100 年后,磷仍然集中在 40cm 土层内。在施磷量(P)高达 268kg/hm² 试验中,3 年后 0～5cm 土层中有效磷增加了 3～10 倍,而 5cm 以下没有增加,它说明了下渗水流中磷一般含量很少。然而土壤性质和用量对磷的向下运动有明显的影响,在固磷低的轻质土壤中,磷的向下运动要大得多。比如施过磷酸钙(P)600～2000kg/hm² 时,在湖积细砂土上,虽然大部分积累在 15～45cm 范围内,但磷的下移深度可至 200cm。当磷用量(P)达 13000kg/hm²,仍有 22% 存在 15cm 范围内,但下移最深处可达 400cm。

农田土壤中的磷既可以随地表径流流失,也可被淋溶流失,但除了过量施肥的土壤或地下水位较高的砂质土壤外,多数情况下土壤剖面淋溶液中的磷浓度很低,因而

随径流流失是农田土壤中的磷进入水体的主要途径。农田排水中的总磷含量一般在
$0.01\sim1.0mg/L$,其中溶解态的磷不超过 $0.5mg/L$。一般来说,农田土壤中磷的流失
量只占化学施肥用的 2% 左右,低于 $1kg/(hm^2 \cdot a)$,与作物吸收的总量比较,这一流
失量对农业生产的影响并不大,但由此而产生的水环境质量问题却不容忽视。径流
中的磷素按其形态又可分为溶解态磷和颗粒态磷两大类,溶解态磷主要以正磷酸盐
形式存在,可为藻类直接吸收利用,因而对地表水环境质量有着最直接的影响。

　　磷的流失主要是径流的作用。磷通过径流进入地表水,这是农田磷损失的主
要途径,其中很大一部分是以悬浮颗粒损失的。在农田中因施肥使表土磷积聚较
快,施入的磷肥大部分集中在表土,因此,表土冲刷可造成磷的较大损失。在径流
中的悬浮土粒都是比较细的颗粒,而磷在土壤中主要集中在细粒部分。施肥也可
以显著提高径流水和渗透水中可溶态磷的含量,在磷肥用量较高地区尤为如此。
云南滇池流域土壤磷的研究结果表明,表层土壤的磷素累积明显,全磷和有效磷均
高于全国土壤平均值。其中全磷含量为 $0.5\sim7.0g/kg$,平均为 $2.15g/kg$;有效磷
含量为 $26.7\sim598mg/kg$,平均为 $151mg/kg$。土壤磷的释放风险为 $57mg/kg$,参
考这一数值,滇池流域大约有 69% 的土样已经对滇池水体构成不同程度的环境风
险,其中 51% 的土样磷释放的风险较高、流失严重,以此认为磷的流失已成为滇池
水体富营养化主要原因之一。

　　应当注意的是,磷肥的当季利用率一般在 10%~25% 范围之间,大部分施入
土壤中的磷肥不能为当季作物利用而积累于土壤中,即磷肥在土壤中的积累性或
积累态磷的问题。据统计,自从 20 世纪 60 年代初我国大规模施用磷肥以来,到
1992 年在土壤中积累的磷量(P_2O_5)达到 6000×10^4 t 左右。这一方面提高了土壤
磷的供应能力,但另一方面农田磷素对环境的潜力威胁也大大增加。所以,径流中
的磷量不仅受当季磷肥用量的影响,也受土壤中已经积累的磷量的影响。积累态
磷是指化肥磷未被植物利用而积累于土壤中的那一部分磷素,是"后天"积累起来
的,是磷肥和土壤发生了一系列复杂反应的产物,其性质不同于土壤中原来的磷
素。积累态磷的可利用率可用化学耗竭法进行评价。

　　影响径流中磷量的主要因素是磷肥的施用和土壤中积累态磷的不断增加。因
此,防止农田磷对环境不利影响的主要途径是控制径流和合理施用磷肥。控制地
表径流是水土保持的一个主要任务,它包括工程和生物措施。而合理施用磷肥亦
应是减少磷对环境影响的主要措施,这些措施包括科学地制定磷肥用量;在水旱轮
作时,重点将磷肥施在旱作上,可以在很大程度上减少径流中以及渗漏水中磷的浓
度;提高磷肥利用率,减少积累,有关磷残留效应的研究对了解磷的积累和利用有
重要的理论和实际意义,但对能被植物所利用的土壤中积累态磷的形态和数量,目
前尚不清楚。弄清这一问题,无论在植物营养学或环境科学方面都是十分重要的。

复习思考题

9.1　分析土壤有机碳的形态与活性。

9.2　影响土壤有机碳的合成与分解的因素有哪些?

9.3　土壤有机碳对大气环境产生什么影响?

9.4　土壤中氮有哪些形态?

9.5　简述土壤中氮的主要迁移转化形式。

9.6　简述土壤中磷的损失与水体富营养化的关系。

第十章　土壤资源的利用与环境管理

　　资源,是指可为人类所利用并能给人类带来一定效益的天然物质或能量。土壤具有养育植物的功能,给人类提供生产和生活物质,因此,土壤是一种资源。土壤资源是对具有生产能力的各种土壤类型的总称。土地是指除海洋外的地壳表面,它是包括土壤在内的资源,由地质、地貌、气候、水文、岩石、土壤、植物等自然因素和社会经济条件相互作用所构成的综合体。意思是说,土地包括了生长植物的土壤和不长植物的其他陆地,如房屋、交通等的占地和水面,但习惯上常常将两者通用,例如,农业上讨论土壤的合理利用,通常称为土地的合理利用,本章在有些地方亦采用习惯的称呼,用"土地"代替"土壤"。

　　当今,人口的迅速增长给资源带来了巨大的压力,尤其是土壤资源。一方面由于人口增长和城乡建设用地的发展,土壤资源的绝对数量和人均占有量逐渐减少;另一方面由于利用和管理不当,产生了一系列土壤环境问题,如水土流失、土壤沙化、土壤污染以及土壤养分含量下降和比例失调,等等,严重制约了农业生产的发展和生态环境的保护。因此,如何合理利用土壤资源,不仅是农业生产的大事,也是环境保护、保持生态平衡的大事。

第一节　土壤资源概况

　　土壤是一个开放系统,它与环境间不断地进行着物质与能量的交换,从而与环境共同构成一个统一整体,表现出有什么样的环境就有什么样的土壤。与土壤关系最密切的环境条件是母质、气候、生物、地形及人类活动。它们在影响土壤资源的作用中具有同等重要性和不可代替性。但是,在不同空间与时间范围内,其中有些因素起着主要作用。因此,不同组合的环境条件就决定了土壤类型、性状和肥力水平的多样性。

　　环境条件组合的差异,实质上是水、热条件的差异。气候和地形的不同,直接或间接影响水热的差别,生物群落与生长势是水热状况的综合反映。土体自身的水、热条件是土壤肥力因素,环境的水热状况是决定土壤成分变化的条件因素。地面上的水热条件既有水平方向上的经纬度差异,也有垂直方向上的海拔高度的差异。热量的水平分布规律是随纬度升高而降低,从而形成了不同的热量带。水分(降水)的水平分布因受气压带、陆海分布、地形等因素的影响,各大洲有所不同。就欧亚大陆而言,由于陆地面积大,陆地降水主要受季风环流的巨大影响,降水的水平分布表现为距离海洋愈远,降水愈少。我国降水分布的类似情况在温带最为明显,从东向西依次出现湿润、半湿润、半干旱和干旱四种干湿程度不同的区域。水热条件组合在水平方向的差异决定了土壤类型的水平分布的规律性(图 10-1)。

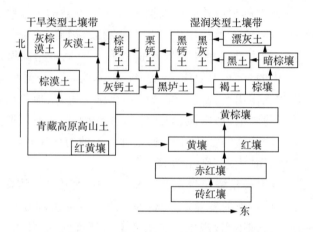

图 10-1 中国土壤水平地带分布模式

　　土壤水平分布又可分为纬度分布与经度分布性,我国东部湿润区纬度分布由南向北依次为砖红壤—赤红壤—红壤、黄壤—黄棕壤—棕壤—暗棕壤—漂灰土;我国温带土壤的经度分布自东向西为暗棕壤—黑土—黑钙土—栗钙土—棕钙土—灰漠土—灰棕漠土。

　　水热条件的垂直分异规律表现为,热量随海拔高度升高而下降,大体上海拔高度每上升 100m,气温下降 0.6℃～1℃;降水在一定海拔高度以内,是因海拔升高而增加,但是到达某一海拔高度反而减少,这一高度称为最大降水量高度,它一般与茂密森林带相符合,约在海拔 1000～1400m 之间。降水量随海拔高度变化的规律还受季节、地理位置及坡向等影响。据研究,我国亚热带地区海拔高度每增高100m,降水量增加 25～145mm,与此同时,年蒸发量下降 60mm 左右。因此,土壤类型随海拔高度的变化而具有垂直分布规律性,如台湾玉山西坡从海拔 400～3000m 的范围内,由低到高的土壤类型依次为赤红壤—山地黄壤—山地黄棕壤—山地棕壤—山地草甸土;江西武夷山西北坡从海拔 400～2120m 的范围内,由低到高的土壤类型依次为红壤—山地黄壤—山地黄棕壤—山地灌丛草甸土。不过,土壤垂直分布规律性随山体所处地理位置而不同,因为在垂直带谱中,山麓土壤是起点,称为基带,它是受纬度变化规律和经度变化规律所制约的。

一般说来,在相似的经度上(干湿程度相近),若基带所处的纬度较高,土壤垂直带谱组成趋于简单,而且相同类型土壤分布的海拔高度较低,这是因为纬度增高,热量则减少,它与海拔升高热量减少的效应等同。在相似的纬度区(热量接近),由沿海向内陆,则带谱组成趋于复杂,且相同类型土壤分布的海拔高度逐渐增高。这是因为近海地区湿度大,不同海拔高度的湿度差异小,土壤类型变异不复杂。而内陆湿度小,不同海拔高度的湿度差异大,导致土壤类型变异较复杂。所以,同纬度下的东海岸,黑钙土出现在海拔 1300m 以下,而西部内陆则在海拔 1600m 处开始出现。同理,山体高度与坡向,由于温度与湿度的差异,对土壤垂直带谱也有影响。山体愈高,相对高差愈大,土壤垂直带谱构成愈复杂。

一、我国主要的土壤资源

我国地域辽阔,地形复杂,母质与气候类型多样,植物种类极其丰富,使我国土壤资源及其类型也相应的丰富多彩。从寒温带的灰化土到热带的砖红壤;从滨海平原的盐土到青藏高原的高山草甸土;从黄土高原的黄绵土到南方的水稻土,等等。据统计,全国土壤共有 14 个土纲,39 个亚纲,141 个土类,595 个亚类。丰富的土壤类型,为我国农、林、牧业发展,创造了极为有利的条件,其中,3/4 以上的土壤已利用或可利用于农、林、牧业,现就我国主要土壤类型(表 10-1)简介于后。

(一)热带亚热带湿润区土壤资源

我国热带亚热带地区土壤属于红壤类型,包括砖红壤、赤红壤、红壤、黄壤及燥红土等土类。总面积为 $148×10^4 km^2$,占全国土壤面积的 15.4%。处于北纬 31°以南的地区。红壤类型区,为热带、亚热带气候,高温多雨,湿热同季,长夏无冬,年均气温 14℃～25℃,≥10℃ 积温 4500℃～9000℃,降雨量 1000～2500mm。自然植被为热带雨林、季雨林,热带常绿阔叶林及亚热带常绿阔叶林。红壤类型的土壤是在强烈的富铝化及生物富集作用下形成的。一方面成土矿物化学风化彻底,物质淋溶强烈,解体硅酸盐的盐基和硅酸遭到淋失,铁、铝氧化物相对富集;另一方面植物生长繁茂,每年有大量有机物归还土壤。据研究,热带森林归还土壤的有机物每年每公顷约 12t,则每年每公顷植物富集的灰分元素可达 1852.5kg、N162.8kg、$P_2O_5$16.5kg、K_2O38.25kg。旺盛的土壤微生物活动,使这些元素以极快的速度进入土壤中。因此,红壤类型土壤虽然其化学风化、淋溶强烈,但生物循环亦强,因而土壤内物质与能量循环处于较高水平。如果植被一旦破坏,水土流失随之加重,生物循环减弱,土壤物质失多于得,土壤肥力降低。由于红壤类型的区域性变化环境水热数量由南向北渐减,因而土壤生物量、循环势、风化度等也表现相应的递减。

表 10-1 中国土壤资源概况

气候带	自然植被	代表性土类	按中国土壤系统分类制所属土纲	总面积（万 km²）	占全国土地面积（%）
热带、亚热带湿润区	热带雨林、季雨林	砖红壤	铁铝土、富铁土、雏形土	147.68	15.4
	南亚热带季雨林	赤红壤			
	亚热带常绿阔叶林	红 壤	富铁土、淋溶土、雏形土		
	亚热带常绿-落叶阔叶林	黄 壤			
温带湿润区*	落叶阔叶与常绿阔叶混交林	黄棕壤	淋溶土、雏形土	119.69	12.47
	暖温带落叶阔叶林	棕 壤			
	针叶阔叶混交林	暗棕壤			
	落叶阔叶-草灌植物	灰黑土	均腐土、淋溶土		
	针叶林	漂灰土	雏形土、淋溶土、灰土		
暖温带半湿润半干旱区	热带稀树草原	燥红土**	富铁土、淋溶土、雏形土、变性土	43.29	4.51
	旱生森林或灌木草原、中生夏绿阔叶林	褐 土	淋溶土、雏形土、均腐土、人为土		
	旱生针阔混交林	土			
		灰褐土			
温带半湿润区	草甸化草甸	黑 土	均腐土、淋溶土	78.59	8.18
	草甸-沼泽草本	白浆土			
	草甸草本	草甸土等	雏形土		
温带半干旱区	稀疏草原	黑垆土	均腐土、雏形土	110.24	11.49
	草原、草甸草原	黑钙土			
	旱生草原	栗钙土			
	旱生荒漠草原	棕钙土	干旱土		
	丛生禾草、旱生灌木荒漠草原	灰钙土			
温带干旱荒漠区	旱生、超旱生小半灌木、灌木、荒漠	灰漠土	干旱土、雏形土	75.71	7.88
		灰棕漠土			
		棕漠土			
水成土	莎草科沼泽植物	沼泽土	潜育土、人为土	42.67	4.44
		水稻土			
盐碱土	深根性植物或耐盐植物	盐 土	盐成土	19.08	1.99
		碱 土			
岩成土	地区性植物与作物	紫色土　石灰土	雏形土、新成土、淋溶土、富铁土、均腐土、新成土	104.03	10.84
		磷 质　石灰土			
		风沙土			

（续表）

气候带	自然植被	代表性土类	按中国土壤系统分类制所属土纲	总面积（万 km²）	占全国土地面积（%）
高山土	耐寒、耐旱的灌丛,草本及垫状植物	高山、亚高山草甸土、高山亚高山草原土,高山、亚高山漠土等	雏形土、干旱土、新成土	198.78	20.70
其　他				20.24	2.11
合　计				960.0	100.0

＊本区实际上包含了北亚热带、暖温带、温带、寒温带等热量带中东部湿润区域。

＊＊土壤位于热带,但干湿度属于半干旱。

1. 砖红壤

位于海南省、雷州半岛、云南及台湾省的南部。土壤呈酸性,pH 值一般为 4.5～5.5,硅铝铁率多小于 1.5,铁的游离度约为 85%,黏土矿物以高岭石和三水铝矿为主,并含多量赤铁矿,质地黏重,但持水力低,土壤有机质在森林植被下可达 8%～10%,开垦后可降到 2.0%,腐殖质中胡敏酸与富里酸(HA/FA)比值不超过 0.5。玄武岩和石灰岩发育的砖红壤多氧化铁、铝,而花岗岩发育的,则多含石英,少含铁。

2. 赤红壤

为南亚热带地带性土壤,分部在云南南部,广西、广东的南部,福建东南部及台湾中南部,pH 值为 4.5～5.0,硅铝铁率 1.4～1.8,铁游离度约为 60%,黏土矿物以高岭石和埃洛石占优势。花岗岩母质发育的土壤质地较轻;第四纪红土母质发育的则较为黏重。

3. 红壤

分布在长江以南的广大丘陵区,涉及江西、湖南的大部。云南、广东、广西、福建等省区的北部,及四川、贵州、安徽、浙江等省的南部。土壤 pH5.0～5.5,阳离子交换量为 15～25mol/100g,硅铝铁率为 1.3～1.9,黏土矿物以高岭石为主,并有水云母,三水铝矿不常见,铁游离度为 50%～60%,生物量虽然较大,但因植被大多破坏,垦殖后的农地,土壤有机质多在 1%～5%之间。HA/FA 值 0.3～0.4,花岗岩母质上的红壤质地较粗,1～0.25mm 粒级含量在 20%以上,第四纪红色黏土发育的则较黏重。红壤总的特点是:黏、酸、瘦。

4. 黄壤

与红壤属同一纬度,四川、贵州分布最多,云南、湖南、广西、广东、浙江、福建等省区也有分布,黄壤区水分条件较红壤高,热量条件略低,因而土体内经常处于湿润状态,由于铁质水化以针铁矿及多水氧化铁而形成黄色土壤。土壤 pH 因淋溶强而比红壤更低,为 4.5～5.5,有机质较红壤为高,可达 5%～20%,HA/FA 比值为 0.38～0.5,硅铝铁率为 2.0 左右,黏土矿物以蛭石为主,高岭石、水云母次之,铁游离度为 31%～58%。

5. 燥红土

主要分布在云南南部深切河谷地带及海南南部,属热带稀树草原植被下的土壤,矿物风化度低,硅铝铁率为 2.0 左右,黏土矿物以水云母为主,次为高岭石,三水铝矿含量很少,土壤 pH 为 6.0～6.5,土壤有机质不超过 2.0%,且以胡敏酸为主,HA/FA 为 1～2,是唯一的红壤区域里生物循环势较低的类型,其限制因子是干、热同季,加重了土壤干旱。

(二)温带湿润区土壤资源

本区域包括北亚热带、暖温带、温带、寒温带的湿润气候区,其土壤有黄棕壤、棕壤、暗棕壤、漂灰土等,概称棕壤类型。总面积约 $120 \times 144 km^2$,占全国土壤面积的 12.5%,大致位于北纬 31 度至 54 度之间的大陆东部。气候上具有暖湿与冷湿,夏季暖热多雨,冬季寒冷少雨的特点,年均温从零度以下到 16℃,≥10℃ 积温为 1500℃～5000℃,年降水量 400～1300mm,干燥度<1.0,植被为暖温带落叶阔叶林、针阔混交林及针叶林。由于水、热条件不及热带、亚热带,因此,棕壤类型的形成过程为明显的黏化和淋溶-淀积作用,易溶性盐分和碳酸盐全被淋失,黏粒在下部淀积,除黄棕壤外,几乎没有富铝化作用。生物富集与循环力也明显减弱。据研究,温带阔叶红松林下凋落物每年每公顷只有 4t 左右。比热带低 2 倍。由于热量自北亚热带起向北逐渐降低,各类土壤又具有不同的特点。

1. 黄棕壤

集中分布在江苏、安徽、湖北和四川诸省长江下游两岸的低山丘陵地区,在中、南亚热带山地黄壤之上也有分布。因水、热条件仅次于红壤,土壤有弱的富铝化,pH 值 4.0～6.0,表层有机质含量一般为 2%～3%,HA/FA 小于 1,耕种土壤趋于中性,且 HA/FA 大于 1。质地黏重,黏粒硅铝铁率在 2.1～2.3 之间。在花岗岩、辉长石与石灰岩发育的土壤中黏土矿物以高岭石为主,次为水云母;紫色砂岩发育的则以水云母为多,高岭石次之;下蜀母质发育的黄棕壤除水云母、蛭石、高岭石外,还有蒙脱石。

2. 棕壤

集中分布在辽东、辽西、胶东、冀东等地,夏秋高温多雨,使土体内易溶盐分全部淋失,但是,因植被属阔叶林,灰分含量高,加之干湿季节的变化,土壤上层盐基总量仍较高,足以中和微生物活动中产生的有机酸,从而使黏土矿物免遭酸性溶液的腐蚀破坏,并阻止了灰化过程的深入进行,从而只发生黏粒的迁移与淀积。土壤

pH 为 5.0～7.0，表层有机质含量平均为 5%～6%，最高可达 10%。HA/FA 值为 0.6～0.8，黏土矿物以水云母和蛭石为主，硅铝铁率为 2.5 左右，偶有高岭石。但与褐土比较，水云母含量较低，而蛭石较高，耕作土壤近中性，但有机质降为 1%～3% 左右。

3. 暗棕壤

分布于我国长白山、大小兴安岭东坡、青藏高原东南部边缘和亚热带山地。暗棕壤区热量比棕壤区低，而植被以针叶-落叶阔叶林为主。因此，灰分含量有所降低，土壤表现为弱酸性淋溶和黏化过程。不过，由于低温湿润而减缓有机质的分解，故腐殖质积累量增大，表层有机质含量丰富，可达 8%～15%。表层 HA/FA 大于 1.5，淀积层 HA/FA 小于 1，这是酸性淋溶-淀积的特征。土壤 pH 值 5.0～7.0，黏粒硅铝铁率为 2.0～2.5，铁、铝氧化物常可见到白色菌丝体，这并非灰化过程的结果，而是由于矿物分解产生的二氧化硅以 SiO_3^{2-} 溶于土壤溶液中，因冻结等原因沉淀而成的。

4. 漂灰土

分布在大兴安岭中北部及阿尔泰山和青藏高原东南部边缘的亚高山、高山垂直地带中。其气候比暗棕壤更冷湿，植被以针叶林为主，地表长有大量苔藓，凋落物层因生物分解弱而深厚，灰分含量低，一般为 3%～5%，分解产物以呈酸性的物质为多，加上苔藓凋落物层持水性强，致使土壤终年处于湿润状态，因而土壤形成过程受有机酸的酸性和络合淋溶与淀积的控制。土壤铁与有机酸络合发生淋溶，表现出特有的离铁现象，使土体在腐殖质层之下出现灰白层。土体由腐殖质层、灰化层和淀积层构成，表层有机质含量一般为 10%～30%，HA/FA 小于 1，土壤 pH 值 4.0～5.5，灰化层质地较轻，且 SiO_2 含量相对增高，铁铝氧化物含量相对减少，淀积层则相反。灰化层黏粒硅铝铁率在 1.2～5.0 之间，淀积层为 1.2～2.5，黏土矿物以水云母为主，并有蒙脱石、蛭石。

(三) 暖温带半湿润、半干旱区土壤资源

这一区域有褐土、塿土、黄绵土、黑垆土和灰褐土等，统称褐土系列，其面积为 $58.1 \times 10^4 \text{km}^2$ 占全国土壤的 6.1%，位于黄淮海、渭汾河流域、南疆等地。褐土类型地区属暖温带大陆性季风气候，冬干夏湿，高温与湿润同时发生，季节分明。年均温 2℃～14℃，≥10℃ 积温 1100℃～4500℃，年降水量 300～700mm，自然植被有中生夏绿阔叶林(山区)、旱生森林和灌丛(低山、丘陵)，以及杨、桦、云杉、油松林等针阔叶混交林。由于水分状况降低为半湿润，土壤中物质迁移表现为石灰的淋溶和淀积、残积淀积黏化作用，腐殖质则在中性或碱性环境中积累。

1. 褐土

分布在关中、晋南、冀西、豫西等地的丘陵区和燕山、太行山、吕梁山、秦岭等山

地,处于棕壤以北。土壤剖面由腐殖质层、黏化层和钙积层三个基本层段组成,土壤呈中性-微碱性反应,表层有机质含量多在3%～5%,黏土矿物主要为水云母,蛭石次之,硅铝铁率在2.4～2.8之间。

2. 㙤土

分布在关中和山西南部,河北、河南也有少量分布。它是在褐土的基础上,经长期施用土粪堆积熟化而形成的。其主要成土过程为㙤土化过程,也伴有黏化和石灰淋溶淀积过程。剖面在深厚的熟化层之下,有紧实黏重的垆土层(原始土壤的表层和黏化层),上下分明,形如楼房,故名"㙤土"。耕层有机质含量一般在1.0%～1.5%,但厚度大,有60～70cm厚,HA/FA稍大于1,富含石灰,最高可达26%,pH值7.0～8.5,黏土矿物以水云母为主,硅铁铝率为2.4～3.0之间。

3. 黑垆土

位于褐土带以北,为古老的耕作土壤,分布在陕北、晋西北、陇东、陇中以及内蒙古、宁夏的南部,环境水分状况不如褐土。因此,土壤淋溶强度比褐土弱,黏化作用微弱,土体含有水溶性盐分(0.05%～0.07%),石灰含量较高,一般可达5%～17%,pH值7.5～8.5,熟化层和腐殖质层有机质含量仅1.0%～1.5%,但厚度常达1m以上,HA/FA比值为2.0以上,腐殖质大都与钙结合,活性胡敏酸少,黏粒硅铝铁率为2.6～2.8,黏土矿物以水云母为主,伴有少量高岭石和蒙脱石。

4. 绵土

它是没有明显剖面发育、母质特征保留最明显的黄土性土壤的总称,因其土质疏松、绵软,色浅而得名。分布于黄土高原水土流失严重的地区,以陕北的面积最大,陇东、陇中和晋西次之,宁夏、内蒙古的南部也有分布,常与黑垆土交错出现,由于长期受侵蚀和局部的堆积,土壤发育弱。但是,在人工控制下绵土可以熟化变成高产稳产的"黄绵土"。其剖面由耕层和底土层二个层段构成,黄绵土有机质含量在1.6%～2.3%,呈微碱性,土壤水稳性团粒结构(>0.25mm)含量21%～36%,黏土矿物以水云母为主,硅铝铁率为2.8～2.9。

5. 灰褐土

主要分布在大青山、贺兰山、祁连山、天山、西昆仑山等山地。因气候比褐土温凉干旱,其黏化作用相对减弱,腐殖质积累过程较为强烈,表层有机质一般在10%～25%,在1m深处仍有1%～3%,HA/FA比值大于1.5,pH值多在7.0～8.0之间。表层含石灰在2.0%左右,而剖面下部可达10%～16%,土体硅铝铁率为4.6～5.2。灰褐土兼具褐土(黏化、石灰的淋溶与淀积等)和灰黑土(腐殖质积累过程)的特点。

(四)温带半湿润区土壤资源

该区域土壤属黑土系列,包括灰黑土、黑土、白浆土和黑钙土。面积为78.59

$\times10^4km^2$，占全国土壤的8.18%，位于中国东北平原，所处地区年均温为$-4℃$～$6℃$，$\geqslant10℃$积温1400℃～3000℃，年降水量为350～600mm，多集中在夏季。植被为森林草原和草原。因夏季温暖雨量大，植物生长旺盛，且根系生物量大，根系可占总生物量的80%～90%以上。因此，有机物直接保留于土壤中，从而为土壤提供了较多的有机物。据研究，黑土每年每公顷积累有机物可达13～18t，而冬季寒冷雨雪少，土壤冻结，微生物活动弱，有机质分解不充分，并转化为腐殖质形式加以累积。所以，土壤中形成了深厚的腐殖质层。由于水热条件及植被类型不同，形成了不同土壤，在黑土东南面水分条件好，土体常发生季节性滞水而产生强度还原淋溶，发育成白浆土；而在水、热稍差的西北面，植被为森林草原，发育为灰黑土；位于黑土西部水分较差，淋溶作用弱，石灰在土壤剖面中淋溶淀积明显，形成黑钙土。

1. 灰黑土

主要分布在大兴安岭中段和南段的西坡，阿尔泰山和准噶尔盆地以西的山地。具有较弱的淋溶残积黏化，全剖面呈微酸性至中性反应，pH值在5.5～7.5，表层有机质多在2.0%以上，最高达10%～15%，在50cm深处仍可达1%～2%。黏粒硅铝铁率在2.5～3.0之间，黏土矿物以水云母为主，伴有高岭石、蛭石及蒙脱石，在剖面深处（1m）可见少量石灰。

2. 黑土

分布在小兴安岭两侧，大兴安岭中北段的东坡，三江平原西部的高阶地上。腐殖质层深厚，一般为30～70cm，厚者可达100cm以上，有机质含量常在3%～6%，高者可在15%以上，HA/FA比值在1.4～2.5，腐殖质多与钙结合，稳定性好。土壤pH值为5.5～6.5。黏土矿物以水云母为主，次为蒙脱石，并有高岭石与蛭石，硅铝铁率为3.1～3.5。团粒结构好，疏松多孔，为高肥力土壤。

3. 白浆土

多见于黑龙江、乌苏里江和松花江的下游谷地，小兴安岭、长白山、大兴安岭东坡的山间盆地、山间谷地、山前台地等。土体由腐殖质层、白浆层、淀积层三个层次构成，白浆层是有别于其他土壤的特征层次。未开垦的白浆土表层有机质含量约8%～10%，开垦后下降至1.0%以下，HA/FA比值为1.3～1.7，但胡敏酸的缩合度比黑土略小。土壤pH值为5.0～6.0。由于黏粒的机械淋失而具有上砂下黏的特征，黏土矿物以水云母为主，并有少量高岭石和无定形物质，硅铝铁率2.6～3.0，白浆层因铁质还原淋溶含铁量较其余各层为低。

4. 黑钙土

分布在大兴安岭山地的东西两侧，松嫩平原中部、燕山北坡、新疆的昭苏盆地、天山北坡、准噶尔盆地以西山地、阿尔泰山的南坡、祁连山东部等。土壤具钙化特征，石灰在腐殖质层之下聚积，土壤呈中性至微碱性，pH值6.5～8.5之间。有机质含量一般为 5%～10%，HA/FA 比值为 1.5 左右，胡敏酸绝大部分与钙结合。黏土矿物以蒙脱石为主，并有蛭石、水云母等，硅铝铁率在 5～7 之间。

（五）温带半干旱区土壤资源

本区土壤总称栗钙土系列，包括栗钙土、棕钙土和灰钙土，总面积 110×10⁴ km²，占全国土壤的 11.5%。位于内蒙古高原、黄土高原西部、呼伦贝尔高原。气候属温带半干旱、干旱大陆型，干燥度为 1.0～4.0，年均温－2℃～9℃，≥10℃积温为 1700℃～3100℃，年降水量 150～350mm，植被为干草原、荒漠草原、草原化荒漠等类型。栗钙土系列在这种生物气候下形成过程的共性是：中性和碱性环境下弱的腐殖质积累过程和石灰聚集过程（钙化）。由于有机质归还量不大，而矿化作用又强，因此栗钙土类有机质含量都低。土壤具有腐殖质层和钙积层的"二层性"构型，矿物基本无破坏。不过，由于干燥度的增大，棕钙土腐殖质积累比栗钙土小，而石灰聚积则增强，钙积层在剖面中的位置升高。灰钙土位于棕钙土东南部，气温较前两者略高，热量条件接近暖温带，而降水量比棕钙土稍多，但低于栗钙土区，具有草原向漠境过渡的气候特点，腐殖质积累比棕钙土稍强，但不及栗钙土，钙化过程也有所减弱，局部还有碱化现象。

1. 栗钙土

主要分布在内蒙古高原的东南部，鄂尔多斯高原的东部，呼伦贝尔高原西部和大兴安岭东南麓，松嫩平原的西南部，新疆西北部的鄂尔齐斯谷地，和布克谷地及阿尔泰山山前一带，此外，还分布在阴山、祁连山、阿尔泰山、准噶尔界山、天山、昆仑山以及青藏高原东北部的山间盆地和山地垂直带上。栗钙土因所处环境比黑钙土干旱，腐殖质积累量较低，且呈栗色而得名。表层有机质含量多在 1.5%～4.0%，HA/FA 比值大于 1.0，胡敏酸多与钙结合，石灰含量在 10%～30%之间，钙积层出现在剖面中 20～80cm 处，pH 值 7.5～9.0。机械组成以细砂、粉砂为主。土体中铁铝氧化物无明显迁移，黏土矿物以蒙脱石为主，硅铝铁率多在 2.4～3.0。

2. 棕钙土

分布在内蒙古高原的中西部，鄂尔多斯高原西部和准噶尔盆地的北部、塔城盆地的外缘以及中部天山北麓山前洪积扇的上部，狼山、贺兰山、祁连山、天山、准噶尔界山和昆仑山等山地垂直带上也有出现。土表多砾质化、砂化，砂粒含量一般在 50%～90%，有弱黏化现象，有机质含量为 0.6%～2.0%，HA/FA 比值为 0.4～0.7，石灰含量 10%～40%，出现在 15～30cm 之下，并普遍有石膏积累和盐渍化现象，土壤 pH 值 8.0～9.5，黏土矿物以水云母为主，并有少量蒙脱石，硅铝铁率在 2.8～4.5 之间。

3. 灰钙土

分布在黄土高原的西北部，银川平原、河西走廊的东段以及伊犁河谷地。鄂尔多斯高原、宁夏中北部和甘肃屈吴山山地垂直带上也有分布。土壤剖面分化不明显,土表矿物有细微的裂缝和薄假结皮,这有别于棕钙土,表层有机质含量为0.5%～3.0%,可下延到50～70cm,上下层无明显过度,HA/FA比值约0.7。黏粒硅铝铁率在2.8～3.2之间。黏土矿物以水云母为主,夹有少量蒙脱石、绿泥石、蛭石。土壤pH8.0～9.5,黏化在形态上反应不明显。石灰含量一般在12%～25%,表层石灰有弱度淋溶现象,并在20～70cm间积聚,呈灰白的假菌丝状,且沿植物根系分布。其原因是在极干旱地区,环境水分的作用很弱,在夏季生物活动旺盛,植物根系呼吸作用及植物残体分解释放的CO_2提高了土壤空气中CO_2分压,使碳酸钙以重碳酸钙形态溶解,在冬季植物活动停止,蒸发又强烈,使溶解态的重碳酸钙变成碳酸钙,并沉淀在根系附近。

(六)温带干旱荒漠区土壤资源

在本区域内土壤有灰漠土、灰棕漠土、棕漠土等,属漠土类型。总面积为75.7×10^4km²,占全国土壤的7.9%,位于内蒙古西部,一直向西至新疆塔里木、吐鲁番、准噶尔和柴达木等盆地。气候为夏季较热、冬季寒冷,大陆性气候显著,年均温度5℃～12℃,≥10℃积温2800℃～4500℃,年降水量小于200mm,蒸发量大于降水量至少10倍。植被为旱生、超旱生小半灌木、灌木荒漠类型。覆盖度不超过10%,生物作用非常微弱,每年每公顷进入土壤的有机物仅几百公斤。但土壤钙化作用、石膏化与盐化作用明显,还有弱的铁质化作用。然而,因灰棕漠土环境极端干旱,石灰表聚性明显,石膏在10～40cm内聚积,残余盐化明显,而且表层与亚表层有弱铁质化过程,剖面中部弱黏化,其厚约10cm;棕漠土的环境热量比灰棕漠土更优,而水分更差,因而,生物作用更微弱,石灰表聚性更明显,连石膏也表聚化了,盐渍化、铁质化增强,黏化作用减弱;灰漠土环境水分条件优于灰棕漠土,生物作用也相对增强,具有弱的腐殖质积累过程,且碳酸钙受到弱度淋溶。

1. 灰漠土

主要分布在准噶尔盆地南部和北部乌伦古河南岸、河西走廊中西段、后套平原西部和鄂尔多斯高原的西北部等。土壤表层有机质含量在1.0%左右,富里酸含量高于胡敏酸1～2倍,腐殖酸大部分与钙相结合,碳酸钙含量可达10%～30%,聚积在20～30cm以下,总盐量均大于1.0%,土壤pH通常大于8.0,剖面中部有10～30cm的黏化层,黏粒硅铝铁率为3.0～3.4,黏土矿物以水云母为主,有少量绿泥石,质地多属中壤。

2. 灰棕漠土

广布于内蒙古的西部和甘肃北部的阿拉善-额济纳高平原,河西走廊中、西段北山,准噶尔盆地西部、东部,柴达木盆地西部等。土壤有机质含量0.3%～0.5%,HA/FA比值为0.25～0.5,碳酸钙含量以表层或亚表层最高,达4%～

10%,土壤 pH 值在 8.0～8.5 之间;石膏出现在 10～40cm 处,其含量在 1.0%～30%,黏粒硅铝铁率在 3.0～3.9 之间,质地较粗。

3. 棕漠土

主要在河西走廊最西部、新疆的南部与东部盆地等地分布。土壤有机质含量一般在 0.1%～0.3%,富里酸含量比胡敏酸大 5 倍以上,碳酸钙和石膏均以表层为最多,残积盐化明显,含盐量在 0.5% 以上,土壤 pH 值 8.0 左右;黏土矿物以水云母为主,伴有少量蛭石,硅铝铁率为 3.6～4.0。

(七)湿土资源

湿土属非地带性土壤,包括草甸土、沼泽土和水稻土,前两者面积为 $42.7×10^4$ km^2,占全国土壤的 4.4%。水稻土将单独讨论。草甸土和沼泽土都具有潜育化特征,沼泽土的地下水比草甸土高,往往接近地表,使土壤处于嫌气状态,潜育化过程强烈,甚至有泥炭的累积。

1. 沼泽土

集中分布在东北大、小兴安岭,长白山及三江平原和川西高原的松潘草地。所处地势低洼,气候冷湿,植物以喜湿性沼泽植被为主。土壤积水(地表水或地下水的作用),长期处于水分饱和状态,甚而表面积水,土壤微生物活动受限,有机质分解不充分,且在表层不断累积形成较厚的腐殖质层,下部因还原而出现明显的潜育层。表层有机质含量常在 5%～25%,有机质在渍水还原条件下形成泥炭。土壤呈中性或微酸性。

2. 草甸土

分布在东北地区的松嫩平原、辽河平原、三江平原低洼地及川西高原低地等,华北平原、内蒙古及西北地区的河谷平原的沿河两岸也有分布。与沼泽土不同,它是在草甸植被下直接受地下水浸润发育的一种半水成型土壤,植物在夏季生长繁茂,为土壤提供大量有机物,但冬季长而低温,有机残体分解缓慢,因此,土壤积累了大量腐殖质。土体由腐殖质层、腐殖质过渡层及潜育层组成。腐殖层有机质含量一般在 3%～6%,高者可达 10%,HA/FA 比值为 2.0,土壤呈中性,但也有微酸性与微碱性的。

(八)水稻土资源

水稻土面积为 $25.3×10^4 km^2$,占全国土壤的 2.6%,是人为耕种活动的产物。各种地带性和非地带性土壤经水耕熟化都可形成水稻土,几乎遍及全国,但主要在秦岭淮河一线以南,其中以长江中、下游平原,珠江三角洲、四川盆地、台湾西部最为集中。以水耕熟化过程为其形成特征,水稻土的理化性质因环境条件不同而异。中亚热带以南地区由于水热条件优越,一般一年二熟、甚至三熟,土壤淹水时间长,约 210～240 天,有机质积累作用较明显,含量较高(1.5%～2.5%),HA/FA 比值

<1,胡敏酸分子芳化度低,铁锰淋溶沉淀现象明显,盐基不饱和,pH 在 5.0～6.5 之间。北亚热带地区,水稻土一般为水旱轮作,土壤淹水时间缩短,为 160～180 天,有机质分解作用增强,含量稍低,在 2.0%左右,HA/FA 比值<1,胡敏酸分子 芳化度较高,还原淋溶作用也较南方弱,土壤呈中性至微碱性,盐基饱和,而北方暖 温带和温带地区的水稻土,水热条件差,一般一年一熟,也有隔年水旱轮作,冬季土 壤冻结,土壤有机质分解慢,含量又升高至 2.0%～3.6%,HA/FA 大于 1,铁锰的 移动也不强烈,pH 值一般较高,呈中性-微碱性。黏土矿物以水云母为主,硅铝铁 率为 3.5～4.0。

(九)盐碱土资源

包括盐土和碱土,总面积为 19.1×10⁴ km²,占全国土壤的 2.0%。盐土是指土 体含有过多的可溶性盐分,一般大于 0.6%;碱土是指土壤胶体上钠的饱和度为 15%以上,而表层含盐一般不超过 0.5%的土壤。

1. 盐土

分布在我国华北、西北、东北干旱、半干旱地区及滨海地区,干旱地区由于蒸发 强烈,导致盐分在表层聚积,而滨海地区则是海水浸渍而使土壤积盐。积盐过程为 其主要成土过程。盐土表面常有白色盐霜或盐结皮,一般呈中性到微碱性反应, pH 值 7.5～8.5,盐分组成一般有氯化物型、硫酸盐型、硫酸盐-氯化物型及氯化物 -硫酸盐型等。但在南方红树林下的滨海盐土,因所含硫化物经氧化而呈酸性,常 称"咸酸田"。在沿海地区与之相伴的是由这些土壤组成的海涂土地资源,它们在 利用上有很大的潜力。

2. 碱土

分布面积小而零星,多见于干旱荒漠地带,土壤无机、有机部分高度分散,黏粒 和水溶性腐殖质淋溶下移,表层质地较轻,碱化层相对黏重,呈柱状或棱柱状结构, 通透性差。土壤溶液一般含有苏打,故 pH 可高达 9 以上。

(十)岩性土资源

岩性土包括紫色土、石灰土、磷质石灰土和风沙土。前三者主要分布于南方热 带、亚热带地区,风沙土分布在北方温带、暖温带干旱地区。这类土壤性质受母质 特性的控制影响。面积达 88.9×10⁴ km²,占全国土壤的 9.3%。

1. 紫色土

大面积分布在四川盆地,滇、黔、湘、赣、浙、闽、粤、桂等省(区)也有分布。环境 属亚热带生物气候,但因植被稀少,生物作用微弱,表土经常遭侵蚀,但母岩极易风 化,因而土壤发育短暂,所以土壤未发育成红壤、黄壤。不过,在川南盆边山地森林 植被较好的地方,紫色土已有黄化特征。紫色土形成过程以母岩的物理崩解和侵 蚀堆积为主,伴有碳酸钙的淋失。土层浅薄,一般仅 50cm 左右,但地形部位不同,差异较大,丘顶或坡上部可以薄到 10cm(这实际上是残积母质),而坡麓、沟坝也可厚达 100cm 以上,常呈红紫或棕紫色。土壤有机质含量低,在 1.0% 左右,土壤呈中性至微碱性反应,大多数页岩发育的紫色土都含有碳酸钙,最高可达 10%,pH 值受母岩影响很大,酸性母岩如白垩纪夹关组发育的紫色土,pH 值小于 5.5。其他则土壤化学风化弱,土壤钙、镁、铁、锰含量较高,硅铝铁率>2.0,黏土矿物以水云母、蒙脱石为主。

2. 石灰土

形成于热带、亚热带、暖温带湿润环境,南方各省的石灰岩地区均有分布,以桂、黔、滇较为集中。由于成土母岩富含碳酸钙,减缓了土壤中盐基成分淋失和脱硅富铝化作用进行,目前土壤形成过程表现为碳酸钙的化学溶蚀和腐殖质积累作用。因此,石灰土普遍含碳酸钙 1%~30%,pH 值 7.0~8.0,具有明显的腐殖质层,呈灰黑色,但厚度不一,其有机质含量可达 5%~7%。黏粒含量多在 30%~50%,土壤中除碳酸盐类矿物外,其余矿物尚未受破坏,土壤结构呈核状,土层与母岩分界清晰。

3. 磷质石灰土

分布在我国南海诸岛,气候热湿,植被以喜钙性草本为主,成土母质为珊瑚灰岩、珊瑚、贝壳等,除富含碳酸钙外,还富含磷素,此外,海鸥等海鸟在表面聚积了大量富含磷质和有机质的海鸟粪,因此,在海鸟直接参与成土作用和这种特殊成土母质下形成富磷的石灰土。与石灰土的区别在于有磷素富集过程。磷质石灰土表层呈黑色,富含鸟粪及动植物残体,有机质含量可达 10% 以上,全磷常高达 30%(为中等品位磷矿的水平),碳酸钙含量最高可达 95%,通体呈碱性,pH 值多大于 8.0。

4. 风沙土

在风沙地区由风成砂性母质发育的土壤,主要分布在我国北部半干旱、干旱地区的沙地及沙漠中,气候干燥,温差大,物理风化强,形成过程经历了流动风沙土—半固定风沙土—固定风沙土阶段,有机质含量低,一般不足 1%,含有可溶性盐和碳酸钙,细砂含量高达 90%。

(十一)高山土壤资源

高山土包括山地草甸土、亚高山草甸土、高山草甸土、亚高山草原土、高山草原土、亚高山漠土、高山漠土和高山寒冻土等。分布在青藏高原和北方地区高山垂直地带最上部,位于森林郁闭线以上或无林高山带。总面积 $198.9 \times 10^4 km^2$,占全国土壤的 20.7%。气候寒冷,植被为草本和垫状植物。因气温低,矿物分解弱,有机质腐殖化程度低,土壤粗骨性强,土体薄,层次分异不明显,或具有明显的生草层特征。土壤呈中性到微碱性,黏土矿物以水云母为主,因水、热条件及植物的差异,形成了各类高山土。高山土壤由于热量的限制,开发不充分。

二、世界土壤资源概况

在地球 $5.1 \times 10^8 \mathrm{km^2}$ 的表面中,海洋面积 $3.61 \times 10^8 \mathrm{km^2}$,约占 71%,陆地面积 $1.49 \times 10^8 \mathrm{km^2}$,约占 29%。地球陆地表面无冰雪覆盖的面积 $1.3 \times 10^8 \mathrm{km^2}$,全球土地面积中,耕地占 10.2%,永久性草场占 26.0%。

1998 年,全球有耕地面积 134.14 亿 ha。耕地面积最大的国家为美国(1.77 亿 ha)、印度(1.50 亿 ha)、俄罗斯(1.26 亿 ha)、中国(1.24 亿 ha)。耕地面积占土地面积最高的国家为印度(50.5%)、法国(33.4%)、尼日利亚(31.0%)。人均耕地最多的国家为澳大利亚(2.90ha),最少的为日本和埃及(0.04ha)。中国为 0.1ha,世界平均为 0.23ha。

灌溉耕地面积最大的国家为印度(5700 万 ha)、中国(5288 万 ha)、美国(2230 万 ha)。灌溉土地(包括可灌溉的林草地)占耕地比例最高的 4 个国家为埃及(116.4%)、巴基斯坦(84.4%)、日本(59.0%)、以色列(56.7%)。中国为 40%,印度为 38%。

由于环境条件的影响,各地土壤资源生产力又表现出较大的差别。下面对世界土壤资源的地区性分布(表 10 - 2)作一扼要介绍。

表 10 - 2　世界土壤资源概况

气候带			植被类型	主要土壤类型	总面积 ($10^4 \mathrm{km^2}$)	占世界土地面积的%	可耕地面积 ($10^4 \mathrm{km^2}$)	可耕地占该类型土壤面积(%)
高纬度极地气候			苔原	冰沼土	459	3.3	—	—
中纬度冷温气候	寒温带湿润		针叶林	灰壤	1295	9.3	130	10.0
	温带湿润		落叶阔叶林	棕色土	605	4.3	393	64.6
中纬度温暖气候	半荒漠,荒漠区*		荒漠,荒漠草原	灰钙土,荒漠土和红色荒漠土	2800	20.1	14	0.5
	内陆区	半干旱	干草原	栗钙土,棕钙土和红棕壤	1204	8.6	400	33.2
		半干旱-半湿润	草原	黑钙土和红色黑钙土	380	2.7	282	73.2
		半湿润	湿草原	湿草原土和淋溶黑钙土	465	3.3	400	85.4
	地中海型气候区(亚热带夏干)		常绿硬叶林	褐土和地中海型红壤	112	0.8	15	13.4
	东海岸区(亚热带湿润)		常绿阔叶林	红壤和黄壤	2170	15.8	1200	55.2

（续表）

气候带		植被类型	主要土壤类型	总面积 ($10^4 km^2$)	占世界土地 面积的%	可耕地面积 ($10^4 km^2$)	可耕地占该类 型土壤面积(%)
低纬度热带气候	干湿交替区	热带草原 热带稀树草原	热带黑土 和黑黏土	300	2.2	150	50.0
	湿润区	热带雨林 季雨林	砖红壤和 热带灰壤	1040	7.6	83	8.0
			冲积土	590	4.3	(320)**	54.2
			山地土壤	2465	17.7	(15)**	0.6
合计				13885	100.0	3067	

* 包括热带荒漠土在内。

** 冲积土、山地土壤的可耕地面积分散计入其他土壤类型内,可耕地总面积不予统计。

（一）热带湿润区土壤资源

指热带雨林、季雨林的砖红壤和热带灰壤,总面积约 $1040 \times 10^4 km^2$,占全球土壤面积的 7.6%,主要分布在亚洲的印度、斯里兰卡、马来西亚、印尼、缅甸、菲律宾、泰国、柬埔寨和中国,大洋洲的澳大利亚,非洲、南美洲等,气候高温多雨,土壤富铝化及生物富集作用均强烈,土壤淋溶强、养分含量低,酸度大,质地黏重。其中可耕地只有 8.0%,主要生产橡胶、咖啡、可可、胡椒等热带作物和水稻,是世界粮食和工业原料的最大给源地。生产上需要合理轮作,培肥土壤,做好水土保持工作。

（二）热带干湿季交替区土壤资源

本区代表性土壤为热带黑土和黑黏土,面积为 $300 \times 10^4 km^2$,约占世界土壤总面积的 2.3%,其中可耕地约占一半,主要分布在非洲的苏丹、埃塞俄比亚,南美洲的拉普拉塔河流域,大洋洲的澳大利亚,亚洲的印度、爪哇,以及美国南部等地,我国无此类土壤。气候高温多雨,但干湿季节明显,植被为热带草原,土壤腐殖质积累显著、淋溶作用较强,且有一定的富铝化作用,土壤有机质含量中等,黏粒含量较高,土质黏重,黏土矿物以蒙脱石为主,养分丰富,在非洲是发展农业的重要基地。

（三）亚热带湿润区土壤资源

这一区域土壤指红壤和黄壤,总面积为 $2170 \times 10^4 km^2$,占世界土壤面积的 15.8%,其中可耕地占 55% 以上,分布在中国中南部和东南部、美国东南部、巴西东部、黑海和里海沿岸、南高加索山地和澳大利亚东部等地。分布区气候属常湿温暖型,夏季湿热、冬季暖而短;植被为常绿阔叶林,土壤以富铝化为其特征,盐基淋失大,呈酸性反应,有机质含量低,质地黏重。土壤适种作物种类多,特别是亚热带经济作物,在亚洲尤以水稻面积最广,为世界主要的水稻产区。生产上要注意补充有机肥,保持土壤肥力,旱地要防止水土流失。而水稻土应注意防止潜育化的发生。

(四)亚热带夏干气候区土壤资源

本区土壤包括褐土和地中海式红壤,面积为 $112 \times 10^4 km^2$,占全球的 0.8%,其中可耕地占 13.4%,分布区为亚热带夏季干旱而冬季湿润地中海气候型,植被为常绿针叶阔叶林和灌丛。地中海式红壤淋溶作用强,有微弱的富铝化作用,主要分布在地中海周围的山地和丘陵地。褐土属地中海气候的干旱型,具有一定的淋溶作用,黏化作用不太明显,矿物风化和有机质转化较强。分布在西班牙、法国南部、巴尔干半岛、亚平宁半岛、土耳其、中亚、美国的加利福尼亚地区、墨西哥西部、智利中部以及澳大利亚西南角和阿得雷德附近地区。我国褐土分布在温带大陆性季风气候区内,且在中生夏绿阔叶林下于夏半年进行成土作用,与地中海气候区的褐土不同。土体一般较薄,有石灰反应,有机质含量低,因环境水、热矛盾,不利于农作物的生长,普遍用于栽培油橄榄、葡萄和其他水果等。

(五)温带半湿润区土壤资源

这类土壤包括湿草原土和淋溶黑钙土,主要分布在美国、俄罗斯两国,总面积 $465 \times 10^4 km^2$,为世界土地面积的 3.3%,其可耕地达 $400 \times 10^4 km^2$,占该类土壤面积的 85.4%。气候属夏季温暖湿润而冬季干燥寒冷,自然植被为草原,土壤有明显的生物积累作用和较强的淋溶作用。土壤有松软的表层,有机质含量可达10%,土体上部成中性,下部略变酸,质地较黏,自然肥力较高,美国主要种玉米,也种饲料作物及其他谷类作物,俄罗斯及东欧主要产谷类作物。因冬季气温过低,一年一季,这类土壤生产潜力大。

(六)温带半湿润-半干旱过渡区土壤资源

这一地区为黑钙土,也包括红色黑钙土,总面积有 $380 \times 10^4 km^2$,占全球土地的2.7%,多数分布在美国、加拿大、俄罗斯、阿根廷,以及保加利亚、罗马尼亚、匈牙利、波兰。我国主要分布在黑龙江和吉林的西部及燕山、阴山垂直带谱上。黑钙土区夏季温凉多雨,冬季寒冷,自然植被为草甸草原、干草原以及森林-草原过渡类型,土壤具有明显的腐殖质累积过程和钙化过程。土壤有机质层深厚,剖面上有碳酸钙积层,团粒结构好,土壤肥力高,可耕地达 73%,是世界小麦、玉米等作物的主要产地,也产向日葵、甜菜,有时土壤水分不足,需灌溉。红色黑钙土与黑钙土的肥力状况大致相当,由于暖湿季节较长,可种作物种类较多,除谷类外,普遍种植高粱、棉花等。

(七)温带半干旱区土壤资源

这类土壤出现于寒温带到暖温带干旱草原地区,气候比较干燥,有栗钙土、棕钙土和红棕壤,总面积为 $1204 \times 10^4 km^2$,占世界土地面积的 8.6%,各大洲都有大面积分布。栗钙土分布于乌克兰南部、黑海两岸、阿尔泰山、中国内蒙古、加拿大、北萨斯喀彻温河流域与南美大草原等;棕钙土位于中国内蒙古向西直到俄罗斯黑海低地,北美大草原也有分布,红棕壤(热带稀树草原土)的矿物风化度较低,富铝化作用不明显,呈微酸性,质地黏重,底土层呈红棕色,我国燥红土近似,分布于非洲的砖红壤周围,澳大利亚西部沙漠东、北、南三侧,中国云南南部深切谷地,南美格兰查科地区。以强的钙化过程和弱的腐殖质积累过程为其形成特征,土壤有机质含量不高,为1%~3%,富碳酸钙,呈碱性,质地较轻。可耕地占该类土壤的33.2%,为畜牧业主要生产区,俄罗斯和北美栗钙土还是小麦的主要产地。

(八)温带、热带干旱区土壤资源

包括灰钙土、荒漠土和红色荒漠土。各大洲有大面积分布,特别是在非洲撒哈拉荒漠、沙特阿拉伯大荒漠、俄罗斯中亚荒漠、蒙古和中国西部。澳大利亚分布更为广泛。全球约2800×10⁴km²,占世界土地面积的20.1%,但可耕地面积不大,仅占0.5%,分布地区为荒漠、半荒漠景观,夏季干旱炎热,冬季冷而少雨。植被稀疏,为超旱生小半灌木、半灌木等,生物作用和淋溶作用均甚微。土壤有机质含量低,富含碳酸钙、石膏和易溶性盐,呈强碱性反应。土体薄,质地较粗,容易干旱。利用上可发展农、牧业,但要解决水源,并注意治理风沙和盐碱。

(九)暖温带湿润区土壤资源

指棕色土类(棕壤),其面积为605×10⁴km²,占全球土地面积的4.3%,其中可耕地有393×10⁴km²,占65%,分布于欧洲、美国中东部、中国、日本等地,这些区域夏季暖热多雨,冬季寒冷干旱。植被为针叶阔叶林,土壤具有明显的黏化过程和淋溶过程。生物累积作用也较强烈,土壤中碳酸盐全部淋失,呈酸性反应。质地为壤土。盛产玉米和小麦,一年一熟。生产上注意施用石灰和肥料。

(十)寒温带湿润区土壤资源

本区土壤以灰壤为主,分布于北美、加拿大、美国东北部、北欧的瑞典、芬兰、挪威、德波平原、苏格兰及俄罗斯西伯利亚、澳大利亚、南美的高山地,中国东北北部也有少量分布。全球面积近1295×10⁴km²,占全世界土地面积的9.3%,其中可耕地仅占10%,灰壤以灰化作用为主要成土过程,土表为酸性泥炭状有机物,其下是富含腐殖质的砂质表土层,再下为淋溶层,呈强酸性反应,结构性差,养分缺乏。但长期以来种植农林作物,是世界主要的林木生产基地。

(十一)极地土壤资源

主要代表性土壤为冰沼土,属高纬度极地苔原土壤,其面积为459×10⁴km²,占全世界土地面积的3.3%,分布于极地区域,包括欧亚大陆和北美洲的最北部及北冰洋沿岸岛屿,南极地区也有少量分布,我国无此土壤类型。气候寒冷湿润,长冬无夏,植被为地衣、苔藓等。土壤处于原始成土阶段。物理、化学和生物作用极其缓慢,土壤伴有泥炭化和潜育化作用。具有暗棕色泥炭物质层与潜育层,大多还有永冻层,土层浅薄,不超过 20～30cm,腐殖质组成中以富里酸占优势。呈酸性反应,自然肥力低。由于气温过低,不适于粮食作物生产,但可发展养鹿业(地衣是鹿的饲料)。在人工控制下,局部地方可种春小麦、春燕麦及耐寒蔬菜。

(十二)冲积土资源

冲积土广泛分布在世界各大小河流沿岸,面积不大,约占世界土地面积的 4.3%,可耕地约 54.2%,属泛域性土壤,母质为近代冲积物,土壤养分丰富,质地适中,水源条件好。土壤生产力高,冲积土壤生产出供给世界人口约 25% 的粮、棉和其他农产品。在利用上,湿润地区要注意防洪和排涝;干旱地区,因含大量盐分,耕种前必须排水洗盐。

(十三)山地土壤资源

山地土壤总面积 $2465 \times 10^4 \text{km}^2$,占世界土地面积的 17.7%,主要分布于北美、南美、欧洲和亚洲等地。气候寒冷,成土过程进行缓慢,土层浅薄,多石质。植被以森林、牧草为主,一般不宜于农作物生长。可耕地仅有 0.6%,且主要分布在温度适于农作物生长的温带、热带山区谷地。生产上注意防止水土流失。

三、土壤资源与人口容量

土地,能为人类提供食品、工业原料与立足之地,没有土地就没有人类。人口的发展离不开土地资源的开发利用与经营管理的提高,由于土地资源的数量有限,人类只有一个地球,自然不能适应人口的无限增长。因此,人口与土地之间的矛盾日趋尖锐。为了保证人类的生存条件,必须认清人口发展的制约因素,从而科学地协调人口与资源的关系。

(一)人口对自然资源的依赖性

人类的繁衍离不开物质资料的生产,物质资料的生产决定着人类自身的生存。因此,人口的数量和质量必须与物质资料生产的数量和质量相适应地发展。人口增长是第一性的,它的发展会促进物质资料生产的发展。物质资料的生产是派生性的,是适应和满足人口增长的需要而发展的。维护人类生存是目的,发展物质资料的生产是手段。而物质资料的生产又取决于自然资源的数量与质量。因而物质资料生产过程是人类有意识地利用自然资源的过程。因此,人类的发展(人口数量)取决于自然资源及其利用程度,后者受科学技术水平的制约。

自然资源中的土地资源是具有地域性和再生性的资源。因此,土地资源虽然数量有限,但生产能力却永续不灭,它是生产人类食品最主要的资源。因此人口的增长首先要受到土地资源的限制,同时也受其他资源,如生物资源和矿产资源的影响。一般来说,自然资源数量较大的地方,人口数量亦较大,例如亚洲。而大洋洲各种资源数量均较小,人口数量亦不高。需要指出的是,有些地区尽管许多种资源都很丰富,但其中一种资源很匮乏,就限制了它的人口数量。比如我国西北部的干旱地区和黄土高原,由于缺乏淡水,人口很少。此外,某一地区的人口数量会随不同环境之间的资源的交流而变动,例如,日本、中国香港等地,其本身资源并不丰富,然而人口密度却相当大,其原因在于从别的环境中取得资源。与其说这些国家或地区的人口数量大,不如说他们在一定程度上是以降低其他地域的人口数量为代价来增大自己的人口数量,这是不符合自然规律的,不可能是长久不衰的。

(二)土壤资源与人口容量

土地(土壤)资源与人口的关系具体反映在土地资源承载力上。土地资源承载力是指在一定的生产条件及与此相适应的物质生活水准下,以土地利用不引起土地退化为前提,土地的生产能力及所能承载的人口限度,也即人口容量,可用下式表达:

$$P = Y/L$$

式中:P——一定区域内土地的人口容量(人);

$\quad\quad Y$——该区域内土地生产潜力总量(kg);

$\quad\quad L$——人均年生活水准量(kg/人)。

土地人口容量与土地生产力成正比,与人口生活水平成反比。而土地生产力又是由生产条件决定的。因此,生产条件和生活水平是计算土地人口容量的关键要素。而生产条件又是起决定性作用的。生产条件包括自然条件和技术经济条件两大类,后者是十分活跃的,随着科学技术进步而不断提高,从长远来说,不是限制土地生产力的条件,但目前还要起一定的制约作用;而自然条件(光、温)是人类难以改变的,因而,被视为土地生产力的最大限制因子。

土地生产力是由多因素共同控制的,各因素之间是相互促进且相互抑制的。例如,我国西北地区光、温条件较好,但严重缺水,限制了该地区土地生产力的提高,青藏高原光照条件特别优越,但温度过低也限制了土地生产能力的发挥。因此,一个区域的土地生产力将因所考虑的限制因素的增多而降低,见表 10-3。它说明一个区域土地生产力的估算与评价仅仅从光照条件或光温条件出发是不够的。目前,在人工控制土地生产力的诸因子方面,人类已能较好地控制"肥"因子,在一定程度上能控制"水"因子,但对"光、热"因子尚缺乏控制力。因此,培肥土壤,提高土壤对水、肥的调节能力,是充分发挥气候潜力,提高土壤生产力的基本措施。

表 10-3 三峡地区土地生产潜力(以开县为例)

考虑因子	光	光、温	光、温、水	光、温、水、肥	目前综合利用水平
土地生产潜力(kg/ha)	32763	17651	13238	9750	7500

目前,许多学者估计了全球或某一区域的土地人口容量。例如,De Wit 估计,在赤道附近没有水和养料限制的条件下,每公顷土地所生产的食物能量大约可满足 100 人生活需要(按光能利用率 4%计),除去城市及娱乐占地外,他估计全球可养活 1460 亿人。另有人认为,如果把现在技术用在所有潜在可耕地上,地球这颗行星能养活 150 亿、200 亿,甚至 400 亿人口。最近,人们从生态学角度分析,地球植物总产量按能量计算每年 $2760×10^{15}$ kJ,人类维持正常生存每人每天约需能量 $1×10^4$ kJ,每年为 $36×10^5$ kJ,但因人类只能获取植物总产量的 1%,因此,地球上植物的总产量只能养活 80 亿人。石玉林等选用反映综合气候要素实际可能的蒸散量与地区自然植被年生物生产量的关系,计算我国土地资源的生产潜力为每年 72.6 亿吨干物质,即最高承载能力为 15 亿～16 亿人口。而从生态系统的"系统稳定支付能力"为基础,所得我国 100 年后最理想的适度人口数应在 6.5 亿～7.0 亿之间。

在 20 世纪 30 年代中期,世界上西欧是唯一短缺谷物的大陆,非洲、亚洲、拉丁美洲、北美洲、俄罗斯和东欧以及澳大利亚粮食都略有剩余。到 70 年代中期,则只有北美、澳大利亚是仅有的净谷物剩余地区了。这反映了农业产量增长与人口增长的协调程度。另外,土地利用方式又是深刻的政治、经济和文化结构的表现形式。如促使 20 世纪萨尔瓦多土地衰退的明显原因,一方面是过高的人口增加,该国 1900 年只有 77.5 万人口,到 1940 年已增加一倍,60 年代中期又加倍,目前正处在每 22 年就加倍的状态。而大多数人是费力地靠土地维持生活的。加之在土地利用上,大庄园(占地 100ha 的农场)只占全国农场数的 1%以下,却占有全国 48%的最肥沃和最丰产的土地,并生产出口物质咖啡、棉花与甘蔗;而 47%的农场(面积<1ha)占耕地面积<4%,这样就使大多数自耕农被迫赶向山坡,加剧土地侵蚀。由此可知萨尔瓦多土地问题的根源,不仅仅是单纯的人口过多,而且还有土地使用结构问题,是这种结构迫使加剧利用坡地。我国中原地区,从秦王统一天下到明末,长时期人口上限为 7000 万。为什么会自行调节在 7000 万之内呢? 主要是粮食问题。因为按照清代杰出的人口学家朱洪亮吉估计,在当时的粮食生产水平下,要维持生计,人均需农田 0.27ha,而在中国封建社会的大多数朝代,中原地区耕地约 2000 万公顷,因而最多只能养活 7000 万人口。那么又是什么原因造成了清代以来中国人口的激增呢? 主要是高产作物:红薯、马铃薯和玉米的出现,使农区向南开拓,并推进土地人口承载力的提高。新中国成立后,杂交玉米、水稻及其他先进技术的出现,又推进了我国粮食产量水平进一步提高,以及承载人口数量增多。这也说明了科学技术的进步对人口容量的影响。

另外,一个国家的人口政策也是制约人口增长的重要原因,我国从 20 世纪 50 年代到 70 年代末,是实行的任意增殖法。加上生产发展,医疗进步,所以人口死亡率远远低于出生率,以致 40 年内人口增长一倍多。但 1978 年以来实行计划生育,并将它与保护土地、保持环境作为我国的基本国策,至今使人口自然增长率基本上控制在 12‰的水平,使我国的资源保护、人口数量与质量的控制,初步进入科学管理的境地。

第二节　土地资源的开发利用

土地是农业最基本的生产资料和劳动对象,离开了土壤,农业生产就无法进行。土地作为资源,就在于能为人类所利用,而且具有反复多次利用的特点,它不仅给我们而且给我们的子孙后代提供生存发展的物质基础,所以利用土地资源要瞻前顾后。

土地资源的利用如果合理,就能为人类永续利用,且生产力不断提高,如果利用不合理,就会造成土地资源的破坏与退化,丧失其生产能力。因此,我国将珍惜和合理利用每寸土地作为基本的国策。为寻求充分合理开发利用的措施与途径,有必要首先了解土地资源利用的现状和存在的问题。

一、土地资源利用现状

土地资源利用现状是人类在漫长历史过程中对土地资源进行持续开发的结果,它既反映了土地系统本身的性质,也反映了目前生产技术水平对土地的改造和利用能力。因此,只有剖析土地利用现状,方可知道土地资源利用是否合理。

由于构成土地各要素(土壤、生物、水文、气候等)各自具有地域分异,因而,土地这个综合体也具有各种类型。它们在利用方向与效果上也存在差异,当然社会经济条件对土地具体利用方式、现状有重要影响。根据土地的用途、经营特点、利用方式及覆盖特征等因素将土地利用现状划分为耕地、园地、林地、牧草地、居民点及工矿用地、交通用地、水域、未利用土地等 8 个类型,每一个类型中又依据利用的具体形式再细分,详见表 10-4 所列。

表 10-4　土地资源利用现状分类

一级分类	二级分类
1. 耕地	灌溉水田、望天田、水浇地、旱地、菜地
2. 园地	果园、桑园、菜园、橡胶园、其他园地
3. 林地	有林地、灌木林、疏林地、未成林、造林地、迹地、苗圃
4. 牧草地	天然草地、改良草地、人工草地

（续表）

一级分类	二级分类
5. 居民点及工矿用地	城镇、农村居民点、独立工矿用地、盐田、特殊用地（风景、名胜）
6. 交通用地	铁路、公路、农村道路、民用机场、港口、码头
7. 水域	河流水面、湖泊水面、水库水面、坑塘水面、苇地、滩涂、沟渠、水工建筑物、冰川及永久积雪
8. 未利用土地	荒草地、盐碱地、沼泽地、沙地、裸地、裸岩、石砾地、田坎、其他（荒原、高寒荒漠地）

表 10-5　中国和世界土地资源利用现状

土地利用类型	中　国		世　界	
	面积（×10⁴km²）	占百分比（%）	面积（×10⁴km²）	占百分比（%）
耕　地	99.4	10.4	1500	10.0
林　地	122.0	12.7	4040	27.1
草　原	356.0	37.1	2860	19.2
工交、城镇用地	67	6.9	300	2.0
沙漠、荒原	133	13.9	2320	15.5
高寒荒漠、高山雪原	20	2.1	2330	15.6
内陆水面	27	2.8	320	2.1
沼　泽	11	1.1	400	2.7
其　他	125	13.0	860	5.8
合　计	960.0	100.0	14930	100.0

　　表中前4个类型用地是直接进行物质生产的植物生长用地。因此,土地的质量状况直接关系到生物产品的数量和质量,属土壤资源研究的范畴,也是土地资源研究的重点。而5、6、7类则主要是作为人类生活、交通与工业等利用的土地。表10-5是我国与世界土地资源利用现状的对比。

　　由表10-5可知,在土地资源利用中,我国与世界的总趋势是一致的,即耕地、草地和林地所占比例最大,约占总土地面积的60%左右,可以说,农、林、牧业是各国土地利用的主体。但是我国土地利用的比例不当,具体表现是:①我国林地比例低,不足世界平均数的一半,在世界160个国家和地区中,我国森林覆盖率居第120位,而且分布极不均匀,东北、中南地区为31%以上,华东地区稍低,为20.9%,而西北地区小于 5%,华北、西南地区在 10% 左右。这就难以发挥森林在保护生态环境、保证用材来源方面的作用。②草原的比例较大,约占世界平均值的二倍,但我国畜牧业在农业经济中的比重很小,辽阔的天然牧场的生产潜力还未充分利用起来。③我国耕地比例与世界的平均数相当,为 10.4%,而我国人口却占世界人口的 20% 以上。因此,我国的耕地人口负荷量超过世界平均值的 3 倍。④工业生产、生活占地比例不小,工业、城镇用地占 6.9%,为我国耕地的 2/3,比世界平均值几乎大 3 倍多,而且还有继续扩大之势,在工业发达的省、市尤为显著,这是缺乏规划与管理的结果。因此,从土地利用现状来看,由于耕地后备资源少,土地资源利用重点应放在调整利用比例,保持现有资源与开发资源的潜力和集约化经营上。

二、土地资源利用中存在的问题

人类在利用土地的过程中,由于受科技水平的限制,对土地系统的属性认识不充分,加之,人口增长和一些主观因素,造成了一系列土地利用问题,如耕地缩减、土壤侵蚀、土壤沙化、土壤盐碱化及土壤潜育化等。

(一)耕地缩减

这是当今世界各国普遍存在的问题,由于人口数量不断增长,一方面使耕地人均占有量下降,另一方面工业和城市化占地,导致耕地绝对数量日益减少。例如,地球上总人口在 1830 年为 10 亿,100 年后为 20 亿,1960 年增至 30 亿,1975 年 40 亿,1987 年 50 亿,1999 年 60 亿,2011 年 70 亿,这意味着耕地人均数量在 180 年后下降了 86%(这是假设耕地绝对数量不变)。然而,据估计,世界上每年有 300×10^4 ha 的农地被工业交通等建设所侵占。2000 年全世界将近 2×10^8 ha 肥沃土地成为非农业用地,美国和加拿大共有 48×10^4 ha 良田用于建筑、道路及其他非农业方面,荷兰在近 20 年中占用耕地 20×10^4 ha。我国 1997 年耕地总面积为 1.3×10^8 ha,到 2011 年只有 1.2×10^8 ha 的耕地,减少 8%。

侵占耕地是对耕地数量和质量的最大威胁,也是最难解决的问题。因为社会的工业化和都市化是必然的趋势,工业和城市用地不可避免要占用大量耕地。我国农村人口占一半(2010 年 11 月 1 日全国第六次人口普查结果为 50.32%)。问题的严重性更在于:城市郊区的土壤一般都是生产力较高的优质土壤,它正是农地缩减的主要原因。因此,必须加强对国土的严格管理与控制,做到珍惜每一寸土地。

(二)土壤侵蚀

土壤侵蚀是与耕地减少相联系的,由于耕地被侵占,为了增加耕地就只好进一步垦殖林业和牧业用地为农田。植被一旦被破坏后,土壤丧失了绿色屏障,就导致土壤风蚀、水蚀及重力侵蚀的发生或加剧。据美国环保局调查,耕地的土壤侵蚀量是森林地的 200 倍,是草地的 20 倍(表 10-6)。这不仅破坏新垦地,还往往影响原有耕地的生产力。

据统计,全世界水土流失面积已达 $2500 \times 10^4 \, km^2$,占全世界总土地面积的 16.8%。在耕地中,受侵蚀的土地占 2.7%。美国水土流失面积约占国土面积的 8.5%,每年水蚀土壤约 40 亿 t,相当于冲走 $240 \times 10^4 \, ha$ 土地 15cm 厚的一层表土。风蚀土壤 3000 万 t;俄罗斯土壤侵蚀面积占农用地 1/3,法国土壤侵蚀面积达 $450 \times 10^4 \, ha$,意大利约有 $2700 \times 10^4 \, ha$,印度占国土面积 45% 的土壤遭到严重水蚀和风蚀。我国在 50 年代初水蚀面积为 $116 \times 10^4 \, km^2$,风蚀(包括戈壁)为 130×10^4 km^2,共约 $250 \times 10^4 \, km^2$,占国土总面积 1/4,比耕地面积大一倍。现在仅水土流失面积就已达 $150 \times 10^4 \, km^2$,主要分布于西北黄土高原(约 $43 \times 10^4 \, km^2$),南方红壤区(约 $40 \times 10^4 \, km^2$)、北方土石山区(约 $54 \times 10^4 \, km^2$)以及东北黑土区(约 10×10^4 km^2),有三分之一的耕地遭受水土流失。全国每年流失土壤 60 亿 t,相当于全国耕地每年刮去 1cm 厚的肥沃表土,或者毁坏肥沃的土地 $100 \times 10^4 \, ha$,流失的氮、磷、钾养分约 400 亿 kg,相当于 1998 年全国化肥的年施用量。如果将这 60 亿 t 土壤堆成 1m 宽 1m 高的长堤,可以绕地球 13 圈。

表 10-6　美国不同类型土地的土壤侵蚀比较

土地类型	年侵蚀量(t/km²)	相对侵蚀率(以林地为 1)
森林地	8.5	1
草地	85	10
废弃露天矿地	850	100
耕地	1700	200
开发中的露天矿地	17000	2000
建筑工地	17000	2000

土壤侵蚀除造成土壤及养分流失,淤塞河道、湖泊、水库外,更是污染的传输渠道。据研究,由于土壤侵蚀而产生的污染物瞬息排出量,往往超过土壤的自净能力。以径流发生后 1 小时的测定数据计算表明:在每公顷耕地上有 200kg 可溶物,20kg 石油类物质,50kg 有机物以及大量细菌流失。在正常情况下,这些物质一般要经池塘处理 3~5 天后,使 BOD 除去率达 70%~80%,才能进入水体。但是,径流使它们进入江河,因而污染水体,随即扩大污染面积的问题也就在所难免了。

(三)土壤污染

随着工业的发展,大量有毒物质不断污染着水体、土体和空气,它们最终都污

染着土壤,使土地质量和数量受到影响,并给农业生产和人类健康带来危害,土壤污染的影响与危害较突出的可概括为以下几个方面:

1. 垃圾与降尘污染

垃圾与降尘的最终归宿是土壤,这类污染在大城市近郊表现最为突出。以每年消除垃圾的情况可见一斑,纽约可达 700 万 t,东京为 450 万 t,伦敦为 300 万 t。在远离城市的土壤表面一昼夜可得降尘 5～15kg/km²,而城市则约 500～1500kg/km²,相差达 100 倍。巴黎年降尘量为 260t/km²,纽约达 300t/km²。大的有色金属冶炼厂污染土壤的距离半径达 35～45km,焦炭化学工厂污染半径可达 15km,不大的中央热电站污染半径也有 8km。而且在每一个污染源周围形成了相应的环境元素的高浓度地带。

2. "三废"污染

工矿企业排出的"三废"物质对土壤和环境产生了严重的污染。

(1)废气

由于我国能源主要是煤炭,1979 年开始,我国成了世界上排放 SO_2 最多的国家,并且逐年增长。2001 年世界银行发展报告列举的世界污染最严重的 20 个城市中,中国占了 16 个。据网络报道,现在从太空中已经看不到长城而只能看到烟雾和粉尘了。但经过多年的治理,到 2008 年我国废气排放量开始下降,2007 年排放 SO_2 2468.1 万 t,2008 年排放 2321.2 万 t,减少 6%。

(2)废水

我国多年来的废水排放一直在增长。2010 年,全国废水排放量 617.3 亿吨,比 20 年前增长 1 倍。我国江河湖泊普遍遭受污染,全国 75% 的湖泊出现了不同程度的富营养化,其中"三湖"(太湖、巢湖、滇池)水质均为劣 V 类;90% 的城市水域污染严重,南方城市总缺水量的 60%～70% 是由于水污染造成的;对我国 118 个大中城市的地下水调查显示,有 115 个城市地下水受到污染,其中重度污染约占 40%。水污染降低了水体的使用功能,加剧了水资源短缺,未来我国水资源紧缺的形势依然严峻。2011 年,197 条河流 407 个断面中,I～III 类、IV～V 类和劣 V 类水质的断面比例分别为 49.9%、26.5% 和 23.6%。珠江、长江总体水质良好,松花江为轻度污染,黄河、淮河为中度污染,辽河、海河为重度污染。

(3)废渣

2011 年,全国工业固体废物产生量为 17.58 亿 t,比上年增加 16.0%,综合利用量、贮存量、处置量分别占产生量的 62.8%、13.7%、23.5%。危险废物产生量为 1079 万 t,综合利用量、贮存量、处置量分别为 650 万 t、154 万 t、346 万 t。废渣占用并污染大量农田。

3. 其他污染

(1)酸雨

2011 年,监测的 500 个城市(县)中,出现酸雨的城市 281 个,占 56.2%;酸雨发生频率在 25% 以上的城市 171 个,占 34.2%;酸雨发生频率在 75% 以上的城市 65 个,占 13.0%。

(2)农药

2011 年,我国农药使用量 182.5 万 t,比 20 年前增加 8 倍,而 20 年前的农药污染面积已占耕地的 20%。现在除少数有机农业基地外,耕地几乎全部有农药污染。更为严重的是,有些地区长期种植某种作物的土壤现在已经不能种植其他作物了,如某地因为种植大豆时长期使用杀禾本科的除草剂,污染了土壤,现在改种玉米时才发现:土壤已经不适宜禾本科作物(玉米)生长了。

(3)化肥

2011 年,全国化肥施用量 6027.0 万 t,比 20 年前增加 1 倍。而 20 年前我国就成为了世界化肥的第一生产大国,第一进口大国,第一使用大国。我国占世界 8% 的耕地却消费了世界 35% 的化学肥料,单位耕地面积的化肥投入量是世界平均用量的 2.8 倍。在生产水平较高的江浙许多地区已发现地下水 NH_4-N 检出率 100%,有的河水已不能饮用。化肥用量过大和化肥施用不当使"合理施肥"变成了"河里施肥"。

(四)土壤沙化

这里的"沙化"是土地沙漠化和沙砾化等生态环境退化现象的总称。沙漠化分布于干旱、半干旱或半湿润地区,沙砾化分布于南方湿润丘陵地区。它们都是在一定的潜在自然条件的基础上,以人类过度的经营活动为诱导因素的产物。沙漠化的潜在自然因素是干旱和大风(动力因素)以及疏松砂质土壤(物质基础);沙砾化则是以流水和丘陵地区为自然条件,人为的作用主要是过度砍伐与放牧而破坏森林和草被,从而使土壤失去保护。植被不但可防御风力或水力对土壤的破坏作用,而且使土壤生态系统内的物质与能量处于封闭循环;反之,土壤就处于风力吹扬或流水侵蚀之中,使土壤库内的物质与能量移出系统之外。所以,植被破坏是土壤沙化的导火线。但是,土地沙化也不是在植被破坏后一朝一夕就可见到的,它是渐进过程,是生态环境退化的最终产物。一般来说,林地演替的次序为林地——→次生林地——→迹地——→撂荒地——→草山草坡——→非农地;草地沙漠化的次序为草地——→过度放牧——→草场产草量减少、质量下降——→草被覆盖度降低——→风蚀加重——→出现沙化。据估计,全球沙化、半沙化面积占陆地面积的 1/3,全世界每年有 700 万 ha 的土地变成沙漠,平均每分钟约有 10ha 土地变为沙漠。许多沙漠区逐渐向周围扩展,如撒哈拉沙漠南侵的速度为每年 30~50km,流沙前沿的长度为 3500km。我国已有沙漠化土地面积 1760 万 ha,还有潜在沙化土地 1580 万 ha,而且正以每年 66.7 万 ha 的速度扩展。仅鄂尔多斯高原每年沙化面积就达 6 万 ha 以上,占其总面积的 0.5%,青海省平均每年沙化面积扩大 7 万 ha,约占该省总面积的 0.1%。近年来,我国南方丘陵地区也经常见到大片的"红色沙漠"、"白沙岗"、"光石山"等。土地沙化后,形成沙丘,不断推进,侵占良田,威胁道路与村镇,仅青海省海西地区,每年就有 700 多 ha 农田被沙丘所侵占。因此,防止土地沙化,也是土地资源利用所面临的重大问题之一。

(五)次生盐渍化

由于灌溉不当(如排灌不配套、排水受阻截、大水漫灌、渠道渗漏、蓄水不当、无计划种植、耕作粗放等)造成的盐分在土壤表层积聚的现象,多发生在干旱、半干旱地区。据联合国估计,全球每年约有 12 万 ha 的灌溉土地因盐渍化而损失生产力,俄罗斯次生盐碱化土地面积达 2000 万~2500 万 ha,美国也有 25% 的灌溉土地受盐分危害,印度、伊拉克、埃及在灌溉地区约有 50% 左右土地因受盐碱危害,变为不毛之地。我国许多地区也发生了大面积次生盐碱化,内蒙古次生盐渍化达 17 万 ha,新疆有 13 万多 ha,青海约 4 万 ha。我国农民说"地不耕犁,盐上地皮"、"高地旱、低地碱、二坡地上留残碱、牛瘦生癣、地瘦起碱"。这充分说明耕作、地形、施肥与土壤盐渍化的关系。

(六)次生潜育化

指非潜育化土壤在人为干扰下变为潜育化的过程。潜育化的发生要具备一定条件,一是长时期渍水,一是有机质的嫌气分解,二者不可缺少。仅渍水也不会产生潜育化,只有有机质积累而没有渍水所造成的嫌气条件也不能产生潜育化。次生潜育化土壤常常是因灌水不当(如溪水中存在大量易分解有机物)或排水差引起。潜育化土壤表现为土壤 Eh 低,水土温较低,土烂泥深,还原物质过多等,主要分布于南方各省。我国次生潜育化土壤约 700 万 ha,占水稻土总面积的 1/6,其中南方就占 420 万 ha。土壤生产力低下,农民形容这类土壤是"丘小如瓢深齐腰,冷水浸泡锈水飘,一年只能种一造,常年亩产一担挑"。

综上所述,无论我国还是世界,在土地资源利用方面都存在不少问题,大多数问题也尚未得到控制,而这些问题的根源是由于土壤的生态环境失调以及土壤系统内的物质与能量循环流通不畅所致。因此,应该从生物、土壤与环境相统一的观点出发,充分利用土壤,使其为人类提供更多更好的物质财富。

三、土壤资源的合理开发与利用

土壤资源的开发与合理利用,是提高土地的人口"负荷量",解决人口对生物产品日益增长需要的根本方法。一般而言,开发利用土壤资源有两个基本途径,一是努力提高土壤资源质量和土壤利用率,二是扩大面积,增加可利用土壤资源的数量。开发利用土壤资源的合理性,表现在人口、资源与生态环境之间处于良性的动态平衡,同时具有较好的生态效益和经济效益。因此,开发利用土壤资源,必须按照生态系统的观点,把土壤资源、生物资源与环境条件统一起来,针对不同地区的情况,分别采取"保护"、"改造"和"建设"等治理对策和措施,实行土壤资源利用与保护相结合。下面将按不同生态环境区域介绍我国土壤资源的开发利用方向。

(一)热带亚热带湿润地区土壤资源的利用

本区指秦岭—淮河一线以南的我国广大地区,属热带、亚热带季风气候,水热资源丰富,雨热同季,夏长冬短,四季宜农,一年可二熟或三熟。土壤主要为砖红壤、赤红壤、红壤、黄壤及黄棕壤。土壤风化发育深,质地黏重,盐基淋溶强,呈酸性,养分含量低,有机质分解迅速而不易积累,耕作土壤尤为如此。本区地形以山地丘陵为主,占全区土地面积的 75%～95%,而平原低地少,占 5%～25%。由于雨水多且集中,又多暴雨,丘陵山区水土流失严重而平原低地又洪涝成灾。广大丘陵山区土壤利用以林、副业为主,多种经营,主要发展热带、亚热带经济作物。砖红壤、赤红壤地区极宜种植橡胶、椰子、油棕、咖啡等热带作物,这里是我国热带经济作物的唯一产区,热带水果如香蕉、菠萝、荔枝和甘蔗,也是发展对象,甘蔗面积占全国的 70%。红黄壤区则宜发展茶树、柑橘、油茶、油桐、杉木等亚热带经济植物,把丘陵山地建设成经济林、用材林基地。平原区土层深厚,地势平坦,以种植业为主。水稻是本区种植业的主体,占耕地面积的 50%～80%,其他农作物为小麦、玉米、甘薯、花生、油菜等。本区南部以稻—稻—麦(玉米、番薯或花生、豆类及甘薯等)或绿肥的轮作方式,或珠江三角洲的"桑基鱼塘",而北部则稻—麦(绿肥)轮作或稻—鱼—茶种植模式。平原区的集约农业不但多层次利用了农业自然资源,取得了生物旺盛生长的效果,而且它们又向土壤返回了丰富的有机物与矿质养分,提高了农田土壤生态系统的功能。低山丘陵区发展林、果、牧,既可以保持水土,又为平原耕地提供了良好的生态环境。整个区域形成了"山地林、坡地茶(橡)、谷地粮"的良性循环的区域生态系统,而且具有自我发展的能力。

(二)暖温带湿润半湿润区土壤资源的利用

本区位于秦岭—淮河一线以北,长城以南,属暖温带气候。根据干湿程度又分为东部和西部两大区,东部为黄淮海平原区,西部为黄土高原区。

东部气候为湿润半湿润,夏季高温多雨,冬春寒冷干燥,光、热资源较丰富,气温可以满足一年二熟或二年三熟。土壤为棕壤、褐土、潮土,土层深厚、疏松、肥沃,宜种多种农作物。本区平原面积大,3/4 以上的地区海拔在 100m 以下,地势平坦,以农业为主,农林结合。粮食作物为小麦、玉米,经济作物为棉花、花生、芝麻、烤烟等,在 1/4 的丘陵山地尤其是山东丘陵的棕壤区宜发展温带水果,如苹果、梨、柿。农业上应注意培肥土壤,保持地力,可采用小麦—(玉米)—绿肥轮、间、套作,加强土壤生态系统良性循环。本区林业除保护丘陵山地的现有森林外,平原区以农田防护林和"四旁林"为主,重点发展用材林及果木林,形成以农用防护林网为主体的平原绿化体系。畜牧业以农区畜牧业为主,充分利用农副产品发展猪、牛、羊、兔等,构成以农业为主体,农林牧兼营的农业生态系统。

西部属湿润区向西北干旱区过渡地带,光、热资源较好,气温昼夜温差大,但与东部相比,降水减少,加之降水集中和林草稀少,因此,水土流失严重,旱灾频繁。西部区土壤有黑垆土、墡土、黄绵土、淋溶褐土、灰钙土等。黑垆土和墡土主要分布在河川谷地、沟道地及塬地,土层深厚、肥沃,有机质含量达 1.0%~1.5%,结构良好,耕性好,宜于农业生产;绵土分布在黄土丘陵区的梁、峁、坡地,水土流失严重,土层变薄,应退耕还林。本区丘陵地面积占全区土地面积的 70%,坡度大,多在10°~30°之间,应造林种草。因此,本区土壤利用上实行农、林、牧综合发展,大致各占 1/3。农业中以耕作业为主,产旱作杂粮,粮食作物主要是小麦,次为玉米、谷子、糜子、马铃薯、蚕豌豆等,经济作物有棉花、胡麻、油菜、甜菜等。林业中应因地制宜地发展经济林,如苹果、杏、梨、核桃、红枣、板栗等,这些都在全国占有举足轻重的地位。此外,在丘陵地区应营造水土保持林;平原区、塬地要营造农田防护林和护塬林,实现农林结合。

(三)温带湿润区土壤资源的开发利用

本区指我国的东北三省及内蒙古东北部,属温带、寒温带湿润、半湿润气候,冬季寒冷而漫长,一般只能一年一熟。土壤有黑土、黑钙土、草甸土、暗棕壤,土壤自然肥力高。中西部、东北部地面起伏平缓,水源方便,适宜农业发展。平原的四周缓坡漫岗丘陵及大小兴安岭、长白山、千山丘陵应以林业为主,林地内可套种人参等药材。本区林地比例应在 1/4~1/3。农作物中粮食作物为小麦、玉米、大豆、谷子等,经济作物以甜菜、亚麻、向日葵为主。本区土壤自然肥力高,但开垦后其肥力很快下降。利用时注意土壤物质能量的投入,尤其是有机物。本区大豆又是一种固氮养地作物,耐旱耐涝能力较强,因此,应实行麦(玉米)—豆类的轮作。此外,在黑土及黑钙土区,还可适当推行草田轮作。

(四)温带干旱荒漠区土壤资源的利用

本区位于新疆、甘肃及内蒙古境内。远离海洋,海洋季风影响微弱,气候干旱,光能资源丰富,热量条件尚好,可满足一年一熟,个别地方可二年三熟,但水分严重不足。土壤为栗钙土、灰钙土、灰漠土、灰棕漠土、棕漠土等。土壤利用以牧业为主,牧农兼营,坚持"为牧而农"的利用原则。漠土类型区为我国的养驼基地。本区仅在绿洲与河谷平原区宜发展农业,但灌溉农业是其农业生产的特点,"无水即无农业"。粮食作物主要为小麦、玉米,经济作物以春油菜、胡麻、向日葵等油料作物、棉花和甜菜为主。此外,还宜发展葡萄、哈密瓜、梨、杏、桃、李及苹果等园艺业生产。

本区由于水分不足,不仅限制土壤资源的利用,而且产生一系列土壤环境问题,如土壤次生盐碱化、土壤风蚀等。而缺水的原因除大环境缺水之外,更主要是土表植被缺乏,造成土壤水分区域小循环不畅,从而加剧土壤水分不足。因为植被尤其森林能拦截雨水,并能把大量水汽蒸腾到空中,降低大气温度,提高湿度,造成水分小循环,增加降水量,如我国甘肃省境内兴隆山林区中心比其周围无林区降雨增加1/3。有人估计,森林比率在0%～50%之间,每增加10%,年降水量增加16mm。森林还能涵养水源,据测定,林地比无林地每公顷可多贮水300m³以上;此外,土表为植被覆盖后,可减少雨水对表土的直接冲刷,降低水土流失,同时还能降低风速,减轻土壤的风沙侵蚀。很明显,开发利用干旱地区土壤资源的关键,在于充分开发和利用水资源。其主要途径:①建立水综合处理生态系统,提高现有水源的利用率。例如,我国蘑菇湖区,城市排放的废水,经沉淀池处理,引入林带和稻田供植物吸收利用后,再进入湖泊,充分珍惜水资源的利用。冬季水少时,沿湖露出大量土地、盛长牧草,可作冬季牧场,形成了一个以城市为中心、农田林网生态系统为框架、湖泊(人工平原、水库)生态系统为归宿的模式。②保护沙漠边缘生态系统,建立和扩大林网农田生态系统,建设新绿洲。以琵琶柴、红柳、梭梭等植物群落组成沙漠边缘特有的生态系统,做到巩固"前沿阵地",扩大"后方基地",并控制城市污染。这样既可减少沙丘移动与沙化面积扩大的问题,又能减轻环境污染,一举两得。

在建立农田生态系统时,要考虑林带走向、林带宽度及带间距离等因素。农田防护林带的防护功能具有一定范围,称为有效防护距离,总体而言,大约是15～20m之内。

(五)高寒气候区土壤资源的利用方向

主要指青藏高原、四川西部、云南西北角、甘肃南部等的高寒气候区,土壤为高山类型,发育程度低,土层薄,粗骨性强。高山土壤分布区光能资源极其丰富,昼夜温差大,但热量不足。农作物只有小麦、青稞等喜凉作物可种植,一年一熟。土壤利用方向以牧为主,牧、林、农结合。一般东部在海拔3500m至西部4300m以下的谷地以农为主,4100～4200m以下的山地以林为主,3500～4600m以上的高原、山地、河谷地约占本区总面积的2/3,最热月平均温度低于10℃,甚至低于6℃,基本上不适合农作物和树木生长,只宜放牧牲畜。总之,本区土壤资源农业利用比重小,主要发展区内自给性粮食生产。

(六)海陆交接地区与消落区的开发利用

地球表面,海洋面积大于陆地,前者约占 70％,后者仅有 30％,因而海岸线的充分利用也是不可忽略的一个重要方面。海陆交接地区指滩涂及沿岸水体和水面下的土地。中国大陆海岸线长达 18000 多 km,岛屿海岸线 14000 多 km,沿海滩涂近 1000 万 ha,分布于温带、亚热带与热带。因此,中国滩涂土壤资源的开发利用具有代表性。对新近成陆的滩涂不可能进行农垦,可作为后备资源考虑,对近水部分和水下部分,在便于作业的条件下,可发展水产品采集业和近海养殖业,以扩大取自海洋的食品来源。对于已脱离海潮影响的地带,是目前开发的重点。海涂地区气候温和、雨量充沛、光照条件充裕,气候条件可以满足一年二熟。土壤主要为滨海氯化物盐土,土壤磷、钾丰富,质地沙壤至中壤,土壤有机质含量较低,一般在0.5％~1.0％,但盐分含量高,限制了土壤肥力的发挥。适于农、林、苇、果、渔、盐业发展,在利用上,目前重农,轻林、渔、加工业。因此,土壤生产力和利用率低。

开发利用海涂土壤资源,首先要改良土壤,培肥地力,采取因地制宜,全面规划,综合利用的原则。在改良土壤方面,一是水改,实行种稻洗盐—萍—绿肥,综合改土培肥;二是旱改,以自然洗盐,排水洗盐为主,种植耐盐作物,生物土壤改良与水利土壤改良相结合。在综合利用上,这里介绍两个典型例子:①种植业—加工业—养殖业"一条龙"模式:种植大豆、蚕豆,其产品加工为粉条,粉渣养猪,猪粪则作为肥料归还土壤中。种植业获得的初级产品,为生态系统固定所需的能量,为消费者提供了物质基础。加工业对初级产品深加工,使资源升值。养殖业进一步利用废物作饲料,养殖业的废物再还田,从而使物质参与多次循环,而能量损失最少,使这一系统达到自然恢复。②稻—鸡、猪—沼气—鱼相结合的模式:每户养 3 头猪、100 只鸡、一亩塘、一口沼气池、种几亩地,以鸡粪喂猪、猪粪制沼气、沼气废液养鱼、沼渣和鱼粪肥田,使稻、鸡、猪、鱼皆丰收。种稻,一方面洗盐改良土壤,同时获得生物物质,为系统功能发挥准备了物资条件,经过一系列转化后以肥料还给土壤,进一步培肥土壤。

内陆地与滩涂利用情况相似的是消落区的土壤利用问题,消落区是指在枯水季节露出水面而洪水季节被淹没的水库与沿河两岸等地区。枯水期大约半年时间。形成的土壤属草甸土类型。目前大多数是处于荒芜状态。开发利用这一土壤资源对充分利用这一区域的光、热、水资源具有重要作用。在枯水季节利用消落区种植陆生植物,是水体生态系统生产有机物的"绿色工厂"和贮存太阳能的仓库,到了洪水季节则为鱼类提供丰富的饵料,成为鱼类生长的良好场所,鱼类生活排泄的粪便沉积下来,又为下一次枯水期土壤种植绿色植物提供了优质肥料。所以,开发利用这一土壤资源,就地种草,以草肥鱼、肥水,可以强化水体生态系统的功能,提高其生态与经济效益。

第三节 土壤环境管理

一、环境管理的基本概念

虽然"环境管理"这一术语已成为常识,但它在哲学、方法论和内容上具体包含了些什么还远没有搞清楚。例如,大量的文献没有明确区分环境管理与景观规划、资源管理、环境规划、环境分析和应用生态学之间的差别,也没有说明它与环境保护等概念的确切关系。甚至对环境管理仅仅涉及自然环境还是应包括人、城镇和农村的人工环境也未达成共识。

如何定义环境管理呢?所谓环境管理,从广义上讲,包括各个有关部门对其负责的环境领域所实施的管理。具体地说,是指各级环境管理部门依照国家颁布的政策、法规、标准,对一切影响环境质量的行为所进行的规划、协调和督促监察活动。环境管理是人类的一种社会行为,表面上可以理解为管理环境的行为,而实际上是人类管理自己达到作用于环境的一种行为。

面临环境问题的严峻挑战,许多发达国家从 20 世纪 60 年代中期开始,采取了一系列措施,保护和改善环境。经过几十年的努力,当时的第一、二代环境问题已基本得到控制,许多国家的大气和水体的环境质量有了明显的改善。但目前随着现代经济与科学技术的发展,又不断出现了新的问题。主要表现为水体富营养化问题的加重,酸雨危害范围仍在扩大,自然生态破坏日趋严重。为了解决这些问题,一些国家采取了积极的对策,包括严格环保立法,强化环境管理,依靠科技管理,重视资源的综合利用以及增加环保投入,开展区域环境综合整治等。

我国政府在 1972 年参加联合国人类环境会议之后,于 1973 年 8 月召开了第一次全国环境保护会议,向全国发出了防止污染、保护环境的动员令。从那时开始,我国已在环境保护和改善方面做了大量工作,也取得了重大成就。从整体上看,我国在人口、经济、社会不断发展的情况下,环境恶化的速度有所缓解,部分地区环境质量得到改善,一些突出的环境问题逐步得到解决。但环境污染和生态破坏还很严重,仍是影响人民生活和经济发展的一个重大社会问题。根据国内外在环境保护方面的经验和教训,为了实现持续、协调发展,就必须进行环境建设和管理,这也是环境保护最基本的任务。诸如城市建设中的给排水、污水处理、煤气建设、交通道路;乡村建设中的植树造林、农村沼气、村镇建设、生物防治等。

那么,什么是环境管理学呢? Koontz(1964)提出的观点是通过在有组织的群体里,建立一个有利于人们发挥其成绩的环境,以实现既定的目标。它包括规划、组织、协调、指导、控制和监督功能。他认为商业管理的基本原理也适用于环境管理。

管理学范畴的定义呈现出"百家争鸣"的状况（Nath B. 1996），主要可以归纳为以下几种：

1. 职能论

管理学家亨利法约尔认为，管理就是实行计划、组织、指挥、协调和控制。而林德尔厄威克认为，管理过程是由计划、组织和控制这三个重要职能所构成。古利克提出了计划、组织、用人、指导、协调、报告、预算（POSDCORB）的七职能说。

2. 人本论

詹姆斯认为，管理就是指导别人、激励别人的方法和技术。劳伦斯认为，管理就是人事管理。

3. 目的论

以为管理就是为了实现预定目的而组织和合理使用某种资源的过程。

4. 模式论

以伯法为代表的数理学派认为，管理就是用数学模式与程序来表现计划、组织、控制、决策等合乎逻辑的程序来取得最优化解，以实现管理目标。

5. 系统论

认为管理是根据一个系统所固有的客观规律而对这个系统实施控制，使之达到总体效果最优的过程。

6. 决策论

以黑伯特西蒙为代表的决策理论学派认为决策过程就是全部的管理过程，决策是管理的同义词。

7. 综合论

认为管理就是人们为了实现一定的目标而采取各种方式和手段对相关联的人、事、物及它们之间的内在联系进行控制的一系列活动的总称。

环境管理定义的多样性，反映了人们研究管理问题的立场、角度、观点和方法的不同，也反映出管理学家的文化背景和管理经历的不同。同时，也说明人们随着管理实践经验的不断积累，对管理的认识也在不断深化。

二、环境管理的目的和任务

环境管理的根本目的就是通过各种措施和手段实现人类和环境的协调，尽可能恢复被人为损害了的环境，并逐步减少和消除人类新的发展活动对环境结构、状态和功能的伤害，实现可持续发展的目标。具体说来，环境管理的目的就是通过对可持续发展思想的传播，使人类社会的组织形式、运行机制，以至管理部门和生产部门的决策、计划和个人的日常生活等各种活动,符合人与自然和谐协调的要求,并以规章制度、法律法规、社会体制和思想观念的形式体现出来。其实施途径主要涉及如何创造一种新的生产方式、新的消费方式、新的社会行为规则和新的发展模式等方面。

根据这样的目的,环境管理的基本任务主要落实在转变人类社会的一系列基本观念和调整人类社会的行为两个方面。

环境管理,转变观念是根本。观念的转变包括消费观、伦理道德观、价值观、科技观和发展观,直至整个世界观的转变。这种观念的转变将是根本的、深刻的,它将带动整个人类文明的转变。当然,要从根本上扭转人类既成的基本思想观念,显然不是单纯通过环境管理就能达到的。但是,环境管理却可以通过建设一种环境文化来为整个人类文明的转变服务。环境文化是以人与自然和谐为核心和信念的文化。环境管理的任务之一就是要指导和培育这样一种文化,以取代工业文明时代形成的以人类为中心、以人的需求为中心、以自然环境为征服对象的文化,并将这种环境文化渗透到人们的思想意识中去,使人们在日常的生活和工作中能够自觉地调整自身的行为,以达到与自然环境和谐的境界。

文化在人类的发展进程中一直在起着巨大的作用。比如中国的传统文化中,以儒、道、佛为代表的"天人合一"的思想,对于中华民族的延续和发展就起了至关重要的作用。考察世界历史,我们可以看到,战争和灾荒固然会给人类带来深重的灾难,但却绝不可能造成一个民族或文明的覆灭,能够覆灭一个民族或文明的只有大自然。1500多年前的玛雅文明,也曾经发展到了相当高的程度,但是,就是由于对生态环境的破坏,导致了生态平衡的失调而遭到覆灭。中华民族之所以绵延5000多年,归根结底是"天人合一"思想起了重要的作用。

文化决定着人类的行为。只有转变了过去那种视环境为征服对象的文化,才能从根本上解决环境问题。所以,从这个意义上来讲,环境文化的建设是环境管理的一项长期的根本任务。

相对于思想观念的调整来说,行为的调整是较低层次上的调整,然而却是更具体、更直接的调整。人类的社会行为可以分为行为主体、行为对象和行为本身三大组成部分。从行为主体来说,还可以分为政府行为、市场行为和公众行为3种。政府行为是指国家的管理行为,诸如制定政策、法律、法令、发展计划并组织实施等。市场行为是指各种市场主体,包括企业和生产者个人在市场规律的支配下进行商品生产和交换的行为。公众行为则是指公众在日常生活中的作为,诸如消费、居家休闲、旅游等方面。这3种行为都可能会对环境产生不同程度的影响。

政府行为、市场行为和公众行为构成了环境管理的主体对象的整体系统。这3种行为相辅相成,对环境的影响有着不同的特点。其中政府行为起着主导作用。

因为政府可以通过法令、规章等在一定程度上约束市场行为和公众行为。对这3种行为的调整,可以通过法律手段、行政手段、经济手段、教育手段和科技手段来进行,这本身又构成了一个整体或系统。

另外,在这3种行为中,政府的决策和规划行为,特别是设计资源开发利用或经济发展的规划行为,往往会对环境产生深刻而长远的影响,其负面影响一般很难甚至无法纠正;市场行为的主体一般是企业,而企业的生产活动一直是环境污染和生态破坏的直接制造者。在过去甚至是将来很长一段时期内,它们都将是环境问题中的重点内容。公众行为对环境的影响在过去并不是很明显,但随着人口的增长,尤其是消费水平的增长,公众行为对环境的影响在环境问题中所占的比重将会越来越大。从全球来看,生活垃圾的数量占整个固体废弃物数量的70%,大大超过了工业废物的数量。据调查,我国太湖的水体污染,其主要污染源之一就是流域内居民的洗涤废水。另外,环境状况同样受到消费方式的影响,大量的产品在未得到充分利用或仍可以作为资源回收利用的情况下,就被公众当成废物丢弃,这不仅加剧了固体废弃物对环境的污染,而且影响到资源的持续利用。

综上所述,环境管理通过对人们自身思想观念和行为进行调整,以求达到人类社会发展与自然环境的承载力相协调。也就是说,环境管理是人类有意识地自我约束,这种约束通过行政、经济、法律、教育、科技等手段来进行。它也是人类社会发展的根本保障和基本内容。环境管理的两项任务是相互补充、融成一体的。其中环境文化建设是根本性的,而且是一项长期的任务,短期内对环境问题的解决效果不是很明显,而行为的调整则可以比较快地见效。同时,对人类行为的调整反过来也可以促进文化的建设。因此,对环境管理来讲,这两项任务都不可偏废。

三、环境管理的对象和内容

环境管理是从管理学角度研究生态经济系统的结构和运动规律的科学,是一门融合边缘性、综合性和实践性的专业管理学科。任何管理活动都是针对一定的管理对象而展开的,所谓环境管理对象就是要解决"管什么"的问题。

随着现代管理的发展,管理思想空前活跃,管理学派林立。但是从研究管理对象出发,基本上可分为两大流派:管理科学和行为科学。管理科学是以泰罗为首创立的"科学管理"理论的继续和发展。行为科学是以人的行为作为研究对象,它研究人们各种行为产生的原因及其规律性,分析各种因素对行为的影响,控制与改变人们的行为,为实现管理目标服务。

环境管理的对象是随着社会、经济的发展而不断变化的。20世纪70年代以后,经济发达国家又提出了一种最新管理理论,即用系统理论把管理科学和行为科学加以综合而形成,称为系统管理理论。经过20多年的时间,针对环境管理的具体对象,最新管理理论的发展分为三个阶段:一是两因素论;二是三因素论;三是多因素论。所谓两因素论就是认为管理系统是由人与物共同组成的系统,人的因素是主体,物的因素是被动的,使管理由重视物转变到重视人。三因素论就是在人和物两个因素的基础上,又提出环境因素,并强调必须对人和物两因素以及环境三因素综合起来进行全面系统分析,促进管理理论又有新的突破,即从封闭系统发展到开放系统。多因素论则把环境因素进一步细分为资金、信息、和时空等因素,使管理的研究对象包括人、物、资金、信息和时空5个方面,即应用系统论、信息论、控制论的观点,进一步促进了管理现代化的发展进程。对于环境管理,其研究的对象也应包括人、物、资金、信息和时空5个方面。无论是两因素论、三因素论,还是多因素论,环境管理涉及的管理对象中人的管理始终是核心。

环境管理的内容是由管理目标和管理对象所决定的。在明确管理对象的基础上,就必须落实管理的具体内容。环境管理的根本目标是协调发展与环境的关系。这就涉及人口、经济、生活、资源和环境等重大问题,关系到国民经济的各个方面。因此,其管理必须同经济计划管理紧密地结合起来。生产中排出过多的废气、废液、废渣,在某种意义上来说是由于资源、能源综合利用率低,原材料消耗过多而造成的。因此,环境管理必须同自然资源开发、利用、保护的管理结合起来,同工业企业环境管理结合起来。

环境管理的基本内容应包括三个方面:①环境计划的管理。环境计划包括工业交通污染防治计划、城市污染控制计划、流域污染控制规划、自然环境保护计划,以及环境科学技术发展计划、宣传教育计划等;还包括在调查、评价特定区域环境状况的基础上综合制定的区域环境规划。②环境质量的管理。主要有组织制定各种环境质量标准、各类污染物排放标准和监督检查工作;组织调查、检测、评价环境质量状况以及预测环境质量变化的趋势。③环境技术的管理。主要包括确定环境污染和破坏的防治技术路线和技术政策;确定环境科学技术发展方向;组织环境保护的技术咨询和情报服务;组织国内和国际的环境科学技术合作与交流等。

四、环境管理的基本原则

环境管理应该遵循以下三个原则。

1. 可持续发展原则

1987 年,挪威首相布伦特兰夫人主持的世界环境与发展委员会,提出了《我们共同的未来》专题报告,将可持续发展定义为"可持续发展是指既满足当代人的需要,又不损害后代人满足需要的能力的发展"。至此,可持续发展思想逐步得到了推广,并为世人所接受。

(1)公平性原则(Fairness)

可持续发展强调发展应该追求两方面的公平。一是本代人的公平,即代内平等。可持续发展要满足全球人民的基本需求和给全球人民机会以满足他们要求较好的生活的愿望。目前,占世界 1/5 的人口处于贫困状态;占世界人口 26% 的发达国家耗用了占全球 80% 的能源、钢铁和纸张等。这种贫富悬殊、两极分化的世界不可能实现可持续发展。因此,要把消除贫困作为可持续发展进程特别优先的问题来考虑,给世界各地以公平的分配和公平的发展权。二是代际间的公平,即世代平等。由于人类赖以生存的自然资源是有限的,本代人不能因为自己的发展与需求而损害人类世世代代满足需求的条件——自然资源与环境,而必须给世世代代以公平利用自然资源的权利。

(2)持续性原则(Sustainability)

持续性原则的核心思想是指人类的经济建设和社会发展不能超越自然资源与生态环境的承载能力。资源与环境是人类生存与发展的基础,离开了资源与环境就无从谈及人类的生存与发展。可持续发展主张建立在保护地球自然系统基础上的发展,人类发展对自然资源的耗竭速率应充分顾及资源的临界性,应以不损害支持地球生命的大气、水、土壤、生物等自然系统为前提。换句话说,人类需要根据持续性原则调整自己的生活方式、确定自己的消费标准,而不是过度生产和过度消费。即可持续发展不仅要求人与人之间的公平,还要顾及人与自然之间的公平。

(3)共同性原则(Common)

虽然世界各国历史、文化和发展水平的差异,可持续发展的具体目标、政策和实施步骤不可能是唯一的。但是,可持续发展作为全球发展的总目标,所体现的公平性原则和持续性原则,则是应该共同遵从的。要实现可持续发展的总目标,从根本上说,就是必须采取全球共同的联合行动,认识到我们的家园——地球的整体性和相互依赖性,从而促进人类及人类与自然的和谐,保持人类内部及人与自然的互惠共生关系。

2. 全过程控制原则

环境管理是人类针对环境问题而对自身行为进行的调节,环境管理的内容应当包括所有对环境产生影响的人类社会经济活动。全过程控制就是指对人类活动的全过程进行管理控制,这里所说的全过程,可以指逻辑上的全过程,也可以指时序上的全过程。

全过程控制意味着环境管理内容的综合集成,即环境管理除了包括对人类活动进行管理,还包括对环境系统的保护和建设,提高环境系统提供自然资源和较高环境质量的能力;全过程控制意味着环境管理对象的综合集成,环境管理的对象包括政府、企业和公众的行为,包括组织行为、生产行为和消费行为,而且这些行为还常常交织在一起,或是连锁式地出现;全过程控制意味着环境管理手段和方法的综合,社会—经济—环境系统是一个极为复杂的巨系统,同时也是个开放系统,这种系统的特征使得该系统中的许多关系有较大的随机性、不确定性和模糊性,需要有跨学科、跨行业的管理方法,定性和定量相结合的管理方式以及包括法律、行政、经济、技术和教育等在内的多种管理手段。

例如在生产行为管理上,产品的生命全过程包括:原材料开采—生产加工—运输分配—使用消费—废弃物处置,生命周期管理、清洁生产、环境标志制度等体现了全过程控制的原则。

3. 环境经济的双赢原则

双赢原则是指处理利益冲突的双方(也可以是多方)关系时,使双方都得利,而不是牺牲一方的利益以保障另一方获利。双赢既是一种策略,也是一种结果。处理环境与经济的冲突时,就必须去追求既能保护环境、又能促进经济发展的方案,这就是经济与环境的双赢,也是可持续发展的要求。

环境问题的发生往往涉及多个方面,跨部门、跨行政区域的环境问题不可能由某个部门或行政区域来解决。在环境管理的实际工作中,需要处理与多个部门、多个地区有关的环境管理问题,必须遵循双赢原则。

在实现双赢的过程中,规则是最重要的,其次是技术和资金。所谓规则,指法律、标准、政策和制度。规则是协调冲突,达到双赢的保障,双赢并不是双方都会得到最大限度的好处,而是彼此在遵守规则的前提下的一定程度的妥协。各种经济主体之间没有规则的竞争,对任何一方都不会有好处。比如在工厂排污和附近农民发生纠纷的情况下,要协调工厂和农民的矛盾,只有依赖污染排放标准及有关的法律规定,才能顺利解决问题。

技术和资金在体现双赢原则时也起着十分关键的作用。比如节水技术对于农业、节能技术对于工业的作用。对于一个钢铁厂来讲,如果提高钢产量,就会增加对水的需求,但如果通过对原来工艺的改革,提高水的循环利用率来发展,就不会增加对水总量的需求,这样,既提高了钢产量,发展了经济,又节约了水资源,保护了环境。在这个典型的例子中,技术和资金的作用十分关键。

五、环境管理的基本职能和主要措施

所谓职能,是指人、事物或机构所应有的作用。环境管理的基本职能包括规划、协调和监督三个方面。也就是说,从事环境管理各项事务的人员及其管理机构的工作,在环境保护事业中应起到规划、协调和监督三方面的作用。

1. 规划

环境规划是指一定时期内对环境保护目标和措施所作出的规定,编制环境规划是环境管理的一项职能。已批准的环境规划又是环境管理的主要依据。实行环境管理,也就是通过实施环境规划,使经济发展和环境保护相协调,达到既发展经

济、满足人类不断增长的基本要求，又限制人类损害环境质量的行为，使环境质量得到保护和改善。

2. 协调

环保事业涉及各行各业，四面八方。搞好环境保护必须依靠各地区、各部门，这就是环境管理的广泛性和群众性。环境又是一个整体，各项环保工作都存在着有机联系。在一个地域内，各行各业必须在统一的方针、政策、法规和规划的指导下进行，这就是环境管理的区域性和综合性。基于环境管理的这些特点，要求有一个部门进行统一组织协调，把各地区、各部门、各单位都发动起来，按照统一的目标，要求做好各自范围内的保护工作。可见，组织协调是环境管理的一项主要职能，特别是对解决一些跨地区、跨部门的环境问题，搞好协调就更为重要。

但是，要真正把环境规划付诸实施，组织协调只是一个方面，更为重要的是必须实行切实有效的监督。

3. 监督

环境监督是指对环境质量的监测和对一切影响环境质量行为的监察。这儿应强调的是后者，即对危害环境行为的监察和对保护环境行为的督促。对环境质量的监测主要由各级环境监测机关实施。

为什么要进行环境监督？因为保护环境是一项艰巨而复杂的任务。没有强有力的监督，即使有了法律和规范，协调也是难以进行的。特别是目前我国社会上还存在着有法不依、执法不严的情况下，实行监督就尤为重要。

我们之所以要进行环境监督，还因为环境法规的实施具有以下三个特点：一是环境法的制约对象不单是公民个人，还包括许多机关、团体、企事业单位，甚至涉及政府的一些决策者；二是保护和改善环境受到经济实力和技术条件的制约，使环境法的实施难度更大；三是虽然我国环境法规虽已明确授予各级环保部门环境监督权，但由于现行体制等条件的制约，这一权利还难以很好地行使。因此，强化环境监督是当前深化改革、转变职能、改善保护工作的一项迫切任务。

监督是什么？环境监督的任务，内容和重点有哪些呢？从根本上讲，环境监督的目的是为了维护和保障公民的环境权，即公民在良好适宜的环境里生存和发展的权利。维护环境权的实质是维护人民群众的切身利益，包括子孙后代的长远利益。这种利益通过符合一定标准的环境质量来体现。所以，环境监督的基本任务是通过监督来维护和改善环境质量。环境监督的内容：①监督环境政策、法律、规定和标准的实施；②监督环保规划、计划的实行；③监督各有关部门所负担的环保工作的执行情况。

目前由环保部门行使的环境监督权主要有建设项目环境管理和区域与单位排污监察权。主要包括①环境影响报告书（表）审批权；②"三同时"制度监察权；③项目验收投产审查权；④排污许可申报审批权；⑤征收排污费权；⑥向政府提出限期治理或其他处置权；⑦对其他有关事宜、案件进行审查，并提出处理意见权。

鉴于在相当长的一个时期内，我国将面临着环境问题多、环保任务重、经济力量又有限，环境管理又很不适应的实际情况，因此，环境监督应集中力量紧紧围绕着改善环境质量这个中心，针对主要环境问题进行。目前，监督的重点是认真实行建设和规划项目的环境影响报告书制度、"三同时"制度、排污许可申报制度和排污收费制度。

根据国外环境污染防治以及我国 10 多年来环保工作的经验，加强环境管理，必须有管理措施，否则管理无根无据，不能落实。强化环境管理的主要措施包括建立行政管理机构、制定环境保护法律、制定环境保护政策、制定环境质量标准和排污控制标准、建立实行环境保护制度，采用最新技术，进行综合治理以及加强环境管理信息系统和环境统计指标体系的建设等。

(1)建立行政管理机构

建立环境保护行政管理机构是实行环境管理的组织保证。这个机构要有提供政策、业务管理、监督检查的职能，还要有参与制定国民经济及建设规划的职权，有参与资源开发利用综合管理的职权，有掌管环境管理所必须的人、财、物的职权。

(2)制定环境保护法律

法律是国家制定的，并以强制的手段保证执行其所规定的条款。它是国家对各种社会活动实行领导和调整的一种形式。因此，立法是控制并消除污染、保障自然资源合理利用的有力措施。发达国家在这方面做得比较好，立法工作开展的也比较早。例如，英国、日本、美国、德国在 20 世纪 40～50 年代相继制定了区域性的、分散性的水污染控制法。在 20 世纪 60～70 年代进行环境立法的国家还有法国、荷兰、比利时、瑞典、瑞士、土耳其、新西兰、爱尔兰、希腊等。加拿大在 1970 年也制定了加拿大水法，对水污染进行控制管理。

各国制定的各种环境法规主要目的是严格控制污染源的排放，防治大气、水体的污染及生态破坏。我国的环境立法从新中国成立初期就开始了。在 20 世纪 70 年代以前，我国虽然没有形成明确的环境保护概念和提出环境保护的任务，但也进行了一些环境保护方面的工作，并制定了许多与环境有关的法规。例如，《国务院关于积极保护和合理利用野生动物资源的指示》、《水土保持暂行纲要》、《森林保护条例》和《矿产资源保护试行》等。20 世纪 70 年代以后，我国的国际交往频繁，环境科学开始兴起，环境保护的观念逐步明确，特别是党的十一届三中全会以后，我国的环境保护工作进入了一个新的管理阶段，环境立法工作全面展开，环境保护成为我国基本国策之一。70 年代以来，我国制定的环境保护法律有《中华人民共和国环境保护法》、《中华人民共和国海洋环境保护法》、《中华人民共和国大气污染防治法》、《中华人民共和国水污染防治法》、《中华人民共和国环境噪声污染防治法》、《中华人民共和国固体废物污染环境防治法》、《中华人民共和国放射性污染防治法》和《中华人民共和国环境影响评价法》等。颁布的环境保护标准主要有《大气环境质量标准》、《地面水环境质量标准》、《城市区域环境噪声标准》以及污染物排放标准等。这些法规是我们进行环境管理的依据,是控制我国环境污染、生态破坏和改善环境质量的有力保证。随着环保法的不断完善,我国的环境保护工作将进入法制时期,并将取得显著效果。

目前我国的环境法规还不够健全,某些法律责任规定不够明确,有关奖励与优惠的政策也不够具体。尤其是作为执法依据的现行环境标准,其科学性、可行性还有待提高,环境法规难以发挥其普遍的强制力。通过对我国环境法规体系的深入研究,可以不断完善和健全我国的环境法规,为逐步建立以法制为保障的环境管理体制提供科学依据。对环境法的研究,不仅仅是研究环境立法,还应对我国的环境司法问题进行深入研究。

(3)制定环境保护政策

所谓政策,是指国家和政府为实现一定历史时期的工作和任务所制定的行动准则。环境保护作为我国社会主义建设的一项基本国策,必须通过若干不同层次的具体的环境政策来加以体现和落实,环境保护事业的发展战略,也必须通过若干的环境政策加以延伸和具体化。环境保护政策,大体可以分为技术政策、经济政策和行政管理政策三大类。这三大类政策有机结合,相辅相成,构成一个完整的政策体系。

技术政策是指借助那些既能提高生产力,又能把对环境的污染和生态破坏控制到最小限度的科学技术,能诱导、约束和协调人们生产活动的政策。例如,为了防治大气污染,制定了改革城市燃料结构、改造锅炉、窑炉、开展消烟除尘、推广型煤、发展集中供热、试行热电联合等政策。

经济政策,运用了经济杠杆的原理,促进和诱导人们的生产、生活活动遵循环境保护的要求。例如,为了促进企业治理三废,制定了对超标排放污染物实行排污收费,对综合利用三废取得经济效益和社会效益的项目实行优惠和奖励,对污染危害造成的损失实行由污染者赔偿等。

行政管理政策,是国家通过多级行政管理机关,运用多种手段,自上而下地管理环境保护事业而制定的若干行动准则。例如,"谁污染、谁治理",新建、扩建、改建的基本建设和技术改造项目的主体工程必须要与防治污染和保护生态的配套设施做到"三同时",经济建设、城乡建设、环境建设必须做到"三同步、三统一",对污染严重而已无法治理的企业实行关、停、并、转、迁,等等。这些都是必要的行政约束手段。现代国家行政管理最重要的特点之一,就在于它是依法来进行管理的。

（4）制定环境质量标准和排污控制标准

为了控制环境污染，各国依据本国的有关法律，制定大气、水体环境质量标准，环境噪声标准以及各种污染物的排放标准，以控制污染源的排污量，保护生态环境良性循环。美国于 1967 年、1970 年先后两次制定了《空气质量法》，其后由联邦政府统一颁布了全国空气质量标准。1972 年美国颁布了游览水、水生生物养殖用水、公共给水及工农业用水等四种水质标准。日本 1969~1972 年先后制定了二氧化硫、一氧化碳、飘尘、二氧化氮等污染物的大气质量标准。日本把水质的国家标准分为两类：一类是保护人体健康的水质标准，一类是保护社会环境的标准。另外，又把河、湖、海域分别分成六级、四级、三级，并制定了相应的水质标准。1978 年，日本对水污染控制法进行修正，提出并确定了用污染物总量控制体系来管理废水排放，且在 1980 年制定了总量控制标准。

在我国，为了控制大气、水体污染，除颁布前述有关标准外，1983 年还制定了《工业污染物排放标准》。目前，我国的环境保护科技计划，不仅包含对水环境和大气环境的标准体系的研究，还包含对完善土壤环境质量标准、固体废弃物排放标准、恶臭标准进行研究，这必将使我国现行的环境标准更加充实和完善。

（5）建立和健全环境保护制度

根据保护法规，制定了各种具体的环境保护制度。如环境影响评价制度、"三同时"制度、排污收费制度以及实行"谁污染、谁治理"的原则等。这些制度和原则的建立和实行，能使人们特别是领导者提高对环境保护工作的认识，是控制新的污染产生和治理老污染源的有效措施。

（6）采用最新技术，进行综合治理

技术措施是立法和经济措施得以贯彻执行的条件。但有时单纯的技术措施并不能从根本上解决污染问题。例如，20 世纪 50 年代发达的资本主义国家工业腾飞，随之而来的公害事件不断发生，反公害斗争此起彼伏。在此情况下，各国政府不得不重视污染治理，开始采用"头疼医头，脚疼医脚"的办法，单纯抓污染治理，发展单项治理技术。结果一方面使得各类污染物的治理技术有了很大发展，另一方面这些国家污染现状的发展并没有得到控制。直到 20 世纪 60 年代以后，通过环境立法、行政管理、环境教育、技术治理、工艺改革、闭路循环、环境监测与评价、自然保护、环境规划等互相结合的综合治理方法，才使环境污染和生态破坏问题得到控制，遭到污染和破坏的自然环境质量得到较快地改善。企图仅凭某一项治理技术来解决环境污染问题从长远和整体上来看是十分困难的，甚至是不可能的。同时还必须指出，在对污染物进行综合治理中，要合理利用环境容量，这对发展中国家尤为重要。

（7）建立和健全环境统计体系

环境统计，是环境治理状况的定量描述，是衡量环境污染和环境建设的尺度。

因此，建立科学的环境统计指标体系，对制定我国环境保护发展战略，制定环境规划和各种方针、政策，加速我国经济建设和环境保护的协调发展，都具有重大的理论意义和现实意义。

我国已在环境统计方面做了大量工作。但是，随着环境保护工作的开展，单靠过去那种手工式的统计已经不能适应当前形势发展的需要。加上环境统计工作起步较晚，缺乏完整的指标体系，有些指标体系的概念与界限不清，理解不一致，严重影响了环境统计数据的可比性和准确性。例如，我国的废水排放统计是按废水排放总量（万 t/年）进行统计的，不管废水的成分、种类、浓度，一律汇总加和，这就很难科学地反映我国的环境状况。

目前我国的环境界普遍存在两个说不清的问题：①环境污染造成的损失究竟有多少；②环境污染对人体健康的影响究竟有多大。这些仍无法定量描述。另外，环境效益和社会效益的衡量问题，环境效益的定义问题等，都是难以说清楚的。因此，站在我国环境保护工作发展的宏观战略高度上，研究和探讨统计指标体系，为各级管理部门了解掌握实际情况，制定政策和计划，指导和监督政策执行情况等，提供可靠的、有说服力的统计资料，将对强化环境管理起到巨大的指导作用。

(8)建立和健全环境管理信息系统

随着信息社会的到来，科技情报工作进一步受到各国政府和社会各界的重视。信息社会是智力密集的社会，信息是一种重要的资源。信息的产生、储备、加工、处理、传递将成为重要产业之一。其特点是高效率、高增长、低污染、低消耗、低能耗。我国要实现环境管理的现代化，必须建立和健全现代化的高效、准确、适用的国家环境管理信息系统。整个系统包括环境数据的统计和分析；情报文献的检索和分析；环境预测和决策等。信息来源于社会，正确的决策来源于科学，信息—科学—社会相互作用，形成了由此及彼的决策链。我国由于信息不通、情报不灵而造成决策失误、科研重复的例子是不少的。因此，信息与决策的正确与否将决定经济、环境、社会效益的大小及成功与失败。

六、环境管理的分类

环境管理，可以按照管理范围或管理性质来进行分类。在具体工作中，也可按照环保部门的工作领域进行划分。

1. 按管理范围分类

可分为资源环境管理、区域环境管理和专业环境管理。

(1)资源环境管理

自然资源是国民经济与生活发展的重要物质基础。资源可分为可耗竭或不可再生资源（如矿产）和不可耗竭或可再生资源（如森林和草原）两大类。随着工业化和人口的发展与增加,人类对自然资源的巨大需求和大规模的开采消耗,已导致资源基础的削弱退化,甚至于枯竭。如何以最低的环境成本确保自然资源的可持续利用,已成为现代环境管理的重要目标。资源环境管理的主要内容包括水资源的保护与开发利用,土地资源的管理与可持续开发利用,森林资源的培育、保护、管理与可持续发展,海洋资源的可持续与保护,矿产资源的合理开发利用与保护,草地资源的开发利用与保护,生物多样性保护,能源的合理开发利用与保护等。

(2)区域环境管理

环境问题由于自然环境和社会环境的差异,存在着明显的区域性特征,因地制宜地加强区域环境管理,是管理的基本原则。如何根据区域自然资源、社会、经济的具体情况,选择有利于环境的发展模式,建立新的社会、经济、生态环境系统,是区域环境管理的主要任务。主要内容包括城市环境管理,领域环境管理,地区环境管理,海洋环境管理,自然保护区建设与管理,风沙区生态建设与管理等。

(3)专业环境管理

环境问题由于行业性质和污染因子的差异存在着明显的专业性特征。不同的经济领域,会产生不同的环境问题;不同的环境要素往往涉及不同的专业领域。针对性地加强专业管理是现代科学管理的基本原则。如何根据行业和污染因子(或环境要素)的特点,调整经济结构和布局,开展清洁生产和绿色产品生产,推广有利于环境的实用技术,提高污染防治和生态恢复工程及实施的技术水平,加强管理包括工业、农业、交通运输业、商业、建筑业等国民经济各部门的管理,以及各行业、企业的环境管理。按照环境要素划分专业管理包括大气、水、固体废弃物、噪声、辐射以及造林绿化、防沙治沙、生物多样性、草地湿地及沿海滩涂、地质等环境管理。

2. 按管理性质分类

可分为环境计划管理、环境质量管理和环境技术管理。

(1)环境计划管理

计划是一个组织为实现一定目标而科学地预计和判定未来的行动方案。计划主要包括两项基本活动:一是确立目标,二是决定达到这些目标的实施方案。计划能促进和保证管理人员在管理活动中进行有效的管理,计划是管理的首要职能。其主要任务是制定、执行、检查和调整各部门、各行业、各区域的环境规划,使之成为整个社会经济发展规划的重要组成部分。

(2)环境质量管理

保护和改善环境质量是环境管理的中心任务。因此,环境质量管理是环境管理的核心内容。质量管理是组织职能和控制职能的重要体现。组织必要的人力和其他资源去执行既定的计划,并将计划完成情况和计划目标相对照,采取措施纠正计划执行中的偏差,以确保计划项目的实施。为落实环境规划,保护和改善环境质量而进行的各项活动,如调查、监测、评价、交流、研究和污染防治等都属于环境质量管理的重要内容。

(3)环境技术管理

加强环境管理,需要一个非常有效的管理体系。环境管理需要综合运用规划、法制、行政、经济等手段。这就需要培养高素质的管理人才,采用先进的管理手段,建立并不断完善组织机构,形成协调管理的机制。要实现这一目标,必须不断健全环境法规、标准体系,建立现代科学管理体系,建立环境管理信息系统,加强环境教育和宣传,加强科学技术支持能力建设,加强国际科技合作与交流。一句话,加强技术管理就是加强技术支持能力的建设,依靠科技进步,实现规范、有效、科学的管理。

复习思考题

10.1 怎样理解"有什么样的环境,就有什么样的土壤"?

10.2 我国的主要土壤类型及大致分布如何?

10.3 土壤区域分布规律主要影响因素是什么?

10.4 土壤资源正面临着哪些严重破坏问题,各自发生的过程及根源是什么?

10.5 合理利用土壤资源,应注意土壤、环境与生物之间的统一,为什么?试举例说明。

10.6 土地资源是如何限制人口容量的?

10.7 何谓环境管理?环境管理的目的和任务是什么?

10.8 环境管理的原则有哪些?

10.9 环境管理的对象和内容是什么?

10.10 环境管理的基本职能包括哪些方面?

第十一章　环境土壤评价与研究方法

第一节　环境土壤评价

　　所谓的环境基准是由污染物同生态系统特定对象之间的剂量—反应关系确定的,它是指环境中污染物对特定对象(以人为核心,包括动物、植物以及微生物等其他生物)不产生不良或有害影响的最大剂量(无作用剂量)或浓度,不考虑社会、经济、技术等人为因素,不具有法律效力。按保护的对象,环境基准可分为保护人体健康的环境卫生基准和保护生态系统的环境生态基准。环境基准是制定环境标准的基础。

　　环境质量标准则是以环境质量基准为依据,并考虑社会、经济、技术等因素,经过综合分析制定的,并由国家管理机关颁布,一般具有法律强制性和社会可接受性。

　　了解了环境基准和环境质量标准的概念,就很容易理解污染土壤修复基准和污染土壤中污染物的浓度降低到对人体健康和生态系统不构成威胁的可接受的水平。

一、土壤环境质量标准

　　土壤环境质量标准是土壤中污染物的最高容许含量。污染物在土壤中的残留积累,以不致造成作物的生育障碍、在籽粒或可食部分中的过量积累(不超过食品卫生标准)或影响土壤、水体等环境质量为界限。

　　1995 年国家环境保护局颁布《土壤环境质量标准》,该标准在 2008 年进行修订。2007 年国家环境保护总局先后发布《温室蔬菜产地环境质量评价标准》,《食用农产品产地环境质量评价标准》以及《展览会用地土壤环境质量评价标准》。

　　(一)土壤环境质量标准

　　根据土壤应用功能,《土壤环境质量标准》划分四类用地土壤。

　　1. 农业用地土壤:种植粮食作物、蔬菜等地土壤。

2. 居住用地土壤:城乡居住区、学校、宾馆、游乐场所、公园、绿化用地等地土壤。

3. 商业用地土壤:商业区、展览场馆、办公区等地土壤。

4. 工业用地土壤:工厂(商品的生产、加工和组装等)、仓储、采矿等地土壤。

该标准根据保护目标,划分三级标准值。第一级为环境背景值,基本上保护土壤处于环境背景水平,是保护土壤环境质量的理想目标,适用于国家规定的自然保护区(原有背景重金属含量高的除外)、集中式生活饮用水源地、牧场和其他需要特别保护地区的土壤。第二级为筛选值,初步筛查判识土壤污染危害程度的标准。土壤中污染物监测浓度低于筛选值,一般可认为无土壤污染危害风险;高于筛选值的土壤是具有污染危害的可能性,但是否有实际污染危害,尚需进一步调研与确定,适用于各类用地土壤。第三级为整治值,土壤发生实际污染危害的临界值,适用于各类用地的污染场地土壤。

本标准确定污染物种类共计以下 76 项:

(1)重金属与其他无机物:总镉、总汞、总砷、总铅、总铬、六价铬、总铜、总镍、总锌、总硒、总钴、总钒、总锑、稀土总量、氟化物、氰化物等 16 项。

(2)挥发性有机物:甲醛、丙酮、丁酮、苯、甲苯、二甲苯、乙苯、1,4-二氯苯、氯仿、四氯化碳、1,1-二氯乙烷、1,2-二氯乙烷、1,1,1-三氯乙烷、1,1,2-三氯乙烷、氯乙烯、1,1-二氯乙烯、1,2-二氯乙烯(顺)、1,2-二氯乙烯(反)、三氯乙烯、四氯乙烯等 20 项。

(3)多环芳烃类有机物:苯并(a)蒽、苯并(a)芘、苯并(b)荧蒽、苯并(k)荧蒽、二苯并(a,h)蒽、茚并(1,2,3-cd)芘、屈、萘、菲、蒄、蒽、荧蒽、芴、芘、苯并(g,h,i)苝、苊烯(二氢苊)等 16 项。

(4)持久性有机污染物与农药:艾氏剂、狄氏剂、异狄氏剂、氯丹、七氯、灭蚁灵、毒杀芬、滴滴涕总量、六氯苯、多氯联苯总量、二噁英总量、六六六总量、阿特拉津、2,4-二氯苯氧乙酸(2,4-D)、西玛津、敌稗、草甘膦、二嗪磷(地亚农)、代森锌等 19 项。

(5)其他:石油烃总量、邻苯二甲酸酯类总量、苯酚、2,4-二硝基甲苯、3,3-二氯联苯胺等 5 项。

土壤无机污染物的环境质量第一级标准值,由各省、直辖市、自治区政府依据《土壤污染环境质量第一级标准值编制方法要点》自行制定。土壤有机污染物的环境质量第一级标准值列于表 11-1。土壤无机污染物的环境质量第二级标准值列于表 11-2。土壤有机污染物的环境质量第二级标准值列于表 11-3。土壤环境质量第三级标准值因不同场地土壤、污染物、受体和环境条件等的差别而具有特定性,其制订工作需依据《土壤污染风险评估技术导则》,在稳步推进场地土壤污染风险评估工作的基础上逐步展开。

表 11-1　土壤有机污染物的环境质量第一级标准值

序号	污染物	ca/nc①	第一级标准限值(mg/kg)
1	苯并(a)蒽	ca	0.005
2	苯并(a)芘	ca	0.010
3	苯并(b)荧蒽	ca	0.010
4	苯并(k)荧蒽	ca	0.010
5	二苯并(a,h)蒽	ca	0.005
6	茚并(1,2,3-cd)芘	ca	0.005
ca	0.005		
7	屈	ca	0.010
8	萘	nc	0.015
9	菲	nc	0.020
10	苊	nc	0.005
11	蒽	nc	0.010
12	荧蒽	nc	0.015
13	芴	nc	0.005
14	芘	nc	0.010
15	苯并(g,h,i)苝	nc	0.008
16	苊烯(二氢苊)	nc	0.005
17	滴滴涕总量②	ca	0.050
18	六六六总量③	ca	0.010
19	多氯联苯总量④	ca	0.015
20	二噁英总量(ngI-TEQ/kg)⑤	ca	1.0
21	石油烃总量	nc	100
22	邻苯二甲酸酯类总量⑥	nc	5.0

注：① nc:表示非致癌性,ca:表示致癌性;

② 滴滴涕总量为滴滴伊、滴滴滴、滴滴涕三种衍生物总和;

③ 六六六总量为 α-六六六、β-六六六、γ-六六六、δ-六六六四种异构体总和;

④ 多氯联苯总量为 PCB28、52、101、118、138、153 和 180 七种单体总和;

⑤ 二噁英总量为 2,3,7,8-四氯二苯二噁英、1,2,3,7,8-五氯二苯二噁英、1,2,3,4,7,8-六氯二苯二噁英、1,2,3,6,7,8-六氯二苯二噁英、1,2,3,7,8,9-六氯二苯二噁英、1,2,3,4、

6,7,8-七氯二苯二噁英、1,2,3,4,6,7,8,9-八氯二苯二噁英、2,3,7,8-四氯二苯呋喃、2, 3,4,7,8-五氯二苯呋喃、1,2,3,7,8-五氯二苯呋喃、1,2,3,4,7,8-六氯二苯呋喃、1,2,3, 6,7,8-六氯二苯呋喃、1,2,3,7,8,9-六氯二苯呋喃、2,3,4,6,7,8-六氯二苯呋喃、1,2,3, 4,6,7,8-七氯二苯呋喃、1,2,3,4,7,8,9-七氯二苯呋喃、1,2,3,4,6,7,8,9-八氯二苯呋喃等十七种物质总和;

⑥ 邻苯二甲酸酯类(酞酸酯类)总量为邻苯二甲酸二甲酯(DMP)、邻苯二甲酸二乙酯(DEP)、邻苯二甲酸二正丁酯(DnBP)、邻苯二甲酸二正辛酯(DnOP)、邻苯二甲酸双2-乙基己酯(DEHP)、邻苯二甲酸丁基苄基酯(BBP)六种物质总和。

表 11-2 土壤无机污染物的环境质量第二级标准值　　　　mg/kg

序号	污染物	农业用地按 pH 值分组				居住用地	商业用地	工业用地
		≤5.5	>5.5~6.5	>6.5~7.5	>7.5			
1	总镉					10	20	20
	水田	0.25	0.3	0.5	1			
	旱地	0.25	0.3	0.45	0.8			
	菜地	0.25	0.3	0.4	0.6			
2	总汞					4	20	20
	水田	0.2	0.3	0.5	1			
	旱地	0.25	0.35	0.7	1.5			
	菜地	0.2	0.3	0.4	0.8			
3	总砷					50	70	70
	水田	35	30	25	20			
	旱地	45	40	30	25			
	菜地	35	30	25	20			
4	总铅					300	600	600
	水田、旱地	80	80	80	80			
	菜地	50	50	50	50			
5	总铬					400	800	1000
	水田	220	250	300	350			
	旱地、菜地	120	150	200	250			
6	六价铬	—	—	—	—	5	30	30

（续表）

序号	污染物	农业用地按 pH 值分组				居住用地	商业用地	工业用地
		≤5.5	>5.5~6.5	>6.5~7.5	>7.5			
7	总铜 水田、旱地、菜地 果园	50 150	50 150	100 200	100 200	300	500	500
8	总镍 水田、旱地 菜地	60 60	80 70	90 80	100 90	150	200	200
9	总锌	150	200	250	300	500	700	700
10	总硒	3.0				40	100	100
11	总钴	40				50	300	300
12	总钒	130				200	250	250
13	总锑	10				30	40	40
14	稀土总量	一级标准值 +5.0	一级标准值 +10	一级标准值 +15	一级标准值 +20	—		
15	氟化物（以氟计）	暂定水溶性氟 5.0				1000	2000	2000
16	氰化物（以 CN⁻计）	1.0				20	50	50

注：① "—"表示未作规定；

② 稀土总量是由性质十分相近的镧、铈、镨、钕、钷、钐、铕、钆、铽、镝、钬、铒、铥、镱、镥等 15 种镧系元素和与镧系元素性质极为相似的钪、钇共 17 种元素总和。

表 11-3　土壤有机污染物的环境质量第二级标准值　　　　mg/kg

序号	污染物	ca/nc	农业用地		居住用地	商业用地	工业用地
			按土壤有机质含量分组				
			≤20g/kg	>20g/kg			
一、挥发性有机污染物							
1	甲醛	nc	—	—	20	30	30
2	丙酮	nc	—	—	500	1000	1000
3	丁酮	nc	—	—	500	1000	1000
4	苯	ca	—	—	0.5	3	5
5	甲苯	nc	—	—	100	500	500

（续表）

序号	污染物	ca/nc	农业用地		居住用地	商业用地	工业用地
			按土壤有机质含量分组				
			≤20g/kg	>20g/kg			
6	二甲苯	nc	—	—	5	40	50
7	乙苯	nc	—	—	20	230	250
8	1,4-二氯苯	ca	—	—	6	10	10
9	氯仿	ca	—	—	0.5	2	2
10	四氯化碳	ca	—	—	0.5	2	2
11	1,1-二氯乙烷	nc	—	—	3	25	30
12	1,2-二氯乙烷	ca	—	—	0.5	2	2
13	1,1,1-三氯乙烷	nc	—	—	5	50	50
14	1,1,2-三氯乙烷	ca	—	—	1	5	5
15	氯乙烯	ca	—	—	0.1	0.3	0.3
16	1,1-二氯乙烯	nc	—	—	1	8	8
17	1,2-二氯乙烯(顺)	nc	—	—	1	8	8
18	1,2-二氯乙烯(反)	nc	—	—	1	8	8
19	三氯乙烯	ca	—	—	0.5	8	8
20	四氯乙烯	ca	—	—	0.5	6	10
二、多环芳烃类有机污染物							
21	苯并(a)蒽	ca	0.1	0.2	1	5	10
22	苯并(a)芘	ca	0.1	0.1	0.5	1	1
23	苯并(b)荧蒽	ca	0.1	0.3	1	5	10
24	苯并(k)荧蒽	ca	0.2	0.5	1	5	10
25	二苯并(a,h)蒽	ca	0.1	0.2	0.5	1	1
26	茚并(1,23-cd)芘，	ca	0.1	0.3	0.5	5	10
27	屈	ca	0.1	0.2	0.5	3	3
28	萘	nc	0.1	0.3	5	30	50
29	菲	nc	0.5	1	5	30	50
30	芘	nc	0.5	1	5	30	50
31	蒽	nc	0.5	1	5	5	5
32	荧蒽	nc	0.5	1	5	30	50

（续表）

序号	污染物	ca/nc	农业用地		居住用地	商业用地	工业用地
			按土壤有机质含量分组				
			≤20g/kg	>20g/kg			
33	芴	nc	0.5	1	5	30	50
34	芘	nc	0.5	1	5	30	50
35	苯并(g,h,i)苝	nc	0.5	1	5	30	50
36	苊烯(二氢苊)	nc	0.5	1	5	30	50
三、持久性有机污染物与化学农药							
37	艾氏剂	ca	—	—	0.06	0.3	0.3
38	狄氏剂	ca	—	—	0.06	0.3	0.3
39	异狄氏剂	nc	—	—	2	10	10
40	氯丹	ca	—	—	3	5	10
41	七氯	ca	—	—	1	4	4
42	灭蚁灵	ca	—	—	1	5	5
43	毒杀芬	ca	—	—	0.5	5	5
44	滴滴涕总量	ca	0.1	0.1	1	4	4
45	六氯苯	ca	—	—	0.5	2	3
46	多氯联苯总量	ca	0.1	0.2	0.5	1.5	1.5
47	二噁英总量(ngI-TEQ/kg)	ca	4	4	8	10	10
48	六六六总量	ca	0.05	0.05	1	4	4
49	阿特拉津	ca	0.1	0.1	2	6	6
50	2.4-二氯苯氧乙酸(2.4-D)	nc	0.1	0.1	50	500	500
51	西玛津	ca	0.1	0.1	4	10	10
52	敌稗	nc	0.1	0.1	50	500	500
53	草甘膦	nc	0.5	0.5	—	—	—
54	二嗪磷(地亚农)	nc	0.1	0.2	10	50	50
55	代森锌	nc	0.1	0.1	—	—	—
四、其他							
56	石油烃总量	nc	500	500	1000	3000	5000
57	邻苯二甲酸酯类总量	nc	10	10	—	—	—
58	苯酚	nc	—	—	40	40	40

(续表)

序号	污染物	ca/nc	农业用地		居住用地	商业用地	工业用地
			按土壤有机质含量分组				
			≤20g/kg	>20g/kg			
59	2,4-二硝基甲苯	nc	—	—	1	4	4
60	3,3,-二氯联苯胺	ca	—	—	1	5	5

注:"—"表示未作规定。

(二)温室蔬菜产地环境质量评价标准

《温室蔬菜产地环境质量评价标准》规定温室土壤环境质量评价指标限值如下表所示:

表 11-4 土壤环境质量评价指标限值

项目①	pH②		
	<6.5	6.5~7.5	>7.5
土壤环境质量基本控制项目:			
总镉≤	0.30	0.30	0.40
总汞≤	0.25	0.30	0.35
总砷≤	30	25	20
总铅≤	50	50	50
总铬≤	150	200	250
六六六③≤	0.10		
滴滴涕③≤	0.10		
全盐量≤	2000		
土壤环境质量选择控制项目:			
总铜≤	50	100	100
总锌≤	200	250	300
总镍≤	40	50	60

注:① 重金属和砷均按元素量计,适用于阳离子交换量>5cmol/kg 的土壤,若≤5cmol/kg,其标

准值为表内数值的半数。

② 若当地某些类型土壤 pH 值变异在 6.0～7.5 范围,鉴于土壤对重金属的吸附率,在 pH 值 6.0 时接近 pH 值 6.5,pH 值 6.5～7.5 组可考虑在该地扩展为 pH 值 6.0～7.5 范围。

③ 六六六为四种异构体（α-666、β-666、γ-666、δ-666）总量,滴滴涕为四种衍生物总量(p,p′-DDT、o,p′-DDT、p,p′-DDD、p,p′-DDT)。

(三)食用农产品产地环境质量评价标准

《食用农产品产地环境质量评价标准》规定土壤环境质量应符合表 11-5 的规定。

表 11-5　土壤环境质量评价指标限值① 　　　　　　　mg/kg

项　目②	pH 值<6.5	pH 值③6.5～7.5	pH 值>7.5
土壤环境质量基本控制项目:			
总镉水作、旱作、果树等≤	0.30	0.30	0.60
蔬菜≤	0.30	0.30	0.40
总汞水作、旱作、果树等≤	0.30	0.50	1.0
蔬菜≤	0.25	0.30	0.35
总砷旱作、果树等≤	40	30	25
水作、蔬菜≤	30	25	20
总铅水作、旱作、果树等≤	80	80	80
蔬菜≤	50	50	50
总铬旱作、蔬菜、果树等≤	150	200	250
水作≤	250	300	350
总铜水作、旱作、蔬菜、柑橘等≤	50	100	100
果树≤	150	200	200
六六六④≤	0.10		
滴滴涕④≤	0.10		
土壤环境质量选择控制项目:			
总锌≤	200	250	300
总镍≤	40	50	60
稀土总量(氧化稀土)≤	背景值⑤+10	背景值⑤+15	背景值⑤+20
全盐量≤	1000　　　　2000⑥		

注:① 对实行水旱轮作、菜粮套种或果粮套种等种植方式的农地,执行其中较低标准值的一项作

物的标准值。

② 重金属(铬主要是三价)和砷均按元素量计,适用于阳离子交换量>5cmol/kg 的土壤,若 ≤5cmol/kg,其标准值为表内数值的半数。

③ 若当地某些类型土壤 pH 值变异在 6.0~7.5 范围,鉴于土壤对重金属的吸附率,在 pH 值 6.0 时接近 pH 值 6.5,pH 值 6.5~7.5 组可考虑在该地扩展为 pH 值 6.0~7.5 范围。六 六六为四种异构体总量,滴滴涕为四种衍生物总量。

⑤ 背景值:采用当地土壤母质相同、土壤类型和性质相似的土壤背景值。

⑥ 适用于半漠境及漠境区。

二、土壤环境质量评价

土壤环境质量是指土壤环境(或土壤生态系统)的组成、结构、功能特性及其所处状态,是自然环境因素影响下的自然过程及其所形成的土壤环境的组成、结构、功能特性、环境地球化学背景值与元素背景值、净化功能、自我调节功能与抗逆性能、土壤环境容量等相对稳定而仍在不断变化中的环境基本属性,在人类活动影响下,土壤环境污染和土壤生态状态时刻存在变化。

影响土壤环境质量的主要因素包括:

① 建设项目影响土壤环境污染的因素:建设项目类型、污染物性质、污染源特点、污染源排放强度、污染途径、土壤所在区域的环境条件、土壤类型和特性。

② 影响土壤退化、破坏的主要因素,其中自然因素有:干旱、洪涝、狂风、暴雨、火山、地震等;人为因素如过度放牧、灌溉、采矿等,其在利用土壤及其环境条件时,存在盲目性。

土壤环境质量评价的目的是按一定的原则、标准和方法,对土壤污染程度进行评定,或者说土壤环境质量评价是对土壤环境质量的高低和优劣作出定性或定量的评判,以提高和改善土壤环境质量,并提出控制和减缓土壤环境不利变化的对策和措施。

(一)土壤污染现状评价

1. 评价因子的选择

评价因子选择的合理与否,直接关系到土壤环境质量现状评价结果的科学性和可靠性。选择评价因子应综合考虑评价目的和评价区域土壤环境污染的类型等因素。一般选择的基本因子为:

① 重金属元素及无机毒物,如 Hg、As、Cd、Cr、Ni、Pb、Cu、F、CN 等;

② 有机毒物,如酚、苯并芘、DDT、六六六、三氯乙醛、多氯联苯等;

③ 土壤 pH 值、全氮量、硝态氮量等;

④ 有害微生物;

⑤ 放射性元素。

2. 土壤污染评价方法

(1)单因子指数法

在我国土壤重金属污染环境质量评价中,主要采用单因子污染指数评价法。单因子指数法是指分别计算评价土壤中各污染因子的污染指数,进而对土壤环境进行污染评价的一种方法。

以土壤污染物的实测值与评价标准值相比,计算污染指数:

$$P_i = \frac{C_i}{S_i}$$

式中:P_i——第 i 个单因子污染指数;

C_i——第 i 个污染物的实测值;

S_i——第 i 个污染物的评价标准。

当 $P_i > 1$ 时,表示受到污染;当 $P_i \leqslant 1$ 时,表示未受到污染。

这是目前环境各要素评价中应用较广泛的一种指数,这种方法的优点是以土壤环境质量标准作为基础,目标明确。一般认为,作为无量纲指数,具有可比较的等价特性。也有人认为,该式并非完全等价,还有进一步修正的必要。因为式中的 C_i 和 S_i 都包含两部分,一部分是土壤的背景含量,它是相对稳定的;另一部分是污染的量,它是指数所要表明的部分。指数等价的概念主要是体现在自然的历史发展过程中与人体之间相互矛盾统一的背景含量。但 C_i/S_i 之比不仅意味着第二部分,即污染量与 S_i 中相当于污染量之比,而且也包括 C_i 中的污染量与 S_i 中的背景量之比,这从概念上就否定了指数等价的意义。此外,由于土壤中各污染物的背景含量差异甚大,不同的数值包含土壤质量标准时,它们所占的份额就十分不同。

单因子指数法仅仅针对土壤中重金属单元素进行评价,不能反映土壤污染的综合状况。

以土壤与作物中污染物积累的相关数量计算污染指数。首先,根据污染物的评价标准和土壤与作物中污染物的相关性,确定起始值 X_q(即土壤背景值)、土壤轻度污染值 X_w(即植物的初始污染值)和土壤中毒污染值 X_z(即土壤临界含量)。根据实测值的分布范围,计算污染指数 P_i:

当 $X_i \leqslant X_q$ 时,$P_i = X_i/X_q$

当 $X_q \leqslant X_i \leqslant X_w$ 时,$P_i = 1 + \dfrac{X_i - X_q}{X_w - X_q}$

当 $X_w \leqslant X_i \leqslant X_z$ 时,$P_i = 2 + \dfrac{X_i - X_w}{X_z - X_w}$

当 $X_i > X_w$ 时,$P_i = 3 + \dfrac{X_i - X_z}{X_z - X_w}$

根据下表确定土壤污染等级

表 11-6　土壤污染等级表

污染等级	清洁级	轻污染级	中污染级	重污染级
分级依据	$P_i < 1$	$1 \leqslant P_i < 2$	$2 \leqslant P_i < 3$	$P_i \geqslant 3$

(2)综合指数评价法

综合指数评价法是综合考虑土壤中各个污染因子的影响,计算综合指数进行评价的方法。综合指数评价法是目前进行土壤环境污染评价的主要方法。所谓污染综合指数评价法是用土壤污染监测结果和土壤环境质量标准定义的一种数量尺度,并以此作依据来评定现实的土壤环境质量对人类社会发展需要的满足程度。这种方法通过环境质量指数的无量纲化后,各环境因子对污染贡献有多大,都可以用数反映出来。常用的环境质量综合指数法包括简单叠加法、算术平均法、加权平均法、均方根法、平方和的平方根法、最大值法等。

土壤综合评价指数类型见下表:

表 11-7　土壤综合评价指数类型表

方法	计算公式	特　点
简单叠加法	$P_i = \sum \dfrac{C_i}{S_i}$	各项污染物分指数的简单叠加,评价结果不具可比性,缺陷明显
算术平均法	$P_i = \dfrac{1}{n} \sum \dfrac{C_i}{S_i}$	评价结果具有较好可比性,但单一重金属污染情况不能被该指数有效识别
加权平均法	$P_i = \sum W_i \left(\dfrac{C_i}{S_i} \right)$	引入加权值可以反映重金属污染对土壤环境的影响,但权重的确定不易做到客观标准
均方根法	$P_i = \sqrt{\dfrac{1}{n} \sum \left(\dfrac{C_i}{S_i} \right)}$	与算术平均法基本相同
平方和的平方根法	$P_i = \sqrt{\sum \left(\dfrac{C_i}{S_i} \right)^2}$	重视最高分指数和超标分指数,考虑其他分指数的影响,充分利用各分指数的信息
最大值法(内梅罗指数法)	$P_i = \sqrt{\dfrac{1}{2} \left[\left(\dfrac{1}{n} \sum_{i=1}^{n} \dfrac{X_i}{S_i} \right)^2 + \left(\dfrac{X_i}{S_i} \right)_{max}^2 \right]}$	兼顾了最高分指数和平均分指数的影响,但过分强调了最高分指数的影响。指数形式简单,适应污染物个数的增减,适应性良好

以污染综合指数为依据,根据各地具体的 P 值变化范围和作物受害程度及其污染物积累情况进行污染分级。一般 P 小于等于 1 时,为未受污染;P 大于 1 时,为已受污染,P 越大,污染越严重。

(3)模糊聚类评价法

土壤环境质量是一个受多因素影响的开放系统,土壤环境污染是多因素综合作用的结果,不同因子的影响程度不同。因此,土壤的综合环境质量不易明显判定,表现出模糊性。模糊聚类评价法就是通过矩阵关系,求解不同污染因子的环境质量数值对不同级别环境质量的隶属度和不同级别环境质量标准对综合环境分级指数的隶属程度,来实现对土壤环境质量进行综合评价的方法。相关内容读者可以参考相关书籍。

(4)层次分析法

层次分析法把复杂的问题分解为各个组成因素,将这些因素按支配关系组成有序的递阶层次结构,通过两两比较方式确定层次中诸因素的相对重要性,然后综合人们的判断以决定诸因素相对重要性总的顺序。作为一种决策工具,层次分析法具有深刻的理论内容和简单的表现形式,并能统一处理决策中的定性与定量的因素而被广泛应用于许多领域。土壤环境分析与评价实际上是一个多因素综合决策过程,因而将层次分析法应用于土壤质量评价不但可行,而且具有简单、有效、实用的特点。

应用层次分析法评价土壤环境质量一般分为以下几个步骤:

① 建立层次结构模型;

② 构造判断矩阵,求出最大特征根及其特征向量;

③ 判断矩阵的一致性;

④ 层次单排列;

⑤ 层次总排序。

(5)人工神经网络法

人工神经网络是一类模拟生物体神经系统结构的新型信息处理系统,是一种黑箱建模工具,它能够通过"学习"来仿真真实系统中的输入和输出之间的定量关系,为解决非线性、不确定性和不确知系统的问题开辟了一条崭新的途径。

土壤环境质量评价实质上是依据土壤污染物浓度分级标准比较待评价的土壤环境各污染物的监测值与相应的标准浓度,如果接近,则其就被视为符合该分级标准的土壤环境质量。人工神经网络应用于土壤环境质量评价中,不但评价过程简单,而且评价结果只与环境质量标准有关,不受人为因素的影响,评价结果真实可靠,具有一定的可推广性。

(二)土壤环境影响评价

土壤环境影响评价是指系统识别和评估拟议项目、规划、计划或立法行动对土壤环境可能产生影响,并提供避免和削减不利的土壤环境影响的对策与措施。土壤环境影响评价是环境影响评价的重要组成部分,其工作程序与环境影响评价的程序一样,仅考虑土壤环境要素的影响而已。

土壤环境影响评价包括土壤环境影响类型的分析、土壤环境影响的特征分析和土壤环境影响评价。

土壤环境影响类型的分析是根据土壤环境影响的特点对土壤环境影响进行分类和识别的过程。土壤环境影响分为土壤污染型影响、土壤退化型影响和土壤破坏型影响。土壤污染型影响是由于外界污染物的进入导致土壤肥力下降、土壤生态破坏等不良影响,例如,土壤重金属污染、农药污染、化肥污染等。该类影响具有可逆或不可逆双重特性。土壤退化型影响是指由于人类活动破坏土壤中各组分之间或土壤与其他环境要素之间正常物质、能量循环过程,而引起土壤肥力、土壤质量和土壤环境承载能力下降。其特征是没有外来物种的加入,影响一般是可逆的;土壤破坏型影响是指人类活动或由其引发的自然灾害导致了土壤的占用。淹没和破坏,包括因严重土壤侵蚀、土壤污染而废弃的丧失土壤功能的情况。其特点是土壤彻底破坏,影响过程不可逆。

土壤环境影响特点与建设项目的工程性质和区域自然环境特点有关。因此,应综合分析工程特点、工艺过程、原材料、副产品等项目自身的特性和区域地理环境特征,尽可能全面地识别其对土壤环境的影响。

土壤环境影响特征分析包括对建设项目造成的土壤污染、土壤退化和土壤破坏进行时空分析和对土壤污染、退化、破坏所造成的土壤质量下降的程度及其对其他环境要素和人类社会经济造成影响程度进行分析。前者包括:对比项目实施前后不同污染级别的土壤面积的变化趋势与变化速率,主要污染物在空间上的扩散范围;退化土壤的空间分布、强度、演化趋势及其对周边环境影响;被破坏或占用的土壤面积、变化趋势和土地利用类型结构的变化及其影响。后者包括:污染物在土壤中的分布、迁移转化规律及其对其他环境因素以及人类社会经济活动的影响;土壤退化对区域生态环境影响及其人类生存的影响;土壤破坏对农业生产的影响和区域土地利用类型的改变对社会经济和居民生活的影响。

土壤环境影响评价是以土壤环境质量现状评价和土壤环境预测为基础,通过土壤环境影响的深度与广度分析,对比和评价土壤环境质量的变化程度和演化趋势,结合评价区的环境条件、土壤类型以及土壤背景值、土壤环境容量等各种影响因素,综合分析建设项目对土壤环境影响的大小,判断其是否可以接受,给出评价结论,并根据区域和项目的具体情况提出防止土壤污染、退化、破坏的对策、措施与建议。

第二节 环境土壤研究方法

一、野外调查与分析

(一)确定土壤环境问题范围

依据研究目的、调查区存在问题和可能的影响范围,利用已有图件和常识(包括实地观察)来确定调查范围。研究范围取决于研究目的,如果要对一定行政区域求取土壤背景值,则该行政区的疆界就是研究范围,为一个工业开发区探索土壤背景值,就需围绕工矿区的工厂布局,按"三废"排放途径和影响范围来明确边界等等。

在明确研究疆界的基础上,需要进一步明确该区域的自然地理条件,土壤类型及其分布,从而设计样点数和样点布局。这些工作需要在政区图、地貌图、母质图和土壤类型分布图的基础上综合完成。

确定土壤环境污染调查范围可考虑将下列有可能受到污染的场地作为土壤污染调查的重点:

(1)重污染企业及周边地区土壤;

(2)工业企业遗留或遗弃场地土壤;

(3)固体废物集中填埋、堆放、焚烧处理处置等场地及其周边地区土壤;

(4)工业(园)区及周边土壤;

(5)油田、采矿区及周边地区土壤;

(6)污灌区土壤;

(7)主要蔬菜基地和规模化畜禽养殖场周边土壤;

(8)大型交通干线两侧土壤;

(9)社会关注的环境热点区域土壤;

(10)其他可能造成土壤污染的场地。

(二)确定污染土壤调查目的

在拟定土壤环境污染调查的方案时,要明确土壤环境污染调查的目的,土壤环境污染调查的目的有全面、系统、准确地掌握土壤环境质量总体状况;查明重点地区土壤污染状况及其成因;掌握土壤背景与环境质量状况;评估土壤污染风险,确定土壤环境安全级别;筛选污染土壤修复技术,构建合适的土壤污染防治方法等。

(三)确定调查监测项目

参照《全国土壤污染状况调查总体方案》中全国土壤环境质量调查监测项目一

览表,可根据需要在必测和选测项目的基础上有针对性地适当增加特征污染物测试项目。特征污染物主要包括土壤环境中存在的持久性、生物富集性和对人体健康危害大的有毒污染物(如持久性有机污染物等),过量使用化肥和农药所带来的化学污染物,以及农产品的生物性污染物等。

(四)拟定调查方案

1. 样品采集

土壤样品的采集和处理是土壤分析工作的一个重要环节,采集有代表性的样品,是测定结果能如实反映土壤环境状况的先决条件。分析结果能否说明问题,关键在于样品的采集和处理。

表 11-8　全国土壤环境质量调查监测项目一览表

必测项目	选测项目
1. 土壤理化性质:pH 值、全氮、全磷、全钾、有机质、颗粒组成等	1. 多氯联苯(PCBs)、石油烃
2. 无机污染物:砷、镉、钴、铬、铜、氟、汞、锰、镍、铅、硒、钒、锌等	2. 稀土元素总量
3. 有机污染物:有机氯农药、多环芳烃(PAHs)、酞酸酯等	3. 砷、镉、钴、铬、铜、氟、汞、锰、镍、铅、硒、钒、锌等的有效态等

(1)土壤样品采集的类型

土壤样品采集的类型分为混合样品、剖面样品和背景值样品。

① 混合样品

一般了解土壤污染状况时采集混合样品。将一个采样单元内各采样分点采集的土样混合均匀制成。

② 剖面样品

了解土壤污染深度时采集剖面样品:按土壤剖面层次分层采样,从下而上采样。剖面规格一般为长 1.5m、宽 0.8m、深 1.0m,每个剖面采集 A、B、C 三层土样。当地下水位较高时,挖至地下水出露时止。现场记录实际采样深度,如 0~20cm、50~65cm、80~100cm。在各层次典型中心部位自下而上采样,切忌混淆层次、混合采样。

③ 背景值样品

摸清当地土壤类型和分布规律,采样点选择应包括主要类型土壤,重要的是远离污染源。与污染土壤采样不同之处是同一样点并不强调采集多点混合样,而且选取植物发育完好、具代表性的土壤样品。采样深度为 1m 以内的表土和芯土,对土壤发育完好的典型部分,应按层分别取样,以研究各种元素在土壤中的分布。

(2)采样方法

按统计学原理(样品的代表性,重复的设置、多点采集方法)进行布点,按土壤学(发生学、土层特点)与植物学(部位的差异)原理进行土壤与植物分析样品的采集。

① 样点设置:对角线、棋盘状、S 型布点(9～10 个点);

② 对角线采样法:田块面积较小,接近方形,地势平坦,肥力较均匀的田块可采用此法,取样点不少于 5 个;

③ 棋盘式采样法:面积中等,形状方整,地势较平坦,而肥力不太均匀的田块宜用此法,取样点不少于 10 个;

④ 蛇形采样法(S):适于面积较大,地势不太平坦,肥力不均匀的田块。

(3)采样时间和采样量

为了解土壤污染状况,可随时采集土样测定。若需要同时了解土壤生长作物的污染状况,则可在植物生长或收获季节同时采集土壤和植物样品。对于环境影响跟踪监测项目,可根据生产周期或根据年度计划实施土壤质量监测。一般土壤在农作物收获期采样测定,必测项目一年测定一次,其他项目 3～5 年测定一次。由于测定所需的土样是多点均量混合而成的,取样量往往较大,而实际供分析的土样不需要太多,具体需要量视分析项目而定,一般要求 1kg 即可。

(4)采样注意事项

填写土壤样品标签、采样记录、样品登记表。1 份放入样品袋内,1 份扎在袋口。测定重金属的样品,尽量用竹铲、竹片直接采集样品。

(5)样品管理

建立严格的管理制度和岗位责任制,按照规定的方法和程序工作,认真按要求做好各项记录。

风干土样存于阴凉、干燥的样品库内,通常要保存半年至一年,以备必要时查核。

新鲜土壤样品,放在玻璃瓶中,置于低于 4℃ 的冰箱内存放,保存半个月。

标样或对照样品,则需长期妥善保存,建议采用蜡封瓶口。在保存土样时,除了贴上标签,写上编码等以外,应注意避免日光、高温、潮湿和酸、碱气体等的影响。

玻璃材质容器是常用的优质贮器,聚乙烯塑料容器也属美国环保局推荐容器之一,该类贮器性能良好、价格便宜且不易破损。

(6)土壤样品库的建立

按照统一技术要求,将土壤环境现状调查所有样品建立档案、集中保存,建立全国土壤调查样品库,不同土地利用类型的土壤样品采用不同颜色的标签。样品容器统一采用 500mL 棕色玻璃磨口广口瓶,石蜡封口,内外标签。样品量为 500

克(过 2mm 筛的风干土)。

2. 样品加工预处理

制成满足分析要求的土壤样品;测定不稳定的项目用新鲜土样(如游离挥发酚、$NH_4^+ - N$、$NO_3^- - N$、Fe_2^+;测定稳定项目多用风干土样。

风干:风干后的土壤含水率一般<5%。

磨细、过筛:1927 年国际土壤学会规定通过 2mm 孔径的土壤用作物理分析,通过 1mm 或 0.5mm 孔径的土壤用作化学分析。

研究土壤重金属问题时比常规土壤采样有更严格要求:在既定的采样点上用常规法挖掘土壤剖面,用竹刀自下而上分层采取 500~1000g 土壤,用布袋(或尼龙袋)装集,并放到室内风干。在运输与风干过程中尽量避免尘埃落入,保证无采后污染。风干后磨细过一定目数的尼龙筛,供分析用。进行全量分析的样品需通过 100 目筛,进行有效成分分析时通常过 20 目筛。

3. 样品的处理

根据测定项目不同,选择不同的预处理方法。

(1)土壤样品的分解

破坏土壤的矿物晶格和有机质,使待测元素进入试样溶液中。

酸分解法:称消解法,是测定土壤中重金属常选用的方法。常用混合酸消解体系,必要时加入氧化剂或还原剂加速消解反应。

碱熔分解法:将土壤样品与碱混合,在高温下熔融,使样品分解。

高压釜密闭分解法:将用水润湿、加入混合酸并摇匀的土样放入密封的聚四氟乙烯坩埚内,置于耐压的不锈钢套筒中,放在烘箱内加热(一般不超过 180℃)分解。

微波炉加热分解法:将土壤样品和混合酸放入聚四氟乙烯容器中,置于微波炉内加热使试样分解的方法。

消除干扰、浓缩待测成分常用净化方法有层析法、蒸馏法等;浓缩方法有 K - D 浓缩器法、蒸发法等。

(2)土壤样品的浸提

测定土壤中的有机污染物、受热后不稳定的组分以及进行组分形态分析时,需要采用提取方法。提取溶剂常用有机溶剂、水和酸。

有机污染物的提取:测定土壤中的有机污染物,一般用新鲜土样。称取适量土样放入锥形瓶中,放在振荡器上,用振荡提取法提取。对于农药、苯并(a)芘等含量低的污染物,常用索氏提取器提取法。

无机污染物的提取:土壤中易溶无机物组分、有效态组分可用酸或水浸取。

(3)土壤样品的分离和浓缩

消除干扰、浓缩待测成分常用净化方法有层析法、蒸馏法等；浓缩方法有 K－D 浓缩器法、蒸发法等。

4. 样品测定

各监测项目的分析测试方法详见《全国土壤污染状况调查技术规定》。

(1)土壤环境的监测项目

① 物理指标：土壤质地、土壤水分、孔隙度、容重、温度、毛细作用等；

② 生物指标：土壤动物如蚯蚓数量、微生物种群、土壤酶等；

③ 化学指标：酸碱性、氮、磷、钾等养分含量、有机质、各种污染物包括重金属和有毒非金属、氟化物、农药残留量、石油及其产品等。

(2)土壤样品分析方法

测定方法与水、空气相同或相似

① 重量法：土壤水分测定

② 容量法：浸出物中含量较高的成分测定，如 Ca^{2+}、Mg^{2+}、Cl^-、SO_4^{2-} 等。

③ 分光光度法、原子吸收分光光度法、原子荧光分光光度法、等离子体发射光谱法：重金属如 Cu、Cd、Cr、Pb、Hg 和 Zn 等组分的测定。

④ 气/液相色谱法：有机氯、有机磷及有机汞等农药及有机污染物的测定。

5. 质量保证

按照《全国土壤污染状况调查技术规定》的要求，对布点、现场采样、样品制备、分析测试、数据处理等环节进行全程序质量控制。

二、定位研究

土壤环境问题的调查研究及环境状况鉴定与评价都可以通过定位研究与动态监测来进行。

定位研究：可以获得相对稳定的长期的空间对比信息；

动态监测：可以提供随季节、气候与生产活动变化在时间上的动态反映。

定位研究与动态研究必须结合起来进行。这也是一般土壤科学研究方法的要求。例如滩涂动态研究有动态的，也有定位的，这样所获得的成果才更有价值。

1. 定位研究

为什么要做定位研究？研究土壤环境问题的发生过程、发展规律与趋势。很多事实说明，预防土壤的恶化（污染等引起的退化）要比恢复和重建所丧失的土壤肥力合算得多。那么，不掌握土壤肥力丧失的原因及其发展规律就谈不上预防恶化的设计与防治措施。这正是定位观测研究的必要性。

定位研究涉及以下几方面问题：

(1)定位点的确定

定位研究点设在什么地方决定于研究的目的和任务。应使定位点数充分代表所研究问题的环境、土质、利用方式等等。即首先必须有典型性、代表性。典型性是指研究对象的普遍性,以环境、土体层次与土性有机结合的方法,是正确确定定位点的主要依据。代表性是指代表区域面积与地形母质等环境条件方面。在确定代表性时,应注意选择面积较大,类型特征明显的区域,它包括气候、地形、母质、植被等都具有代表性的地段。

对于点数的确定,原则上不宜过多,更不应取过渡地带。因为点致过多,不仅会增大工作量,而且使代表性、典型性受到影响。而过渡地带,因不具备典型性与代表性,所以不能选取。通常情况下,一个地区的定位点在 1～5 个,平原区 1～3 个,丘陵区 3～5 个。

(2)定位研究内容

因为定位研究不仅要看到现实,还要重视未来,所以研究内容不在于多,而在于研究一些具有战略意义的、影响土壤功能性质的土壤环境、植被作用与土体特性等的长期动态。最基本的内容是围绕土壤肥力开展相关的工作,如为研究优化土壤生态模式,则在选定的几种模式条件下观测土壤肥力的进退状况。总之,围绕土壤肥力这个中心,设置观测点,安排观测项目。

土壤肥力的观测项目,从总体上来说,应当包括它的立地环境条件,自身的水、气、肥条件;土体容量和各级功能性质等。每一个方面又有繁简程度不等的观测项目,起码的项目,可以考虑以下几点:①土壤所在的环境条件:至少有温度、湿度、风力、风向、雨量、雨强、光照的逐日逐时监测。②土壤厚度:各层的厚度、土温、湿度、空气等。③土壤有机质年输入量、分解量与残留量。④土壤大量元素与微量元素的输入、输出量。⑤土壤微生物与酶活性的季节变化。⑥土壤污染物的输入、输出与转化量等。如果需要研究土壤的生产力,必须在研究土壤肥力特性的基础上,与经济产量的测定,污染研究还需配合植物组织中的污染物测定。

(3)定位研究方法

定位点的点数、内容与方法是密切联系的,点少、内容多为方法的选择提供了基础,点少可按仪器、药品的用量相对地少一些;而内容多决定了对选择的方法更需准确可靠、先进而稳定。因此,从相对比较来看,选择需用的、准确可靠的、适合当地条件的方法是该项工作的重点。

在选定研究方法的准确可靠方面,一是要有纵向可比性,它应是该学科常规的标准方法,一般应以部颁标准或国家级标准法。如进行合作研究,包括国际合作与交流性研究,必须采用统一规定的方法和指标体系进行工作。方法一经确定,不可任意更改。在分析工作中,必须带进标样,进行分析质量控制。在没有标样的情况下,需有参考样或模拟(配制的)标样参加质量控制。参加测定的操作人员应当是经过训练达到合格水平者。此外,实验室条件也应有必需的设备与合理的管理制度,以便保证工作合格与顺利地进行。

在方法的先进性与稳定性方面,最好能使用新的技术与仪器设备,但这些技术与仪器设备必须是易操作而耐用的,因为只有这样才能在方法上保持相对的稳定。稳定期最好在 5 年以上,它一方面可使仪器设备充分发挥效力,另一方面使数据具有前后的同一基础与可比性,便于数据的统计与数学模式的建立。值得特别提到的是定位研究必须与动态监测配合,以便真正做到点、面结合,长期与短期结合,静态与动态结合,并为进一步建立国内与国际的联合研究与统一比较打下良好的基础。

三、动态监测

在定位研究的基础上开展,一般随季节气候与人为活动变化的定时的动态监测活动。一般以季节或月份作为定时监测的依据。例如农田地下水质监测可以按月进行,也可按季节进行。动态监测具体涉及以下三个方面:

1. 监测范围与分布

根据受污染影响的范围分为远隔区(对照区)、高影响区(重污染区)、中间区(过渡区)。

2. 监测内容

其内容按目的而定,可分为土壤侵蚀、土壤肥力和土壤污染监测。例如:土壤侵蚀监测以土壤物理性质项目为主,这是因为土壤侵蚀主要是土壤颗粒与水分所损失;土壤肥力监测要注意土壤生物、土壤物理和土壤化学三项并重;生态监测的重点在生物量的输入、转化与输出;土壤污染监测以化学项目为主,包括有害重金属汞、铅、砷等数量及活性、有机氯、酸度变化等;土地利用监测重点是不同的利用方式下养分含量的收支平衡,核心内容是合理施肥和稳产高产,所以主要指标是土壤与作物养分。

3. 监测方法

监测方法一般以常规的标准方法进行,特别是在环境监测方面,尽可能采用统一规范的、普遍采用的方法,以保证结果的可靠性和可比性。

复习思考题

11.1　土壤环境质量标准有哪些?

11.2　如何评价土壤环境质量?

11.3　环境土壤有哪些研究方法?

主要参考文献

1. 陈怀满,等.环境土壤学.北京:科学出版社,2010

2. 牟树森,青长乐.环境土壤学.北京:中国农业出版社,1993

3. 洪坚平.土壤污染与防治.北京:中国农业出版社,2011

4. 夏立江,王宏康.土壤污染及其防治.上海:华东理工大学出版社,2001

5. 潘剑君.土壤资源调查与评价.北京:中国农业出版社,2004

6. 陆欣.土壤肥料学.北京:中国农业大学出版社,2002

7. 黄昌勇,徐建明.土壤学(第三版).北京:中国农业出版社,2010

8. 刘黎明.土地资源学.北京:中国农业大学出版社,2002

9. 龚子同.中国土壤系统分类.北京:科学出版社,1999

10. 全国土壤普查办公室.中国土壤.北京:中国农业出版社,1998

11. 赵其国,龚子同.中国土壤资源.南京:南京大学出版社,1991

12. 刘利,潘伟斌.环境规划与管理.北京:化学工业出版社,2006

13. 宗良纲.环境管理学.北京:中国农业出版社,2005

14. 赵丽丽.中国大气污染现状与防治对策.山西建筑,2011,37(25):194-196.

15. 陈怀满.环境土壤学.地球科学进展,1991,6(2):49-50

16. 陈怀满,等.土壤中化学物质的行为与环境质量.北京:科学出版社,2002

17. 陈怀满,等.土壤-植物系统中的重金属污染.北京:科学出版社,1996

18. 赵其国.21世纪土壤科学展望.地球科学进展.2001,16(5):704-709

19. 赵其国.土壤圈物质循环研究与土壤学的发展.土壤,1991,23(1):1-3,15

20. 赵其国.发展与创新现代土壤科学.土壤学报,2003,40(3):321-327

21. 中国环境监测总站.中国土壤元素背景值.北京:中国环境科学出版社,1990